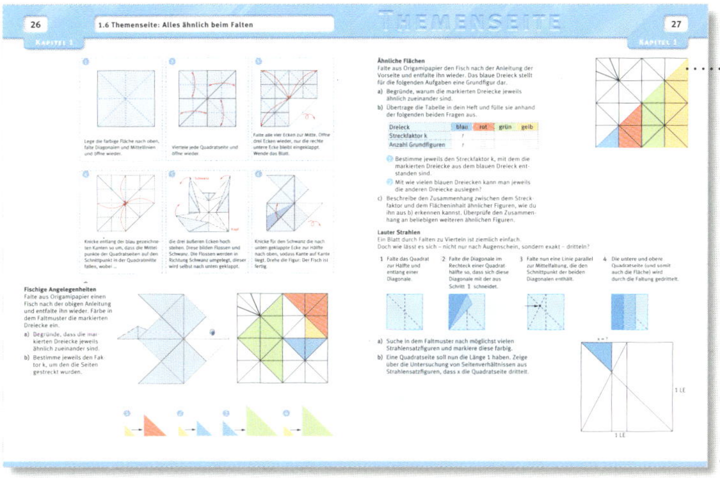


Die **Themenseite** enthält oftmals anspruchsvolle Aufgaben zu einem einzigen, interessanten Thema. Die mathematischen Inhalte werden dabei miteinander verbunden.

Der **zweite Teil** enthält „Diskussionsaufgaben“: Bezieht Stellung zu den Behauptungen und begründet oder widerlegt sie. Anschließend vergleicht ihr eure Ergebnisse mit einem Partner.

Die Doppelseite **Das kann ich!** hat verschiedene Teile: Im **ersten Teil** findet ihr Aufgaben, die ihr alleine löst. Anschließend bewertet ihr euch; die Lösungen dazu findet ihr im Anhang. Die Aufgaben sind Grundaufgaben des Kapitels, ihr solltet also einen Großteil davon gut schaffen.

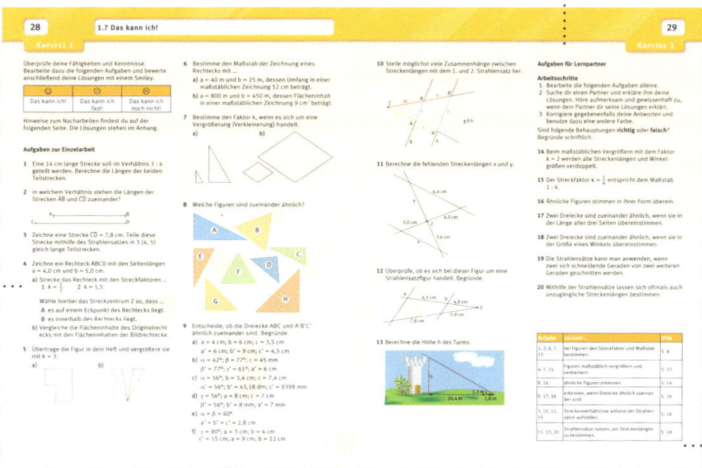


Mithilfe der Tabelle im **dritten Teil** könnt ihr prüfen, was ihr gut könnt und wo ihr noch üben müsst. Ihr findet auch Seitenverweise zum Nacharbeiten.

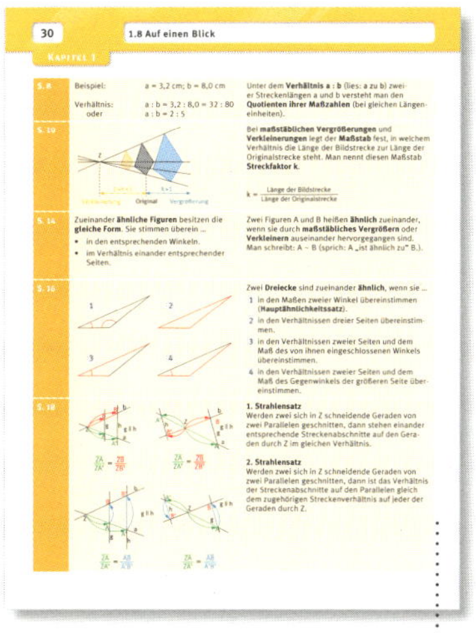


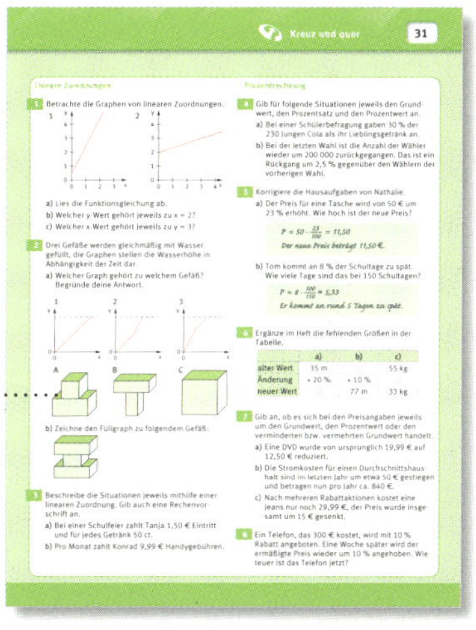


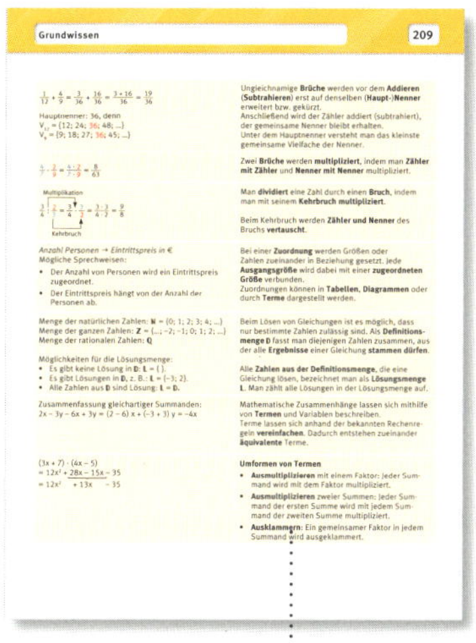


Die Seite **Auf einen Blick** enthält das Grundwissen des Kapitels in kompakter Form.

Habt ihr auch nichts vergessen? Auf den Seiten **Kreuz und quer**, die „zwischen zwei Kapiteln“ stehen, könnt ihr testen, ob ihr im Stoff der zurückliegenden Kapitel bzw. Schuljahre noch fit seid.

Wollt ihr Mathe-Stoff nachschlagen, der schon länger zurückliegt? Am Ende des Buches findet ihr das **Grundwissen**.

# Mathe.Logo 9

## Regelschule Thüringen

Herausgegeben von Michael Kleine und Birgit Skorsetz

Bearbeitet von Ingolf Enghardt, Heiko Etzold, Eva Fischer, Toralf Hieb, Michael Kleine, Annett Luhn, Thomas Prill, Birgit Skorsetz

C.C. BUCHNER

# Mathe.Logo 9

Regelschule
Thüringen

Dieses Werk folgt der reformierten Rechtschreibung und Zeichensetzung. Ausnahmen bilden Texte, bei denen künstlerische und lizenzrechtliche Gründe einer Änderung entgegenstehen.

1. Auflage [4321] 2016 2015 2014 2013
Die letzte Zahl bedeutet das Jahr dieses Druckes.
Alle Drucke dieser Auflage sind, weil untereinander unverändert, nebeneinander benutzbar.



Herausgeber: Michael Kleine, Birgit Skorsetz
Autoren: Ingolf Enghardt, Heiko Etzold, Eva Fischer, Toralf Hieb, Michael Kleine, Annett Luhn, Thomas Prill, Birgit Skorsetz
Redaktion: Georg Vollmer
Grafische Gestaltung: Wildner + Designer GmbH, Fürth, www.wildner-designer.de
Druck- und Bindearbeiten: Stürtz GmbH, Würzburg

www.ccbuchner.de

ISBN 978-3-7661-**8441**-2

# Inhalt





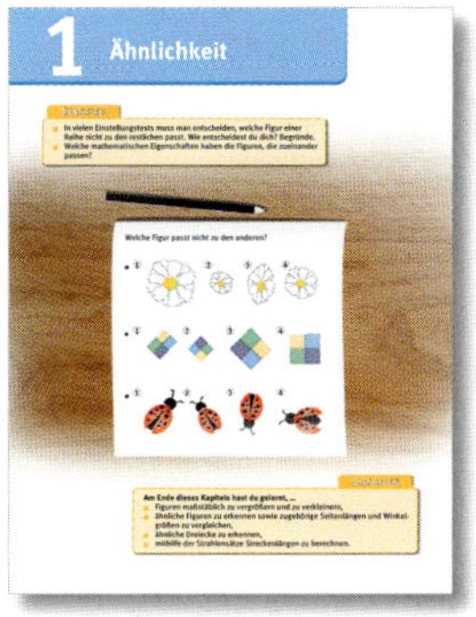
1 Ähnlichkeit



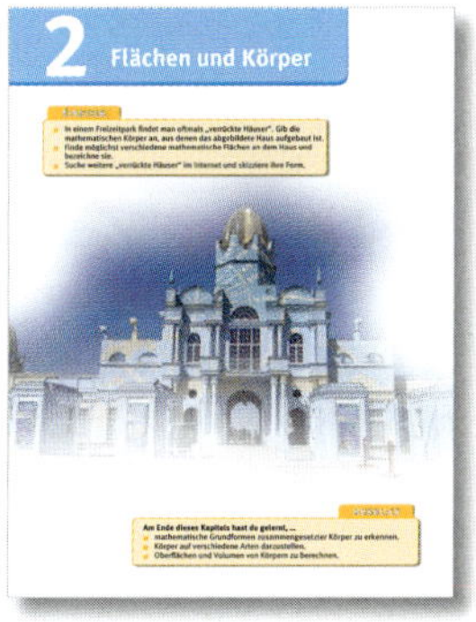
2 Flächen und Körper

3 Lineare Zuordnungen und Funktionen

4
Lineare Gleichungen
und Gleichungssysteme



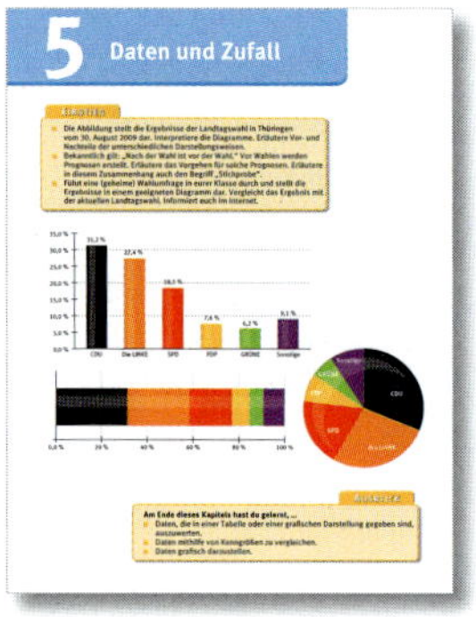
5
Daten und Zufall



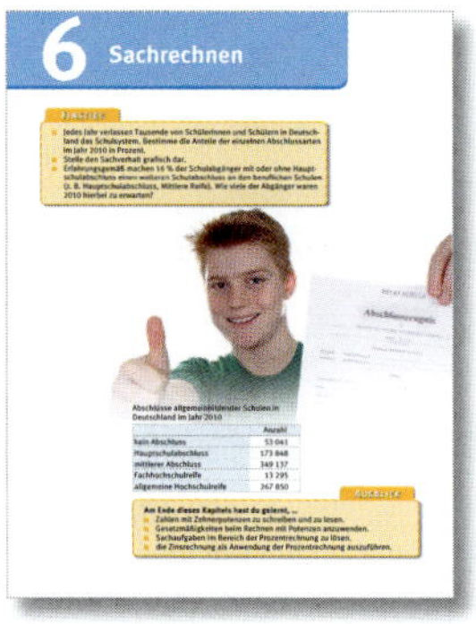
6
Sachrechnen

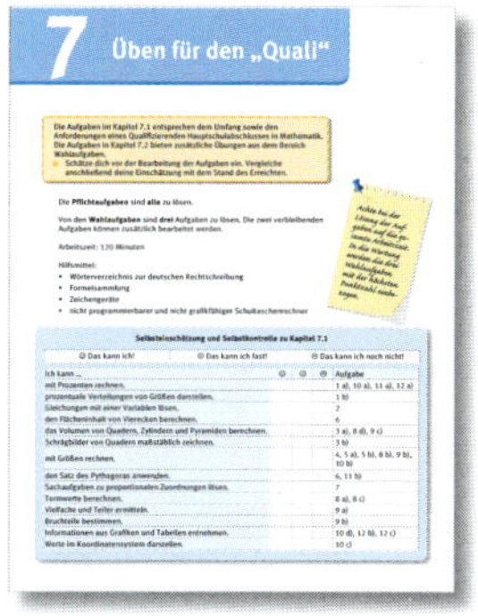

7
Üben für den „Quali“




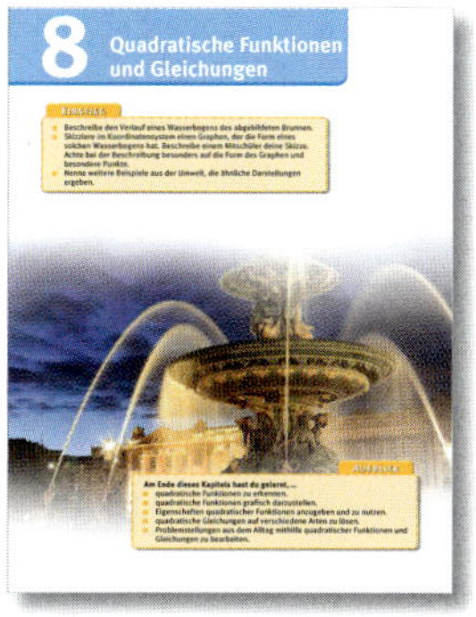

8
Quadratische Funktionen und Gleichungen

# Mathematische Zeichen und Abkürzungen

| | |
|---|---|
| $\mathbb{N}$ | Menge der natürlichen Zahlen |
| $\mathbb{Z}$ | Menge der ganzen Zahlen |
| $\mathbb{Q}$ | Menge der rationalen Zahlen |
| $\mathbb{R}$ | Menge der reellen Zahlen |
| $\mathbb{D}$ | Definitionsmenge/ -bereich |
| $\mathbb{L}$ | Lösungsmenge |
| $\mathbb{W}$ | Wertemenge/ -bereich |
| $=$ | gleich |
| $\approx$ | ungefähr gleich |
| $>$ | größer als |
| $<$ | kleiner als |
| $\geq$ | größer oder gleich |
| $\leq$ | kleiner oder gleich |
| $\widehat{=}$ | entspricht |
| $\sim$ | ähnlich zu |
| $\mid$ | teilt |
| $\nmid$ | teilt nicht |
| $+$ | plus |
| $-$ | minus |
| $\cdot$ | mal, multipliziert mit |
| $:$ | geteilt durch, dividiert durch |
| $a^n$ | Potenz; „a hoch n“ |
| $\sqrt{n}$ | (Quadrat-)Wurzel aus n |
| $\sqrt[3]{n}$ | Kubikwurzel aus n |
| $\frac{a}{b}$ | Bruch mit Zähler a und Nenner b |
| % | Prozent |
| $T_n = \{...\}$ | Teilermenge der Zahl n |
| $V_n = \{...\}$ | Vielfachenmenge der Zahl n |

| | |
|---|---|
| kgV (m; n) | kleinstes gemeinsames Vielfaches von m und n |
| ggT (m; n) | größter gemeinsamer Teiler von m und n |
| H (Z) | absolute Häufigkeit, mit der das Ergebnis Z (z. B. Zahl) vorkommt |
| h (Z) | relative Häufigkeit, mit der das Ergebnis Z (z. B. Zahl) vorkommt |
| $\overline{x}$ | arithmetisches Mittel |
| P (A) | Wahrscheinlichkeit, mit der das Ereignis A eintritt |
| $P(\overline{A})$ | Wahrscheinlichkeit, mit der das Gegenereignis von A eintritt |
| $\lvert n \rvert$ | Betrag der Zahl n |
| P, A, ... | Punkte |
| $P(x \mid y)$ | Punkt P mit den Koordinaten x und y |
| $(x \mid y)$ | geordnetes Zahlenpaar |
| g, h, ... | Geraden, Strahlen |
| $\overline{PQ}$ | Strecke mit den Endpunkten P und Q, auch Länge der Strecke |
| $\alpha, \beta, \gamma, ...$ | Winkelbezeichnungen |
| $^\circ$ | Grad, Maßeinheit für Winkel |
| LE | Längeneinheit |
| u | Umfangslänge |
| r | Radius eines Kreises |
| d | Durchmesser eines Kreises |
| $\pi$ | Kreiszahl, $\pi \approx 3{,}14$ |
| FE | Flächeneinheit |
| A | Flächeninhalt |
| V | Volumen, Rauminhalt |
| $\perp$ | senkrecht auf |
| $\parallel$ | parallel zu |

# 1 Ähnlichkeit

**Einstieg**

- In vielen Einstellungstests muss man entscheiden, welche Figur einer Reihe nicht zu den restlichen passt. Wie entscheidest du dich? Begründe.
- Welche mathematischen Eigenschaften haben die Figuren, die zueinander passen?

**Ausblick**

**Am Ende dieses Kapitels hast du gelernt, …**

- Figuren maßstäblich zu vergrößern und zu verkleinern.
- ähnliche Figuren zu erkennen sowie zugehörige Seitenlängen und Winkelgrößen zu vergleichen.
- ähnliche Dreiecke zu erkennen.
- mithilfe der Strahlensätze Streckenlängen zu berechnen.

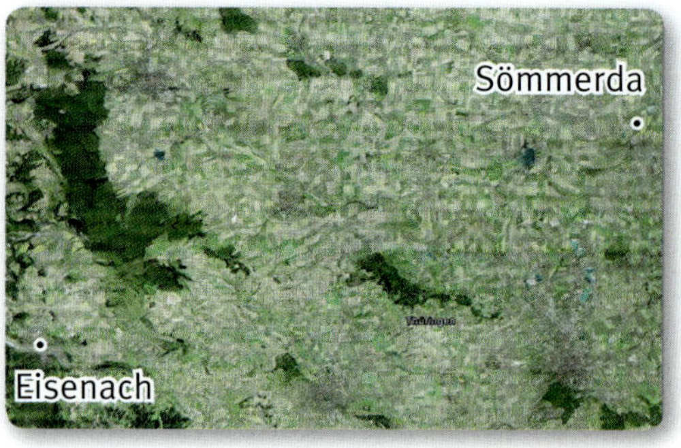


- Jana hat sich im Internet ein Satellitenfoto von Thüringen gesucht. Die Entfernung zwischen Eisenach und Sömmerda beträgt 60,5 km.
- Bestimme den Maßstab, unter dem das Satellitenfoto die Wirklichkeit wiedergibt.
- Bestimme die Entfernungen zwischen anderen Städten. Erkläre dein Vorgehen.
- Ein Routenplaner gibt als Entfernung zwischen den Städten 99,8 km an. Erkläre, wie der Unterschied zustande kommt.

### Merkwissen

*$a : b = \frac{a}{b}$*
*Verhältnisse zwischen Längen werden auch als Maßstab bezeichnet.*

Unter dem **Verhältnis a : b** (lies: **a zu b**) zweier Streckenlängen a und b versteht man den **Quotienten ihrer Maßzahlen** (bei gleichen Längeneinheiten). Verhältnisse werden als **Bruch** oder in der **Verhältnisschreibweise (mit natürlichen Zahlen)** angegeben.

**Beispiel:** a = 3,2 cm; b = 8,0 cm

Verhältnis: a : b = 3,2 : 8,0 oder a : b = 32 : 80
Gekürzt: a : b = 2 : 5

### Beispiele

**I** Das im Maßstab 1 : 24 angefertigte Modell eines Rennwagens ist 22 cm lang. Bestimme die Originallänge dieses Rennwagens.

**Lösung**:
1 : 24 bedeutet, dass 1 cm im Modell 24 cm in Wirklichkeit entsprechen.
1 cm : 24 cm = 22 cm : x
x = 24 · 22 cm = 528 cm
x = 5,28 m
Antwort: Der Rennwagen ist im Original 5,28 m lang.

**II** Garteneisenbahnen werden immer beliebter. Die Diesellok „Dash 9“ ist im Modell 770 mm und im Original 22,33 m lang. Bestimme den Maßstab dieser Gartenbahn.

**Lösung**:
Um Verhältnisse zu bestimmen, braucht man gleiche Einheiten: 770 mm = 0,77 m

0,77 m : 22,33 m = 1 m : x bzw. $\frac{0{,}77\text{ m}}{22{,}33\text{ m}} = \frac{1\text{ m}}{x} \Longrightarrow \frac{22{,}33\text{ m}}{0{,}77\text{ m}} = \frac{x}{1\text{ m}}$

Beim Umrechnen ist es günstiger, wenn x im Zähler steht.

*Bei einer Verhältnisgleichung dürfen Zähler und Nenner auf beiden Seiten der Gleichung vertauscht werden.*

x = 29 m
Antwort: Die Gartenbahn wurde im Maßstab 1 : 29 angefertigt.

### Verständnis

- Fernsehgeräte geben Bilder im Verhältnis 16 : 9 wieder. Erkläre.
- Maja behauptet, dass es völlig egal sei, ob die Verhältnisse mit 16 : 9 oder mit 9 : 16 angegeben werden. Was meinst du?

**Aufgaben**

**1** Die berühmteste deutsche Dampflok ist die BR 01. Die Tabelle zeigt die Länge der Lok im Original und in verschiedenen gebräuchlichen Verkleinerungen bei Modellbahnen. Übertrage die Tabelle ins Heft und ergänze sie.

| | Original | G | H0 | TT | N | Z |
|---|---|---|---|---|---|---|
| Länge | 23,94 m | | 27,5 cm | | 150 mm | |
| Maßstab | | 1 : 29 | | 1 : 120 | | 1 : 220 |

*Lösungen zu 1:*
*1 : 87; 82,6 cm; 1,96 dm; 1 : 160; 1 : 1; 109 mm*

**2** Übertrage die Figuren im angegebenen Maßstab in dein Heft.

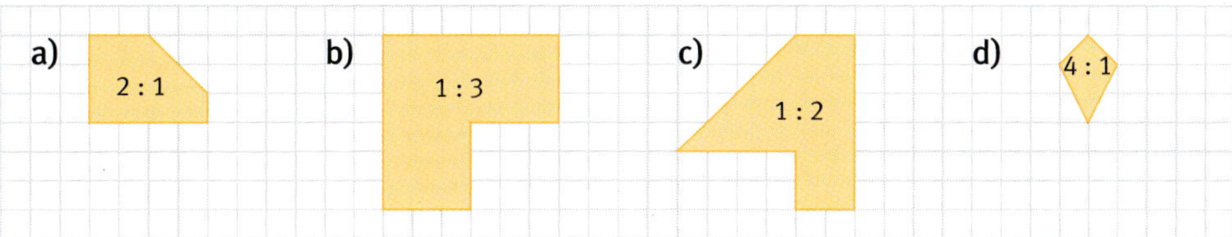


*Überlege zuerst, ob die Figur, die du zeichnen sollst, größer oder kleiner wird.*

**3** Zeichne zwei Strecken im Verhältnis ...

**a)** 4 : 5, wobei die kürzere Strecke 5,6 cm lang ist.

**b)** 1 : 6, wobei die kürzere Strecke 0,7 cm lang ist.

**c)** 5 : 2, wobei die längere Strecke 10,5 cm lang ist.

**4** Bildschirmdiagonalen werden in der alten Einheit Zoll (Zeichen ″) angegeben.

*1″ ≙ 2,54 cm*

**a)** Berechne die Höhe eines 88 cm (53,5 cm) breiten Bildschirms bei einem Seitenverhältnis von ...

(1) 16 : 9 (2) 4 : 3

**b)** Bestimme die Länge der Diagonalen für die Bildschirme von a) in Zoll.

**5** Der Bildschirm eines Fernsehgeräts ist ...

(1) 88,6 cm breit und 49,8 cm hoch. (2) 112,0 cm breit und 70,0 cm hoch.

**a)** In welchem Verhältnis stehen die Seitenlängen des Bildschirms?

**b)** Berechne die Länge der Bildschirmdiagonale in Zoll.

**Wissen**

**Streckenteilung**

Wird eine Strecke $\overline{AB}$ durch einen Punkt T in zwei Teilstrecken zerlegt, so spricht man von einer **Streckenteilung im Verhältnis $\overline{AT} : \overline{TB}$.**

**Beispiel:**

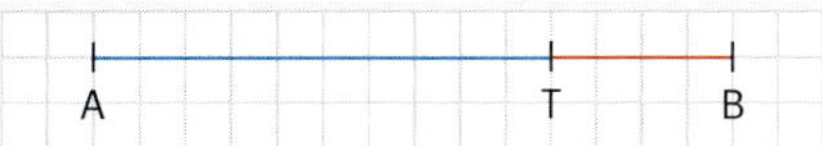


Streckenverhältnis: $\overline{AT} : \overline{TB} = 10 : 4$ bzw. $\overline{AT} : \overline{TB} = 5 : 2$

- Bestimme jeweils das Verhältnis der Streckenteilung.

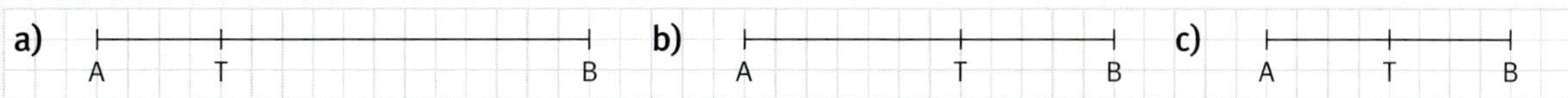


- Teile eine 14 cm (21 cm; 18,9 cm) lange Strecke im Verhältnis 3 : 4. Erkläre dein Vorgehen.
- In welche Verhältnisse lässt sich eine 24 cm lange Strecke leicht teilen? Zeichne einige Möglichkeiten.

*Du brauchst:*

- *15 cm hohes „Monster“ aus Pappe*
- *Taschenlampe*
- *Maßband*

Hast du schon einmal im Dunkeln mit einer Taschenlampe „Monster“ erschaffen? Untersuche einmal, welche Effekte sich erzielen lassen.

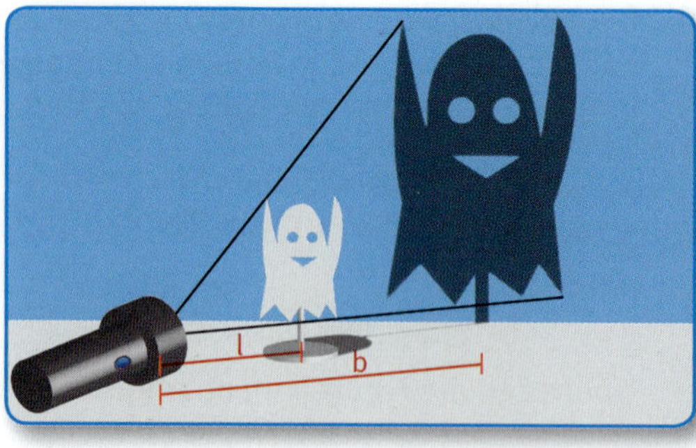


- Führe eine Versuchsreihe in einem dunklen Raum durch. Vervollständige die Tabelle.
- Welche Zusammenhänge erkennst du zwischen Formen und Winkel bei der Originalfigur und beim Schattenbild?

| Höhe des Schattenbildes | Das Schattenbild ist ☐-mal so groß wie das Pappmonster. | Abstand l (Lichtquelle – Monster) | Abstand b (Lichtquelle – Schattenbild) |
|---|---|---|---|
| 60 cm | 4 | ☐ | ☐ |
| 90 cm | ☐ | ☐ | ☐ |
| 120 cm | ☐ | ☐ | ☐ |

- Finde Zusammenhänge in der Tabelle. Überprüfe die Zusammenhänge für eine Schattenhöhe von 1,80 m (2,10 m).

*Eine Vergrößerung mit dem Faktor $k = 2$ ergibt den Maßstab 2 : 1.*
*Eine Verkleinerung mit dem Faktor $k = \frac{1}{4}$ ergibt den Maßstab 1 : 4.*

## Merkwissen

Bei **maßstäblichen Vergrößerungen** und **Verkleinerungen** legt der Maßstab fest, in welchem Verhältnis die Länge der Bildstrecke zur Länge der Originalstrecke steht. Man nennt diesen Maßstab **Streckfaktor k.**

$$k = \frac{\text{Länge der Bildstrecke}}{\text{Länge der Originalstrecke}}$$

- $k = 1$: Das Bild ist so groß wie das Original.
- $k > 1$: Vergrößerung: Das Bild ist größer als das Original.
- $0 < k < 1$: Verkleinerung: Das Bild ist kleiner als das Original.

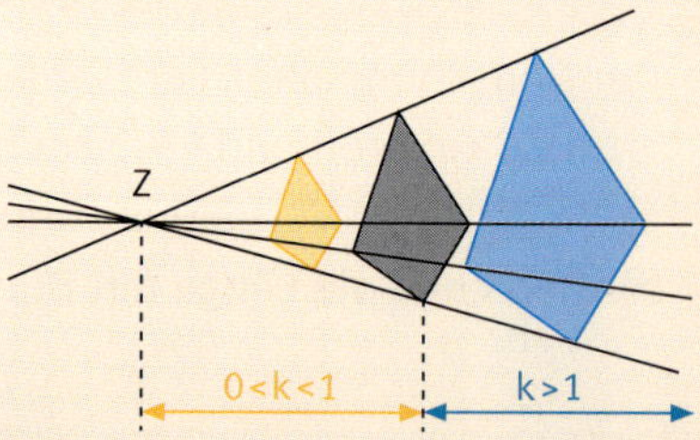


Von einem **Streckzentrum Z** aus liegen dabei zugehörige Originalpunkte und Bildpunkte auf einer Gerade durch Z. Alle **Streckenlängen** werden mit dem **Streckfaktor k multipliziert.**
Die Größe von Winkeln und Formen bleiben bei der Originalfigur und der Bildfigur erhalten. Original- und Bildstrecken sind parallel.

*Man bezeichnet ein solches maßstäbliches Vergrößern und Verkleinern auch als **zentrische Streckung**.*

## Beispiele

**I** Verkleinere ein Rechteck mit a = 3,0 cm und b = 1,8 cm mit dem Faktor $k = \frac{1}{3}$.

**Lösung:**

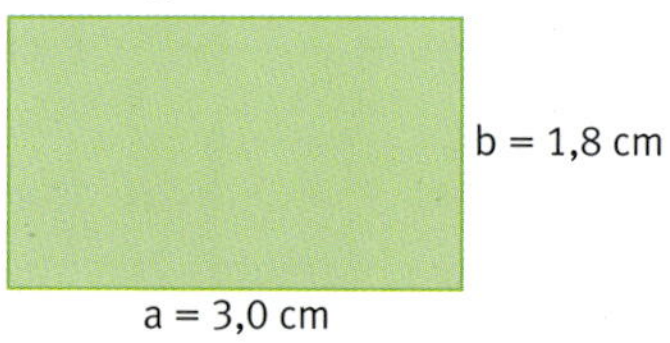


$a' = k \cdot a$
$a' = \frac{1}{3} \cdot 3\text{ cm} = 1\text{ cm}$

$b' = k \cdot b$
$b' = \frac{1}{3} \cdot 1{,}8\text{ cm} = 0{,}6\text{ cm}$

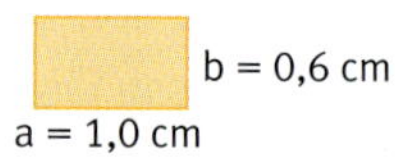

**II** Ein beliebiges Dreieck ABC soll mit dem Streckzentrum Z = A um den Faktor k = 1,5 vergrößert werden. Beschreibe dein Vorgehen.

**Lösung:**

1 Ausgangsfigur und Z zeichnen

2 Strahlen durch Z einzeichnen

3 Länge der Bildstrecken abtragen

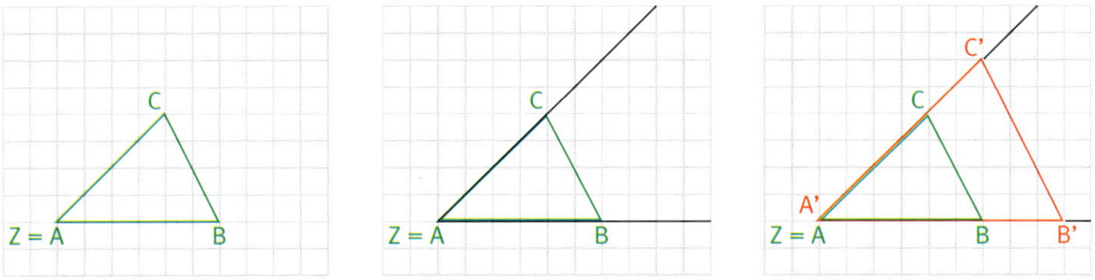


**III** Die rote Figur ist durch zentrische Streckung aus der grünen Figur entstanden. Bestimme das Streckzentrum Z sowie den Streckfaktor k.

**Lösung:**
Die einander entsprechenden Strecken von Original- und Bildfigur verlaufen parallel zueinander. Das Streckzentrum Z ergibt sich als Schnittpunkt der Geraden, die durch zusammengehörige Ur- und Bildpunkte verlaufen. Messungen der Streckenlängen ergeben, dass jede Bildstrecke 2,5-mal so lang ist wie die Originalstrecke, somit ist k = 2,5.

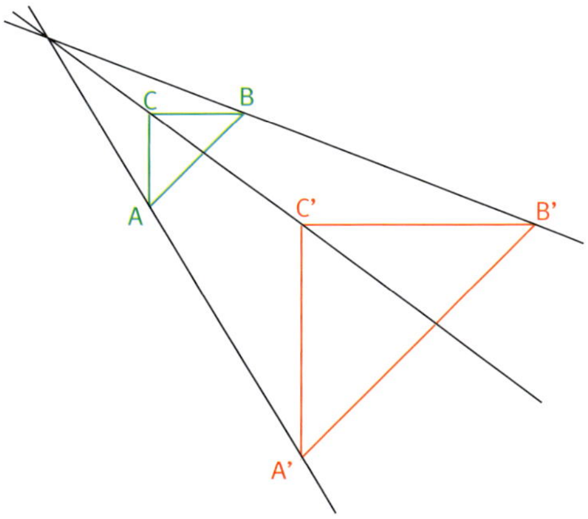


**Verständnis**

- Begründe: Beim Streckfaktor k = 1 ist der Maßstab 1 : 1.
- Tom meint, dass das Streckzentrum Z auch innerhalb der Figur liegen darf. Was meinst du?

**Aufgaben**

**1** Ein Quadrat hat die Seitenlänge a = 12 cm.

1 k = 12 2 k = 2,5 3 $k = \frac{1}{2}$ 4 $k = \frac{1}{4}$ 5 k = 1 6 k = 0,6

**a)** Bestimme mithilfe des Streckfaktors die Seitenlängen des Bildquadrates.

**b)** Bestimme den zugehörigen Maßstab als Verhältnis zweier natürlicher Zahlen.

**2** Zeichne jeweils einen Kreis und verändere dessen Größe um die gegebenen Streckfaktoren. Beschreibe dein Vorgehen.

**a)** k = 1,5 **b)** k = 0,4 **c)** k = 2,4 **d)** $k = \frac{3}{5}$

**3** Zeichne ein Rechteck mit den Seitenlängen a = 3 cm und b = 4 cm. Berechne die neuen Seitenlängen und zeichne das neue Rechteck.

**a)** k = 1,5 **b)** k = 2,5 **c)** $k = \frac{1}{2}$ **d)** $k = \frac{2}{3}$ **e)** k = 1,2 **f)** k = 0,8

**4** Übertrage die Figuren in dein Heft und vergrößere sie mit k = 3 (verkleinere sie mit k = $\frac{1}{2}$) mit dem Streckzentrum Z.

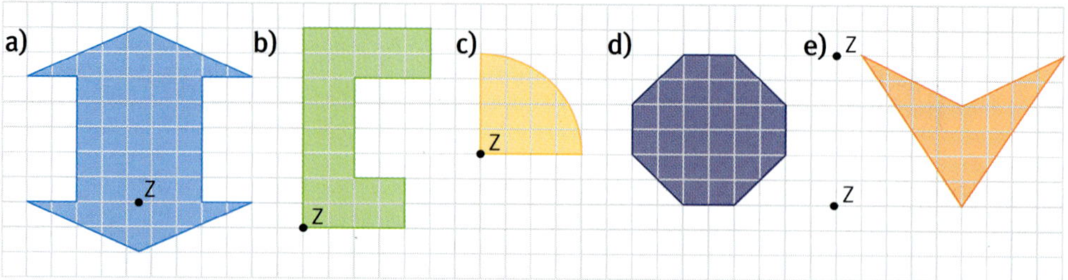


*Lösungen zu 5 (für Z): (10 | –0,5); (3 | 8,5); (1 | –4,5); (0,5 | –0,5); (–3 | 0); (–4 | –8); (–6,5 | –0,5); (–8,5 | 5)*

*Lösungen zu 5 (für k): –2; –1; $\frac{2}{7}$; $\frac{1}{3}$; $\frac{1}{2}$; 2; 3; 3*

**5** Übertrage in dein Heft. Die grüne Figur ist das Original, die rote die Bildfigur. Bestimme die Koordinaten des Streckzentrums Z sowie den Streckfaktor k.

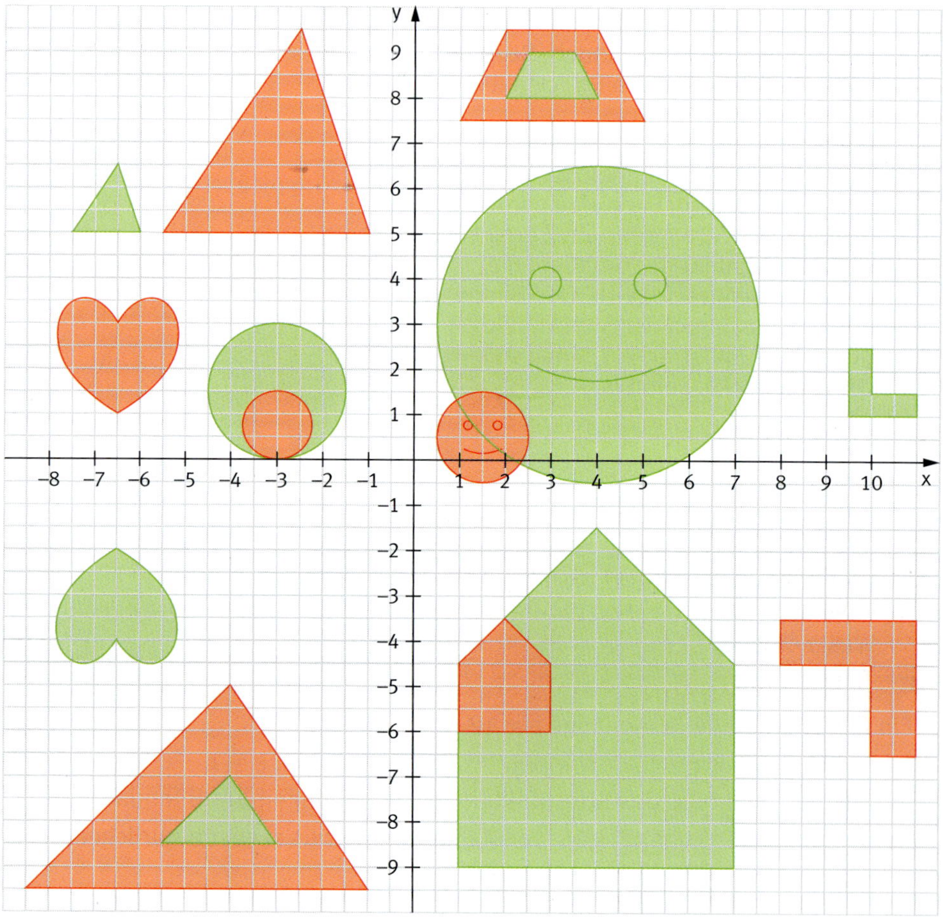


*Im Kasten auf der nächsten Seite kannst du die Aufgabe mit einem Geometrieprogramm bearbeiten.*

**6** Zeichne ein Dreieck ABC mit $\alpha$ = 50°, $\beta$ = 70° und c = 4 cm. Lege das Streckzentrum Z …

(1) außerhalb des Dreiecks. (2) innerhalb des Dreiecks.
(3) auf eine Dreiecksseite. (4) in eine Dreiecksecke.

Bilde anschließend das Dreieck ABC mit folgenden Streckfaktoren ab.

**a)** k = 1,5 **b)** k = $\frac{2}{3}$ **c)** k = –2,5 **d)** k = $-\frac{2}{3}$

**7** Gegeben ist ein Fünfeck ABCDE mit A (2 | 1), B (5 | 1), C (5 | 4), D (3 | 5), E (1 | 4) und Z (6 | 3).

**a)** Verwende Z als Streckzentrum und ...

(1) vergrößere das Fünfeck mit $k = 2$. (2) verkleinere das Fünfeck mit $k = \frac{1}{2}$.

**b)** Vergrößere das Fünfeck so, dass der Bildpunkt von A die Koordinaten (0 | 0) besitzt. Bestimme k.

WERKZEUG

### Zentrische Streckungen mit dynamischer Geometriesoftware

Mithilfe dynamischer Geometriesoftware kannst du Figuren zentrisch strecken. Dazu musst du Folgendes erledigen:

- Mit einem Icon einen Schieberegler erstellen.
- Eine Figur (z. B. ein Dreieck) zeichnen und einen Punkt als Streckzentrum festlegen.
- In einem Menüpunkt zum „Abbilden" von Objekten das Icon „Objekt zentrisch strecken" wählen. Dabei muss das zu streckende Objekt (z. B. das Dreieck), das Streckzentrum Z sowie der Schieberegler für den Streckfaktor k markiert werden.

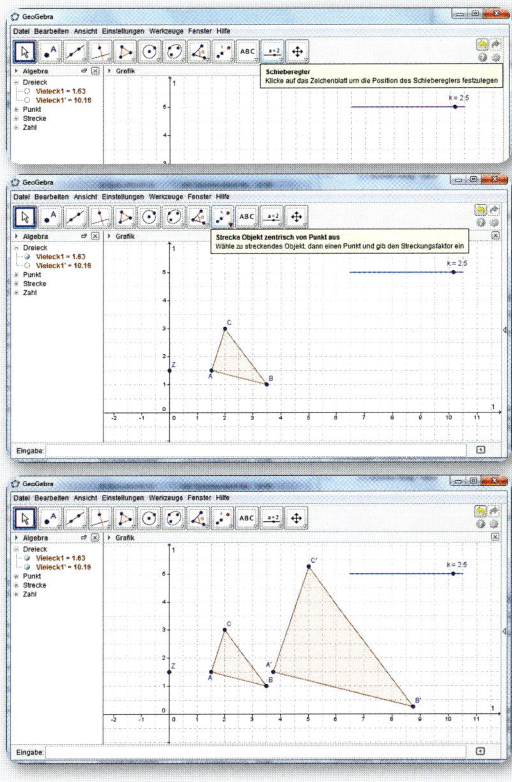

Hinweis:
Das Intervall für den Schieberegler kannst du auch nachträglich ändern. Meistens ist ein Intervall [–5; 5] ausreichend.

- Strecke mithilfe einer dynamischen Geometriesoftware verschiedene Figuren. Wähle für jede Figur verschiedene Streckzentren.
- Beschreibe das Aussehen der Bildfigur, wenn $k < 0$ ist. Wann erhältst du eine Vergrößerung (Verkleinerung)?
- Strecke ein Dreieck ABC. Beschreibe dabei die Lage der Punkte A, B, C und A', B', C', wenn sich das Streckzentrum Z ...
  - **a)** außerhalb des Dreiecks befindet.
  - **b)** innerhalb des Dreiecks befindet.
  - **c)** auf einer Dreiecksseite befindet.
  - **d)** auf einem Eckpunkt des Dreiecks befindet.
- In ein gleichseitiges Dreieck soll ein Quadrat so eingefügt werden, dass sein Flächeninhalt maximal ist. Um ein solches Quadrat zu erhalten, wird zunächst ein Quadrat in das Dreieck gezeichnet und dann durch eine zentrische Streckung vergrößert. Probiere die verschiedenen Lösungsmöglichkeiten aus. Welche führen zum Ziel? Begründe.

a) b) c) d)

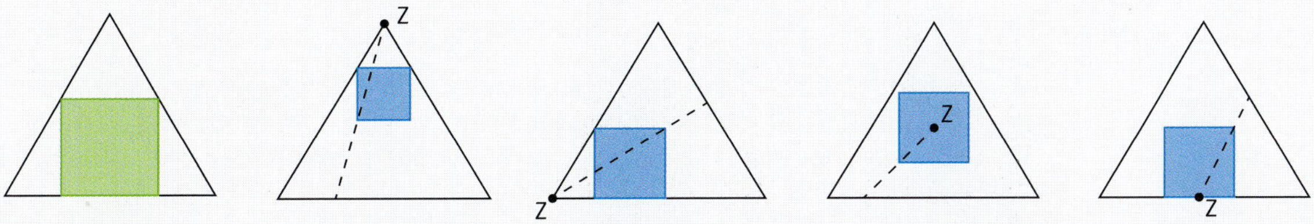

Untersuche die Rechtecke nebenan. Miss Längen mit dem Lineal.

- Erkläre, welche der Rechtecke durch Vergrößern oder Verkleinern auseinander hervorgehen können.
- Johanna behauptet, dass man jedes Rechteck aus jedem anderen durch Vergrößern oder Verkleinern erhalten kann, weil doch die Winkel eines Rechtecks immer gleich groß sind. Was meinst du?
- Welche geometrischen Figuren lassen sich stets durch Vergrößern und Verkleinern ineinander überführen? Begründe.

*Lage, Farbe oder Material sind für die Ähnlichkeit ohne Bedeutung.*

## Merkwissen

Zwei **Figuren A** und **B** heißen **ähnlich** zueinander, wenn sie durch **maßstäbliches Vergrößern** oder **Verkleinern auseinander hervorgegangen** sind.
Man schreibt: **A ~ B** (sprich: A „ist ähnlich zu“ B.)

Zueinander **ähnliche Figuren** besitzen die **gleiche Form**. Das bedeutet, sie stimmen überein ...

- in den entsprechenden Winkeln.
- im Verhältnis einander entsprechender Seiten.

## Beispiele

**I** Zeige, dass die Figuren ähnlich zueinander sind.

a)

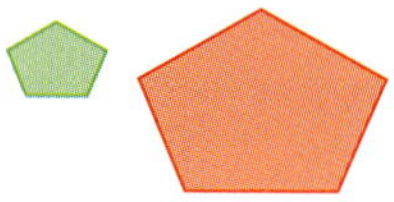

b)

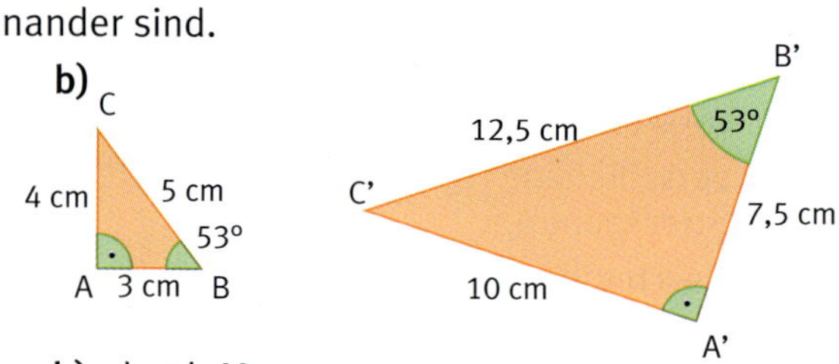


**Lösung:**

a) durch Konstruktion

*Achte bei Verhältnissen auf gleiche Längeneinheiten, dann kann man auch ohne Einheiten rechnen.*

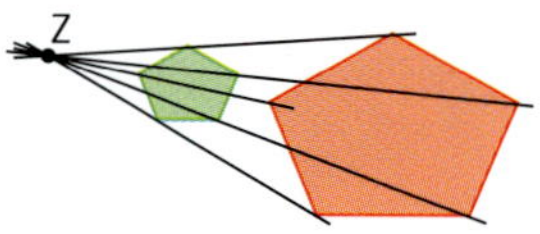


Die Figuren lassen sich durch zentrische Streckung ineinander überführen und sind somit ähnlich.

b) durch Messung

- Größe entsprechender Winkel:
  $\alpha = \alpha' = 90°$
  $\beta = \beta' = 53°$
  $\gamma = \gamma'$ (Winkelsumme im Dreieck)
- Verhältnisse entsprechender Seiten:
  $\frac{a}{b} = \frac{5}{4}$; $\frac{a'}{b'} = \frac{12{,}5}{10} = \frac{5}{4}$
  $\frac{a}{c} = \frac{5}{3}$; $\frac{a'}{b'} = \frac{12{,}5}{7{,}5} = \frac{5}{3}$
  $\frac{b}{c} = \frac{4}{3}$; $\frac{b'}{c'} = \frac{10}{7{,}5} = \frac{4}{3}$

Die Dreiecke sind ähnlich zueinander.

*Zwei Figuren sind auch dann zueinander* ***ähnlich****, wenn sie neben dem maßstäblichen Vergrößern oder Verkleinern noch zusätzlich* ***gespiegelt, gedreht*** *oder* ***verschoben*** *wurden (siehe Beispiel I b).*

## Verständnis

- Begründe, dass kongruente Figuren auch ähnlich zueinander sind.
- Überprüfe, ob ähnliche Figuren auch zueinander kongruent sind.
- Sabrina behauptet, dass alle Quadrate ähnlich zueinander sind. Stimmt das? Begründe.

**1** Entscheide, welche Dreiecke ähnlich zueinander sind. Begründe.

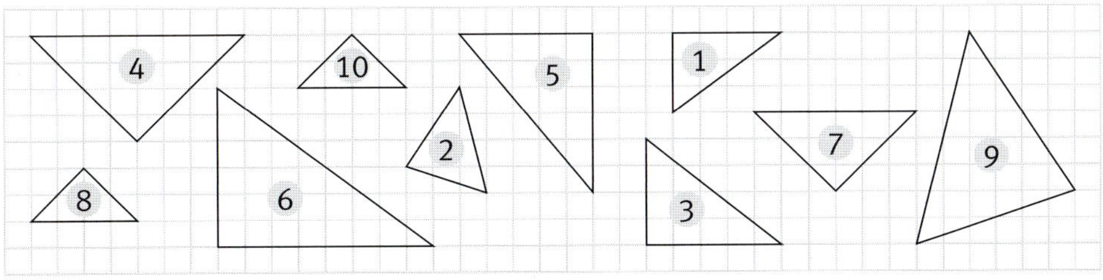


**2** Überprüfe, welche der blauen Figuren zu den gelben Figuren ähnlich sind.

*alle Maße in cm*

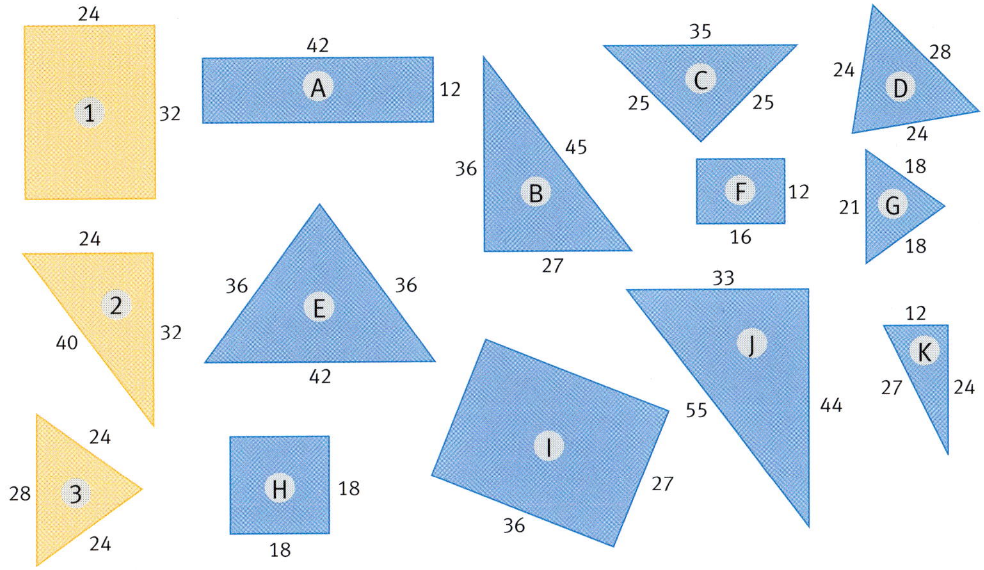


**3** Welche Dreiecke sind zueinander ähnlich? Übertrage auf ein Blatt, schneide die Dreiecke aus und überprüfe.

*alle Maße in cm*

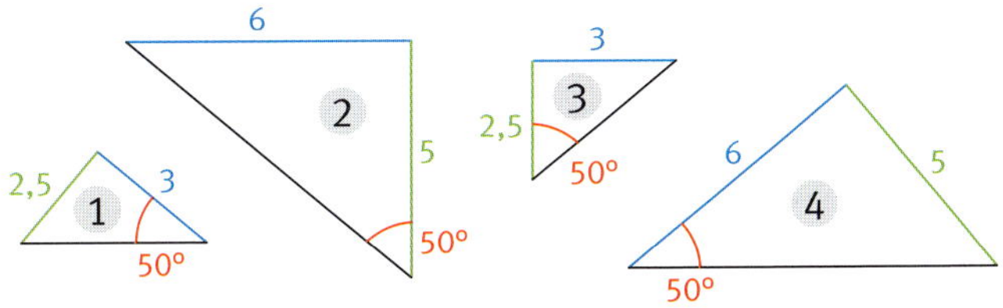


**4** Erkläre anhand der Bilder den Unterschied, wie man den Begriff „ähnlich" im Alltag benutzt und im mathematischen Sinn verwendet.

**a)**

**b)**

**c)**

**5** Zeichne ein Rechteck und trenne davon wie abgebildet ein Teilrechteck ab, das zum ursprünglichen Rechteck ähnlich ist.

**a)** a = 10 cm; b = 5 c **b)** a = 6 cm; b = 2 cm **c)** a = 120 mm; b = 80 m

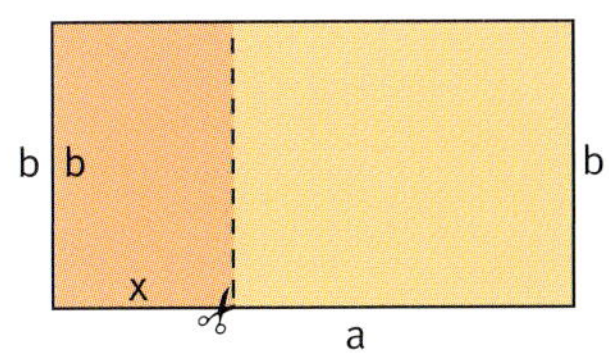

**6** Gegeben ist das Dreieck ABC mit A (−3 | −2), B (−1 | 2), C (−3 | 2) sowie das Dreieck A'B'C' mit A' (1 | −1), B' (5 | 7) und C' (1 | 7).
Zeichne die Dreiecke und zeige mithilfe einer zentrischen Streckung, dass sie ähnlich sind. Gib das Streckzentrum Z und den Streckfaktor k an.

**7** Die Kongruenz ist ein Spezialfall der Ähnlichkeit. Wie die Kongruenzsätze für Dreiecke gibt es auch Ähnlichkeitssätze für Dreiecke.

*Eine Planfigur kann helfen.*

**Zwei Dreiecke sind zueinander ähnlich, ...**

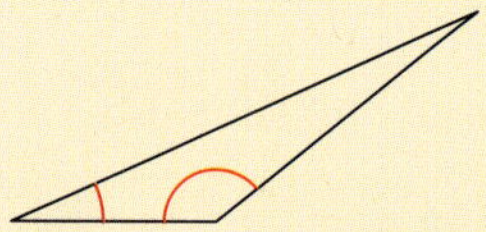

1 wenn sie in den **Maßen zweier Winkel** übereinstimmen (**Hauptähnlichkeitssatz**).

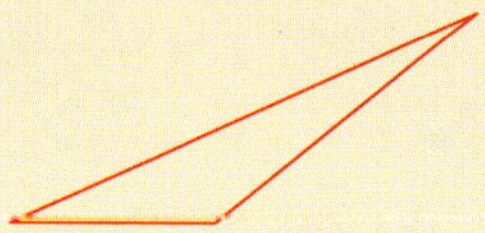

2 wenn sie in den **Verhältnissen dreier Seiten** übereinstimmen.

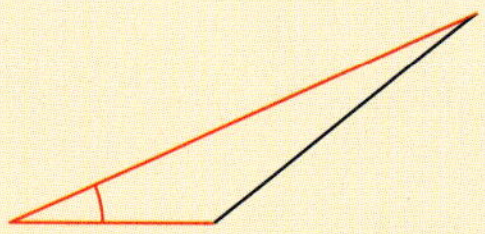

3 wenn sie in den **Verhältnissen zweier Seiten** und dem **Maß des** von ihnen **eingeschlossenen Winkels** übereinstimmen.

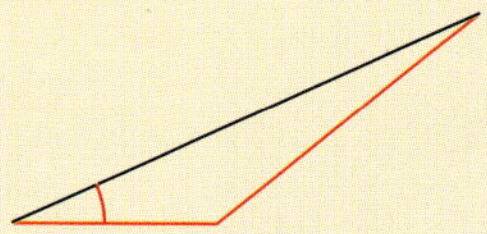

4 wenn sie in den **Verhältnissen zweier Seiten** und dem **Maß des Gegenwinkels der längeren Seite** übereinstimmen.

**a)** Begründe, warum beim Hauptähnlichkeitssatz nur zwei Winkel in Dreiecken übereinstimmen müssen, damit sie ähnlich sind.

**b)** Wie lauten die Kongruenzsätze zu 2, 3 und 4? Zeichne je ein Beispiel und erkläre den Unterschied zum jeweiligen Ähnlichkeitssatz.

**c)** Erkläre, warum es einen Kongruenzsatz WSW gibt, aber keinen entsprechenden Ähnlichkeitssatz geben muss.

**8** Überprüfe mithilfe der Ähnlichkeitssätze, ob die Dreiecke ähnlich zueinander sind.

**a)**

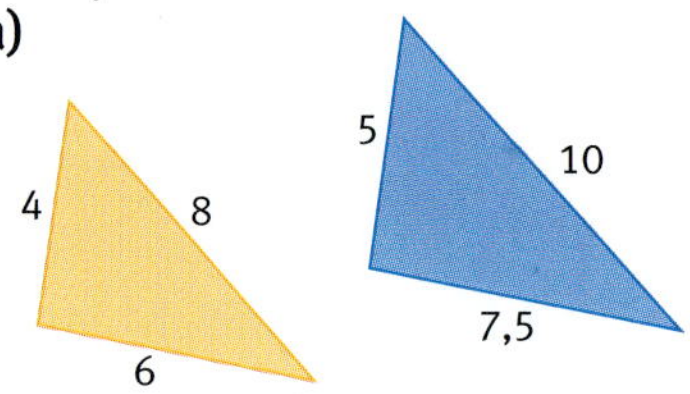


**b)**

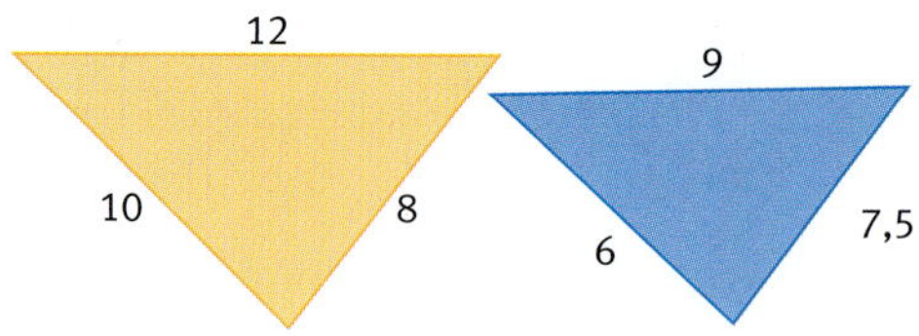


**9** In einem Dreieck ABC sind zwei der Innenwinkel 30° und 65° groß. Gegeben sind weiterhin zwei Innenwinkel eines weiteren Dreiecks. Prüfe auf Ähnlichkeit.

**a)** 65°; 85° **b)** 85°; 45° **c)** 30°; 95° **d)** 85°; 30°

**10** Überprüfe die Dreiecke ABC und A'B'C' auf Ähnlichkeit.

**a)** $\alpha = 57°$; b = 8 cm; c = 12 cm — $\alpha' = 57°$; b' = 16 cm; c' = 24 cm

**b)** $\alpha = 70°$; $\beta = 50°$; c = 35 mm — $\beta' = 50°$; $\gamma' = 60°$; b' = 6,7 cm

**c)** b = 6,4 cm; c = 2,5 cm; $\beta = 34°$ — b' = 24,32 cm; c' = 9,5 cm; $\beta' = 34°$

**d)** a = 58 mm; c = 26 mm; $\gamma = 45°$ — a' = 2,9 cm; c' = 1,3 cm; $\gamma = 45°$

**e)** a = 2,6 m; $\alpha = \beta = 60°$ — b' = 47 mm; c' = 4,7 cm; $\gamma' = 60°$

**11** Überprüfe die Aussage und korrigiere sie gegebenenfalls.

> **Zwei gleichschenklige Dreiecke sind ähnlich, wenn sie in der Größe eines Winkels übereinstimmen.**

**12** Im Geometrieunterricht werden Geodreiecke zum Zeichnen an der Tafel und im Heft verwendet.

Tafeldreieck

Großes Geodreieck

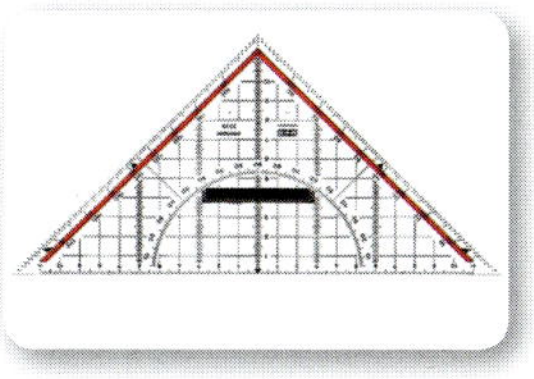

Kleines Geodreieck

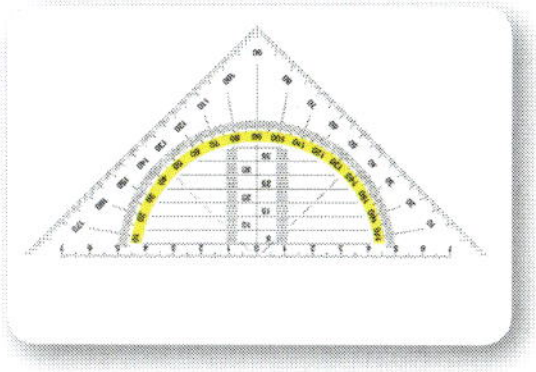

**a)** Überprüfe in deinem Klassenzimmer, in welchen Verhältnis die Seiten der verschiedenen Dreiecke zueinander stehen. Bestimme den Streckfaktor k.

**b)** Bestimme die Dreiecksflächen. In welchem Verhältnis stehen sie zueinander?

**13** Die Dreiecke ABC und A'B'C' sind ähnlich zueinander. Berechne die fehlenden Seitenlängen.

*Du kannst das Dreieck A'B'C' zeichnen, indem du die Seitenlängen a', b' und c' berechnest oder durch Konstruktion grafisch ermittelst.*

**a)** a = 5 cm; b = 7 cm; c = 8,5 cm; a' = 13,5 cm

**b)** a = 25 mm; b = 45 mm; c = 55 mm; c' = 11 mm

**c)** b = 45 m; a' = 38 mm; b' = 5 cm; c' = 0,65 dm

**14** ΔABC ~ ΔA'B'C'. Berechne die Längen der Strecken x und y.

**a)**

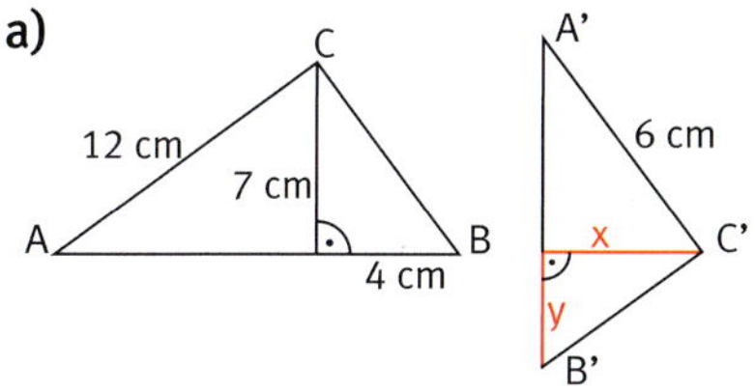


**b)**

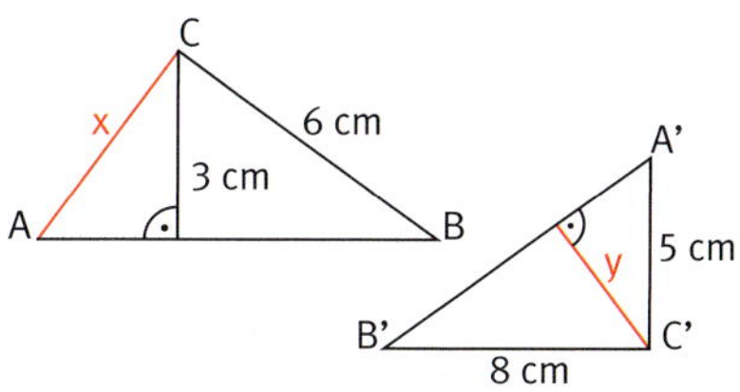


**15** Konstruiere ein Dreieck ABC mit den gegebenen Maßen. Zeichne anschließend ein zweites Dreieck A'B'C' so, dass gilt: ΔABC ~ ΔA'B'C.

**a)** a = 6 cm; b = 4,5 cm; $\gamma$ = 80° a' = 4 cm

**b)** a = 5 cm; b = 4 cm; c = 7 cm a' = 3 cm

**c)** b = 5,5 cm; c = 5 cm; $\alpha$ = 80° $h_b$ = 6 cm

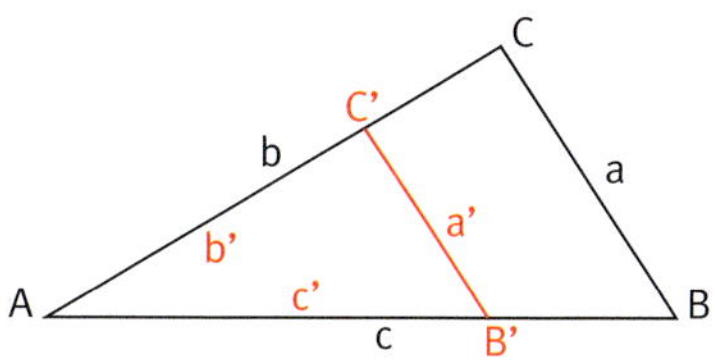


**16** Die abgebildete Figur besteht aus Parallelogrammen mit jeweils gleichen Winkeln.

**a)** Begründe, dass die Dreiecke AEK und KFC ähnlich zueinander sind.

**b)** Nenne zwei Dreiecke, die zum Dreieck KCG ähnlich, aber nicht kongruent sind.

**c)** Es gilt: $\overline{AE}$ = 4 cm; $\overline{EK}$ = 2,4 cm und $\overline{FC}$ = 1,8 cm. Bestimme die Länge von $\overline{KF}$.

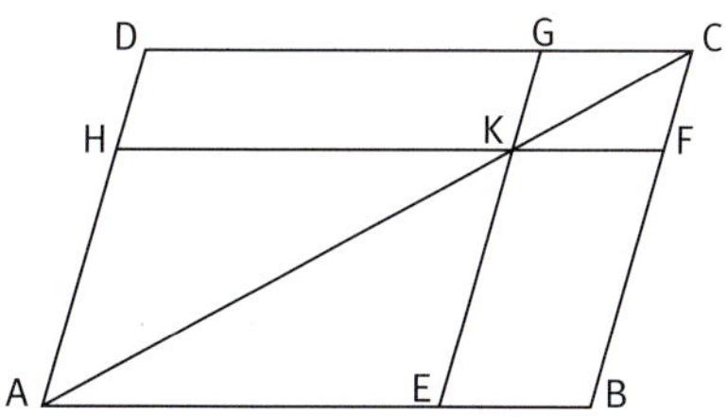

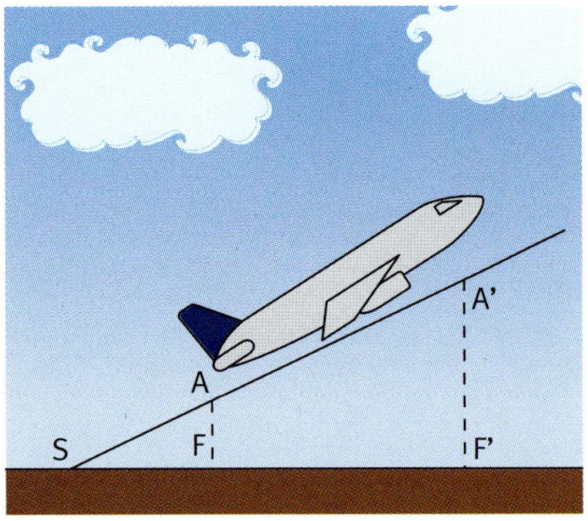


Ein Airbus A380 befindet sich bis zu einer Flughöhe von etwa 10 000 m im gleichmäßigen Steigflug. Im Flugzeug kannst du auf Monitoren Flugdaten ablesen. Der Monitor zeigt folgende Daten an:

| Monitor 1 | Monitor 2 |
|---|---|
| Ground Speed 340 km/h | Ground Speed 420 km/h |
| Distance from Destination 5 km | Distance from Destination 12 km |
| Altitude 850 m | Altitude 2040 m |
| Flight Time 0:01 h | Flight Time 0:02 h |

- Erkläre die Begriffe auf dem Monitor.
- In welcher Höhe befindet sich der Airbus bei einer „Distance from Destination“ von 20 km? Verwende die orangen Größen und beschreibe dein Vorgehen.
- Welche Zusammenhänge bestehen zwischen den Flughöhen und den Streckenabschnitten auf dem Boden? Erkläre mithilfe ähnlicher Dreiecke.

## Merkwissen

Bei ähnlichen Dreiecken ist das Verhältnis zugehöriger Seiten stets gleich. Diese Eigenschaft wird bei den sogenannten **Strahlensätzen** ausgenutzt:

*Je nach Lage der Parallelen spricht man von einer* ***V-Figur***

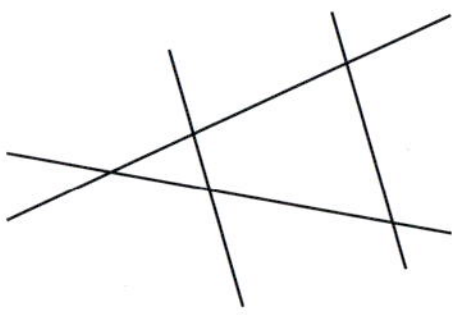

*und einer* ***X-Figur***.

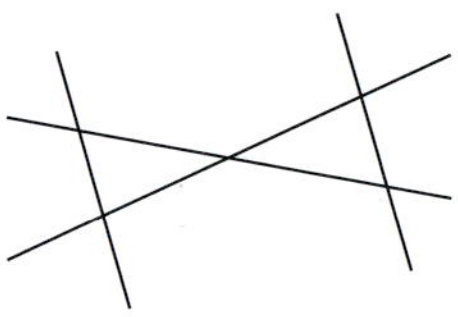

Werden zwei sich in Z schneidende Geraden von zwei Parallelen geschnitten, ...

- dann stehen einander entsprechende Streckenabschnitte auf den Geraden durch Z im gleichen Verhältnis (**1. Strahlensatz**).

**Beispiel:**

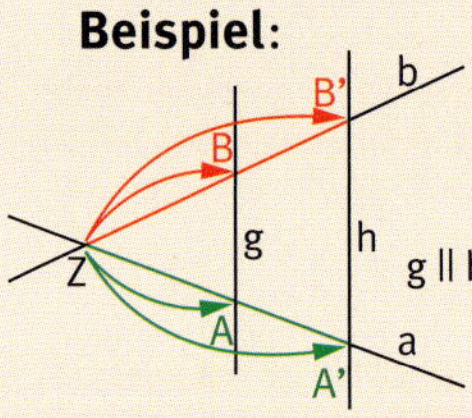


$\frac{\overline{ZA}}{\overline{ZA'}} = \frac{\overline{ZB}}{\overline{ZB'}}$

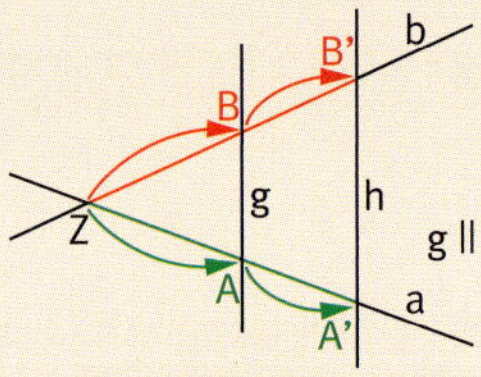


$\frac{\overline{ZA}}{\overline{AA'}} = \frac{\overline{ZB}}{\overline{BB'}}$

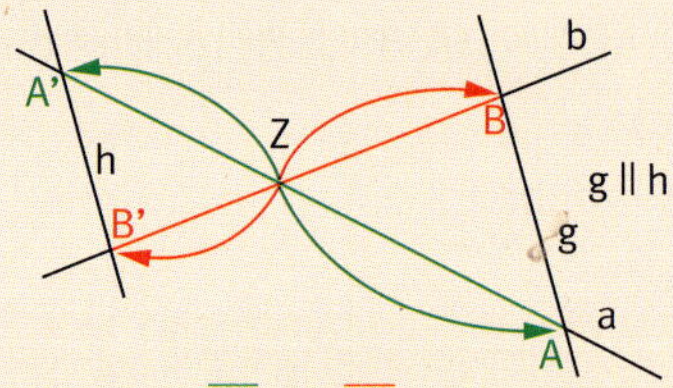


$\frac{\overline{ZA}}{\overline{ZA'}} = \frac{\overline{ZB}}{\overline{ZB'}}$

- dann ist das Verhältnis der Streckenabschnitte auf den Parallelen gleich dem zugehörigen Streckenverhältnis auf jeder der Geraden durch Z (**2. Strahlensatz**).

**Beispiel:**

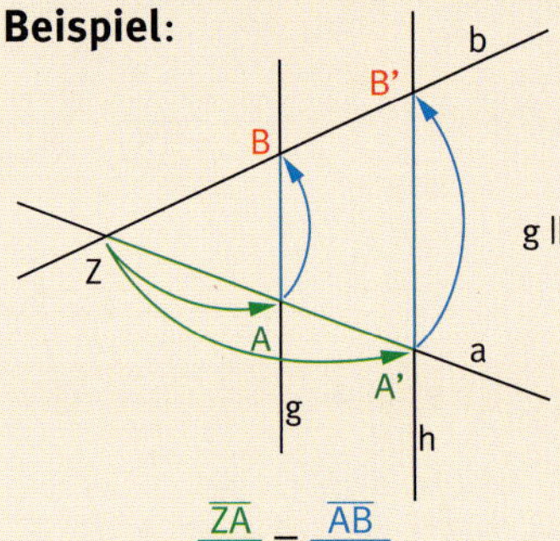


$\frac{\overline{ZA}}{\overline{ZA'}} = \frac{\overline{AB}}{\overline{A'B'}}$

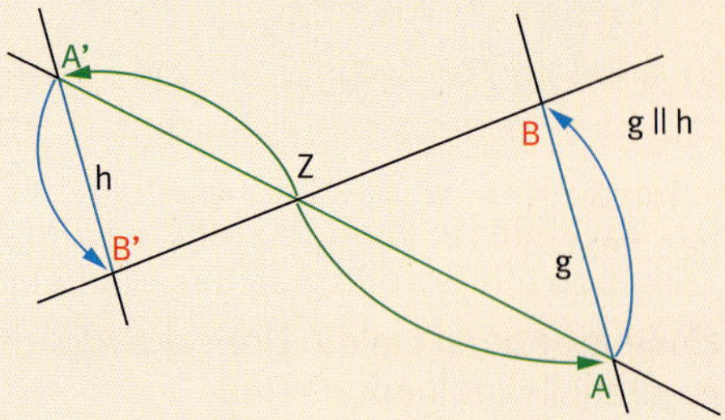


$\frac{\overline{ZA}}{\overline{ZA'}} = \frac{\overline{AB}}{\overline{A'B'}}$

*Beachte:*
*Beim 2. Strahlensatz müssen die zugehörigen Abschnitte immer auf derselben Gerade in Z beginnen.*

**Beispiele**

**I** Berechne mithilfe der Strahlensätze die fehlenden Längen.

**Lösung:**
Berechnung von ...

y mit dem 1. Strahlensatz:

$$\frac{\overline{ZB}}{\overline{BB'}} = \frac{\overline{ZA}}{\overline{AA'}}$$

$$\frac{y}{9{,}5\text{ cm}} = \frac{6\text{ cm}}{7{,}6\text{ cm}} \quad |\cdot 9{,}5$$

$$y = 7{,}5\text{ cm}$$

x mit dem 2. Strahlensatz:

$$\frac{\overline{A'B'}}{\overline{AB}} = \frac{\overline{ZA'}}{\overline{ZA}}$$

$$\frac{x}{3\text{ cm}} = \frac{(6 + 7{,}6)\text{ cm}}{6\text{ cm}} \quad |\cdot 3$$

$$x = 6{,}8\text{ cm}$$

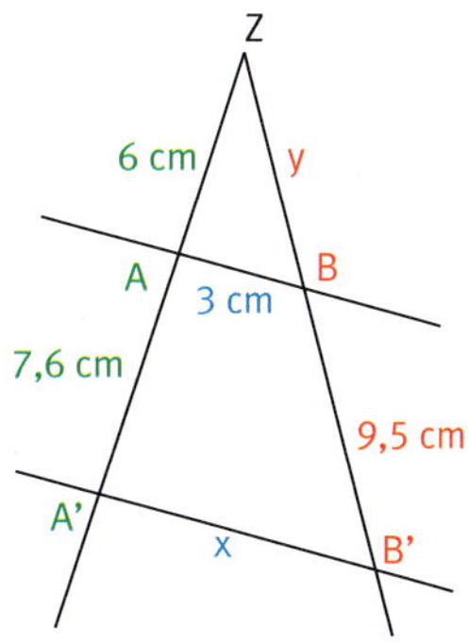


*Die Strahlensätze führen zu Verhältnisgleichungen. Es ist einfacher, wenn die gesuchte Länge im Zähler steht (siehe Beispiel II auf Seite 8).*

**Verständnis**

- Begründe die Gültigkeit der Strahlensätze mithilfe ähnlicher Dreiecke.
- Wie kann man mithilfe der Strahlensätze den Streckfaktor k bestimmen?

**Aufgaben**

**1** Überprüfe, wo die Strahlensätze richtig angewendet wurden (g ∥ h).

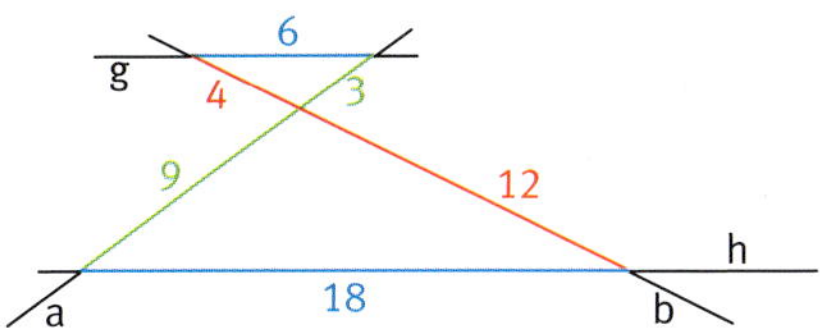


1 $\frac{3}{9} = \frac{18}{6}$

2 $\frac{4}{9} = \frac{6}{18}$

3 $\frac{6}{18} = \frac{4}{12}$

4 $\frac{3}{4} = \frac{9}{12}$

5 $\frac{6}{18} = \frac{9}{12}$

6 $\frac{4}{6} = \frac{9}{18}$

**2** Berechne die farbig markierten Längen mithilfe der Strahlensätze.

**a)**

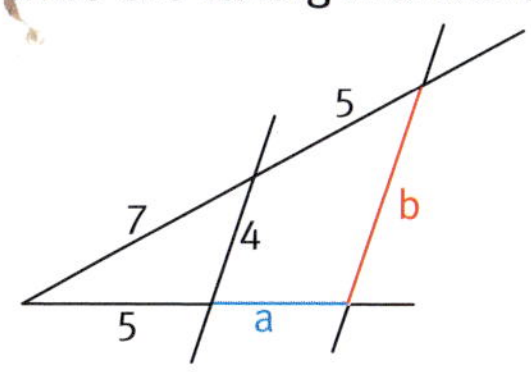


**b)**

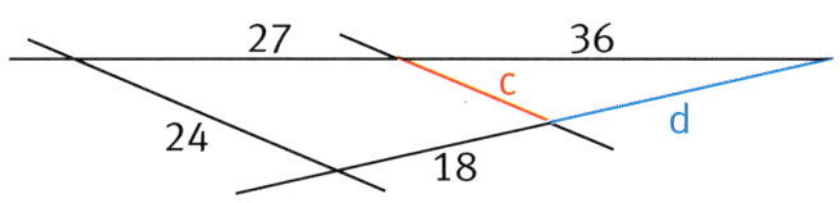


**c)**

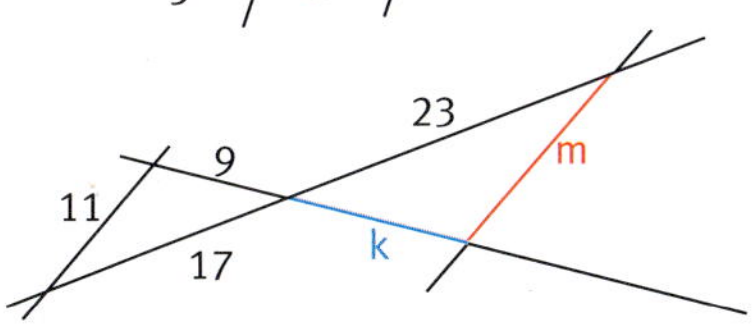


**d)**

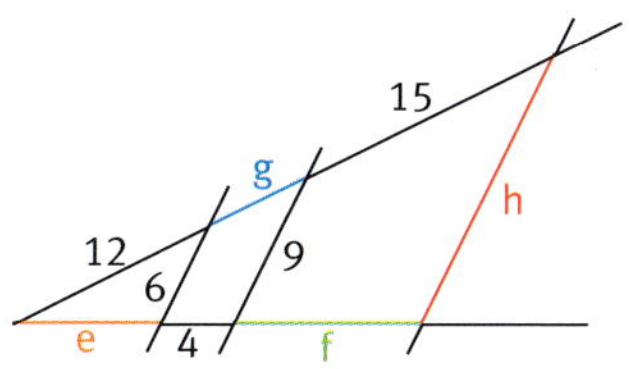


**3** Finde weitere zugehörige Streckenverhältnisse zum 1. Strahlensatz wie im Beispiel aus dem Merkwissen.

**4** Finde möglichst viele Zusammenhänge mithilfe der Strahlensätze. Findest du mehrere Lösungen?

**a)** $\frac{\overline{ZA}}{\overline{ZB}} = \frac{\square}{\square}$ **b)** $\frac{\overline{ZG}}{\overline{ZI}} = \frac{\square}{\square}$ **c)** $\frac{\overline{ZE}}{\overline{ZF}} = \frac{\square}{\square}$ **d)** $\frac{\overline{ZE}}{\overline{ZH}} = \frac{\square}{\square}$ **e)** $\frac{\overline{ZE}}{\overline{EH}} = \frac{\square}{\square}$

**f)** $\frac{\overline{ZA}}{\overline{AG}} = \frac{\square}{\square}$ **g)** $\frac{\overline{ZI}}{\overline{ZC}} = \frac{\square}{\square}$ **h)** $\frac{\overline{DA}}{\overline{FC}} = \frac{\square}{\square}$ **i)** $\frac{\overline{HE}}{\overline{GD}} = \frac{\square}{\square}$

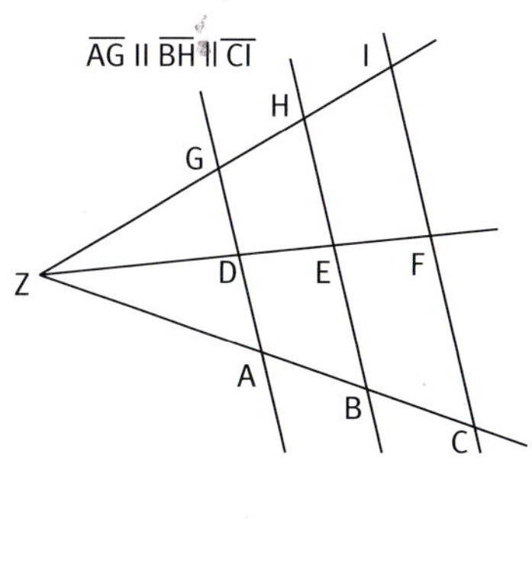

*Lösungen zu 5:*
*1,4; 15; 18; 46,25; 50,4*

**5** Bei Strahlensätzen müssen Verhältnisgleichungen gelöst werden. Bestimme die unbekannte Größe.

a) $\frac{5}{9} = \frac{x}{27}$ b) $\frac{6}{y} = \frac{45}{135}$ c) $\frac{12,5}{36} = \frac{17,5}{x}$ d) $\frac{z}{17,5} = \frac{22,2}{8,4}$ e) $\frac{0,5}{x} = \frac{2,25}{6,3}$

**6** In einen Dachstuhl muss eine Stütze eingebracht werden. Berechne, in welcher Entfernung zum Dachstuhlende diese eingepasst werden muss, wenn die Stütze 0,8 m lang ist.

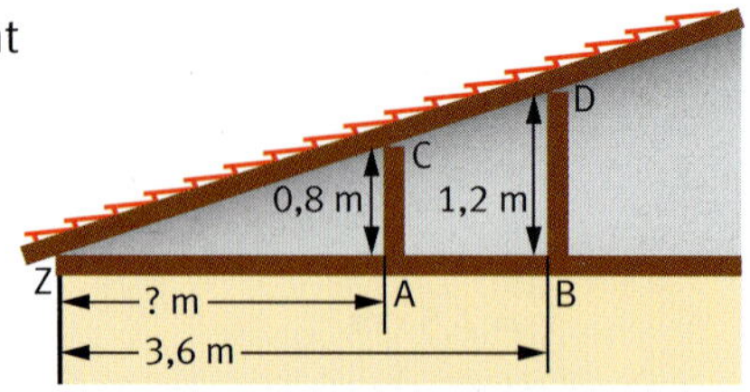


**7** Mithilfe eines Försterdreiecks werden Höhen von Bäumen ermittelt.

a) Übertrage die Skizze ins Heft.

b) Berechne die Höhe des Baumes. Beachte die Körpergröße des Mannes.

c) Erkläre, warum nicht der Boden angepeilt wird.

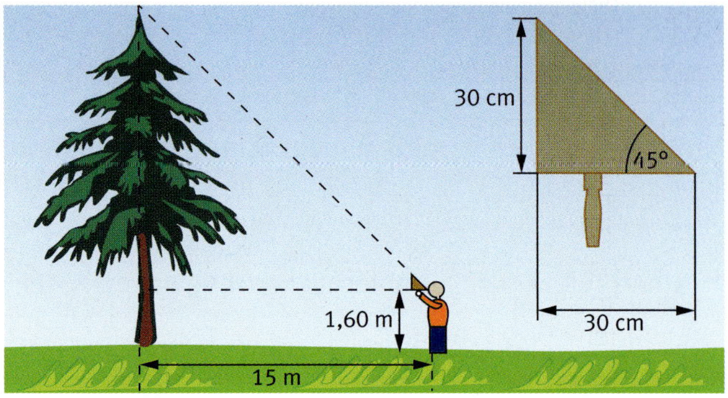


**8** Mithilfe der Strahlensätze kann man die Längen unzugänglicher Strecken berechnen. Bei einer Übung soll die Breite eines Teichs bestimmt werden.

*Alle Längenangaben sind in Metern gegeben.*

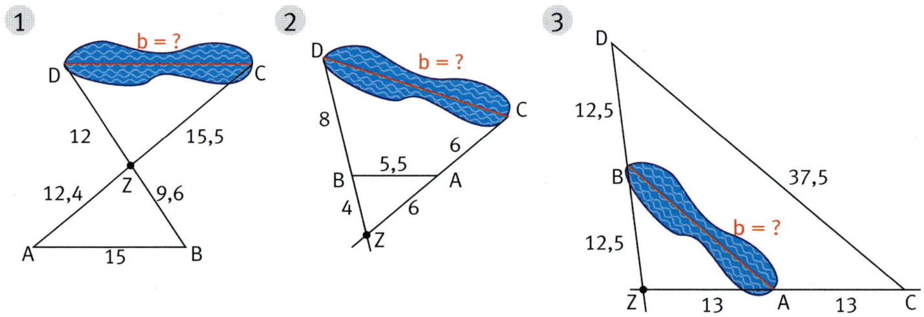


a) Welche der Gruppen 1 bis 3 können die Breite b bestimmen? Begründe.

b) Bestimme die Breite des Teichs mit den Ergebnissen aus a).

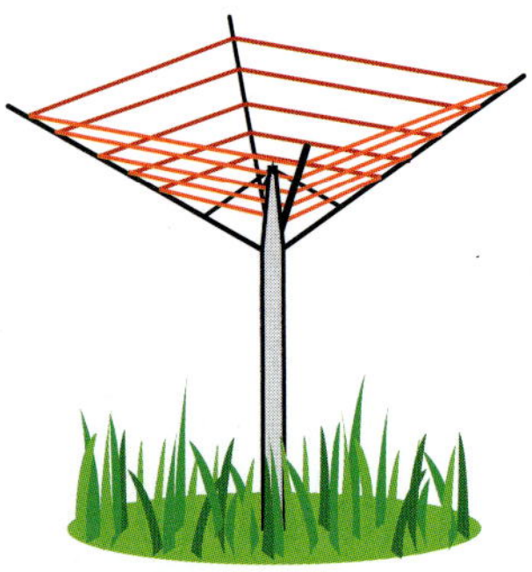

**9** Auf einer Wäschespinne wird auf engstem Raum viel Wäsche getrocknet. Beim abgebildeten Modell ist die erste Leine in 30 cm Entfernung vom Mittelpunkt angebracht. Sie hat eine Länge von viermal 50 cm. Der Abstand einer Leine zur nächstlängeren Leine beträgt jeweils 15 cm.

a) Erstelle eine geeignete Skizze zum Sachverhalt.

b) Berechne die Länge der äußersten Leine, wenn insgesamt fünf „Ebenen“ für Wäsche vorkommen.

c) Ermittle, auf wie vielen Metern Leine insgesamt Wäsche getrocknet werden kann.

**10** Der Schatten eines Turms ist 45,5 m lang. Zur gleichen Zeit misst der Schatten eines 1,85 m großen Mannes 2,59 m. Beide Schatten enden im gleichen Punkt. Skizziere die Situation und berechne die Höhe des Turmes.

**11** Schon im Altertum wurde, um die Höhe einer Pyramide zu bestimmen, ein Stab senkrecht so aufgestellt, dass die Spitze des Pyramidenschattens auf den Schatten des Stabs fiel. Berechne mithilfe der Werte die Höhe der quadratischen Pyramide.

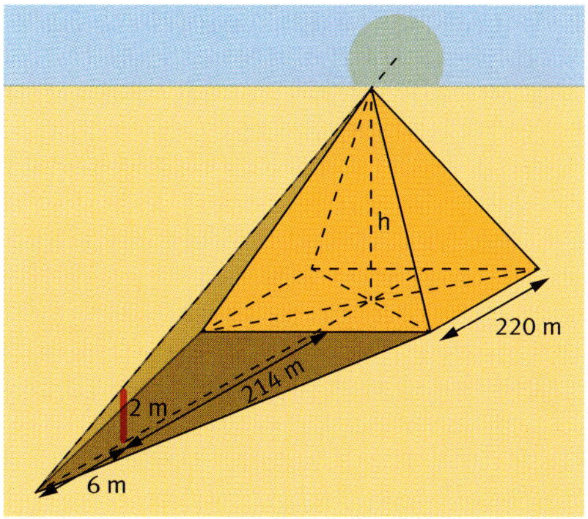


*Die Zeichnung ist nicht maßstabsgetreu.*

**12** Unbekannte Größen kann man „Pi mal Daumen" bestimmen. Dazu peilt man einen Gegenstand bei ausgestreckter Armlänge l über den Daumen mit Daumenlänge d an. Bei einem Abstand a lässt sich damit ein Gegenstand der Länge g abdecken.

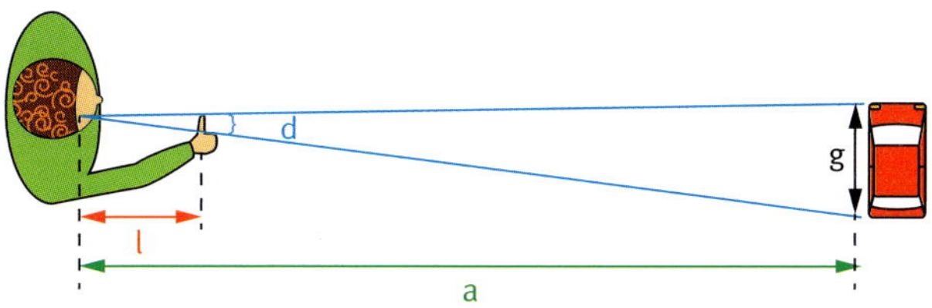


**a)** Ein Auto ist etwa 4,50 m lang. Bestimme mit deinen Maßen d und l die Entfernung vom Auto.

**b)** Probiere selbst aus, entweder den Abstand a oder die Länge g von Gegenständen mithilfe deiner Daumenlänge und Armlänge zu bestimmen.

**Wissen**

**Umkehrung des 1. Strahlensatzes**

Werden zwei Geraden a und b, die sich in einem Punkt Z schneiden, von zwei Geraden g und h so geschnitten, dass das Verhältnis der Streckenlängen zugehöriger Abschnitte auf a und b jeweils gleich ist, dann sind die Geraden g und h parallel zueinander.

- Begründe rechnerisch, dass die beiden roten Geraden g und h parallel zueinander sind.
- Konstruiere mithilfe der Umkehrung des 1. Strahlensatzes zueinander parallele Geraden.
- Finde heraus, welche der Geraden m, a, l, e und r in Wirklichkeit parallel zueinander sind. Begründe deine Aussage. Die Zeichnung ist nicht maßstäblich.

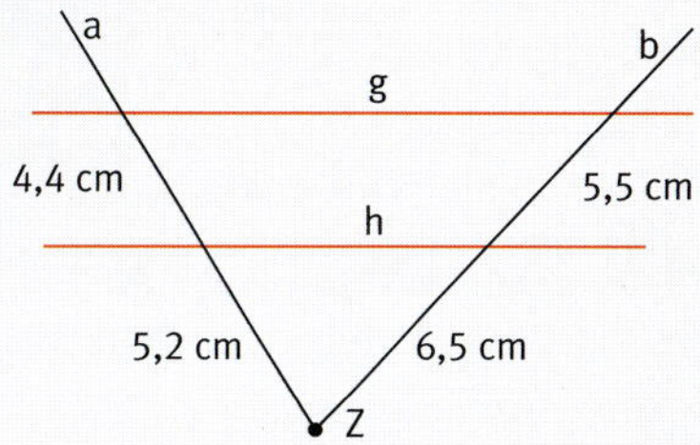


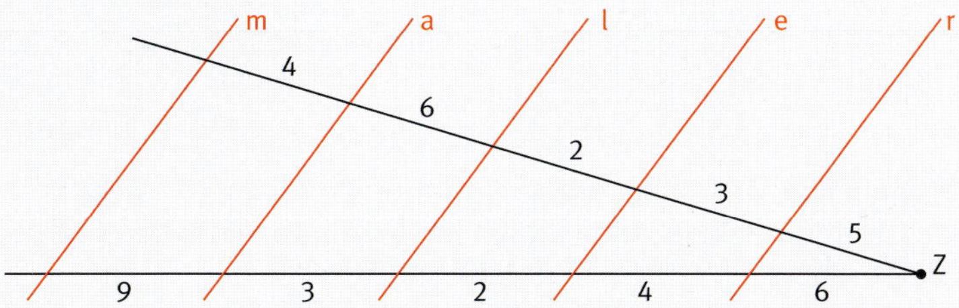

## 1.5 Vermischte Aufgaben

**1** Um welchen Faktor k wurden die Figuren vergrößert bzw. verkleinert?

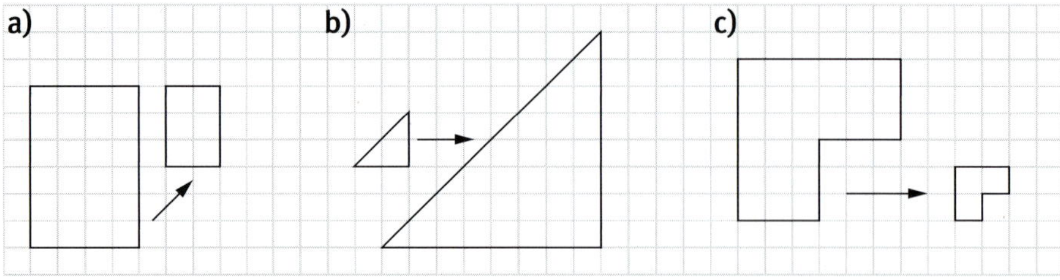


**2** Übertrage die Figuren mit $k = \frac{1}{2}$ ($k = 1{,}5$) in dein Heft.

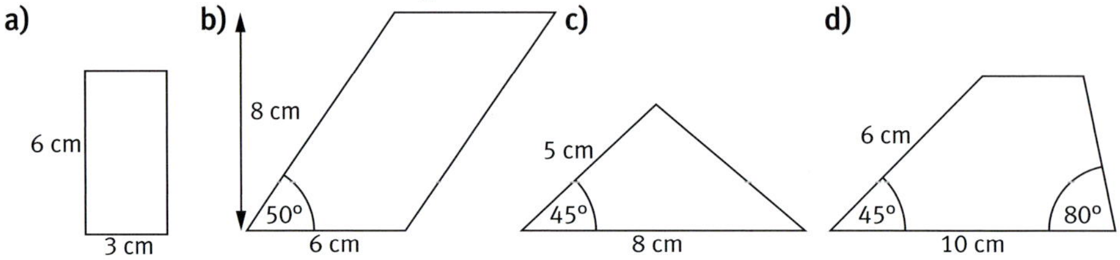


**3** Welche Figuren sind ähnlich zueinander?

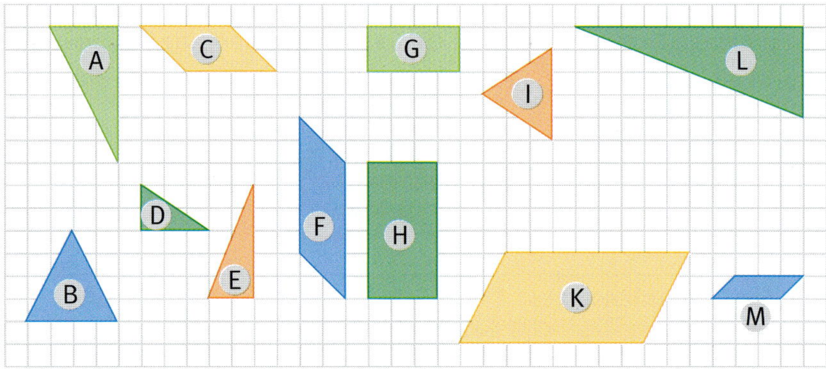


**4** Welche Dreiecke sind zueinander ähnlich?

1. $a = 9$ cm; $\beta = 81°$; $\gamma = 47°$
2. $b = 6{,}3$ cm; $\beta = 52°$; $\gamma = 81°$
3. $b = 9{,}9$ cm; $\alpha = 47°$; $\beta = 52°$
4. $c = 2{,}4$ cm; $\alpha = 80°$; $\beta = 48°$
5. $a = 7{,}2$ cm; $\alpha = 52°$; $\gamma = 48°$
6. $b = 6$ cm; $\alpha = 47°$; $\gamma = 80°$

*alle Angaben in cm*

**5** **a)** Zeichne den Stern im Maßstab 3 : 1 in dein Heft.
**b)** Bestimme Flächeninhalt und Umfang des Sterns.

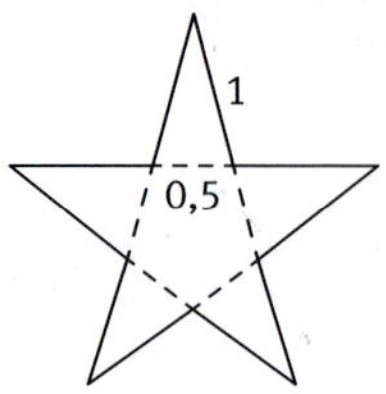


**6** Markus meint: Wenn ich alle Strecken einer Figur um die gleiche Strecke l verkürze, dann entsteht eine Figur, die ähnlich ist zur Ausgangsfigur. Überprüfe die Aussage an Beispielen.

**7** Bestimme die Längen der farbig markierten Strecken.

*alle Angaben in cm*

**a)**

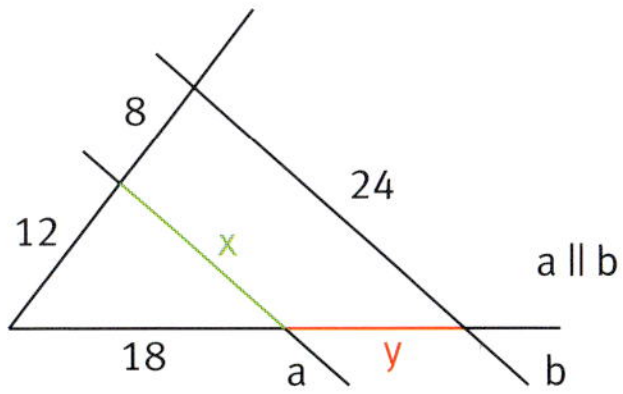


**b)**

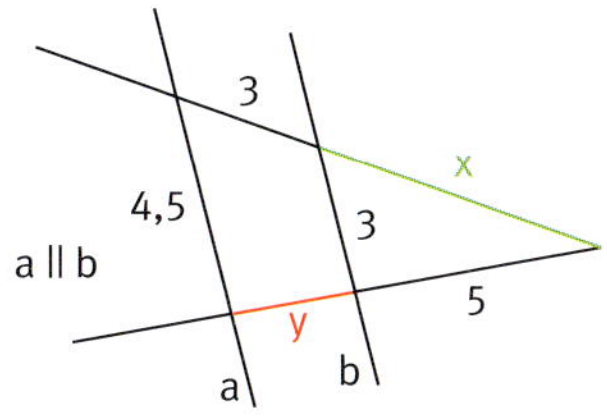


**c)**

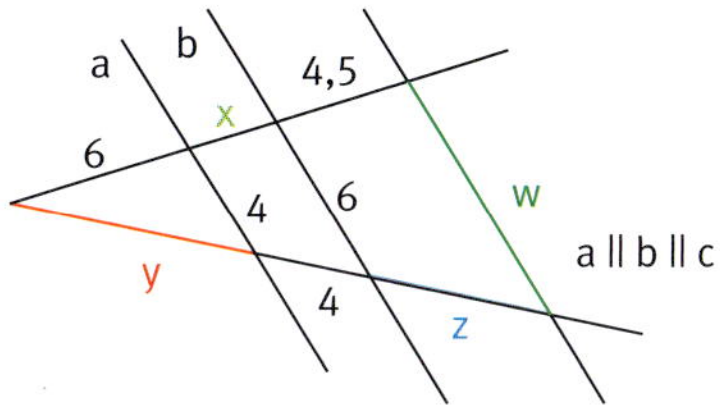


**d)**

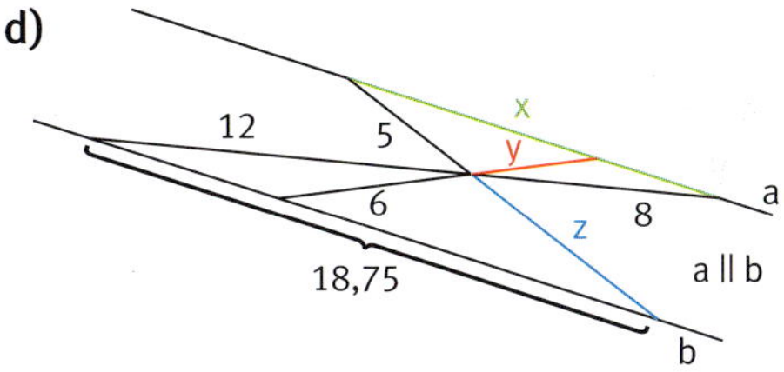


**8** Übertrage die Figuren in dein Heft und strecke sie von Z aus mit dem Streckfaktor $k = 2$ ($k = \frac{1}{2}$; $k = 1{,}5$).

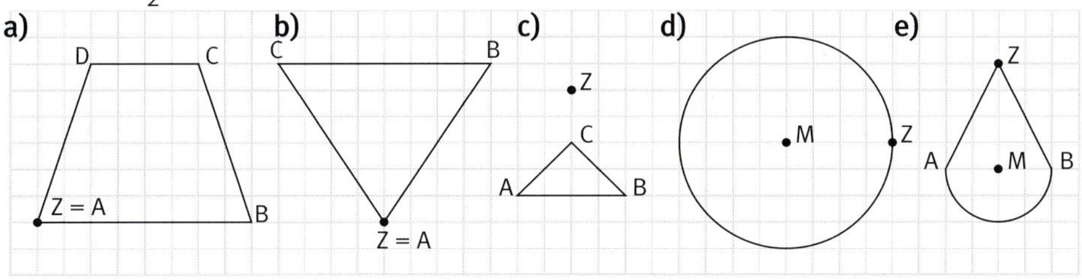


**9** Berechne die Längen der Strecken $\overline{AA'}$ und $\overline{A'B'}$.

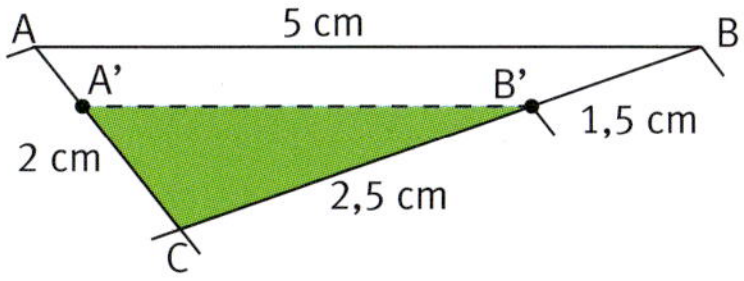


**10** In der Kunst wird ein sogenannter „Kanon" genutzt, um menschliche Proportionen besser darstellen zu können.

**a)** Berechne die Längen der Beine (die Höhe des Knies, die Kopflänge, die Länge vom Bauchnabel bis zum Hals) für einen 1,80 m großen erwachsenen Menschen nach diesem „Kanon".

**b)** Ein 1-jähriges Kind ist 86 cm groß. Berechne die Größe des Kopfes. Vergleiche seine Kopfgröße mit der eines Erwachsenen.

**c)** Die Fußlänge eines erwachsenen Menschen beträgt etwa $\frac{1}{7}$ der Körpergröße. Wie groß müsste Ute (23 Jahre) sein, wenn ihre Füße 25 cm groß sind?

**d)** Vermesse dich selbst und prüfe, ob der „Kanon" auch auf dich zutrifft.

Größe von Menschen in Vielfachen ihrer Kopflänge

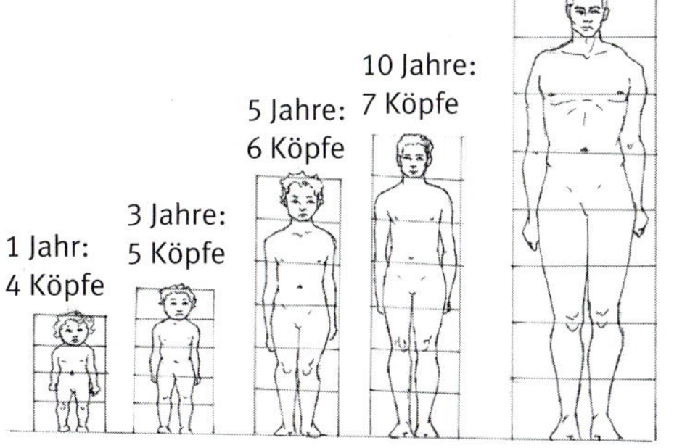

**11** Die Schüler der Schleizer Goetheschule fertigten im Jahr 1995 ein Modell der Schule im Maßstab 1 : 75 an.

**a)** Im Modell ist der Schornstein 28 cm hoch. Berechne die Höhe des Originalschornsteins.

**b)** Der rote Backsteinbau hat eine Länge von 24 m. Berechne seine Länge im Modell.

**12** Gegeben sind die Dreiecke ABC mit A (2,5 | 4), B (2,5 | –1), C (3,5 | 1) sowie A'B'C' mit A' (5,5 | 5,5), B' (5,5 | –4,5) und C' (7,5 | –0,5).

**a)** Zeichne beide Dreiecke in ein Koordinatensystem (1 LE = 1 cm). Bestimme zeichnerisch die Koordinaten des Streckzentrums Z, wenn das Dreieck A'B'C' durch zentrische Streckung aus ABC hervorgegangen ist.

**b)** Bestimme den Streckfaktor k.

**c)** Berechne die Flächeninhalte der beiden Dreiecke und vergleiche sie.

**13** Mithilfe von Sammellinsen kann man Bilder von Gegenständen abbilden.

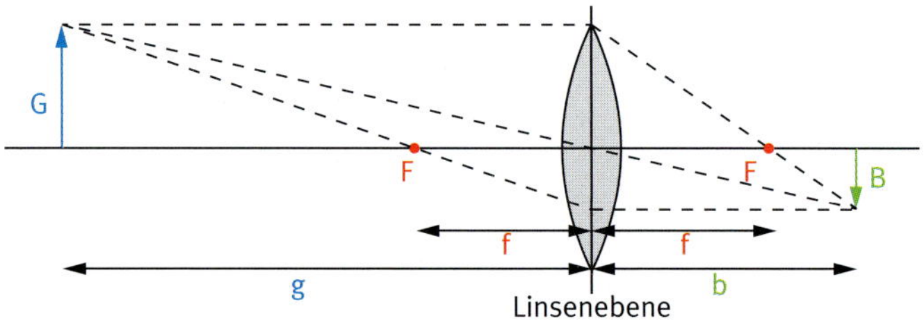


*Du kennst die Strahlenverläufe aus der Physik.*

**a)** Beschreibe den Strahlenverlauf an der Sammellinse. Welche Bedeutung haben die Größen G, B, F, g, b und f?

**b)** Skizziere den Aufbau in deinem Heft und kennzeichne ähnliche Dreiecke.

**c)** Berechne B für G = 6 cm, g = 24 cm und b = 18 cm.

**d)** Eine Kerze ist 10 cm hoch und steht 25 cm vor einer Linse. Wie weit ist das Bild der Kerze von der Linsenebene der Sammellinse entfernt, wenn das Bild ...

① 4 cm groß ist? ② 6 cm groß ist? ③ 10 cm groß ist?

**14** In Hirschberg steht ein 4,50 m langes Modell eines Füllers. Ein Schulfüller ist 15,0 cm lang und hat einen Durchmesser von 1,0 cm.

**a)** Welchen Umfang hat das maßstäbliche Modell?

**b)** Geben Sie den Maßstab der Vergrößerung an.

**c)** Eine normale Tintenpatrone hat etwa einen Inhalt von 1 ml. Berechnen Sie das Volumen einer Tintenpatrone für den Modellfüller.

**15** Die „Breite“ von Gewässern kann durch Anpeilen von markanten Punkten und durch Abmessen bestimmter Längen ermittelt werden.
Berechnen Sie die Länge der Strecke $\overline{AB}$.

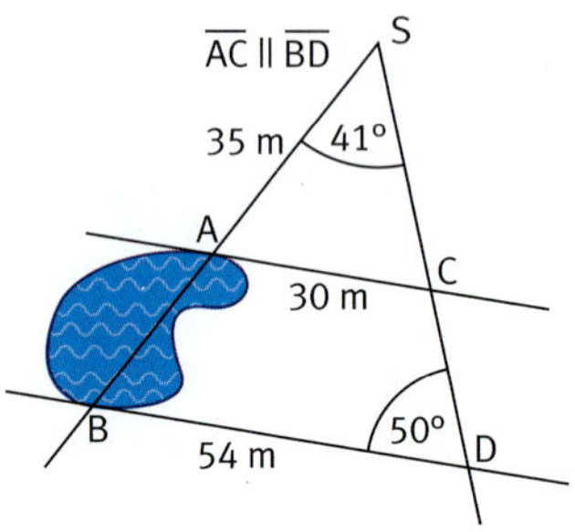

**16** Familie Schwarz hat das Badezimmer renoviert. Die rechteckigen Wandfliesen haben die Maße 20 cm × 30 cm und die rechteckigen Bodenfliesen das Format 45 cm × 30 cm.

**a)** Zeige rechnerisch, dass die Fliesen einander ähnlich sind.

**b)** In welchem Verhältnis stehen die ...

1 Seitenlängen der Fliesen zueinander? 2 Flächen der Fliesen zueinander?

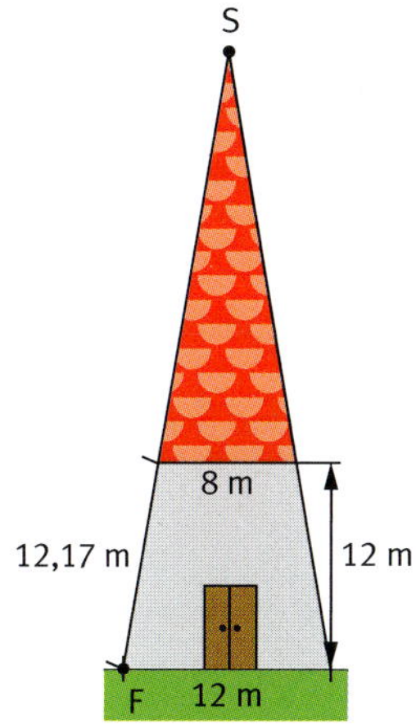


**17** Ein Kirchturm wird wie in der Zeichnung dargestellt vermessen.

**a)** Berechne die Höhe des Kirchturms.

**b)** Berechne die Länge der Eckpfeiler vom Fußpunkt F des Turms bis zu seiner Spitze S.

**18** Ein beliebiges Rechteck ABCD wird in drei Dreiecke zerlegt. Untersuche, ob die Dreiecke ähnlich sind. Begründe deine Antwort.

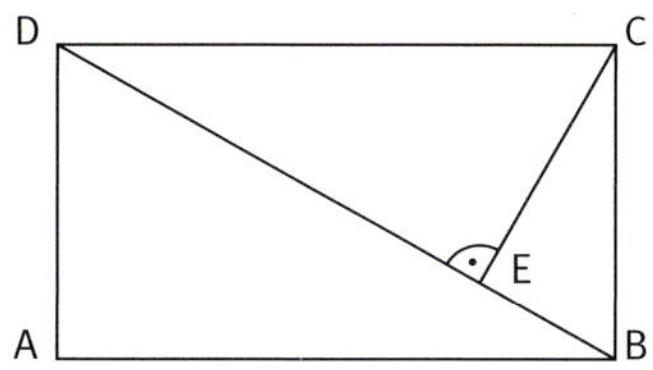


**19** Ein Set aus drei zueinander ähnlichen Truhen steht zum Verkauf. Die größte Truhe hat die Außenmaße 96 cm × 48 cm × 48 cm. Das längste Maß der kleinsten Truhe entspricht dem kleinsten Maß der größten Truhe. Das Volumen der mittleren Truhe beträgt $\frac{27}{64}$ des Volumens der größten Truhe.

**a)** Berechne die Maße der mittleren und kleinen Truhe.

**b)** Vergleiche die Oberflächen der Truhen und bestimme die Faktoren a, b und c in folgenden Gleichungen:

$A_{groß} = a \cdot A_{klein}$ $A_{groß} = b \cdot A_{mittel}$ $A_{mittel} = c \cdot A_{klein}$

## Basteln

**Lochkamera**

**Funktionsweise**

Wie entsteht ein Bild in einem Fotoapparat?
Von jedem Gegenstand werden Lichtstrahlen reflektiert. Diese fallen durch die Linse einer Kamera in deren Inneres, wo sie auf Fotopapier oder einen lichtempfindlichen Chip treffen und dort gespeichert werden.
Das Prinzip eines Fotoapparats kann man mit einer einfachen Lochkamera verdeutlichen.

**Bauanleitung**

Nimm einen von innen schwarzen Schuhkarton und schneide eine kleine Seitenwand heraus. Beklebe die Öffnung anschließend mit Transparentpapier. Hier kannst du später die Bilder sehen.
Setze den Deckel auf den Schuhkarton und versiegle alle Stellen mit Klebeband, sodass kein Licht einfällt.
Steche gegenüber dem Transparentpapier in die Wand mittig ein möglichst kleines, rundes Loch.

- Erkläre die Funktionsweise einer Lochkamera.
- Bestimme die Größe des Bildes der Kerze in der Abbildung.
- Überprüfe mithilfe des Strahlensatzes die Größe des Bildes in deiner Lochkamera.

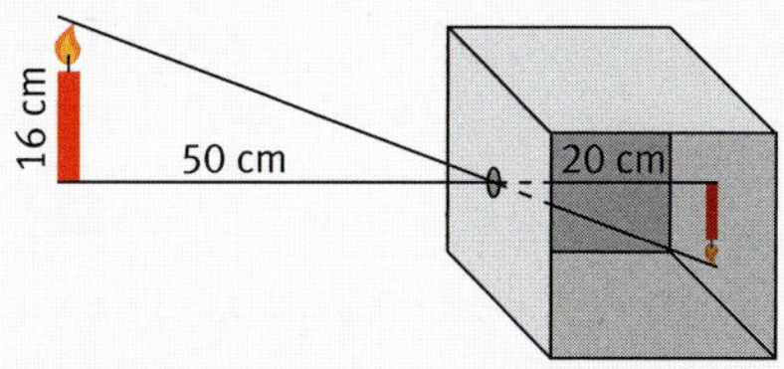

1

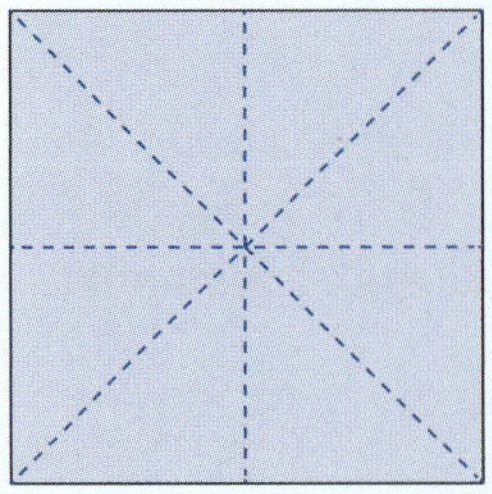

Lege die farbige Fläche nach oben, falte Diagonalen und Mittellinien und öffne wieder.

2

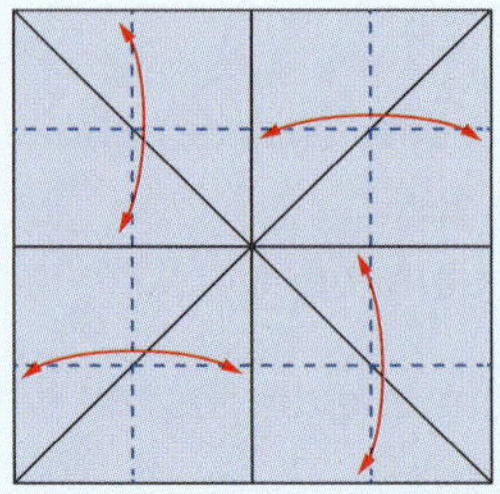

Viertele jede Quadratseite und öffne wieder.

3

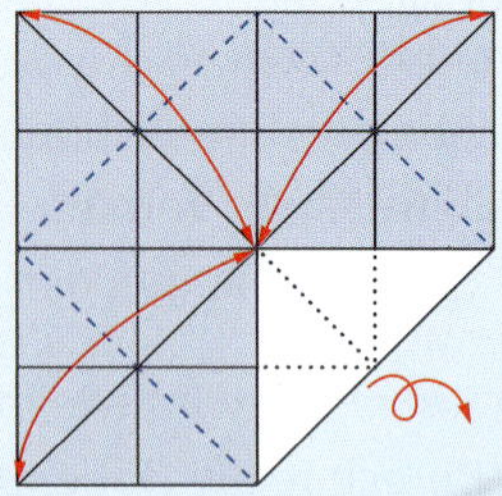

Falte alle vier Ecken zur Mitte. Öffne drei Ecken wieder, nur die rechte untere Ecke bleibt eingeklappt. Wende das Blatt.

4

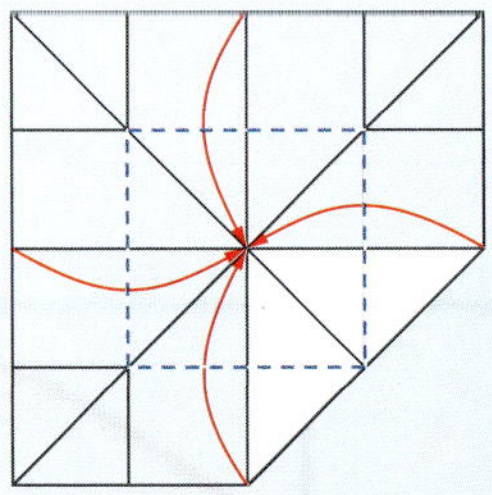

Knicke entlang der blau gezeichneten Kanten so um, dass die Mittelpunkte der Quadratseiten auf den Schnittpunkt in der Quadratmitte fallen, wobei ...

5

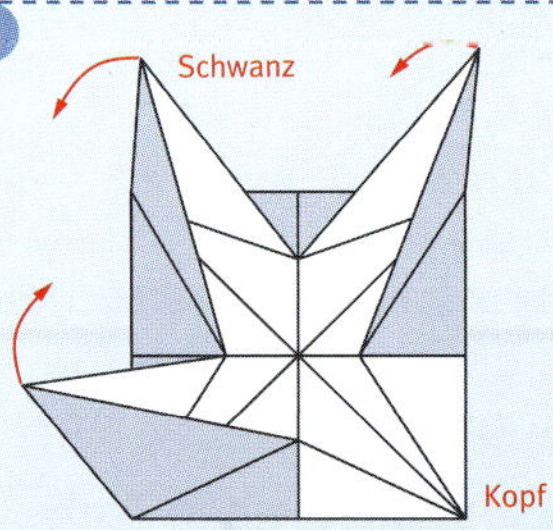


die drei äußeren Ecken hoch stehen. Diese bilden Flossen und Schwanz. Die Flossen werden in Richtung Schwanz umgelegt, dieser wird selbst nach unten geklappt.

6

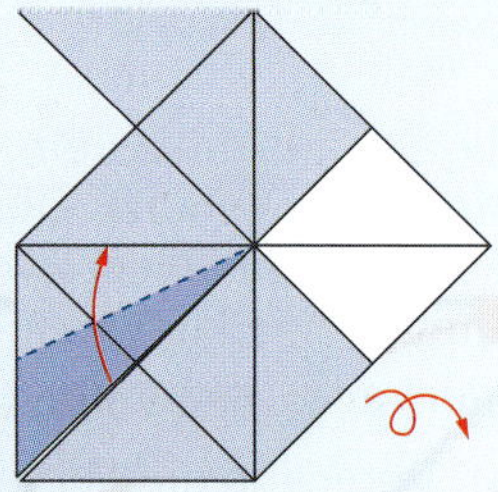

Knicke für den Schwanz die nach unten geklappte Ecke zur Hälfte nach oben, sodass Kante auf Kante liegt. Drehe die Figur: Der Fisch ist fertig.

**Fischige Angelegenheiten**

Falte aus Origamipapier einen Fisch nach der obigen Anleitung und entfalte ihn wieder. Färbe in dem Faltmuster die markierten Dreiecke ein.

**a)** Begründe, dass die markierten Dreiecke jeweils ähnlich zueinander sind.

**b)** Bestimme jeweils den Faktor k, um den die Seiten gestreckt wurden.

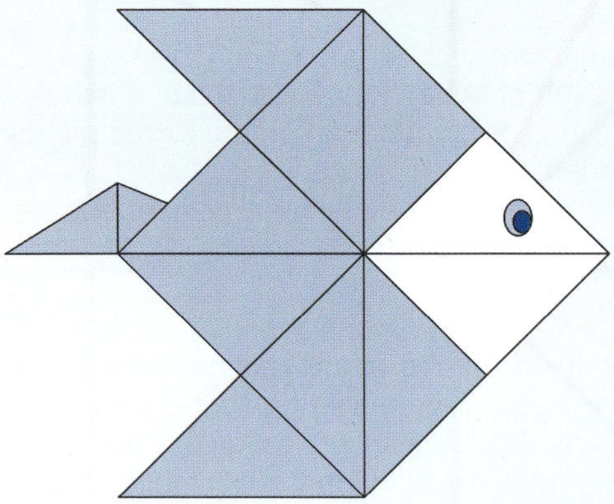

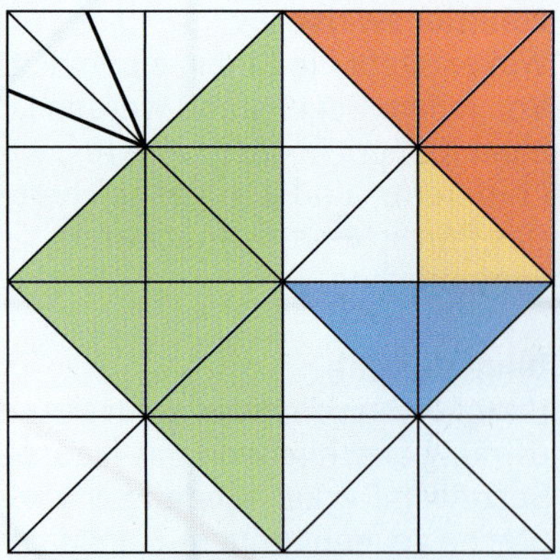

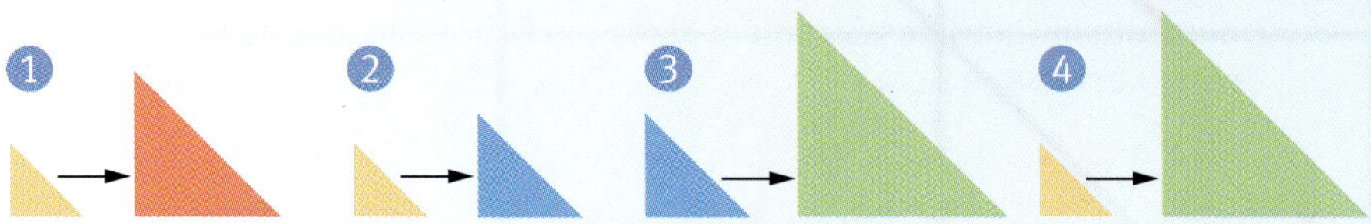

### Ähnliche Flächen

Falte aus Origamipapier den Fisch nach der Anleitung der Vorseite und entfalte ihn wieder. Das blaue Dreieck stellt für die folgenden Aufgaben eine Grundfigur dar.

**a)** Begründe, warum die markierten Dreiecke jeweils ähnlich zueinander sind.

**b)** Übertrage die Tabelle in dein Heft und fülle sie anhand der folgenden beiden Fragen aus.

| Dreieck | blau | rot | grün | gelb |
| --- | --- | --- | --- | --- |
| Streckfaktor k | 1 | | | |
| Anzahl Grundfiguren | 1 | | | |

(1) Bestimme jeweils den Streckfaktor k, mit dem die markierten Dreiecke aus dem blauen Dreieck entstanden sind.

(2) Mit wie vielen blauen Dreiecken kann man jeweils die anderen Dreiecke auslegen?

**c)** Beschreibe den Zusammenhang zwischen dem Streckfaktor und dem Flächeninhalt ähnlicher Figuren, wie du ihn aus b) erkennen kannst. Überprüfe den Zusammenhang an beliebigen weiteren ähnlichen Figuren.

### Lauter Strahlen

Ein Blatt durch Falten zu Vierteln ist ziemlich einfach.
Doch wie lässt es sich – nicht nur nach Augenschein, sondern exakt – dritteln?

(1) Falte das Quadrat zur Hälfte und entlang einer Diagonale.

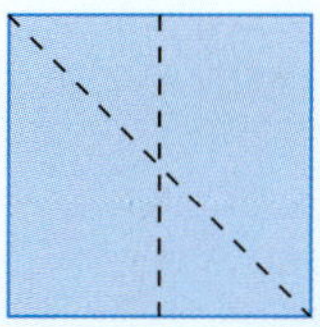

(2) Falte die Diagonale im Rechteck einer Quadrathälfte so, dass sich diese Diagonale mit der aus Schritt (1) schneidet.

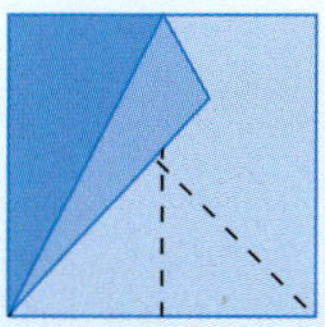

(3) Falte nun eine Linie parallel zur Mittelfaltung, die den Schnittpunkt der beiden Diagonalen enthält.

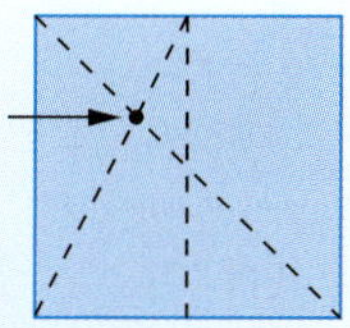

(4) Die untere und obere Quadratseite (und somit auch die Fläche) wird durch die Faltung gedrittelt.

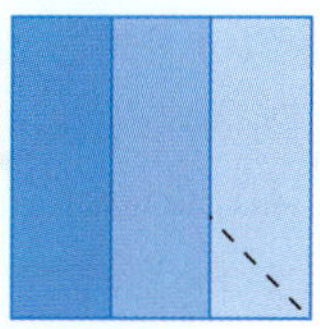

**a)** Suche in dem Faltmuster nach möglichst vielen Strahlensatzfiguren und markiere diese farbig.

**b)** Eine Quadratseite soll nun die Länge 1 haben. Zeige über die Untersuchung von Seitenverhältnissen aus Strahlensatzfiguren, dass x die Quadratseite drittelt.

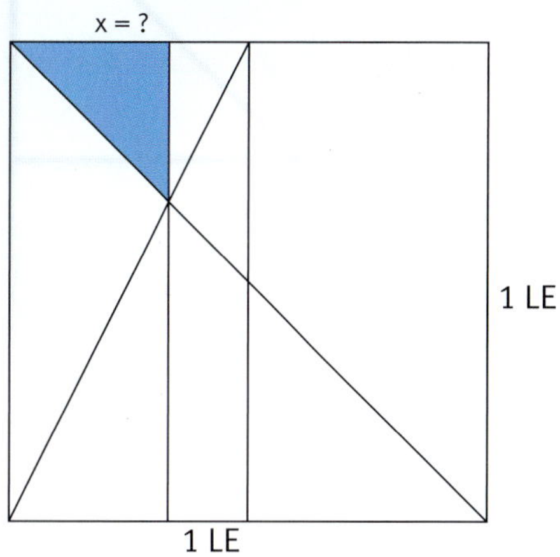

Überprüfe deine Fähigkeiten und Kenntnisse. Bearbeite dazu die folgenden Aufgaben und bewerte anschließend deine Lösungen mit einem Smiley.

| ☺ | 😐 | ☹ |
|---|---|---|
| Das kann ich! | Das kann ich fast! | Das kann ich noch nicht! |

Hinweise zum Nacharbeiten findest du auf der folgenden Seite. Die Lösungen stehen im Anhang.

**Aufgaben zur Einzelarbeit**

**1** Eine 14 cm lange Strecke soll im Verhältnis 3 : 4 geteilt werden. Berechne die Längen der beiden Teilstrecken.

**2** In welchem Verhältnis stehen die Längen der Strecken $\overline{AB}$ und $\overline{CD}$ zueinander?

**3** Zeichne eine Strecke $\overline{CD}$ = 7,8 cm. Teile diese Strecke mithilfe des Strahlensatzes in 3 (4, 5) gleich lange Teilstrecken.

**4** Zeichne ein Rechteck ABCD mit den Seitenlängen a = 4,0 cm und b = 5,0 cm.

**a)** Strecke das Rechteck mit den Streckfaktoren ...
(1) $k = \frac{1}{2}$. (2) k = 1,5.

Wähle hierbei das Streckzentrum Z so, dass ...
(A) es auf einem Eckpunkt des Rechtecks liegt.
(B) es innerhalb des Rechtecks liegt.

**b)** Vergleiche die Flächeninhalte des Originalrechtecks mit den Flächeninhalten der Bildrechtecke.

**5** Übertrage die Figur in dein Heft und vergrößere sie mit k = 3.

**a)**

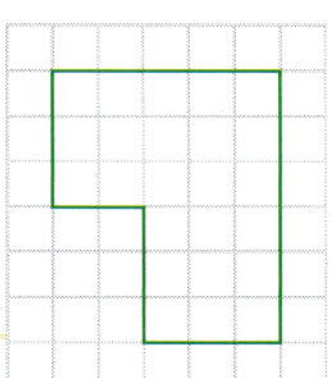

**b)**

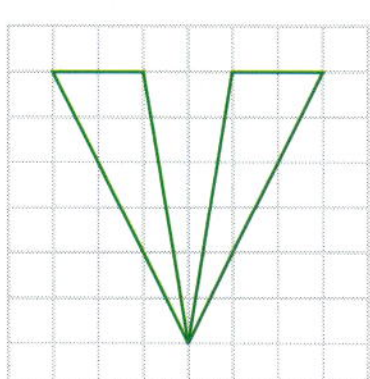

**6** Bestimme den Maßstab der Zeichnung eines Rechtecks mit ...

**a)** a = 40 m und b = 25 m, dessen Umfang in einer maßstäblichen Zeichnung 52 cm beträgt.

**b)** a = 800 m und b = 450 m, dessen Flächeninhalt in einer maßstäblichen Zeichnung 9 $cm^2$ beträgt.

**7** Bestimme den Faktor k, wenn es sich um eine Vergrößerung (Verkleinerung) handelt.

**a)**

**b)**

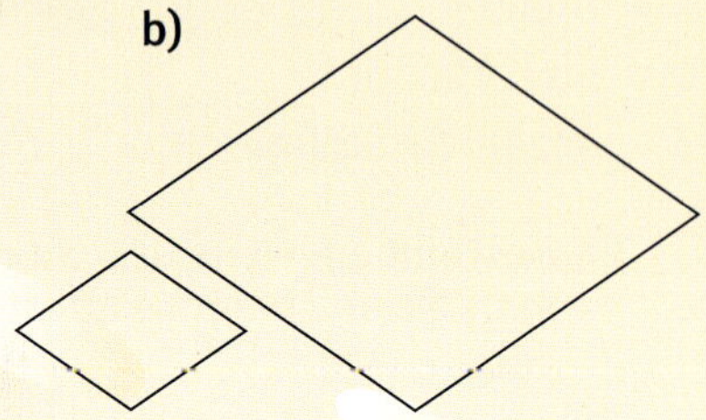

**8** Welche Figuren sind zueinander ähnlich?

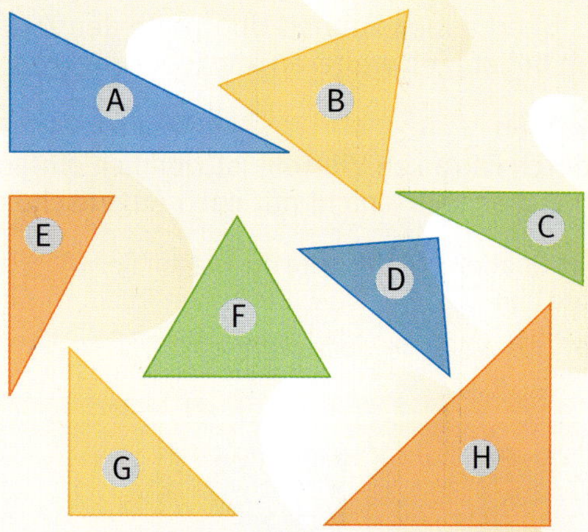


**9** Entscheide, ob die Dreiecke ABC und A'B'C' ähnlich zueinander sind. Begründe.

**a)** a = 4 cm; b = 6 cm; c = 3,5 cm
a' = 6 cm; b' = 9 cm; c' = 4,5 cm

**b)** $\alpha = 42°$; $\beta = 77°$; c = 45 mm
$\beta' = 77°$; $\gamma' = 61°$; a' = 6 cm

**c)** $\alpha = 56°$; b = 3,4 cm; c = 7,4 cm
$\alpha' = 56°$; b' = 43,18 dm; c' = 9398 mm

**d)** $\gamma = 56°$; a = 8 cm; c = 7 cm
$\beta' = 56°$; b' = 8 mm; a' = 7 mm

**e)** $\alpha = \beta = 60°$
a' = b' = c' = 2,8 cm

**f)** $\gamma = 90°$; a = 3 cm; b = 4 cm
c' = 15 cm; a = 9 cm; b = 12 cm

**10** Stelle möglichst viele Zusammenhänge zwischen Streckenlängen mit dem 1. und 2. Strahlensatz her.

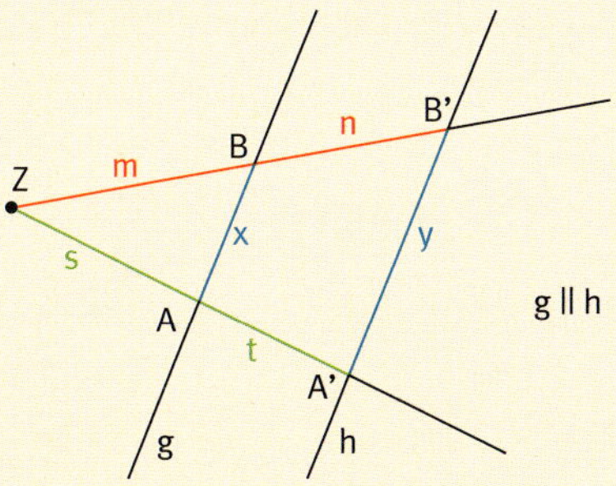


**11** Berechne die fehlenden Streckenlängen x und y. x = 4,8 cm y = 4,8 cm

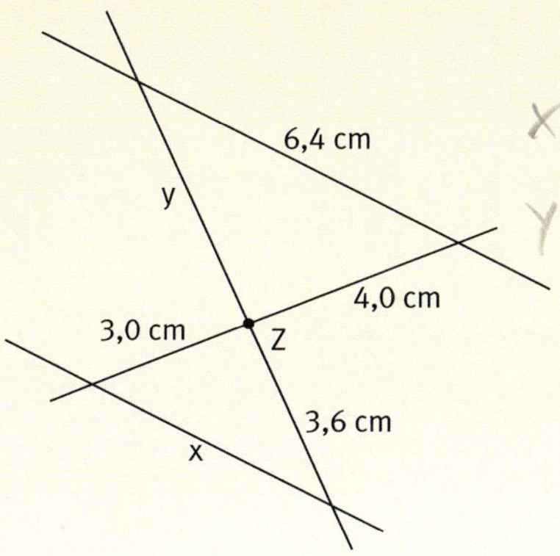


**12** Überprüfe, ob es sich bei dieser Figur um eine Strahlensatzfigur handelt. Begründe. nein

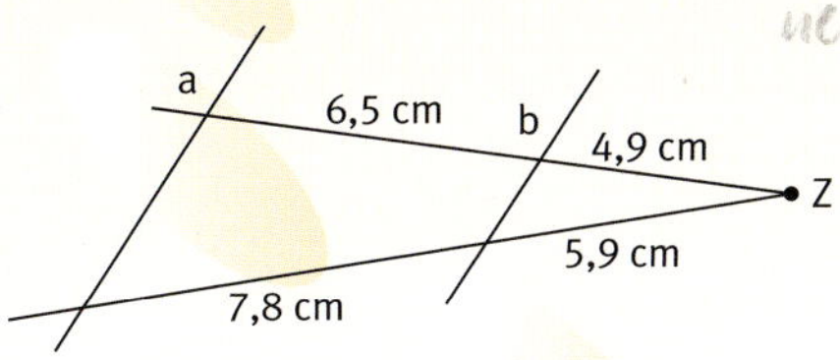


**13** Berechne die Höhe h des Turms. 18,5 m

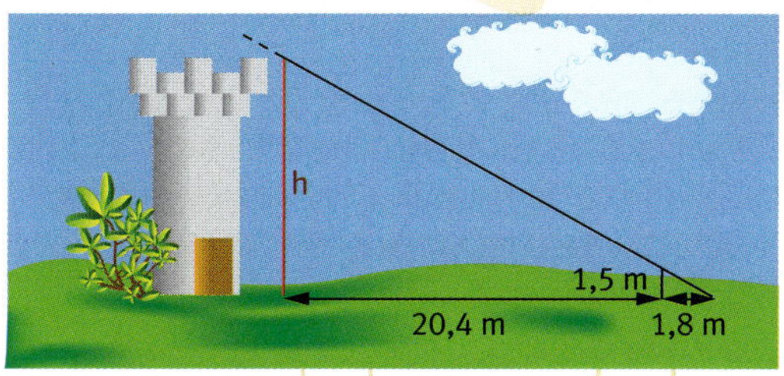


**Aufgaben für Lernpartner**

**Arbeitsschritte**

1. Bearbeite die folgenden Aufgaben alleine.
2. Suche dir einen Partner und erkläre ihm deine Lösungen. Höre aufmerksam und gewissenhaft zu, wenn dein Partner dir seine Lösungen erklärt.
3. Korrigiere gegebenenfalls deine Antworten und benutze dazu eine andere Farbe.

Sind folgende Behauptungen **richtig** oder **falsch**? Begründe schriftlich.

**14** Beim maßstäblichen Vergrößern mit dem Faktor k = 2 werden alle Streckenlängen und Winkelgrößen verdoppelt. f

**15** Der Streckfaktor $k = \frac{1}{4}$ entspricht dem Maßstab 1 : 4. r

**16** Ähnliche Figuren stimmen in ihrer Form überein. r

**17** Zwei Dreiecke sind zueinander ähnlich, wenn sie in der Länge aller drei Seiten übereinstimmen. r

**18** Zwei Dreiecke sind zueinander ähnlich, wenn sie in der Größe eines Winkels übereinstimmen. f

**19** Die Strahlensätze kann man anwenden, wenn zwei sich schneidende Geraden von zwei weiteren Geraden geschnitten werden. f

**20** Mithilfe der Strahlensätze lassen sich oftmals auch unzugängliche Streckenlängen bestimmen.

| Aufgabe | Ich kann ... | Hilfe |
|---|---|---|
| 1, 2, 6, 7, 15 | bei Figuren den Streckfaktor und Maßstab bestimmen. | S. 8 |
| 4, 5, 14 | Figuren maßstäblich vergrößern und verkleinern. | S. 10 |
| 8, 16 | ähnliche Figuren erkennen. | S. 14 |
| 9, 17, 18 | erkennen, wenn Dreiecke ähnlich zueinander sind. | S. 16 |
| 3, 10, 12, 19 | Streckenverhältnisse anhand der Strahlensätze aufstellen. | S. 18 |
| 11, 13, 20 | Strahlensätze nutzen, um Streckenlängen zu bestimmen. | S. 18 |

**S. 8**

Beispiel: a = 3,2 cm; b = 8,0 cm

Verhältnis: a : b = 3,2 : 8,0 = 32 : 80
oder a : b = 2 : 5

Unter dem **Verhältnis a : b** (lies: **a zu b**) zweier Streckenlängen a und b versteht man den **Quotienten ihrer Maßzahlen** (bei gleichen Längeneinheiten).

**S. 10**

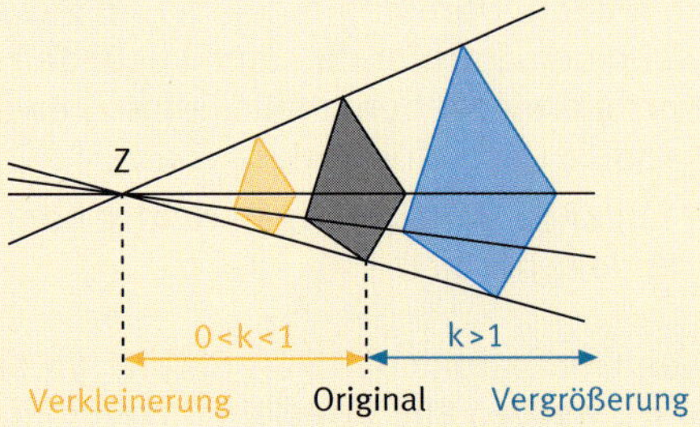


Bei **maßstäblichen Vergrößerungen** und **Verkleinerungen** legt der **Maßstab** fest, in welchem Verhältnis die Länge der Bildstrecke zur Länge der Originalstrecke steht. Man nennt diesen Maßstab **Streckfaktor k**.

$$k = \frac{\text{Länge der Bildstrecke}}{\text{Länge der Originalstrecke}}$$

**S. 14**

Zueinander **ähnliche Figuren** besitzen die **gleiche Form**. Sie stimmen überein ...

- in den entsprechenden Winkeln.
- im Verhältnis einander entsprechender Seiten.

Zwei Figuren A und B heißen **ähnlich** zueinander, wenn sie durch **maßstäbliches Vergrößern** oder **Verkleinern** auseinander hervorgegangen sind. Man schreibt: A ~ B (sprich: A „ist ähnlich zu“ B.).

**S. 16**

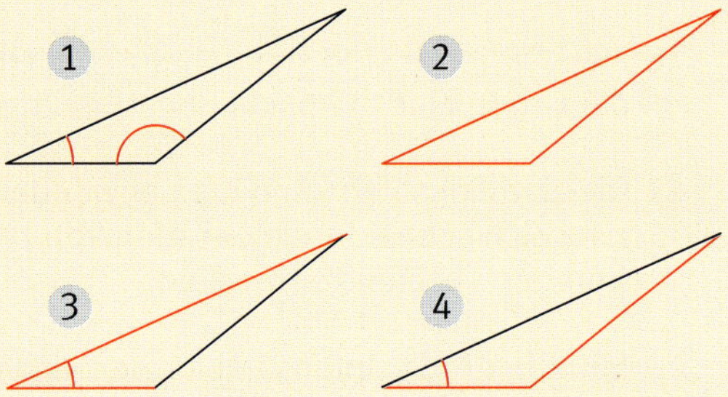


Zwei **Dreiecke** sind zueinander **ähnlich**, wenn sie ...

1. in den Maßen zweier Winkel übereinstimmen (**Hauptähnlichkeitssatz**).
2. in den Verhältnissen dreier Seiten übereinstimmen.
3. in den Verhältnissen zweier Seiten und dem Maß des von ihnen eingeschlossenen Winkels übereinstimmen.
4. in den Verhältnissen zweier Seiten und dem Maß des Gegenwinkels der größeren Seite übereinstimmen.

**S. 18**

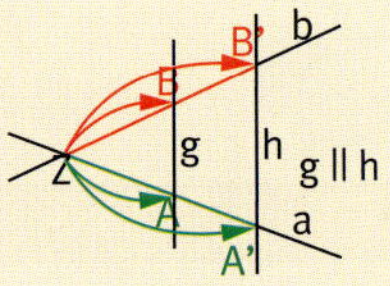


$$\frac{\overline{ZA}}{\overline{ZA'}} = \frac{\overline{ZB}}{\overline{ZB'}}$$

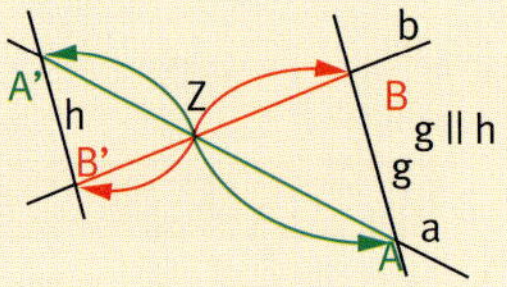


$$\frac{\overline{ZA}}{\overline{ZA'}} = \frac{\overline{ZB}}{\overline{ZB'}}$$

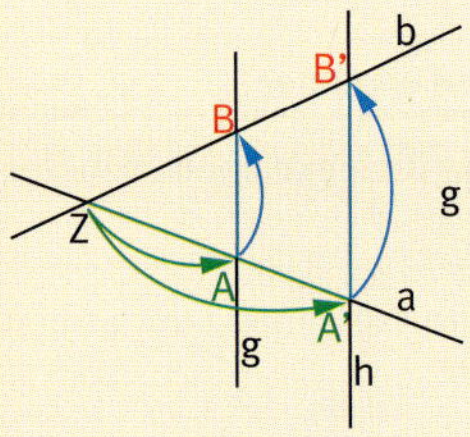


$$\frac{\overline{ZA}}{\overline{ZA'}} = \frac{\overline{AB}}{\overline{A'B'}}$$

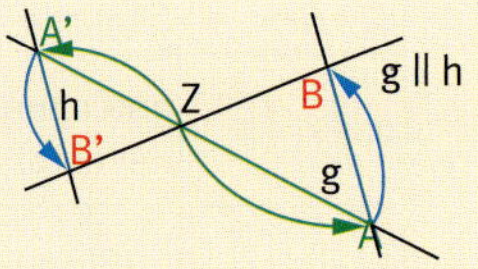


$$\frac{\overline{ZA}}{\overline{ZA'}} = \frac{\overline{AB}}{\overline{A'B'}}$$

**1. Strahlensatz**
Werden zwei sich in Z schneidende Geraden von zwei Parallelen geschnitten, dann stehen einander entsprechende Streckenabschnitte auf den Geraden durch Z im gleichen Verhältnis.

**2. Strahlensatz**
Werden zwei sich in Z schneidende Geraden von zwei Parallelen geschnitten, dann ist das Verhältnis der Streckenabschnitte auf den Parallelen gleich dem zugehörigen Streckenverhältnis auf jeder der Geraden durch Z.

## Lineare Zuordnungen

**1** Betrachte die Graphen von linearen Zuordnungen.

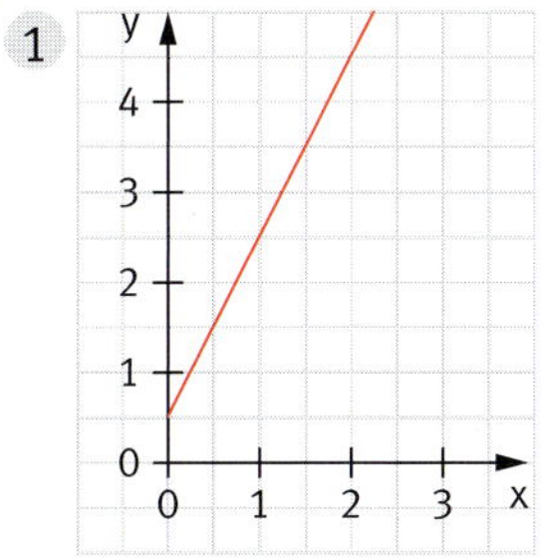

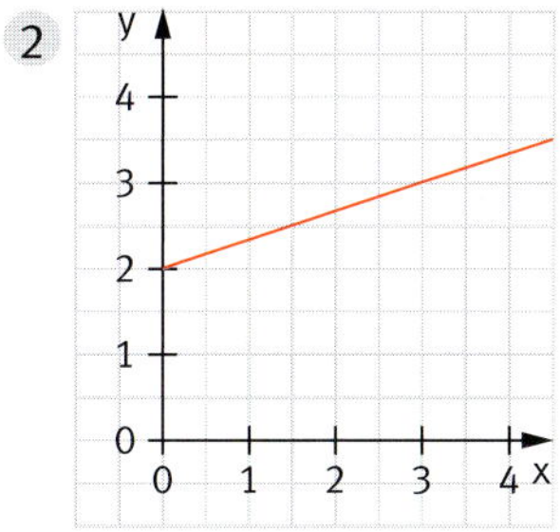


**a)** Lies die Funktionsgleichung ab.

**b)** Welcher y-Wert gehört jeweils zu $x = 2$?

**c)** Welcher x-Wert gehört jeweils zu $y = 3$?

**2** Drei Gefäße werden gleichmäßig mit Wasser gefüllt, die Graphen stellen die Wasserhöhe in Abhängigkeit der Zeit dar.

**a)** Welcher Graph gehört zu welchem Gefäß? Begründe deine Antwort.

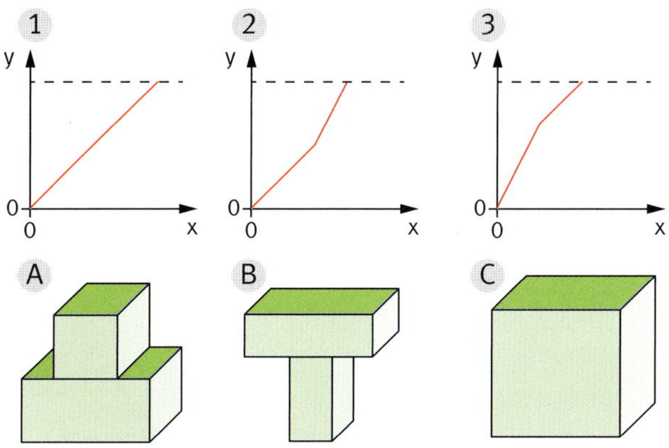


**b)** Zeichne den Füllgraph zu folgendem Gefäß:

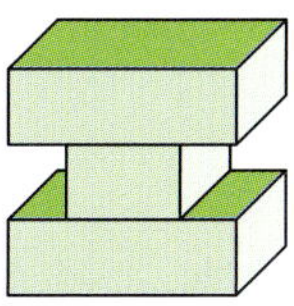

**3** Beschreibe die Situationen jeweils mithilfe einer linearen Zuordnung. Gib auch eine Rechenvorschrift an.

**a)** Bei einer Schulfeier zahlt Tanja 1,50 € Eintritt und für jedes Getränk 50 ct.

**b)** Pro Monat zahlt Konrad 9,99 € Handygebühren.

## Prozentrechnung

**4** Gib für folgende Situationen jeweils den Grundwert, den Prozentsatz und den Prozentwert an.

**a)** Bei einer Schülerbefragung gaben 30 % der 230 Jungen Cola als ihr Lieblingsgetränk an.

**b)** Bei der letzten Wahl ist die Anzahl der Wähler wieder um 200 000 zurückgegangen. Das ist ein Rückgang um 2,5 % gegenüber den Wählern der vorherigen Wahl.

**5** Korrigiere die Hausaufgaben von Nathalie.

**a)** Der Preis für eine Tasche wird von 50 € um 23 % erhöht. Wie hoch ist der neue Preis?

> $P = 50 \cdot \frac{23}{100} = 11{,}50$
> *Der neue Preis beträgt 11,50 €.*

**b)** Tom kommt an 8 % der Schultage zu spät. Wie viele Tage sind das bei 150 Schultagen?

> $P = 8 \cdot \frac{100}{150} \approx 5{,}33$
> *Er kommt an rund 5 Tagen zu spät.*

**6** Ergänze im Heft die fehlenden Größen in der Tabelle.

| | a) | b) | c) |
|---|---|---|---|
| alter Wert | 35 m | ▢ | 55 kg |
| Änderung | + 20 % | + 10 % | ▢ |
| neuer Wert | ▢ | 77 m | 33 kg |

**7** Gib an, ob es sich bei den Preisangaben jeweils um den Grundwert, den Prozentwert oder den verminderten bzw. vermehrten Grundwert handelt.

**a)** Eine DVD wurde von ursprünglich 19,99 € auf 12,50 € reduziert.

**b)** Die Stromkosten für einen Durchschnittshaushalt sind im letzten Jahr um etwa 50 € gestiegen und betragen nun pro Jahr ca. 840 €.

**c)** Nach mehreren Rabattaktionen kostet eine Jeans nur noch 29,99 €, der Preis wurde insgesamt um 15 € gesenkt.

**8** Ein Telefon, das 300 € kostet, wird mit 10 % Rabatt angeboten. Eine Woche später wird der ermäßigte Preis wieder um 10 % angehoben. Wie teuer ist das Telefon jetzt?

## Satz des Pythagoras

**9** Übertrage das Dreieck in dein Heft und beschrifte die Dreiecksseiten. Gib jeweils den Satz des Pythagoras an.

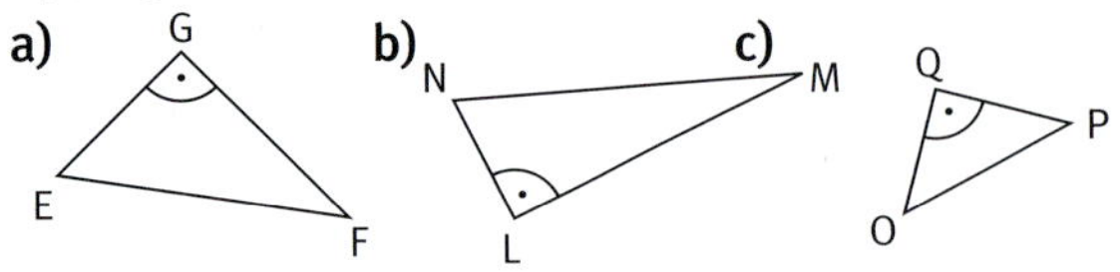


**10** Berechne die fehlenden Seitenlängen.

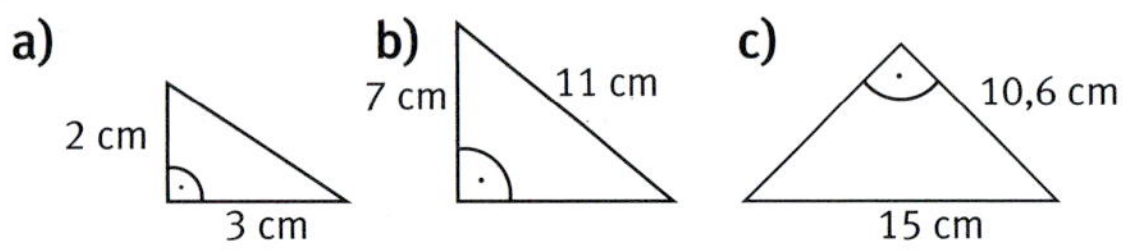


**11** Wie lang ist die Raumdiagonale eines Würfels mit der Kantenlänge a = 5 cm? Zeichne zunächst ein Schrägbild dieses Körpers.

**12** Wie weit ist der Weg, den ein Torwart vom Mittelpunkt des Tores bis zur Ecke des Strafraums zurücklegt? Ein Strafraum ist dabei 40,32 m breit und reicht 16,50 m weit in das Spielfeld hinein.

**13** Die lange Seite des Geodreiecks ist 16 cm lang. Wie lang sind die beiden Schenkel? Rechne erst und miss dann nach.

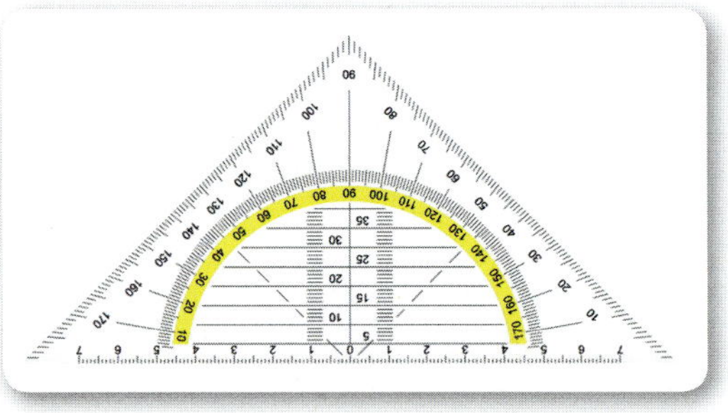

## Wahrscheinlichkeiten

**14** Gib für jedes Zufallsgerät die Wahrscheinlichkeit für „ROT“ in Prozent an.

**a)** 1 × drehen **b)** 1 Kugel blind ziehen **c)** 1 Karte verdeckt ziehen

**15** Gib für die Schülerinnen und Schüler deiner Klasse folgende Wahrscheinlichkeiten an. Eine zufällig ausgewählte Person ...

**a)** trägt eine Brille.

**b)** hat graue oder grüne Augen.

**c)** trägt heute ein blaues Shirt.

**16** Ein Glücksrad soll mit einer Wahrscheinlichkeit von 40 % zu einem Gewinn führen. Zeichne ein solches Glücksrad und beschreibe dein Vorgehen. Findest du verschiedene Glücksräder?

**17** Ein Zahlenschloss besteht aus drei Rädchen, jeweils mit den Ziffern 0 bis 9. Es gibt genau eine Ziffernkombination, mit der das Schloss geöffnet werden kann.
Bestimme die Wahrscheinlichkeit, dass ...

**a)** die erste Ziffer richtig ist.

**b)** das Schloss zufällig beim ersten Versuch geknackt wird.

**c)** das Schloss geöffnet werden kann, wenn man weiß, dass die erste Ziffer schon richtig eingestellt ist.

**18** Marie und Sebastian haben einen Spielwürfel sechsmal geworfen:
6; 6; 5;
4; 3; 2

Was meinst du?

# 2 Flächen und Körper

## Einstieg

- In einem Freizeitpark findet man oftmals „verrückte Häuser“. Gib die mathematischen Körper an, aus denen das abgebildete Haus aufgebaut ist.
- Finde möglichst verschiedene mathematische Flächen an dem Haus und bezeichne sie.
- Suche weitere „verrückte Häuser“ im Internet und skizziere ihre Form.

## Ausblick

**Am Ende dieses Kapitels hast du gelernt, …**
- mathematische Grundformen zusammengesetzter Körper zu erkennen.
- Körper auf verschiedene Arten darzustellen.
- Oberflächen und Volumen von Körpern zu berechnen.

Im Alltag findest du viele verschiedene Gegenstände, die sich in Größe, Farbe, Gewicht, Verpackung, Inhalt usw. unterscheiden. Betrachtet man jedoch die Grundkörper in den Gegenständen, dann lassen sich Gemeinsamkeiten entdecken.

- Beschreibe, welche Grundkörper du in den Gegenständen entdeckst.
- Finde weitere Gegenstände aus deiner Umwelt und ordne sie den Grundkörpern zu. Stelle deine Ergebnisse der Klasse vor.

## Merkwissen

Wir unterscheiden folgende **mathematische Grundkörper**:

Würfel | Quader | Prisma | Pyramide

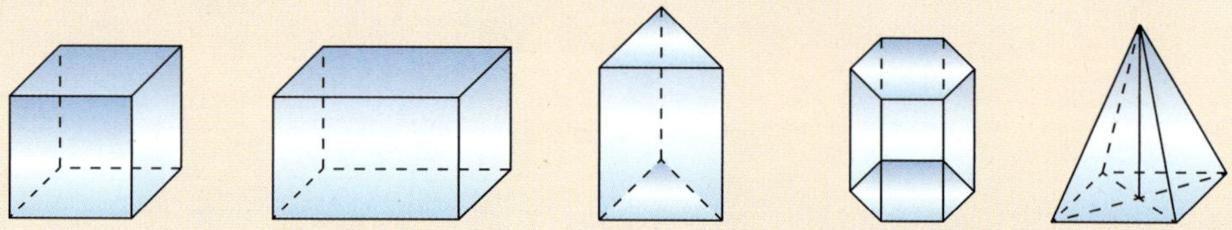

dreiseitig | sechsseitig | quadratisch

Zylinder | Kegel | Kugel

## Beispiele

**I** Beschreibe die Gegenstände anhand mathematischer Grundkörper.

a) b) c)

*Wird bei einem Kegel (einer Pyramide) die Spitze parallel zur Grundfläche abgeschnitten, spricht man von einem* ***Kegelstumpf*** *(****Pyramidenstumpf****).*

**Lösung:**

a) zwei Zylinder mit verschiedenen Radien und ein aufgesetzter Kegel
b) ein breiter Zylinder als Fuß, ein schmaler als Stiel und ein Kegel als Gefäß
c) ein Kegel, von dem die Spitze fehlt

## Verständnis

- Erkläre den Zusammenhang zwischen Prisma, Quader und Würfel.
- Beschreibe, wie aus einer Pyramide ein Kegel entstehen kann.

**1**

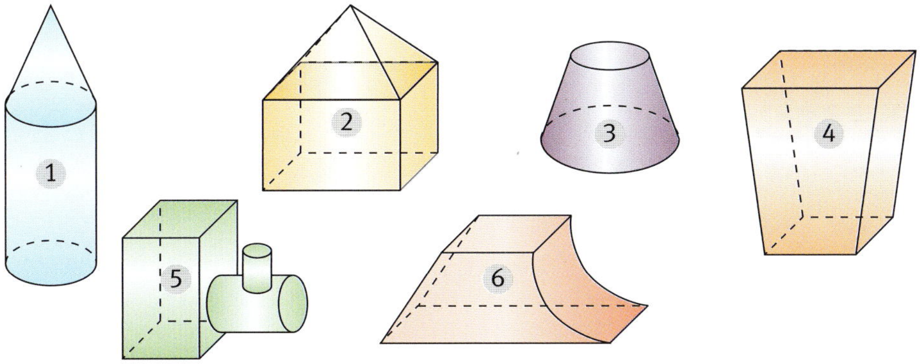


**a)** Bezeichne, aus welchen Grundformen der Körper zusammengesetzt ist.
**b)** Beschreibe, aus welchen Flächen die Körper bestehen.
**c)** Nenne Beispiele, wo du solche Körper in deiner Umwelt findest.

**2** Beschreibe die Bauwerke anhand der Grundkörper wie in Beispiel I.

**a)** Wewelsburg

**b)** Atomium

**c)** Kloster Volkenroda

**d)** Burg Posterstein

**3** **a)** Übertrage die Tabelle in dein Heft und vervollständige sie.

| Anzahl | Würfel | Quader | dreis. Prisma | quadr. Pyramide | Zylinder | Kegel | Kugel |
|---|---|---|---|---|---|---|---|
| Flächen | | | | | | | |
| Kanten | | | | | | | |
| Ecken | | | | | | | |

**b)** Stelle Zusammenhänge zwischen den Körpern übersichtlich dar und erkläre deine Übersicht.

*Findest du verschiedene Möglichkeiten?*

**4** Welche Körper werden hier gesucht? Finde verschiedene Möglichkeiten.

*Du kannst auch Körper zusammensetzen.*

Der Körper hat genau 8 Flächen.

Grund- und Deckfläche sind kongruent.

Der Körper hat genau 12 Kanten.

## 2.2 Körper darstellen

Suche nach Verpackungen in Form von Quadern, Pyramiden und Kegeln.

- Skizziere verschiedene Ansichten jedes Körpers. Beschreibe dein Vorgehen.
- Beschreibe, worin sich deine Zeichnungen unterscheiden.

*Bei Pyramiden und Quadern gilt:*

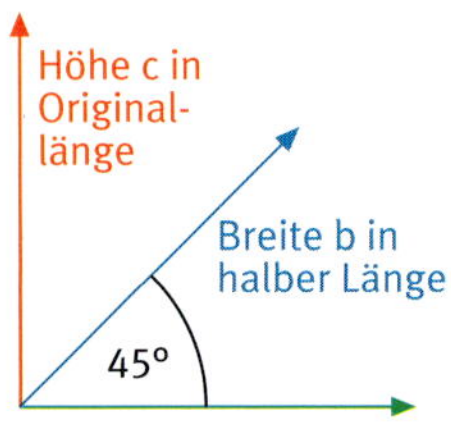


*Unsichtbare Kanten werden gestrichelt gezeichnet.*

### MERKWISSEN

Zur Darstellung von Körpern gibt es verschiedene Möglichkeiten.

| | Schrägbild | Zweitafelbild (verkleinert) |
|---|---|---|
| Pyramide: | 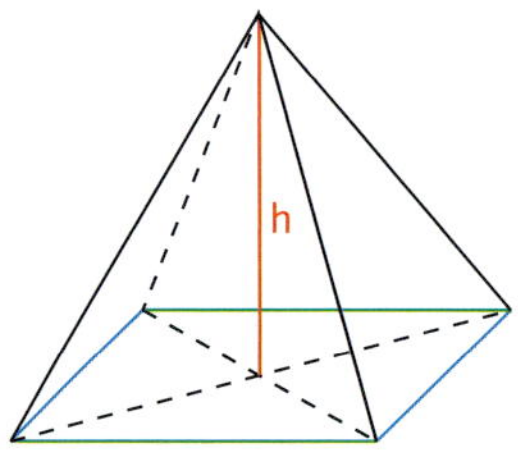  | 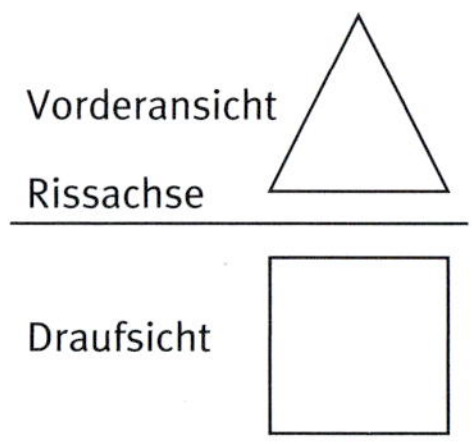  |
| Kegel: | 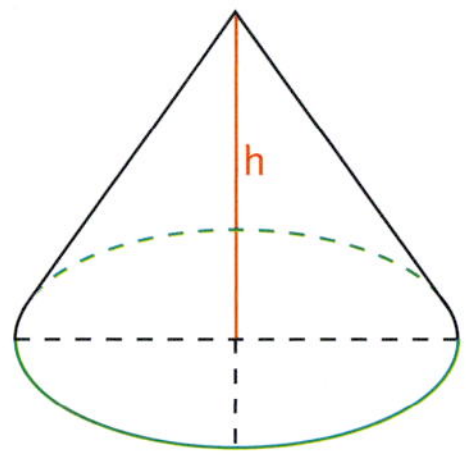  | 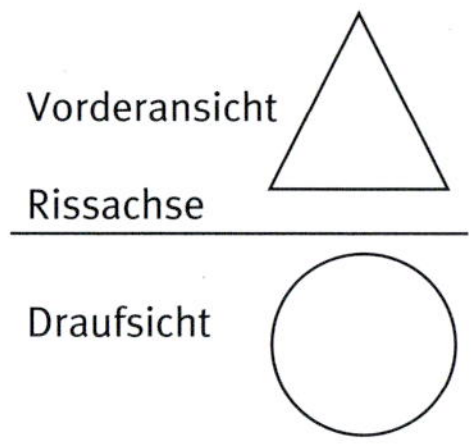  |
| Vorgehen: | Grundfläche zeichnen; Mittelpunkt markieren und Körperhöhe eintragen; Begrenzungen einzeichnen. | Die Vorderansicht liefert den Aufriss, die Draufsicht liefert den Grundriss. |

### BEISPIELE

**I** Zeichne ein Schrägbild eines 3 cm hohen Prismas, dessen Grundfläche ein gleichseitiges Dreieck mit a = 2 cm ist. Beschreibe dein Vorgehen.

*Es gibt verschiedene Perspektiven, aus denen man den Körper darstellen kann. In diesem Fall ist es am einfachsten, wenn die Grundfläche des Prismas in der Zeichenebene liegt.*

**Lösungsmöglichkeit:**

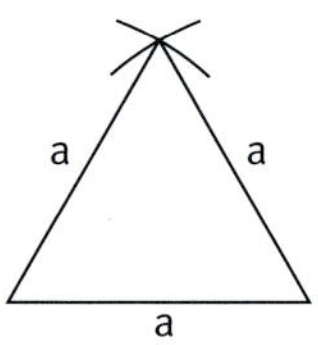


1. Grundfläche konstruieren (SSS)

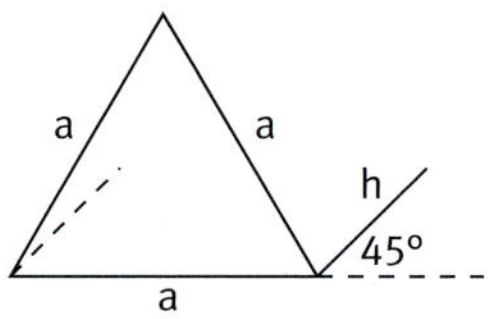


2. Körperhöhe h unter 45° auf die Hälfte kürzen

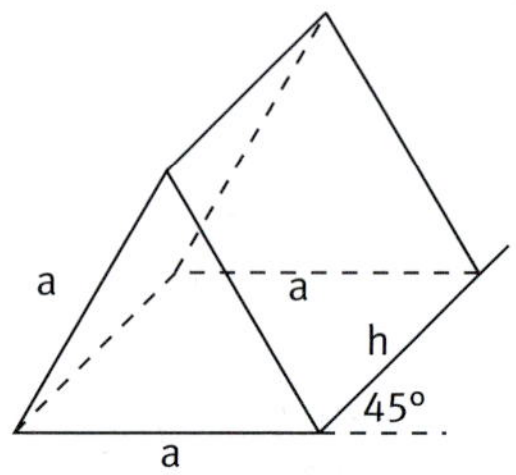


3. Fehlende Kanten einzeichnen

## Verständnis

- Beschreibe, wie sich die Maße eines Körpers beim Schrägbild bestimmen lassen.
- Erkläre, warum das Zweitafelbild eines Körpers nicht eindeutig ist.

## Aufgaben

**1** Zeichne von folgendern Körpern je ein Schrägbild und ein Zweitafelbild.

**a)** Würfel: (1) a = 4 cm (2) a = 7 cm (3) a = 25 mm (4) a = 60 mm

**b)** Quader: (1) a = 6 cm; b = 5 cm; c = 3 cm (2) a = 2 cm; b= 7 cm; c = 6,5 cm

**2** Zeichne zu den Prismen der Höhe h je ein Schrägbild und ein Zweitafelbild. Die Grundseite ist jeweils ein gleichseitiges Dreieck der Seitenlänge a.

*Gehe vor wie in Beispiel I.*

**a)** a = 3 cm; h = 7 cm **b)** a = h = 5 cm **c)** a = 4 cm; h = 2 cm

**3** Gegeben ist eine Pyramide mit rechteckiger Grundfläche (a = 6 cm; b = 3 cm) und Körperhöhe h = 5,5 cm. Zeichne die folgenden Ansichten der Pyramide. Beschreibe dein Vorgehen.

**a)** ein Schrägbild **b)** das Zweitafelbild

**4** Das Schrägbild eines Körpers ist gegeben. Zeichne das Zweitafelbild.

**a)**
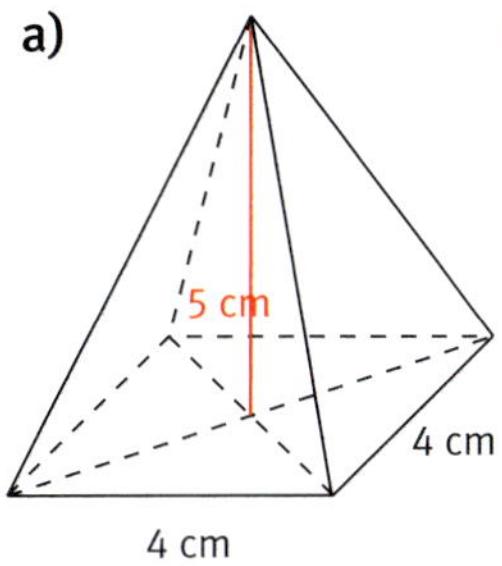


**b)**
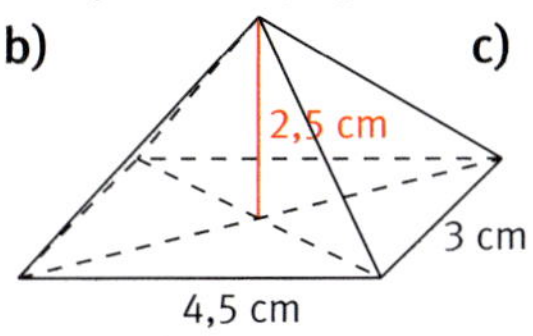


**c)**
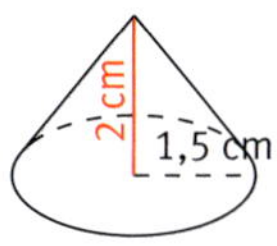


**d)**
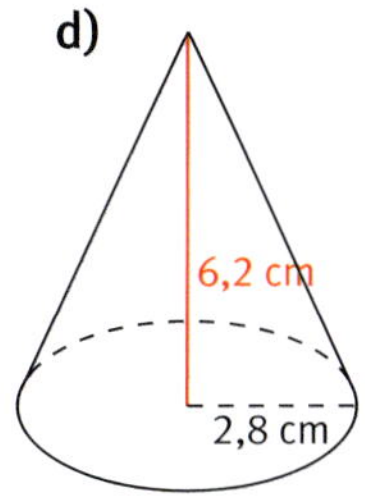


**5** Zeichne zu dem Zweitafelbild des angegebenen Körpers das zugehörige Schrägbild. Entnimm notwendige Maße der Zeichnung.

**a)**
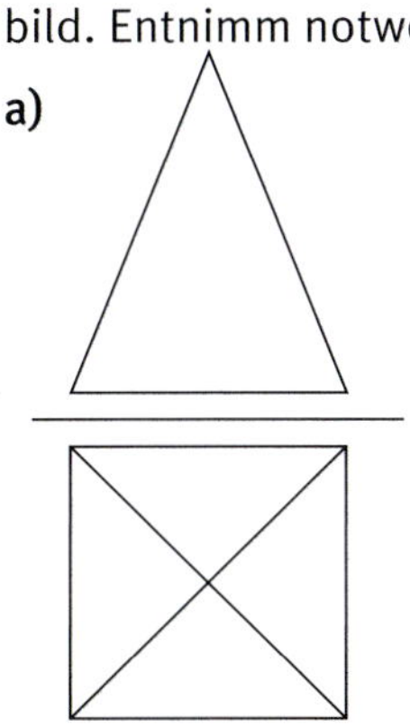

**b)**
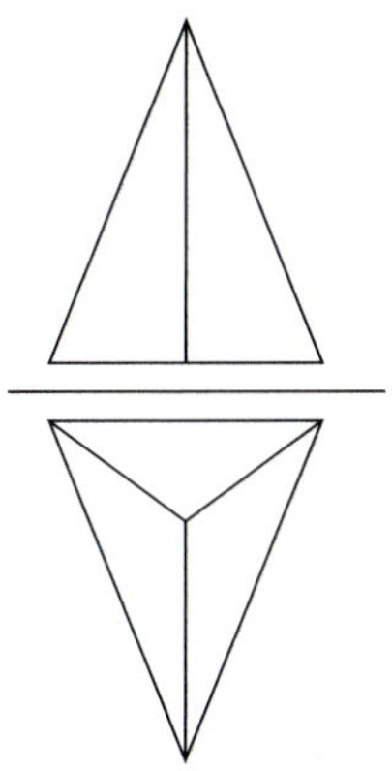

**c)**
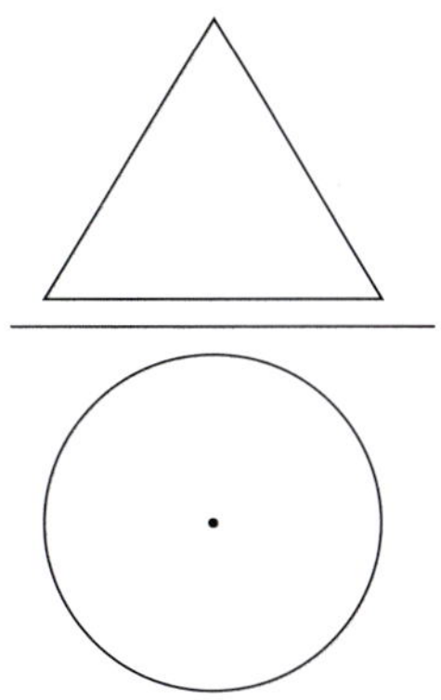

**6** Erstelle dein eigenes Werbeprodukt für eine Müslipackung.

*Überlege dir einen passenden Namen.*

**a)** Zeichne ein Schrägbild und ein Zweitafelbild deiner Verpackung auf ein Plakat. Gestalte die Darstellungen, wähle geeignete Maße.

**b)** Präsentiere dein Produkt in der Klasse. Überlege dazu, wie du das Müsli geeignet vermarkten kannst.

**7** Zwei Buchstaben sind als Schrägbild gezeichnet.

a) Schreibe auf gleiche Art und Weise die folgenden Wörter.
① ULI ② ANNE ③ deinen eigenen Vornamen

b) Gestalte ein Werbeplakat zu einem Thema deiner Wahl (z. B. Hobby, Fernsehsendung). Schreibe die Überschriften als Schrägbild.

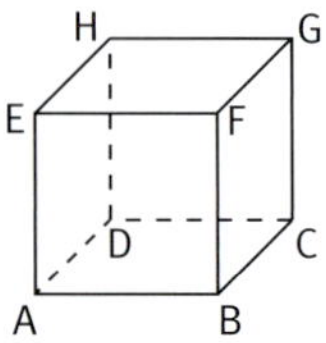


*Erinnerst du dich? Schaue im Grundwissen nach.*

**8** a) Zeichne ein Schrägbild eines Würfels mit Kantenlänge 5 cm.

b) Trage in das Schrägbild folgende Strecken mit den gegebenen Farben ein.
① eine Raumdiagonale (blau)
② einen möglichst kurzen Weg von A zum Mittelpunkt der Kante GH (rot)
③ den kürzesten Weg aus b) auf der Würfeloberfläche (grün)

c) Bestimme die Längen der Strecken aus b). Nutze den Satz des Pythagoras.

**9** Zeichne ein Schrägbild eines 3,5 cm hohen Prismas mit folgenden Grundflächen.

a)
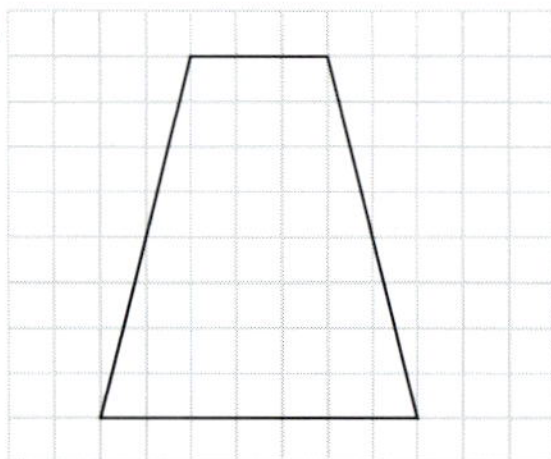

b)
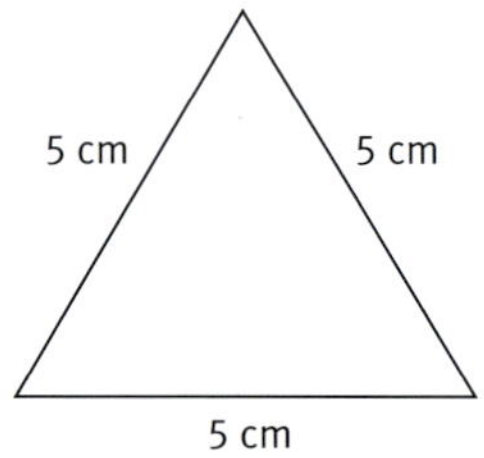


c)
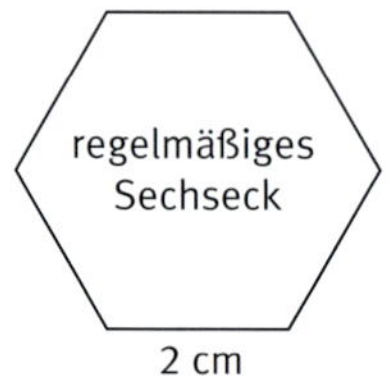


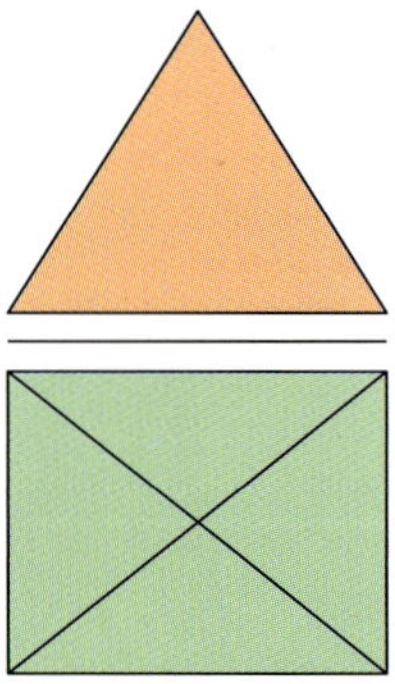

**10** Gegeben ist das Zweitafelbild einer Pyramide im Maßstab 2 : 1.
Zeichne ein Schrägbild in Originalgröße. Entnimm die Maße der Zeichnung.

**11** Zeichne ein Schrägbild des Körpers. Verwende einen geeigneten Maßstab.

a) Turm
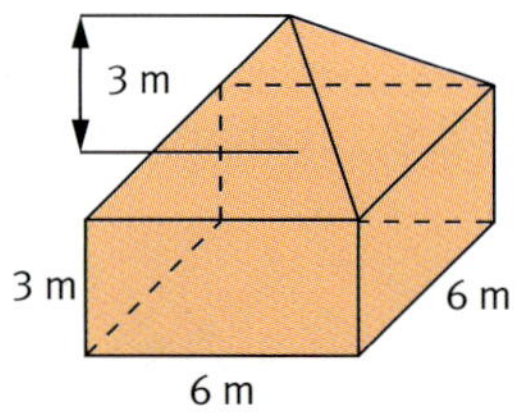


b) Siegerpodest
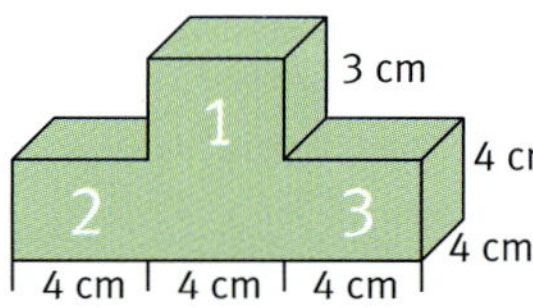


c) Gewächshaus
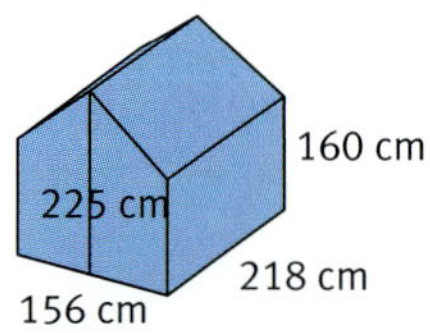


**12** Die Abbildung zeigt, wie das Schrägbild eines Zylinders entstehen kann.

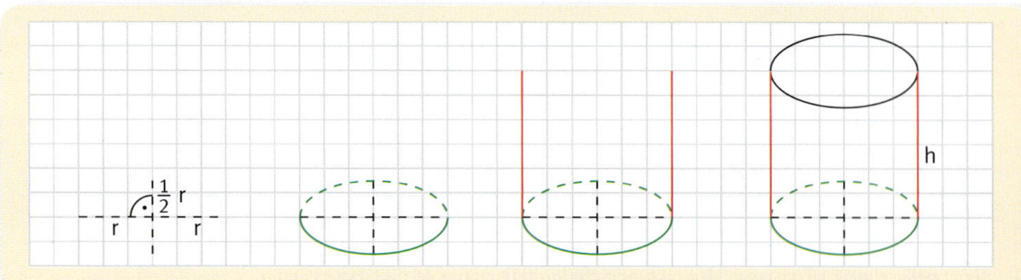


*Versuche auch das Schrägbild eines liegenden Zylinders zu zeichnen.*

a) Beschreibe das Vorgehen.

b) Zeichne ein Schrägbild und das Zweitafelbild folgender Zylinder.
① r = 3 cm; h = 5 cm ② d = 8 cm; h = 4,5 cm

**13** Gegeben ist eine quadratische Pyramide mit folgenden Abmessungen:
Grundkante: $a = 5{,}0$ cm  Körperhöhe: $h = 6{,}0$ cm
Höhe der Seitenflächen: $h_a = 6{,}5$ cm  Seitenkante: $s = 7{,}0$ cm

**a)** Stellen Sie die Pyramide zeichnerisch dar.

**b)** Von der Pyramide sollen zwei Kantenmodelle angefertigt werden. Reicht ein Draht von einem Meter Länge hierfür aus? Begründen Sie rechnerisch.

**c)** Zum Modell der gegebenen quadratischen Pyramide wird das Modell eines Kegels gleicher Höhe angefertigt. Der Durchmesser des Kegels beträgt 5,0 cm. Welche der folgenden Aussagen ist wahr?

1 Die Pyramide hat das kleinere Volumen von beiden Körpern.

2 Die Pyramide und der Kegel haben das gleiche Volumen.

3 Die Pyramide hat das größere Volumen von beiden Körpern.

**14** Ein Gewächshaus hat die Gestalt eines fünfseitigen Prismas.

**a)** Stellen Sie das Prisma in Kavalierperspektive im Maßstab 1 : 100 dar.

**b)** In dem Gewächshaus sollen Gurken angebaut werden. Berechnen Sie die dafür nutzbare Fläche, wenn 15 $m^2$ der überdachten Fläche auf Wege entfallen.

**c)** Für eine Ernteperiode ist ein Ertrag von 17,5 kg Gurken je Quadratmeter geplant. Wie viele Kilogramm Gurken sieht der Plan für dieses Gewächshaus vor?

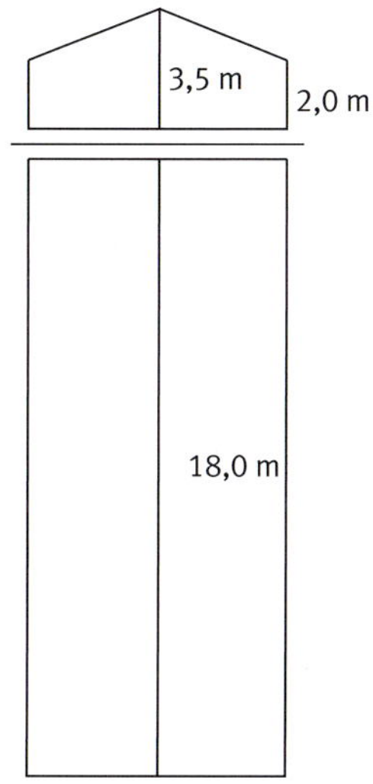


*Zeichnet man im Schrägbild nach hinten verlaufende Kanten in halber Länge und unter 45°, spricht man von der* ***Kavalierperspektive****.*

**Alltag**

**Probleme beim Trinken?**

Ist es dir auch schon mal passiert, dass du einen Trinkhalm in ein Getränk gesteckt hast und ... flutsch war er verschwunden? In der Getränkeindustrie gibt es Trinktüten in verschiedenen Größen.

- Berechne, wie lang ein Trinkhalm mindestens sein muss, damit er nicht in der Tüte verschwinden kann. Beschreibe dein Vorgehen.
- Vergleiche deine Ergebnisse mit der tatsächlichen Länge des Trinkhalms.
- Beide Trinktüten sind mit 0,2 l befüllt. Wie viel Volumen wird jeweils nicht genutzt? Woran kann das liegen?

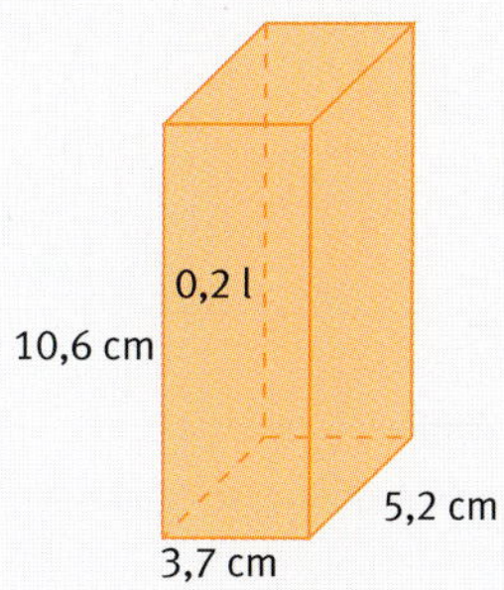


Länge Trinkhalm: 15,5 cm

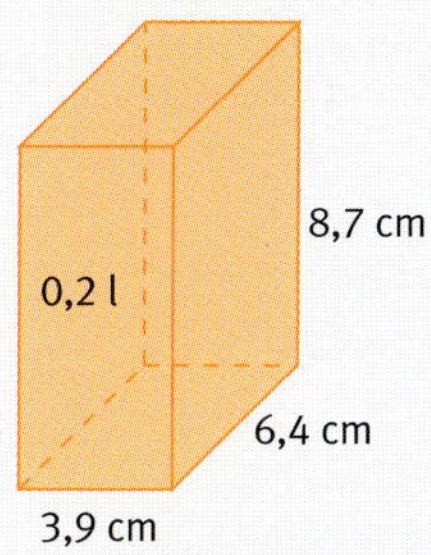


Länge des Trinkhalms: 13 cm

Es gibt auch andere Tütenformen.

- Wie lang müsste ein Trinkhalm mindestens sein, damit er nicht in eine Dose mit Durchmesser 6,5 cm und der Höhe 11,5 cm fallen kann?
- Finde in deiner Umwelt weitere Formen und untersuche sie anhand ihres Trinkhalms. Präsentiere deine Ergebnisse.

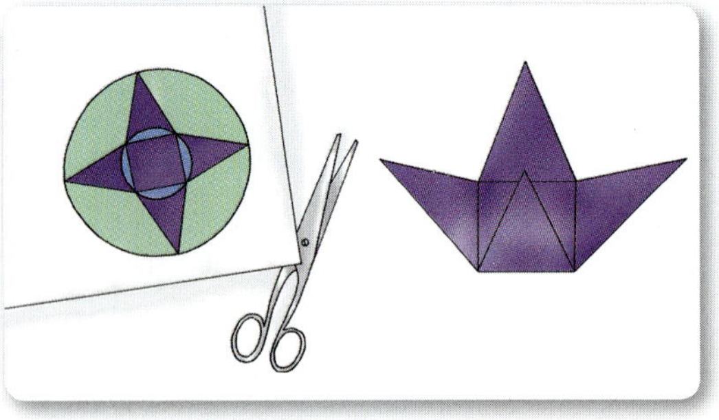

- Zeichne mithilfe von zwei Kreisen das Netz einer Pyramide mit quadratischer Grundfläche. Vergiss die Klebefalze nicht. Aus welchen Flächen besteht das Netz?
- Schneide dieses nun aus und klebe es zu einer Pyramide zusammen. Bestimme auf verschiedene Arten die Oberfläche der Pyramide. Beschreibe dein Vorgehen.
- Stelle einen Kegel her und bestimmt eine Oberfläche. Beschreibe dein Vorgehen.

*Grundfläche: $A_G$*
*Mantelfläche: $A_M$*
*φ: Mittelpunktswinkel „Phi“*

## Merkwissen

Beim **Netz** eines Körpers hängen alle Flächenstücke zusammen.

**quadratische Pyramide** **Kegel**

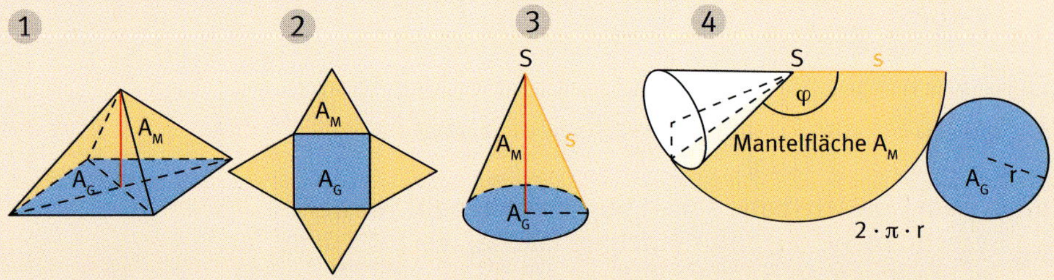


Die **Oberfläche $A_O$** eines Körpers ist die Summe aller Flächen des Körpers.

**Pyramide mit regelmäßigen n-Eck als Grundfläche** **Kegel**

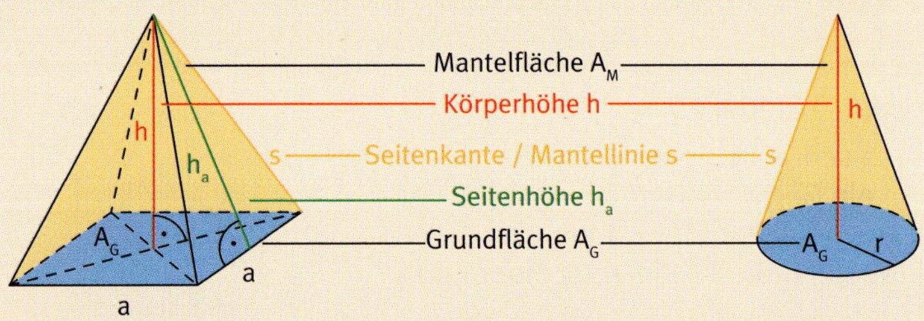


$A_O$ Pyramide $= A_{n\text{-Eck}} + n \cdot A_{Dreieck}$ $\quad A_{O\,Kegel} = A_{Kreis} + A_{Kreismantel} = \pi r^2 + \pi r s$

*Informationen zum Kreis findest du im Grundwissen.*

## Beispiele

*Der Kreisumfang der Grundfläche entspricht der Länge des Kreisbogens der Mantelfläche: $2\pi r$.*

*Im Hinblick auf die Abschlussprüfung rechnen wir künftig nicht mehr mit $\pi \approx 3{,}14$, sondern mit dem genaueren Taschenrechner-Wert von $\pi$.*

**I** a) Berechne die Oberfläche des Kegels. Bestimme fehlende Größen.
b) Zeichne das Netz des Kegels mit $\varphi = 160°$ (Maße in mm).

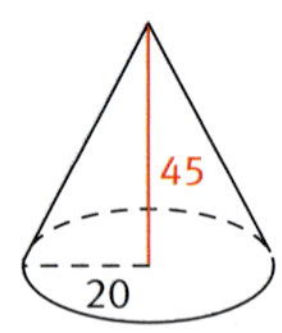


**Lösung:**

a) Skizze:

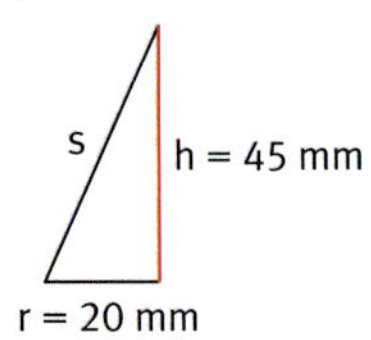


Satz des Pythagoras:
$s^2 = r^2 + h^2$
$s = \sqrt{r^2 + h^2}$
$s \approx 49$ mm

Oberfläche des Kegels:
$A_{O\,Kegel} = \pi r^2 + \pi \cdot r \cdot s$
$A_{O\,Kegel} \approx 4335\ \text{mm}^2 \approx 43{,}4\ \text{cm}^2$

b)

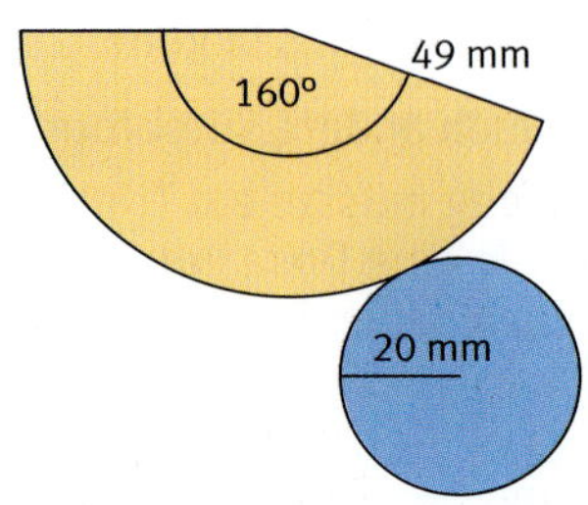

**II** Eine Geschenkverpackung hat die Form einer quadratischen Pyramide. Bestimme den Inhalt der Oberfläche der Verpackung.

**Lösung**:
a = 7,5 cm; s = 10 cm
Planfigur:

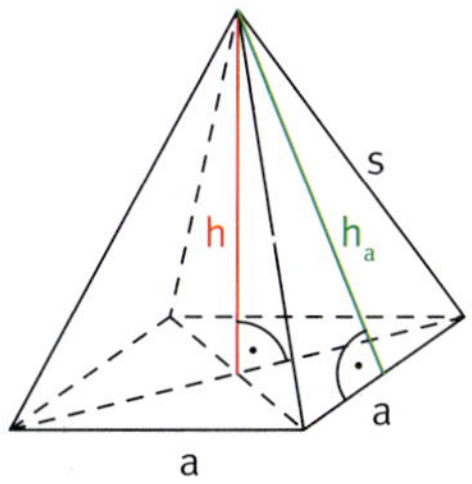


Seitenhöhe $h_a$:
$h_a^2 = s^2 - \left(\frac{a}{2}\right)^2 \quad \Rightarrow h_a = \sqrt{s^2 - \left(\frac{a}{2}\right)^2}$

$h_a = \sqrt{(10\text{ cm})^2 - \left(\frac{7{,}5\text{ cm}}{2}\right)^2} \approx 9{,}3\text{ cm}$

Oberfläche Pyramide:
$A_{O\ Pyramide} = a^2 + 4 \cdot \frac{1}{2} a \cdot h_a$
$A_{O\ Pyramide} = (7{,}5\text{ cm})^2 + 2 \cdot 7{,}5\text{ cm} \cdot 9{,}3\text{ cm}$
$= 195{,}75\text{ cm}^2$

Die Verpackung hat eine Oberfläche von knapp 200 cm².

## Verständnis

- Beschreibe, wie sich die Oberfläche eines Prismas (Zylinders) berechnen lässt. Bestimme die zugehörige Regel.
- Begründe, dass sich die Oberfläche eines Kegels auch mit $A_{O\ Kegel} = \pi r \cdot (r + s)$ berechnen lässt.

## Aufgaben

**1** Berechne im Heft die fehlenden Größen. Runde auf eine Dezimale.

**a)** quadratische Pyramide

| | 1 | 2 | 3 |
|---|---|---|---|
| a | 4,5 cm | 6,3 m | 36 mm |
| h | 8 cm | ▢ | ▢ |
| $h_a$ | ▢ | 9,4 m | ▢ |
| s | ▢ | ▢ | 75 mm |
| $A_O$ | ▢ | ▢ | ▢ |

**b)** Kegel

| | 1 | 2 | 3 |
|---|---|---|---|
| r | 3 cm | 17 mm | ▢ |
| h | 6,5 cm | ▢ | 8,6 dm |
| s | ▢ | 28 mm | 9,2 dm |
| $A_O$ | ▢ | ▢ | ▢ |

*Lösungen zu 1:*
*3,3; 7,0; 7,2; 8,3; 8,6; 9,9; 22,2; 75,0; 77,1; 95,0; 96,1; 129,6; 158,1; 2403,3; 6847,2*

**2**

| | |
|---|---|
| Würfel | (1) a = 3 cm (2) a = 6,5 cm (3) a = 4,8 cm |
| Quader | a = 5,5 cm; b = 4 cm; c = 3,5 cm |
| Prisma | (1) Grundfläche Dreieck: a = b = 3,5 cm; γ = 90°; h = 5 cm<br>(2) Grundfläche Dreieck: a = b = c = 4,2 cm; $A_M$ = 31,5 cm² |
| Zylinder | (1) r = 5 cm; h = 6 cm (2) d = 6,2 cm; $A_M$ = 90 cm² |
| Pyramide | (1) Grundfläche Rechteck: a = 4,5 cm; b = 3 cm; h = 5,5 cm<br>(2) Grundfläche Dreieck: a = b = c = 5 cm; s = 6,5 cm |
| Kegel | (1) d = 5,6 cm; h = 4,6 cm (2) h = 4,8 cm; s = 6,2 cm |

*Fertige stets eine Planfigur an und kennzeichne die gegebenen Längen.*

**a)** Zeichne zu jedem Körper ein Netz. Berechne fehlende Streckenlängen.
**b)** Berechne die Oberfläche des Körpers.

**3** Für ein Kinderzelt (mit Boden) soll der Materialbedarf errechnet werden. Das Zelt hat Pyramidenform mit einem regelmäßigen Sechseck als Grundfläche. Wie viel m² Stoff wird für solch ein Kinderzelt gebraucht, wenn die Sechseckkanten 80 cm lang sind und das Zelt 1,40 m hoch ist?

4 Ein Zuckerhut hat etwa die Form eines Kegels. Er hat eine Höhe von ungefähr 16 cm und einen Durchmesser von etwa 7 cm.
Wie viel Quadratzentimeter Verpackungsfolie werden mindestens zur Verpackung des Zuckerhuts benötigt?

5 Ein „British Tea" Beutel hat die Form einer regelmäßigen dreiseitigen Pyramide (Tetraeder) mit der Kantenlänge $a = 6$ cm.

a) Stelle eine Formel für den Oberflächeninhalt eines Tetraeders der Kantenlänge a auf.
b) Berechne den Inhalt der Oberfläche für einen Teebeutel.
c) Die Firma rechnet tatsächlich für einen Teebeutel mit einem Materialbedarf von 68 $cm^2$. Begründe, wie diese Abweichung zur Rechnung aus b) zustande kommen kann.

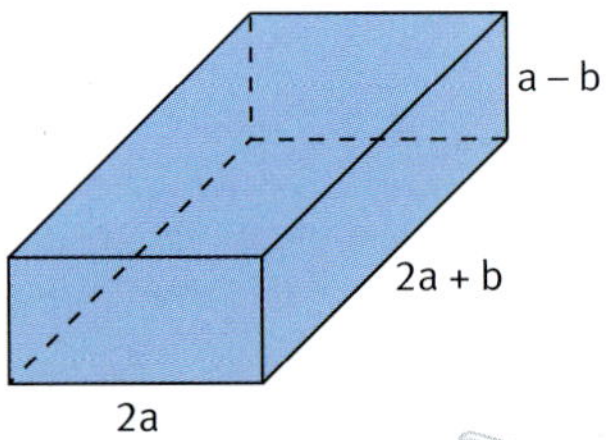


6 a) Erstelle eine Formel für den Oberflächeninhalt des abgebildeten Quaders. Fasse dabei zusammen und vereinfache so weit wie möglich.
b) Berechne mithilfe von a) den Oberflächeninhalt des Quaders für ...

| | |
|---|---|
| 1 $a = 2{,}5$ cm; $b = 1$ cm | 2 $a = 7{,}5$ cm; $b = 4{,}5$ cm |
| 3 $a = 3{,}2$ dm; $b = 12$ cm | 4 $a = 0{,}4$ m; $b = 2{,}2$ dm |

7 Um eine Küchentheke zu gestalten, kauft Susan in einem Internet-Auktionshaus Barhocker. Ihr liegen folgende Angaben vor:

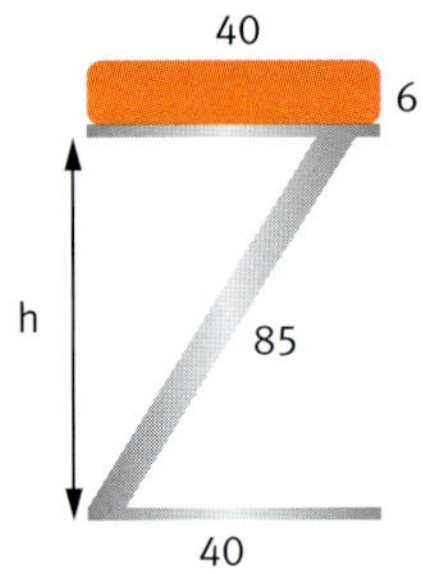

a) Berechnen Sie die Höhe h.
b) Berechnen Sie den Oberflächeninhalt des zylinderförmigen Sitzkissens.
c) Für den Stoffbezug eines Sitzkissens rechnet man mit 30 % Zugabe zum Oberflächeninhalt. Wie viel Quadratmeter Stoff muss Susan für drei solcher Kissen kaufen?

**Basteln**

**Körper im Gleichgewicht**

Bei einem Mobile sind alle Teile frei beweglich und im Gleichgewicht.

- Zeichnet die Netze von Würfeln, Quadern, Zylindern, Prismen, Pyramiden und Kegeln. Vergesst die Klebefalze nicht. Baut aus den Netzen die entsprechenden Körper und befestigt diese dann mit Nähgarn an Stöcken. Fertig ist euer Mobile.

**8** Eine kegelförmige Schultüte hat die Höhe h = 84 cm und den Radius r = 12 cm.

*Ihr könnt die Aufgabe auch in der Gruppe lösen.*

**a)** Wie viel Pappe wird zur Herstellung der Schultüte benötigt? Runde geschickt. Gib dein Ergebnis auch in Quadratmetern an.

**b)** Gestalte eine Schultüte. Zeichne dazu die Mantelfläche der Schultüte im Maßstab 1 : 6 auf ein Blatt der Größe DIN-A4. Der Mittelpunktswinkel beträgt 51°.

**c)** Stell dir vor, deine Schultüte soll in großer Stückzahl produziert werden. Dazu ist es sinnvoll, dass möglichst wenig Abfall auf Papprollen bleibt.

1 Fertige eine Skizze an, auf der du versuchst, die Flächen deiner Schultüten platzsparend anzuordnen.

2 Schätze den Abfall in Prozent, der bei deiner Anordnung anfällt. Beschreibe dein Vorgehen.

**9** Berechne den Oberflächeninhalt der abgebildeten Körper.

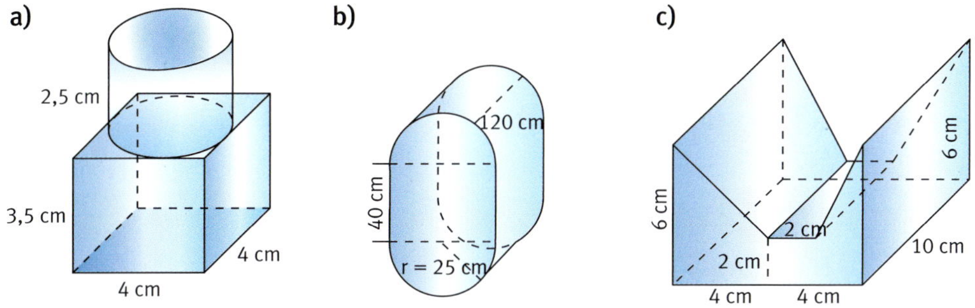


**10 a)** Eine Kugel hat den Durchmesser d. Beschreibe die Formel, mit der man den Inhalt der Oberfläche der Kugel berechnen kann.

**b)** Berechne den Oberflächeninhalt einer Kugel mit r = 10 cm (r = 7,5 dm; d = 12 cm; d = 39,5 cm).

**c)** Suche kugelförmige Gegenstände in deiner Umwelt und berechne den Oberflächeninhalt. Miss notwendige Größen.

**Alltag**

**Litfaßsäule**

Eine gängige Methode der „Außenwerbung" ist es, Plakate auf einer sogenannten Litfaßsäule anzubringen. Sie ist nach dem Berliner Drucker Ernst Litfaß benannt, der am 1. Juli 1855 erstmals eine solche Säule in Berlin aufstellte. Heutzutage gibt es etwa 75 000 Litfaßsäulen in Deutschland.

- Berechne für die Litfaßsäulen jeweils die Fläche, die zu Werbezwecken genutzt werden kann.
- Erstelle ein Schrägbild der Lifaßsäulen. Schätze die Höhe geeignet ab.
- Gibt es auch Litfaßsäulen in deiner Stadt? Suche eine und bestimme die Fläche, die man für Werbung nutzen kann, auf verschiedene Arten. Beschreibe dein Vorgehen.

a)

b)

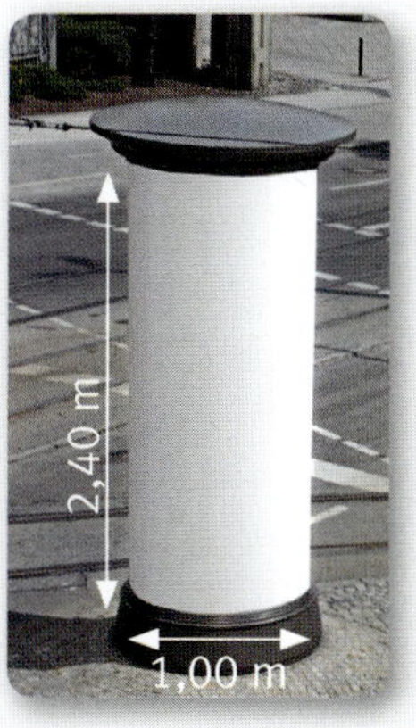

# 2.4 Volumen

*Das Volumen von Körpern kann man durch Eintauchen, Umschütten oder geschicktes Auszählen bestimmen.*

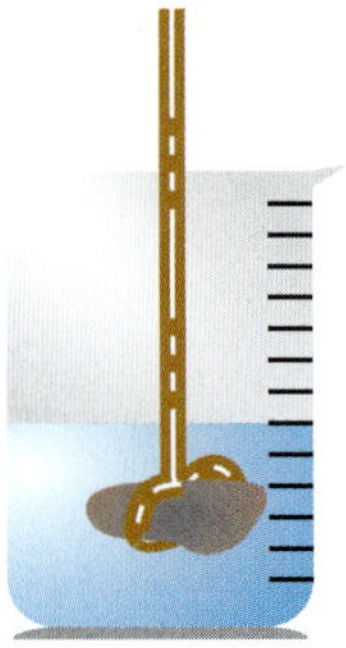

Wer kennt sie nicht, die Schokoladenstücke, die wie Pyramiden aussehen? Doch wie viel Schokolade bekommt man eigentlich mit so einem Stück?

- Untersuche das Volumen einer Schokoladenpyramide experimentell.
- Berechne das Volumen der Schokoladenpyramide und vergleiche mit deinen Ergebnissen zuvor. Finde Erklärungen für Unterschiede.

## Merkwissen

Für das **Volumen** einer **Pyramide** bzw. eines **Kegels** mit der Grundfläche $A_G$ und der Höhe h gilt: $V = \frac{1}{3} A_G \cdot h$.

**Quadratische Pyramide**

$V_{Pyramide} = \frac{1}{3}a^2 \cdot h$

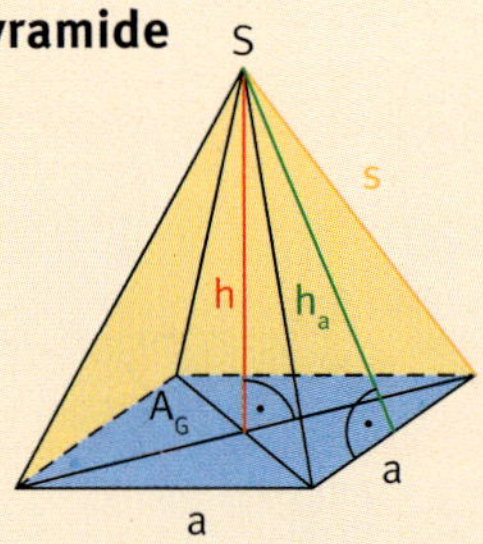


**Kegel**

$V_{Kegel} = \frac{1}{3}\pi r^2 \cdot h$

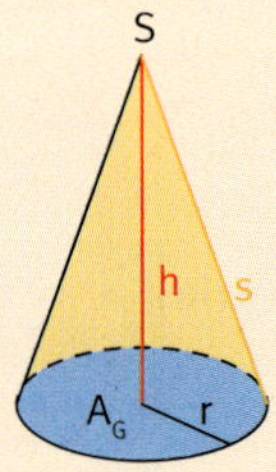


Für das **Volumen** eines **Prismas** bzw. **Zylinders** gilt: $V = A_G \cdot h$.

## Beispiele

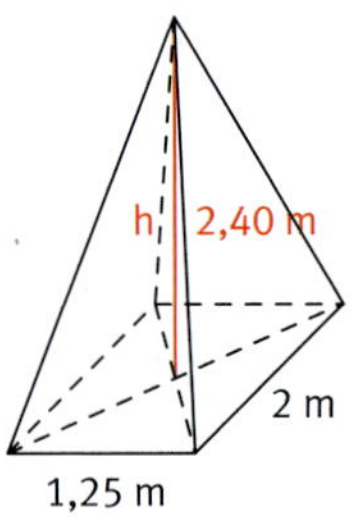


**I** Berechne das Volumen einer 2,40 m hohen Pyramide mit rechteckiger Grundfläche mit a = 1,25 m und b = 2 m.

**Lösung:**

$V_{Pyramide} = \frac{1}{3}A_G \cdot h$

$V_{Pyramide} = \frac{1}{3} \cdot 2{,}5\ m^2 \cdot 2{,}40\ m = 2{,}0\ m^3$

Grundfläche: $A_G = 1{,}25\ m \cdot 2\ m = 2{,}5\ m^2$

**II** Berechne das Volumen eines Kegels mit r = 12 cm und s = 37 cm in Liter.

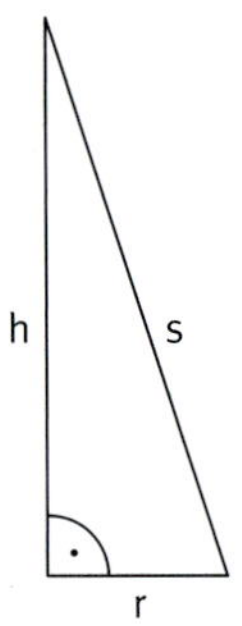


**Lösung:**

$h^2 = s^2 - r^2$

$h = \sqrt{s^2 - r^2}$

$h = \sqrt{(37\ cm)^2 - (12\ cm)^2} = 35\ cm$

$V_{Kegel} = \frac{1}{3} A_G \cdot h$ $\quad A_G = \pi r^2$

$V_{Kegel} = \frac{1}{3} \cdot \pi \cdot (12\ cm)^2 \cdot 35\ cm \approx 5278\ cm^3$

$\approx 5{,}3\ dm^3 = 5{,}3\ l$

## Verständnis

- Wie ändert sich das Volumen einer Pyramide (eines Prismas), wenn man die Höhe verdoppelt (verdreifacht)?
- Wie lässt sich das Volumen einer Pyramide berechnen, wenn die Grundfläche ein Dreieck (Parallelogramm, Trapez) ist?

**1** Zwei Cocktailgläser haben denselben Radius r und dieselbe Höhe h. Begründe, wie oft man mit einer Füllung des linken Glases das rechte Glas füllen kann.

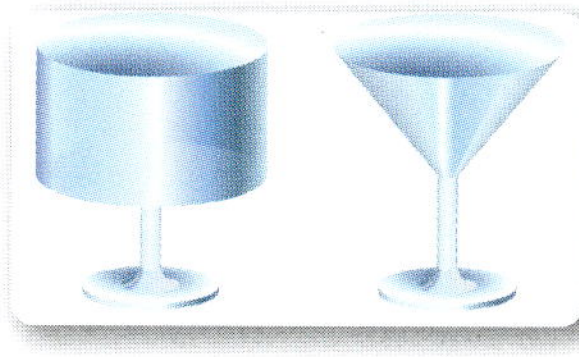

**2** Übertrage die Tabelle und bestimme die fehlenden Werte. Runde auf eine Dezimale.

**a)** quadratische Pyramide

| | 1 | 2 | 3 | 4 |
|---|---|---|---|---|
| a | 4,5 | 6,1 | 12,6 | ▢ |
| h | 7,5 | 3,8 | ▢ | 2 |
| V | ▢ | ▢ | 400 | 0,54 |

**b)** Kegel

| | 1 | 2 | 3 | 4 |
|---|---|---|---|---|
| r | 3,5 | 0,8 | ▢ | 2,9 |
| h | 7 | 1,5 | 6,1 | ▢ |
| V | ▢ | ▢ | 420 | 81 |

*Alle Angaben in cm bzw. $cm^3$*

*Lösungen zu 2:*
*0,9; 1,0; 7,6; 8,1; 9,2; 47,1; 50,6; 89,8*

**3** Gegeben ist eine Pyramide mit rechteckiger Grundfläche:

**a)** Beschreibe das Vorgehen in Sandras Lösung.

*Diagonale d im Rechteck:*

$d^2 = a^2 + b^2 \Rightarrow d = \sqrt{a^2 + b^2}$

$d = \sqrt{(4\,cm)^2 + (6\,cm)^2} \approx 7{,}2\,cm$

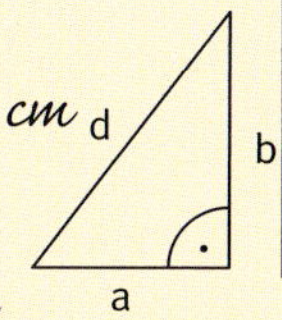


*Volumen:*

$V_{Pyramide} = \frac{1}{3} A_G \cdot h = \frac{1}{3} a \cdot b \cdot h$

$V_{Pyramide} = \frac{1}{3} \cdot 4\,cm \cdot 6\,cm \cdot 7{,}1\,cm = 56{,}8\,cm^3$

*Die Pyramide hat ein Volumen von knapp 57 $cm^3$.*

*Höhe h der Pyramdie:*

$h^2 = s^2 - \left(\frac{d}{2}\right)^2 \Rightarrow h = \sqrt{s^2 - \left(\frac{d}{2}\right)^2}$

$h = \sqrt{(8\,cm)^2 - (3{,}6\,cm)^2} \approx 7{,}1\,cm$

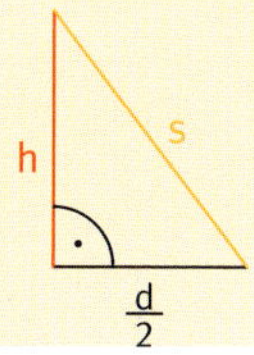


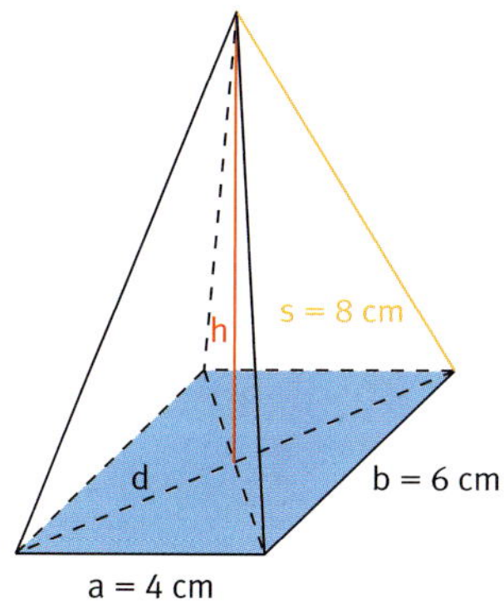


**b)** Berechne das Volumen einer Pyramide mit rechteckiger Grundfläche.

1 a = 4 cm; b = 3 cm; s = 12 cm
2 a = 7,5 cm; b = 4,8 cm; s = 7,2 cm
3 a = b = 4,5 cm; s = 6 cm
4 a = 2,8 cm; d = 4,8 cm; s = 5 cm
5 a = 0,7 dm; b = 12 cm; s = 9 cm
6 a = b = s = 5,5 cm

*Lösungen zu 3:*
*16; 16; 34,4; 39,3; 48,8; 68,4*

**4** Bestimme das Volumen der jeweiligen Körper.

| | |
|---|---|
| Würfel | 1 a = 4,5 cm  2 $O_{Würfel}$ = 86,64 $dm^2$  3 $A_{Seitenfläche}$ = 29,16 $cm^2$ |
| Quader | 1 a = 2,5 cm; b = 1,5 cm; c = 5,2 cm  2 a = b = 4,4 cm; c = 6,2 cm |
| Prisma mit Grundfläche … | 1 Dreieck: a = 4,2 cm; b = 2,8 cm; γ = 90°; h = 3,8 cm<br>2 gleichseitiges Dreieck: a = 5,2 cm; h = 7,2 cm<br>3 Trapez: a = 2,8 cm; c = 6,5 cm; $h_{Trapez}$ = 2,8 cm; h = 3,6 cm |
| Zylinder | 1 r = 2,4 cm; h = 4,8 cm  2 r = 7,5 cm; $O_{Zylinder}$ = 645,6 $cm^2$ |
| Pyramide | 1 quadratisch: $A_{Quadrat}$ = 12,96 $cm^2$; $A_{Dreieck}$ = 18,72 $cm^2$<br>2 rechteckig: a = 5,6 cm; b = 6,2 cm; $h_a$ = 6,9 cm; $h_b$ = 6,8 cm |
| Kegel | 1 d = 5,6 cm; s = 5,2 cm  2 h = 4,5 cm; s = 5,5 cm |

**5** Eine quadratische Pyramide hat eine Oberfläche von 171 $m^2$ und eine Grundfläche von 81 $m^2$.

**a)** Bestimme die Kantenlänge der Grundfläche.

**b)** Berechne die Höhe der Seitenflächen und die Höhe der Pyramide.

**c)** Berechne nun das Volumen der Pyramide.

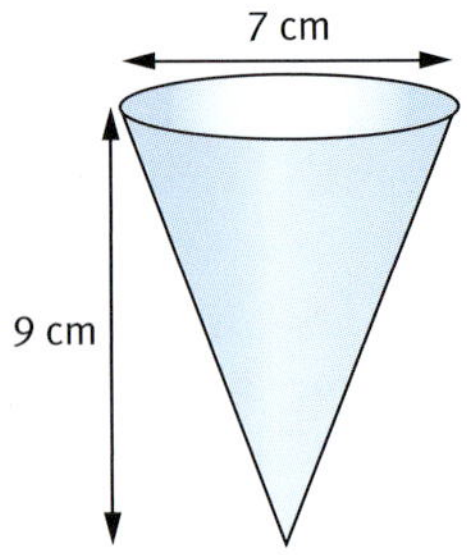


**6** An Wasserspendern in Kaufhäusern oder Apotheken findet man oftmals einfache kegelförmige Kunststoffbecher. Schätze zunächst, wie viel ml Wasser in den Becher passen und überprüfe deine Schätzung rechnerisch.

**7** Beim Aufschütten von Sand entsteht ein Kegel mit 6,5 cm Höhe. Der Umfang des Grundkreises misst nach der Aufschüttung 63 cm. Berechne, wie viel Kubikmeter Sand aufgeschüttet wurden.

**8** In einer Schule soll die abgebildete Weitsprunganlage gebaut werden.

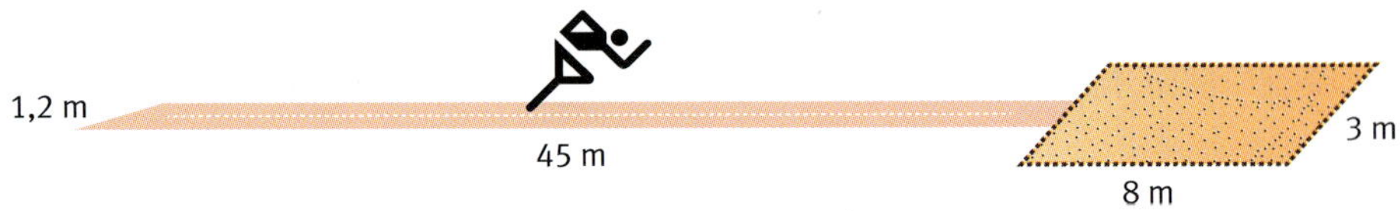


**a)** Berechne die benötigte Sandmenge für eine 60 cm tiefe Sprunggrube.

**b)** Wie viel $m^3$ Tartan braucht man für den Anlauf, wenn dieser 3 cm hoch belegt werden soll?

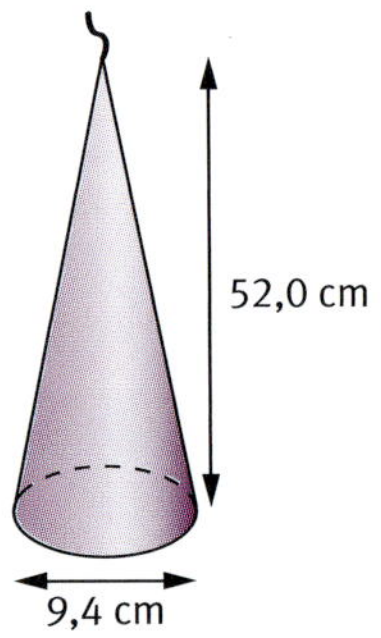


**9** Berechnen Sie das Volumen der abgebildeten Kerze.
Wie viele solcher Kerzen können aus einem Kubikmeter Wachs hergestellt werden?

**10** Gegeben ist eine quadratische Pyramide mit folgenden Abmessungen:

| | |
|---|---|
| Grundkante: | $a = 5{,}0$ cm |
| Körperhöhe: | $h = 6{,}0$ cm |
| Höhe der Seitenflächen: | $h_a = 6{,}5$ cm |
| Seitenkante: | $s = 7{,}0$ cm |

**a)** Stelle die Pyramide zeichnerisch dar.

**b)** Von dieser Pyramide soll ein Kantenmodell angefertigt werden. Reicht ein Draht von einem Meter Länge für zwei Kantenmodelle aus? Begründe rechnerisch.

**c)** Zum Modell dieser Pyramide wird das Modell eines Kegels gleicher Höhe angefertigt. Der Durchmesser des Kegels beträgt 5,0 cm. Welche der folgenden Aussagen ist wahr? Begründe.

1. Die Pyramide hat das kleinere Volumen von beiden Körpern.
2. Die Pyramide und der Kegel haben das gleiche Volumen.
3. Die Pyramide hat das größere Volumen von beiden Körpern.

**11** Quaderförmige Pflanzsteine sollen zur Gartengestaltung bepflanzt werden
Innenmaße: Länge: 30 cm; Breite: 20 cm; Höhe: 20 cm

**a)** Wie viel Liter Erde braucht man, um 20 solcher Pflanzsteine zu befüllen?

**b)** Ein Pkw-Anhänger hat eine Nutzlast von 300 kg. Überprüfen Sie rechnerisch, ob man diese 20 Pflanzsteine mit einer Masse von je 14 kg mit einer Fahrt transportieren kann.

**12** Der abgebildete Pool soll mit Wasser gefüllt werden.
Wie viel Liter Wasser fasst dieser Pool maximal?

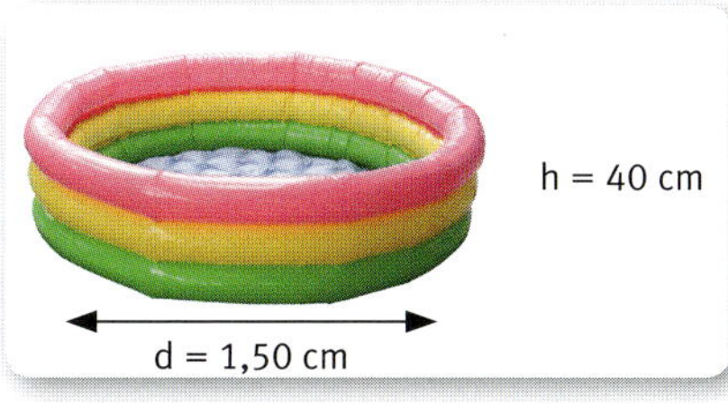


**13** Kleinkinder spielen gern mit Bauklötzchen und bauen dabei Türme. Berechne das Volumen eines solchen Würfelturms.

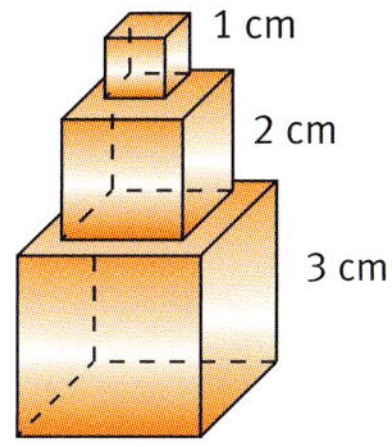


**14** Ein Lipgloss-Stift hat die Innenmaße d = 1,3 cm und h = 4 cm. Wie viel Gramm Lipgloss passen in etwa in diesen Stift? Gehe hierbei von einer Dichte von $0{,}9\,\frac{\text{g}}{\text{cm}^3}$ aus.
Runde dein Endergebnis auf eine Stelle nach dem Komma.

**15** Das Volumen und die Oberfläche einer Kugel hängt nur vom Radius ab.

**a)** Wie ändert sich das Volumen einer Kugel, wenn sich der Radius verdoppelt (verdreifacht, halbiert)?

**b)** Berechne das Volumen (die Oberfläche) der Kugel.

| | | |
|---|---|---|
| 1 $r = 12$ cm | 2 $r = 4{,}5$ cm | 3 $d = 1$ dm |
| 4 $r = \sqrt[3]{125}$ mm | 5 $d = 4 \cdot \sqrt[3]{6}$ m | 6 $r = \frac{4}{5}$ m |

**c)** Berechne den Radius der Kugel.

| | | |
|---|---|---|
| 1 $V = 2500\ \text{cm}^3$ | 2 $V = 33{,}5\ \text{m}^3$ | 3 $V = 720\ \text{cm}^3$ |
| 4 $A_O = 800\ \text{cm}^2$ | 5 $A_O = 1\ \text{m}^2$ | 6 $A_O = 6\ \text{dm}^2$ |

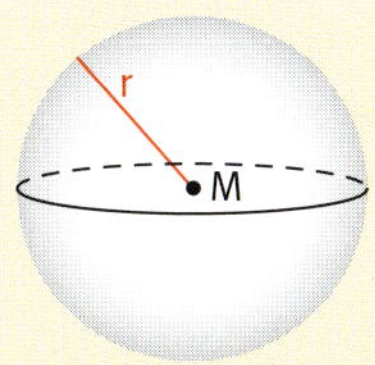


$$V_{\text{Kugel}} = \frac{4}{3}\pi \cdot r^3$$

$$A_{O\ \text{Kugel}} = 4\pi \cdot r^2$$

**16** Der Umfang einer Badeschaumkugel beträgt 14 cm.
Wie viel Gramm wiegt diese Badekugel, wenn ihre Dichte $0{,}86\,\frac{\text{g}}{\text{cm}^3}$ beträgt? Runde geeignet.

**Alltag**

**Zerbrechliche Kugeln**

Weihnachtsbäume werden oft mit bemalten Glaskugeln behängt. Stell dir vor, eine Weihnachtsbaumkugel aus Glas hat einen Durchmesser von 9 cm und wiegt ohne Aufhängung 18 g. Die Dichte von Glas beträgt $2{,}6\,\frac{\text{g}}{\text{cm}^3}$.

- Bestimme das Volumen der Kugel.
- Bestimme die Dicke der Kugelwand. Beschreibe dein Vorgehen.
- Untersuche auf gleiche Weise eine Weihnachtskugel, die du vielleicht im Keller findest.

**1** Zu welchen geometrischen Grundkörpern gehören die folgenden Darstellungen?

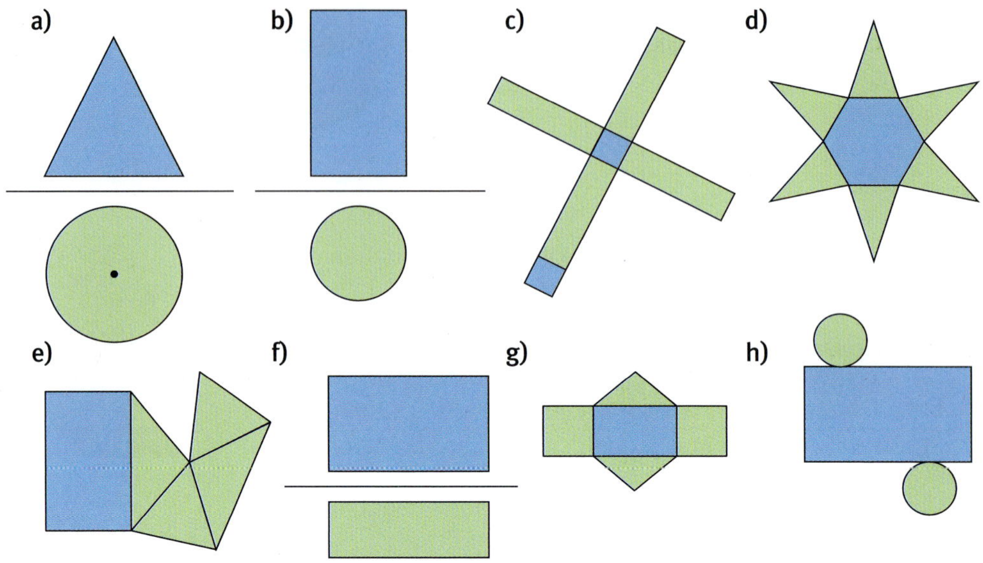


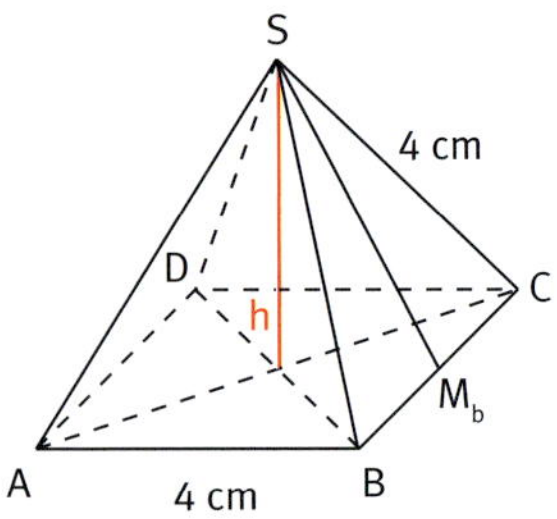


**2** Die Abbildung zeigt die Skizze einer quadratischen Pyramide.

**a)** Zeichne ein Netz der Pyramide.

**b)** Berechne die Länge der Strecke $SM_b$.

**c)** Berechne die Höhe h der Pyramide.

**d)** Zeichne ein Schrägbild der Pyramide.

*Gib jeweils den Maßstab an.*

**3** Zeichne ein Schrägbild (Zweitafelbild) in geeignetem Maßstab.

**a)** quadratische Pyramide mit a = 2,4 m und h = 5,3 m

**b)** rechteckige Pyramide mit a = 13,2 m; b = 9,4 m und h = 12,5 m

**c)** Kegel mit s = 5,8 m und Höhe h = 4,5 m

**4** Paketkartons werden von der Post in den Größen XS, S, M, L, XL und F angeboten. Im Internet kannst du folgende Innenmaße und Preise finden.

| | Name | Innenmaße in cm | Preis in € | Rauminhalt | Oberflächeninhalt |
|---|---|---|---|---|---|
| XS | Extra Small | 22,5 × 14,5 × 3,5 | 1,49 | | |
| S | Small | 25 × 17,5 × 10 | 1,69 | | |
| M | Medium | 35 × 25 × 12 | 1,99 | | |
| L | Large | 40 × 25 × 15 | 2,29 | | |
| XL | Extra Large | 50 × 30 × 20 | 2,69 | | |
| F | Flasche | 37,5 × 13 × 13 | 2,49 | | |

**a)** Berechne für jedes Paket die fehlenden Werte für Rauminhalt und Oberflächeninhalt.

**b)** Beschreibe, wie sich der Preis mit dem Volumen (dem Oberflächeninhalt) der einzelnen Kartons ändert.

*Der berechnete Oberflächeninhalt ist hier der Inhalt der innen liegenden Oberfläche.*

**5** Zeichne das Schrägbild einer quadratischen Pyramide mit einer Grundkantenlänge von a = 4,8 cm und einer Höhe von 7,0 cm.

**6** Ein Prisma hat als Grundfläche das gleichschenklige Trapez ABCD mit $\overline{AB} = a = 7{,}0$ cm, $\overline{BC} = b = 3{,}0$ cm, $\overline{CD} = c = 4{,}0$ cm und $\alpha = \beta = 60°$.
Das Prisma ist 5,0 cm hoch.

**a)** Zeichnen Sie ein Zweitafelbild dieses Prismas.

**b)** Berechnen Sie das Volumen dieses Prismas.

**7** Baumhäuser sind bei Kindern beliebt. Es gibt sie in verschiedenen Farben, Formen und Größen. Fertige für jedes Baumhaus ein Zweitafelbild.

**a)**

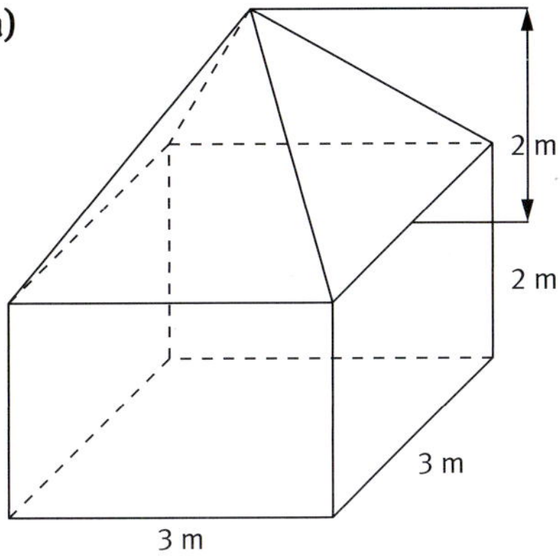


**b)**

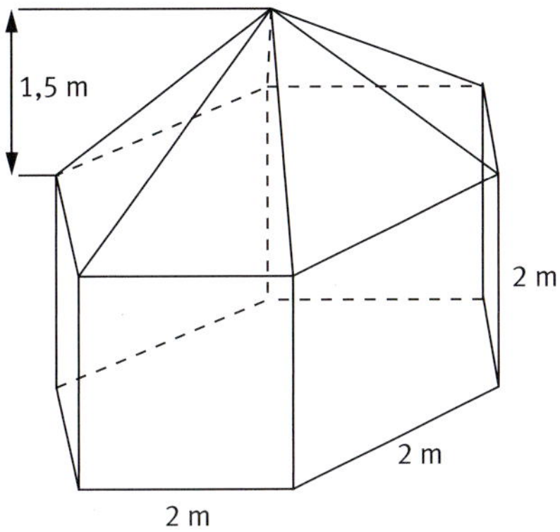


**8** Ein Körper besteht aus einem Quader und einer aufgesetzten Pyramide.

**a)** Berechnen Sie das Volumen des Körpers.

**b)** Stellen Sie den Körper im Zweitafelbild im Maßstab 1 : 10 dar. Bezeichnen Sie alle Eckpunkte wie in der Skizze.

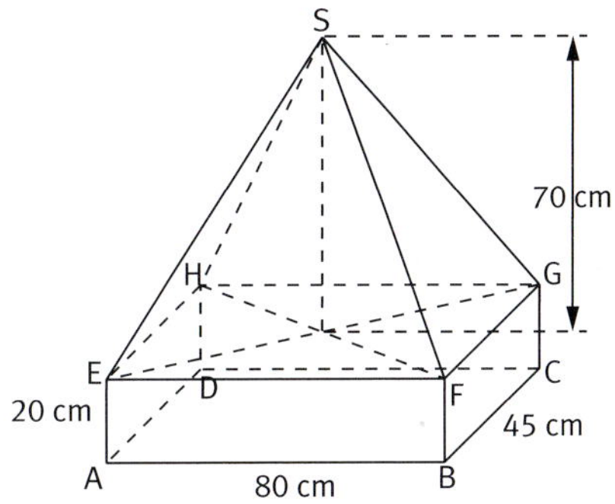


**9** Ein Schwimmbecken hat die dargestellte Form eines Prismas. Um nach der Winterpause das Becken neu zu füllen, werden 1,5 m³ Wasser pro Minute eingelassen.

**a)** Wie viele Stunden würde das vollständige Füllen des Beckens dauern?

**b)** Wie viel cm fehlen bis zur vollen Füllhöhe, wenn nur 20 Stunden lang Wasser eingelassen wird?

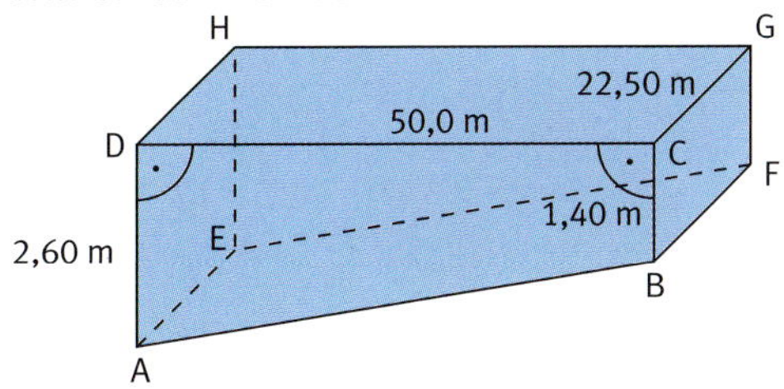


**10** Wie viele Liter Öl passen in den dargestellten Öltank?

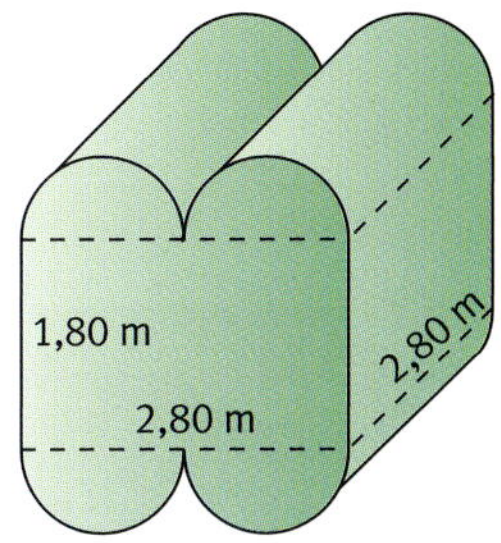


**11** Geh mit einem Partner auf Entdeckungsreise durch die Schule (eure Stadt) und sucht nach Gegenständen, die aus den geometrischen Grundkörpern zusammengesetzt sind. Stellt den Gegenstand auf verschiedene Weisen dar und bearbeitet mathematische Aufgabenstellungen, die sinnvoll erscheinen. Präsentiert die Ergebnisse in der Klasse.

**12** Familie Nowak lässt sich einen Wintergarten ans Haus bauen.

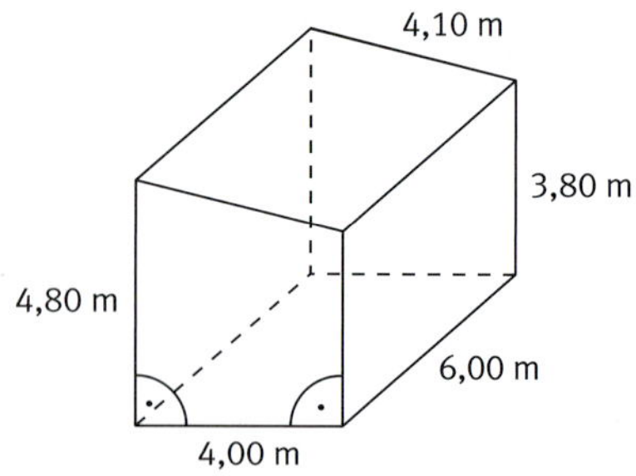


**a)** Wie viele $m^3$ Raum umfasst der Wintergarten?

**b)** Der Wintergarten besteht ganz aus Glas. Wie viele $m^2$ Glas muss Familie Nowak bestellen, wenn der Trägerrahmen etwa 4 % der gesamten Fläche einnimmt? Runde auf eine Nachkommastelle.

**13** In einer quaderförmigen Tragetasche (Innenmaße: 60 cm × 12 cm × 30 cm) sollen Kunststoffwürfel transportiert werden.

**a)** Überprüfen Sie, ob 120 Kunststoffwürfel mit einer Kantenlänge von je 6 cm in diese Tragetasche passen.

**b)** Zeichnen Sie das Netz dieser Tragetasche im Maßstab 1 : 10. Vernachlässigen Sie den Unterschied zwischen Außen- und Innenmaßen.

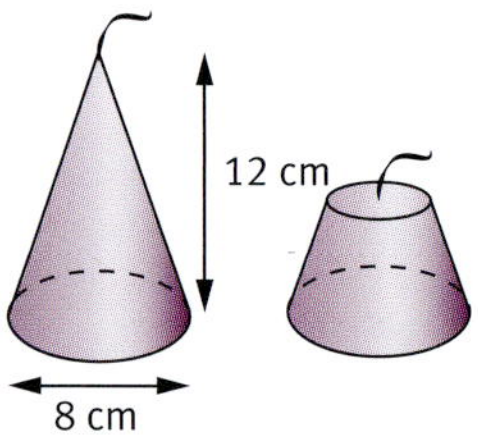


**14** Nachdem eine Kerze mehrere Male gebrannt hatte, ist sie mittlerweile nur noch 6 cm hoch.

**a)** Schätze, wie viel Prozent der ursprünglichen Kerze bereits verbrannt sind.

**b)** Berechne das Volumen des verbrannten Kerzenteils und des Kerzenrestes. Vergleiche mit deiner Schätzung.

*Alle Maße in cm*

*Überlege, welche Flächen sichtbar sind.*

**15** Berechne das Volumen (die Oberfläche) der Werkstücke.

**a)**

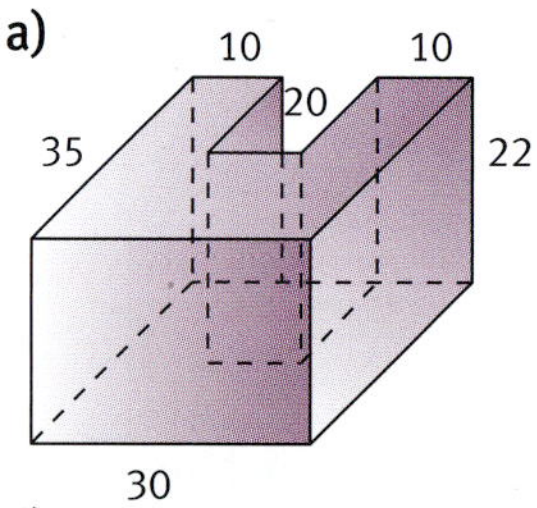


**b)**

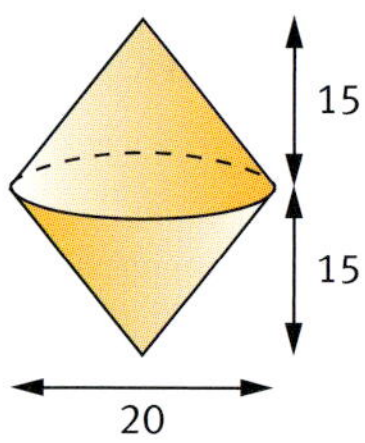


**c)**

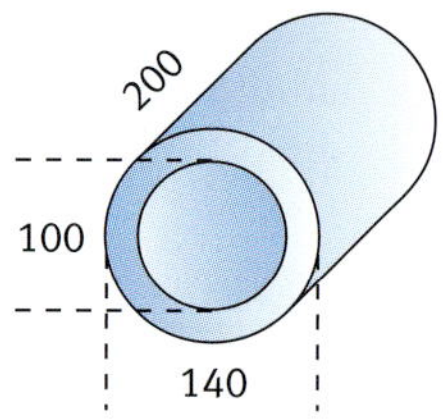


**d)**

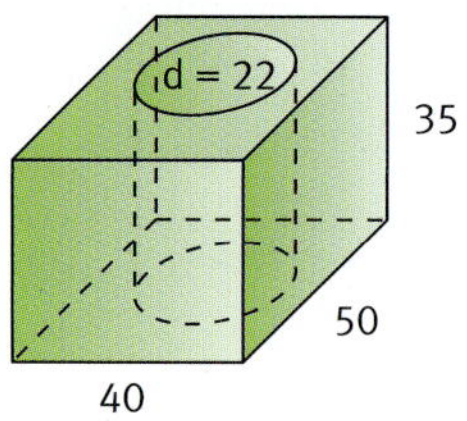


**e)**

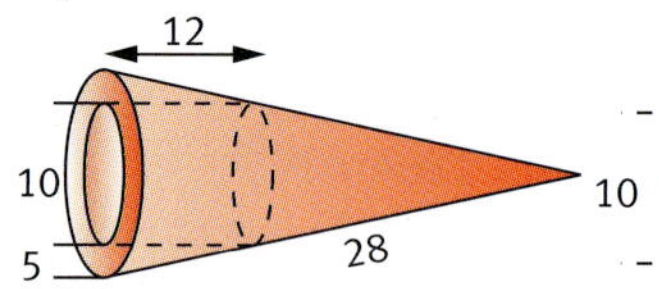


**f)**

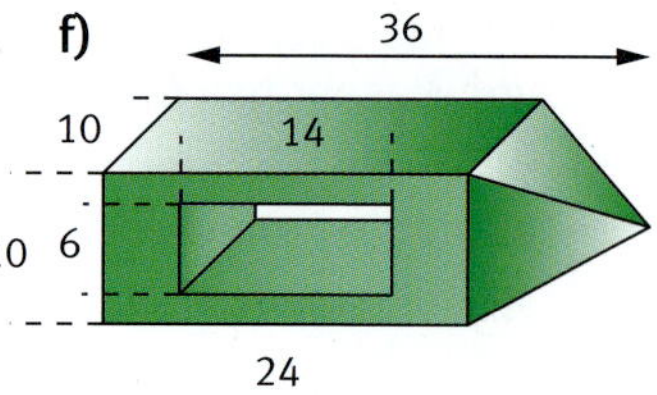


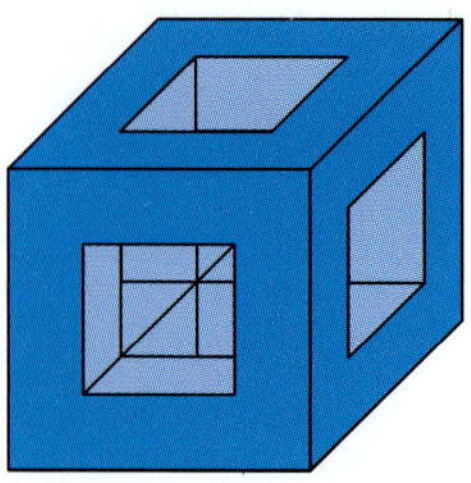

**16** Aus einem Quader, der 16 cm lang, 12 cm breit und 24 cm hoch ist, soll eine möglichst große Pyramide angefertigt werden. Wie viel $cm^3$ Abfall fallen an?

**17** In einen Holzwürfel der Kantenlänge 8 cm werden von jeder Seite quadratische Aussparungen mit einer Seitenlänge von 4 cm gefräst.

**a)** Wie viel Prozent des ursprünglichen Volumens hat der neue Körper?

**b)** Vergleiche die Oberfläche des ursprünglichen Würfels mit der des gefrästen Körpers.

**18** 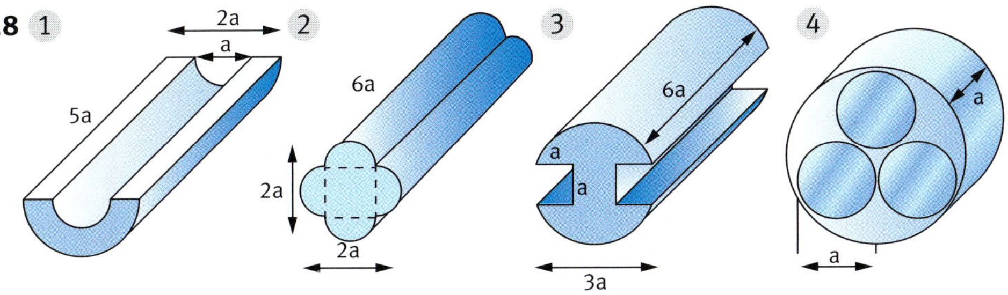


**a)** Stelle jeweils eine Formel für das Volumen und den Oberflächeninhalt des Körpers auf. Vereinfache so weit wie möglich.

**b)** Bestimme das Volumen und den Oberflächeninhalt für a = 3 cm (a = 4,5 cm).

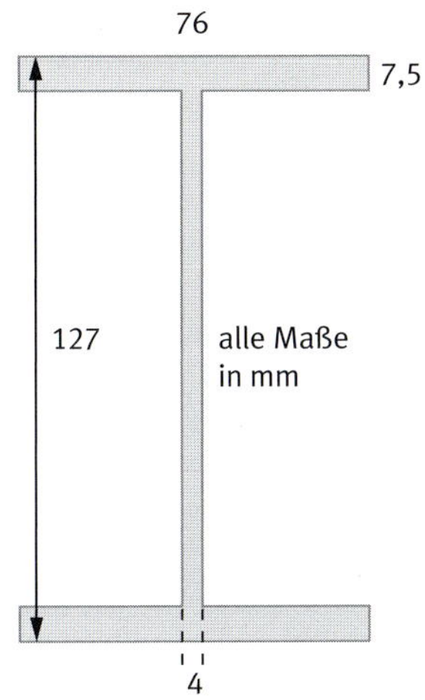


**19** Die Abbildung zeigt die Vorderansicht eines 3,5 m langen Stahlträgers.

**a)** Berechne sein Volumen.

**b)** Bestimme, wie schwer der Träger ist (Dichte von Stahl: $7{,}9\ \frac{g}{cm^3}$).

**20** Viele handelsübliche Cremes werden in den dargestellten Dosen angeboten.
Die Grafik zeigt den Querschnitt einer solchen Dose.
Nur im blau gefärbten Teil befindet sich die Creme.
Wie viel Prozent vom Volumen der abgebildeten Dose nimmt die Creme ein? Schätze zunächst und überprüfe dann rechnerisch. Beschreibe dein Vorgehen.

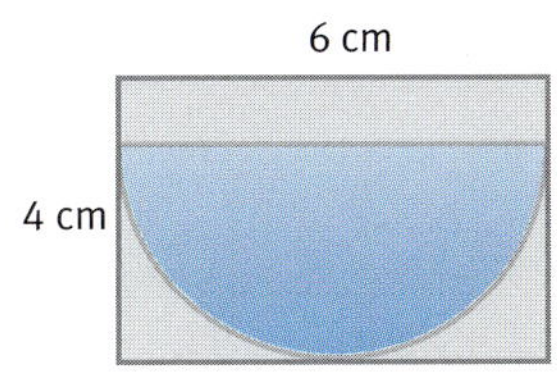

**Alltag**

**Die alten Baumeister**

Die Pyramiden von Gizeh sind die einzigen Bauwerke, die von den sieben Weltwundern des Altertums noch heute bei Kairo in Ägypten zu bestaunen sind. Sie wurden zwischen 3000 und 2500 v. Chr. erbaut.
Die größte der Pyramiden ist die Cheopspyramide, die als Grabmal des Pharaos Cheops diente. Die Pyramide mit quadratischer Grundfläche hatte bei ihrer Erbauung eine Grundkantenlänge von 233 m und eine Höhe von 148 m. Durch Verwitterung und Abtragungen ist die Pyramide heute nur 138 m hoch und die Grundkante 227 m lang.

- Wie viele Fußballfelder von 100 m Länge und 60 m Breite hätten heute auf der Grundfläche der Cheopspyramide Platz?
- Wie viel $m^3$ Gestein sind im Laufe der Zeit verwittert bzw. abgetragen worden?
- Baue eine Pyramide aus Holzkugeln. Schiebe die Kugeln dazu auf Rundstäbe und verklebe sie.
  Du brauchst dazu: 2-mal 
  2-mal 
  So sieht die Pyramide aus: 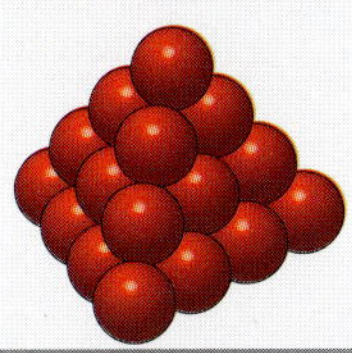

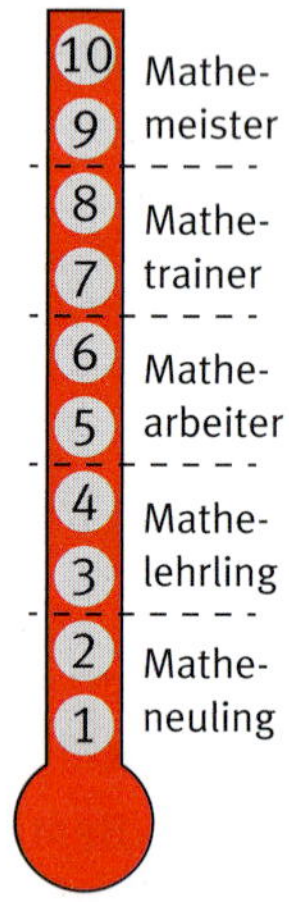


**Wer wird ... Mathemeister? (beliebig viele Mitspieler)**

Sicherlich kennst du die beliebten Fernsehformate von Quizsendungen, bei denen zu einer Frage vier Antworten vorgegeben werden, von denen genau eine richtig ist. Man kann das natürlich auch in der Schule spielen.

Ablauf: Ein Mitschüler ist der Moderator, alle anderen notieren sich die ihrer Meinung nach richtigen Antworten auf einem Zettel. Am Ende werden alle Antworten verglichen und die Anzahl richtiger Antworten addiert. Wenn unklar ist, welche Antwort richtig ist, müsst ihr Begründungen oder Gegenbeispiele finden.

**1** Als welchen Körper kann man einen Quader (höher als breit) ebenfalls bezeichnen?

| | |
|---|---|
| A: Würfel | B: Zylinder |
| C: Prisma | D: quadratische Pyramide |

**2** Bei welchem Körper besteht die Mantelfläche aus vier kongruenten Flächen?

| | |
|---|---|
| A: Zylinder | B: Kegel |
| C: dreiseitige Pyramide | D: quadratische Pyramide |

**3** Bei welchem Körper kann eine Ansicht von oben oder von der Seite niemals ein Kreis sein?

| | |
|---|---|
| A: Kugel | B: Kegel |
| C: Pyramide | D: Zylinder |

**4** Im Schrägbild eines Würfels sehen die Seitenflächen, die nach hinten verlaufen, aus wie ...

| | |
|---|---|
| A: Quadrate. | B: Rechtecke. |
| C: Rauten. | D: Parallelogramme. |

**5** Die Oberfläche eines sechsseitigen Prismas besteht aus ...

| | |
|---|---|
| A: 4 Flächen | B: 6 Flächen |
| C: 8 Flächen | D: 12 Flächen |

**6** Bei welchem Körper ist die Mantelfläche kein Rechteck?

| | |
|---|---|
| A: Pyramide | B: Quader |
| C: Prisma | D: Zylinder |

**7** In welchem Maßstab werden im Schrägbild die Strecken dargestellt, die parallel zur Zeichenebene verlaufen?

| | |
|---|---|
| A: 1 : 2 | B: 2 : 1 |
| C: 4 : 5 | D: 1 : 1 |

**8** Welche Risse werden bei einem Zweitafelbild dargestellt?

| | |
|---|---|
| A: Grund- und Abriss | B: Grund- und Seitenriss |
| C: Grund- und Aufriss | D: Grund- und Draufriss |

**9** Bei zusammengesetzten Körpern ist die Oberfläche des Körpers ...

| | |
|---|---|
| A: kleiner als die Summe der Oberflächen aller Teilkörper. | B: genauso groß wie die Summe der Oberflächen aller Teilkörper. |
| C: größer als die Summe der Oberflächen aller Teilkörper. | D: mindestens so groß wie die Summe der Oberflächen aller Teilkörper. |

**10** Mit welcher Formel kann man das Volumen einer Kugel berechnen?

| | |
|---|---|
| A: $\frac{1}{6}\pi d^3$ | B: $\frac{2}{3}\pi d^3$ |
| C: $\frac{3}{4}\pi d^3$ | D: $\frac{7}{12}\pi d^3$ |

### Platonische Körper

| | | | | | |
|---|---|---|---|---|---|
| Abbildung | 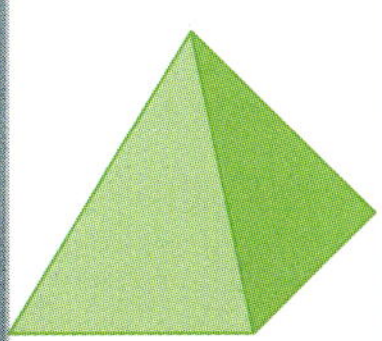 | 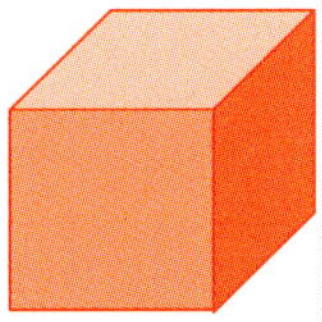 | 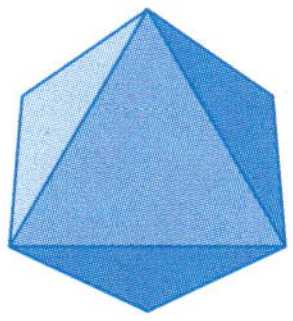 | 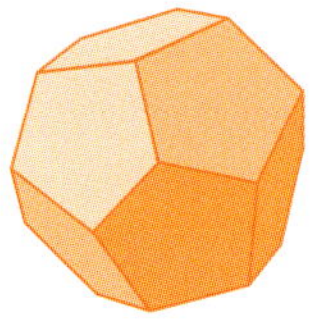 | 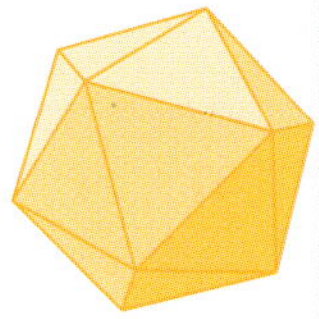 |
| Name | **Tetraeder** „4-Flächner“ | **Hexaeder** „6-Flächner“ | **Oktaeder** „8-Flächner“ | **Dodekaeder** „12-Flächner“ | **Ikosaeder** „20-Flächner“ |
| Zuordnung | Feuer | Erde | Luft | Kosmos | Wasser |

Körper, deren Oberfläche aus lauter gleichen, regelmäßigen n-Ecken besteht, nennt man Platonische Körper. Es gibt davon fünf verschiedene, die nach der Anzahl ihrer Begrenzungsflächen benannt sind. Im Altertum wurden die Körper den vier „Elementen“ (Feuer, Erde, Luft und Wasser) sowie dem „Kosmos“ zugeordnet.

a) Beschreibe jeweils den Körper und die Form der Begrenzungsflächen.

b) Gib für jeden Körper die Anzahl der Ecken, Flächen und Kanten an. Lege dazu eine Tabelle an.

c) Vergleiche für jeden Körper die Summe aus Ecken und Flächen mit der Anzahl der Kanten. Welche Gesetzmäßigkeit erkennst du?

d) Finde Beispiele aus deiner Umwelt, bei denen Platonische Körper vorkommen.

e) Berechne jeweils die Oberfläche und das Volumen der Körper so genau wie möglich. Gehe davon aus, dass jede Kantenlänge 4 cm lang ist.

### Wer wird … denn das wissen?

In der Fernsehsendung „Wer wird Millionär“ gab es einmal eine Panne. Der Moderator Günther Jauch stellte einer Kandidatin die folgende 16 000-€-Frage:

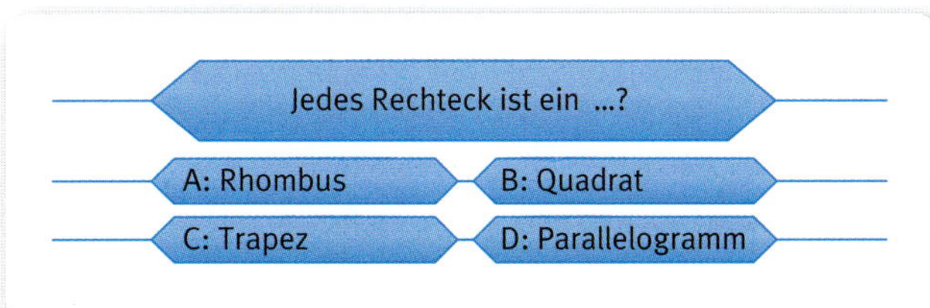


Die Kandidatin konnte sich zwischen zwei Antworten nicht entscheiden und gab schließlich auf. In einer späteren Sendung durfte sie jedoch nochmals an dieser Stelle weitermachen. Erkläre.

Überprüfe deine Fähigkeiten und Kenntnisse. Bearbeite dazu die folgenden Aufgaben und bewerte anschließend deine Lösungen mit einem Smiley.

| ☺ | 😐 | ☹ |
|---|---|---|
| Das kann ich! | Das kann ich fast! | Das kann ich noch nicht! |

Hinweise zum Nacharbeiten findest du auf der folgenden Seite. Die Lösungen stehen im Anhang.

**Aufgaben zur Einzelarbeit**

**1** Übertrage und ergänze die fehlenden Stellen.

| Körper | Schrägbild/Bild | Beispiel |
|---|---|---|
| Würfel | 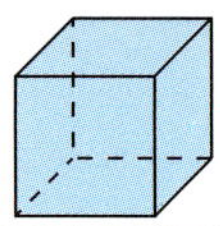 | Sitzwürfel |
| Quader | □ | □ |
| Pyramide | □ | □ |
| □ | 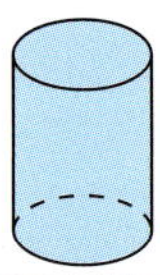 | □ |
| □ | □ | Eistüte |
| □ | 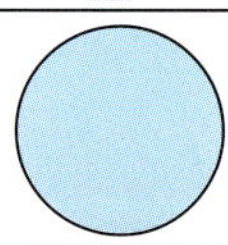 | □ |
| Halbkugel | □ | □ |
| □ | □ | Unterlegscheibe |
| □ | 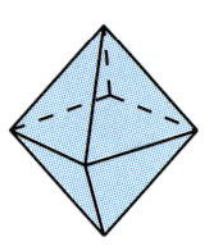 | □ |
| □ | □ | Eis in Waffel |

**2**

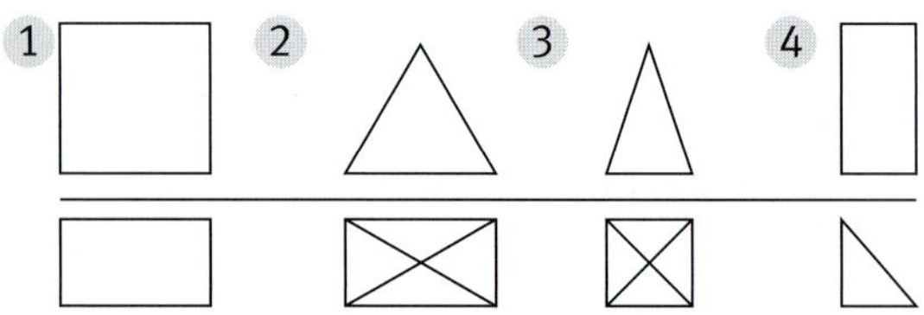


**a)** Entscheide, welches Zweitafelbild eine quadratische Pyramide darstellen kann.

**b)** Um welchen Körper kann es sich bei den anderen Darstellungen handeln?

**3** Zeichne jeweils ein Schrägbild.

**a)** quadratische Pyramide mit a = 4,5 cm und h = 4,5 cm

**b)** Kegel mit d = 4 cm und h = 5 cm

**c)** Würfel mit V = 64 $cm^3$

**4** **a)** Beschreibe, was man unter dem Begriff „Kavalierperspektive" versteht.

**b)** Stelle einen liegenden Zylinder mit r = 2 cm und h = 7 cm in Kavalierperspektive dar.

**5** Zeichne ein Netz des Körpers.

**a)** Pyramide mit rechteckiger Grundfläche: a = 4 cm; b = 2 cm und h = 5 cm

**b)** Kegel mit r = 3,5 cm und h = 6 cm

**c)** Zylinder mit r = 3 cm und h = 6,5 cm

**6**

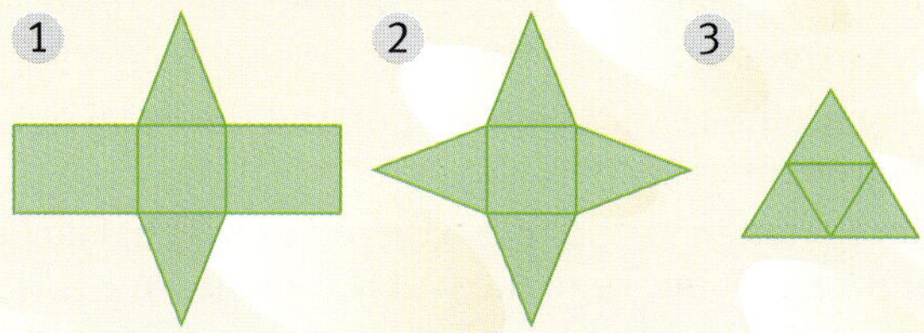


**a)** Welches der Körpernetze gehört zu einer Pyramide mit quadratischer Grundfläche?

**b)** Finde Körper zu den anderen Netzen.

**7** Das Netz eines Tetraeders besteht aus gleichseitigen Dreiecken der Seitenlänge a = 5 cm.

**a)** Zeichne das Netz des Tetraeders.

**b)** Berechne die Höhe der Seitendreiecke.

**c)** Berechne die Oberfläche des Tetraeders.

**8** Ein Kirchturmdach hat die Form einer quadratischen Pyramide. Die Seiten des Quadrats sind 7,60 m lang, die Höhe des Daches beträgt 14,40 m.

**a)** Erstelle das Schrägbild der Pyramide als Freihandskizze und trage die Maße ein.

**b)** Berechne die Größe der Dachfläche.

**9** ① r = 3 cm; h = 7 cm ② r = 4 cm; h = 3 cm

**a)** Vergleiche die Größe der aufgeklebten Etiketten.

**b)** Vergleiche den Materialverbrauch.

**10** Wie viel Liter Abfall fasst ein zylinderförmiger Behälter mit den Maßen r = 20 cm und h = 0,5 m?

**11** Eine Cappuccinodose ist 16 cm hoch und hat einen Durchmesser von 10,2 cm.

**a)** Berechne den Materialverbrauch der Dose.

**b)** Prüfe, ob 450 g Cappuccino wie angegeben in diese Dose passen, wenn man beim Cappuccinopulver von einer Dichte von etwa $0{,}36\,\frac{g}{cm^3}$ ausgeht.

**12** Ein quaderförmiger Pool hat die Maße 2,50 m × 4 m und ist 1,50 m tief.

**a)** Wie viel Wasser fasst das Schwimmbecken maximal?

**b)** Wie viele Stunden dauert es, bis der gesamte Pool gefüllt ist, wenn pro Minute 25 l Wasser eingefüllt werden?

**c)** Der Pool soll innen mit blauer Farbe gestrichen werden. Für wie viel $m^2$ muss Farbe bereitgestellt werden?

**13** Berechne die Größe der Dachfläche und die Größe des Dachraums.

**a)** Satteldach

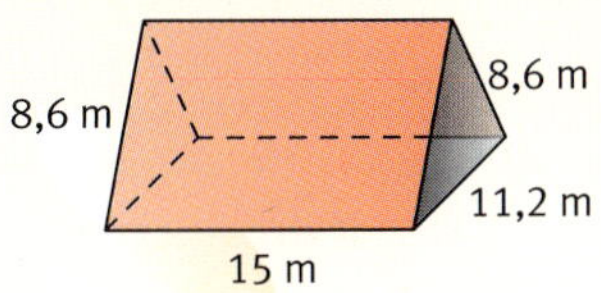


**b)** Pyramidendach

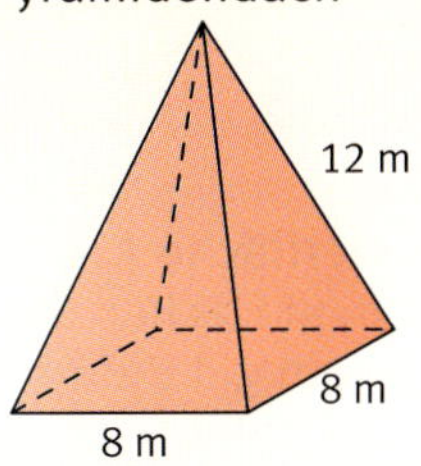


**c)** Kegeldach

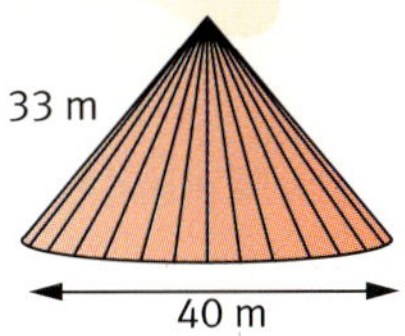


**d)** Kugeldach

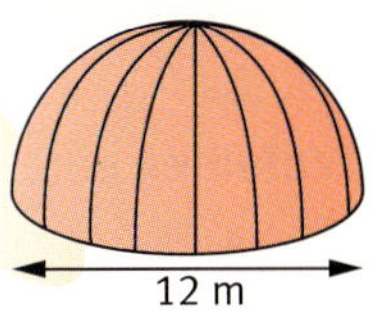


**14** Berechne das Volumen und die Oberfläche der Körper (Maßangaben in cm).

**a)**

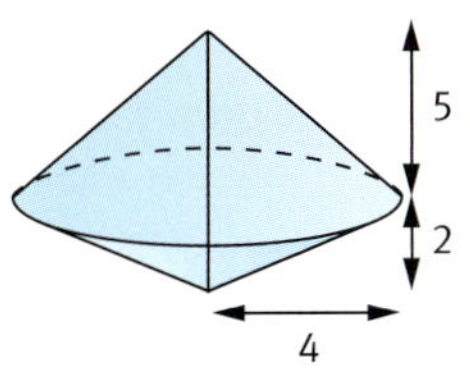


**b)**

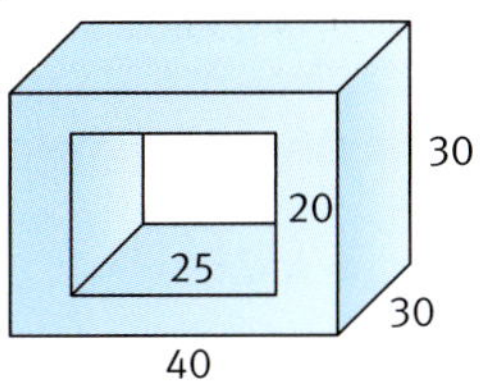


**Aufgaben für Lernpartner**

**Arbeitsschritte**

1 Bearbeite die folgenden Aufgaben alleine.

2 Suche dir einen Partner und erkläre ihm deine Lösungen. Höre aufmerksam und gewissenhaft zu, wenn dein Partner dir seine Lösungen erklärt.

3 Korrigiere gegebenenfalls deine Antworten und benutze dazu eine andere Farbe.

Sind folgende Behauptungen **richtig** oder **falsch**? Begründe schriftlich.

**15** Das Volumen zusammengesetzter Körper berechnet man aus der Summe der Volumen der Einzelkörper.

**16** Mit einem Zweitafelbild kann man einen Körper eindeutig darstellen.

**17** Beim Schrägbild werden in der Regel die nach hinten verlaufenden Kanten um die Hälfte verkürzt und unter einem Winkel von 45° gezeichnet.

**18** Die Oberfläche einer rechteckigen Pyramide berechnet man aus der Summe der zugehörigen Grund- und Mantelfläche.

**19** Ein Würfel mit einem Volumen von 49 $cm^3$ hat die Grundkantenlänge a = 7 cm.

**20** Das Pyramidenvolumen beträgt $\frac{1}{3}$ des Volumens eines Quaders mit gleicher Grundfläche und Höhe.

**21** Das Kegelvolumen beträgt $\frac{1}{4}$ des Volumens eines Zylinders mit gleicher Grundfläche und Höhe.

| Aufgabe | Ich kann ... | Hilfe |
|---|---|---|
| 1 | geometrische Grundkörper mit deren Eigenschaften benennen und mit Beispielen aus dem Alltag verbinden. | S. 34 |
| 2, 16 | Zweitafelbilder deuten und erstellen. | S. 36 |
| 1, 3, 4, 8, 17 | Schrägbilder zeichnen. | S. 36 |
| 5, 6, 7 | Netze zeichnen und erkennen. | S. 40 |
| 8, 9, 11, 12, 13, 14, 18 | die Oberfläche einfacher und zusammengesetzter Körper berechnen. | S. 40 |
| 10, 11, 12, 13, 14, 15, 19, 20, 21 | das Volumen einfacher und zusammengesetzter Körper berechnen. | S. 44, 47 |

# 2.8 Auf einen Blick

S. 34

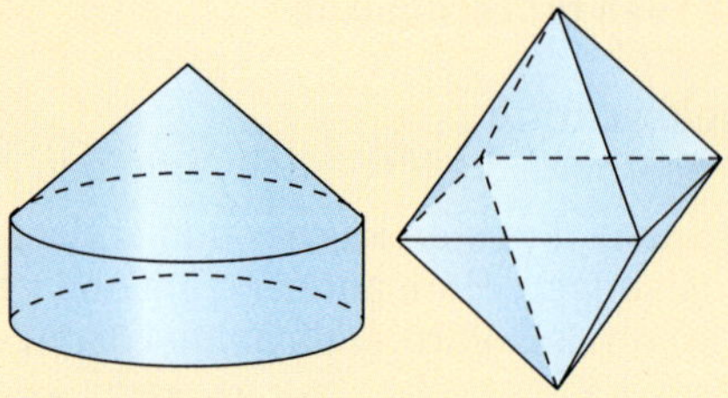

Die **geometrischen Grundkörper** sind:
Würfel, Quader, Prisma, Pyramide, Zylinder, Kegel, Kugel
Aus diesen Grundkörpern können weitere Körper zusammengesetzt werden.

S. 36

Zweitafelbild einer Pyramide

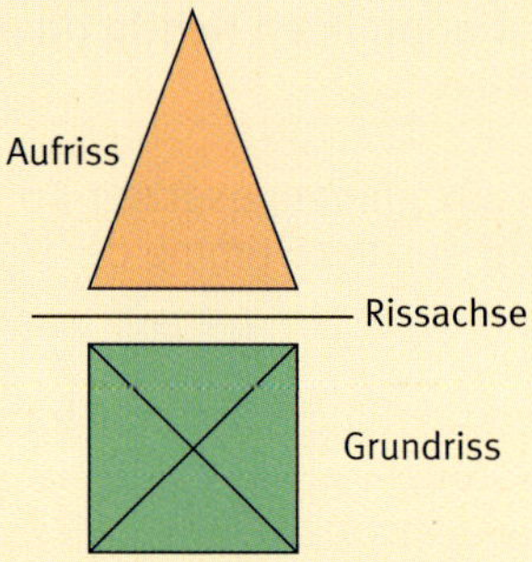


**Körper** können auf verschiedene Arten **dargestellt** werden:

1. **Zweitafelbilder** bestehen aus **Grund-** und **Aufriss** eines Körpers. Die Schnittachse beider Ebenen nennt man **Rissachse**.
2. Bei einem **Schrägbild** werden alle Strecken parallel zur Vorderansicht in wahrer Größe dargestellt. Nach hinten verlaufende Kanten werden in der Regel auf die **Hälfte gekürzt** und unter einem Winkel von **45°** gezeichnet.

S. 40

Netz eines Kegels

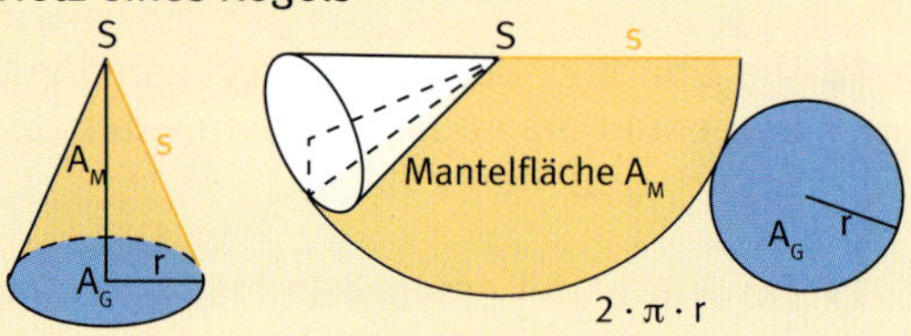


Ein **Netz** ist die Abwicklung eines Körpers.
Ein Körper kann verschiedene Abwicklungen (Netzdarstellungen) haben.

S. 40

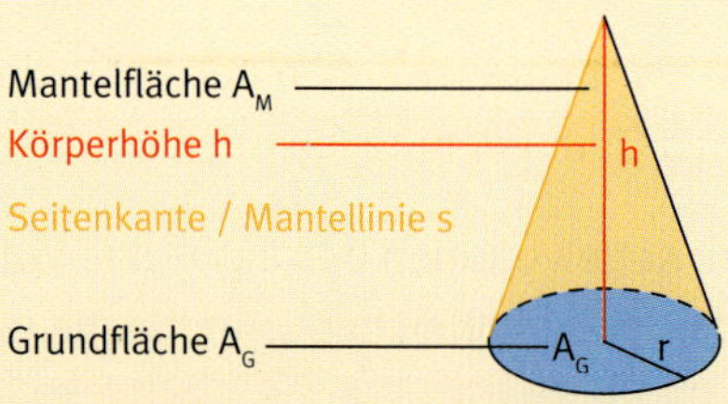


Die **Oberfläche $A_O$** eines Körpers ist die Summe der einzelnen Flächen des Körpers.
Allgemein gilt die Formel: $\mathbf{A_O = A_G + A_M}$
($A_G$: Grundfläche; $A_M$: Mantelfläche)

S. 44

Quadratische Pyramide: $V = \frac{1}{3}a^2 \cdot h$
Kegel: $V = \frac{1}{3}\pi r^2 \cdot h$

Für das **Volumen** eines **Prismas** bzw. **Zylinders** gilt:
$V = A_G \cdot h$
Für das **Volumen** einer **Pyramide** bzw. eines **Kegels** gilt: $V = \frac{1}{3}A_G \cdot h$

S. 47

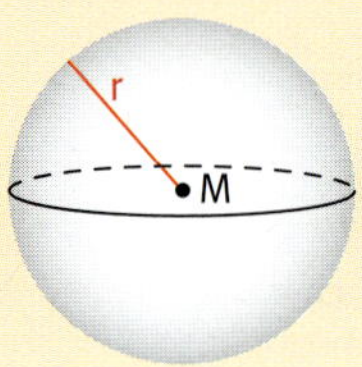


Für das **Volumen** einer **Kugel** mit dem Radius r gilt:
$\mathbf{V_{Kugel} = \frac{4}{3} \cdot \pi \cdot r^3}$

Für die **Oberfläche** einer **Kugel** mit dem Radius r gilt:
$\mathbf{A_{O\ Kugel} = 4 \cdot \pi \cdot r^2}$

## Wurzeln

**1** Ergänze im Heft die Tabelle zu dem Würfel.

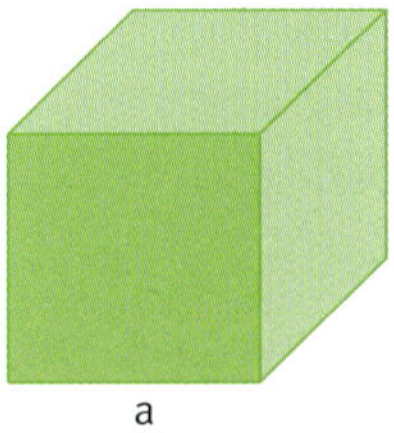


| | a | $A_O$ | V |
|---|---|---|---|
| **a)** | 2 cm | □ | □ |
| **b)** | □ | 54 cm² | □ |
| **c)** | □ | 13,5 mm² | □ |
| **d)** | □ | □ | 125 cm³ |

**2** Übertrage in dein Heft und ersetze die Lücken durch Ziffern bzw. <, > oder =.
Finde mehrere Lösungen, wenn möglich.

**a)** $\sqrt{□□} = 4$ **b)** $\sqrt{12□} = 11$
**c)** $\sqrt{16} < □ < \sqrt{81}$ **d)** $\sqrt{19} > □$
**e)** $3 < \sqrt{□□} < 4$ **f)** $\sqrt{23}$ □ 5
**g)** 7 □ $\sqrt{4□}$ **h)** $\sqrt{1□} < \sqrt{□7}$

**3** Ordne der Größe nach. Beginne mit der kleinsten Zahl.

**a)** $\sqrt{2}$; $\sqrt{16}$; 2; 6; $\sqrt{4}$
**b)** $\sqrt[3]{64}$; $\sqrt{64}$; 6; 64; 4
**c)** $\sqrt[3]{81}$; $\sqrt{81}$; $\sqrt[3]{8}$; $\sqrt[3]{27}$; $\sqrt{10}$

**4** Finde mindestens drei verschiedene x so, dass die Zahl rational (irrational) wird.
**Beispiel**: $\sqrt{20 + x}$ ist ...
rational für x = 5, denn $\sqrt{25} = 5$; ...
irrational für x = 3, denn $\sqrt{23}$ ist irrational; ...

**a)** $\sqrt{x + 10}$ **b)** $\sqrt{x - 10}$
**c)** $\sqrt{x \cdot 10}$ **d)** $\sqrt{\frac{x}{10}}$

**5** Vervollständige die Zahlenmauer.

## Kreis

**6** Gib jeweils die fehlenden der Kreisgrößen (Umfang, Radius, Flächeninhalt) an.

**a)** r = 3 cm

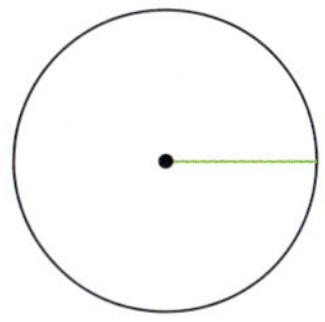

**b)** u = 10 cm

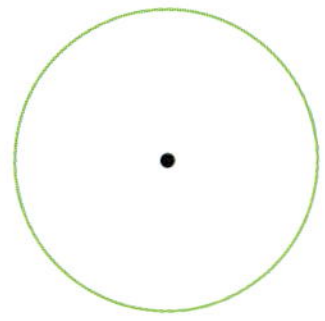

**c)** d = 13 dm

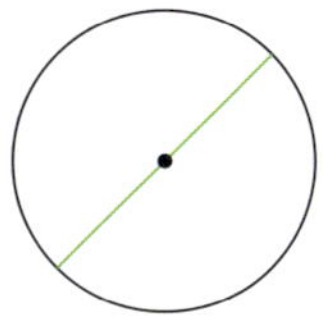

**d)** A = 12 m²

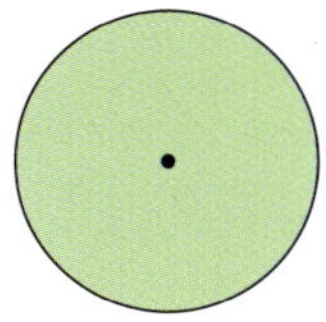

**7** In einen Kreis wurde ein kleiner Kreis mit gleichem Mittelpunkt eingezeichnet.

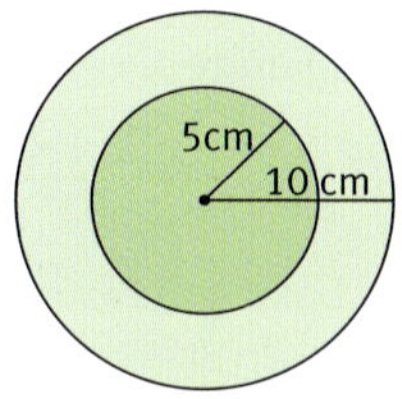


**a)** Vergleiche den Flächeninhalt des inneren Kreises mit dem des äußeren Kreisrings.
**b)** Wie groß müsste der Radius des inneren Kreises sein, damit beide Flächen gleich groß sind?

**8** Ergänze die Lücken in den Sätzen.

**a)** Verdoppelt man den Radius, so □ sich der Durchmesser eines Kreises.
**b)** Verdoppelt man den Durchmesser, so □ sich der Flächeninhalt eines Kreises.
**c)** Drittelt man den Radius, so □ sich der Umfang eines Kreises.
**d)** Ein Kreis mit 9-mal so großem Flächeninhalt hat einen □-mal so großen Radius.

**9** Bestimme jeweils den grünen Flächeninhalt und die Länge der grünen Randkurve der Figuren.

**a)**

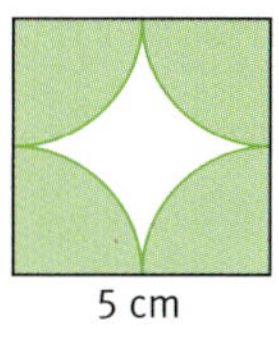


**b)**

**c)**

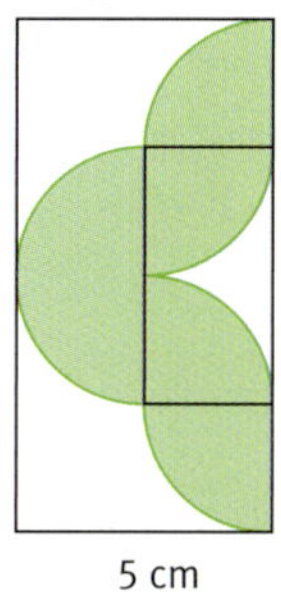

## Binomische Formeln

**10** Multipliziere die Terme mithilfe binomischer Formeln aus. Gib an, welche binomische Formel du genutzt hast.

a) $(t + 3)^2$ b) $(3t - 1)^2$
c) $(t - 1)(t + 1)$ d) $(s - 3t)^2$
e) $(s - t)(t + s)$ f) $(s - t)(t - s)$

**11** Korrigiere die Hausaufgaben von Martin.

a) $(2 + h)^2 = 4 + h + h^2$
b) $(30 - 4p)^2 = 90^2 - 240p - 16p^2$
c) $(r - s)(r + s) = r^2 + s^2$
d) $(1{,}5v + w)^2 = 1{,}5v^2 + 3vw + w^2$

**12** Ein Quadrat der Seitenlänge 5 cm soll auf einer Seite gekürzt und auf der anderen um dieselbe Länge x verlängert werden.

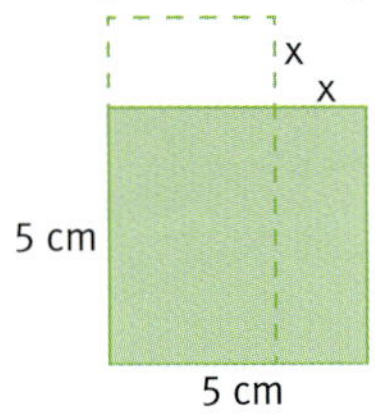


a) Gib den Flächeninhalt der neuen Figur als Term an. Vereinfache den Term so weit wie möglich.
b) Bestimme x für einen Flächeninhalt des entstandenen Rechtecks von 16 $cm^2$.

**13** Ergänze die Lücken so, dass wahre Aussagen entstehen.

a) $(x + 2y)^2 = □^2 + □xy + □y^2$
b) $(0{,}5a - 3b)^2 = 0{,}25a^2 □ 3ab □ □b^□$
c) $(3 - e)(3 □ e) = □ - e^2$
d) $(□k + l) = □k^2 + 6kl □ l^2$

**14** Welche Terme lassen sich mit einer binomischen Formel umformen? Gib gegebenenfalls die binomische Formel an und auch den umgeformten Term.

a) $q^2 + 4qr + 4r^2$ b) $m^2 - 6mn + 3n^2$
c) $i^2 - 8j^2$ d) $16a^2 - 4b^2$
e) $s^2 + t^2$ f) $4u^2 + 25 - 20u$

## Lineare Gleichungen

**15** Löse die Gleichungen nach x auf.

a) $2x + 3 = 18$ b) $2x - 3 = 11$
c) $x - 5 = 3x$ d) $14x = x + 26$
e) $x + 3 = 3 - x$ f) $x + 2y = 4y - 3x$
g) $\frac{1}{3}x + 2 = \frac{x}{5} - 1$ h) $-\frac{3}{8} + \frac{x}{2} = 4 - 3x$
i) $4x - \frac{34}{3} = -3 + \frac{3}{2}x$ j) $-\frac{4}{9} \cdot (12 - 6x) = -4x + 3$

**16** Ordne den Gleichungen ihre Waagenbilder zu. Bestimme jeweils die Lösungsmenge.

1 $2x + 2 = 8 + x$ 2 $8 = 2 + x$
3 $2x = 8$ 4 $8 = 2x + 2$

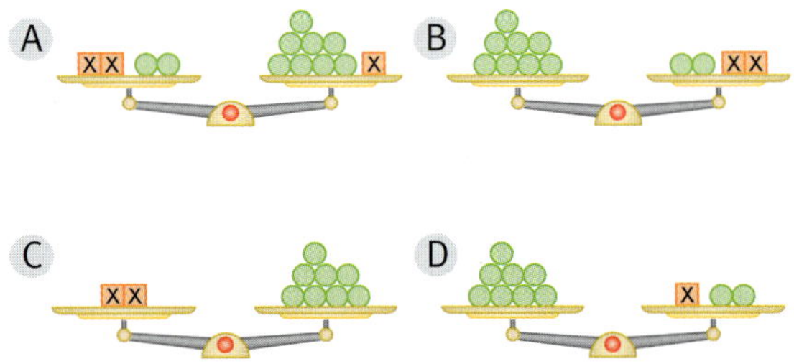


**17** Ergänze die Lücken so, dass x = 7 die Lösung der Gleichung ist.

a) $x - 3 = □$ b) $2x + □ = 13$ c) $x + 4 = 2x - □$

**18** Stelle eine Gleichung auf und löse im Bereich der rationalen Zahlen.

a) Vermehrt man eine Zahl um 3, erhält man 12.
b) Das Doppelte einer Zahl ist so groß wie die Hälfte der Zahl, vermehrt um 12.
c) Das Dreifache einer Zahl, vermindert um 1, ist so groß wie das Doppelte der Zahl, vermehrt um 1.
d) Vermehrt man eine Zahl um 3 und halbiert das Ergebnis, erhält man dasselbe wie die Zahl, vermindert um 3.

**19** 1 $x + 2 = 13$ 2 $2x - 3 = 27$
3 $2 \cdot (x - 4) = x + 4$ 4 $x - 2 = 4x + 2$

a) Beschreibe die Gleichung in Worten.
b) Löse im Bereich der ganzen Zahlen.

# 3 Lineare Zuordnungen und Funktionen

## Einstieg

- Hast du schon einmal eine Hütte wie die eines Keltendorfes durch eine Mathebrille betrachtet? Viele Hölzer kann man als Teile von Geraden betrachten, die du bereits von linearen Zuordnungen her kennst. Ordne die „Geraden“ nach ihren Eigenschaften.
- Finde weitere „Geraden“ mit diesen Eigenschaften in deiner Umgebung. Sieh dich auch in deinem Klassenzimmer um.
- Beschreibe den Einfluss der Neigung der Geraden/Balken auf die Stabilität der Hütte.

## Ausblick

**Am Ende dieses Kapitels hast du gelernt, ...**

- Funktionen zu erkennen.
- was proportionale und lineare Funktionen sind.
- lineare Funktionen auf verschiedene Arten darzustellen.
- lineare Funktionen mithilfe ihrer Eigenschaften zu beschreiben.
- Sachaufgaben mithilfe von Funktionen zu bearbeiten.

Larissa legt aus Streichhölzern immer neue Quadrate in eine Reihe.

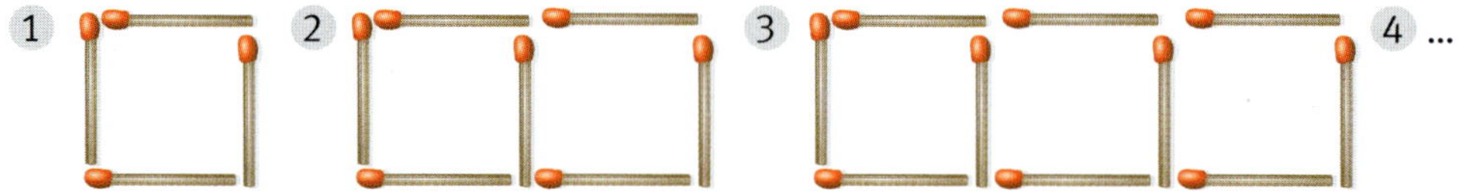


- Übertrage die Tabelle zur Zuordnung *Anzahl Quadrate → Anzahl Streichhölzer* in dein Heft und setze sie fort.

| Anzahl Quadrate | 1 | 2 | 3 | 4 | 5 | 6 |
|---|---|---|---|---|---|---|
| Anzahl Streichhölzer | ▢ | ▢ | ▢ | ▢ | ▢ | ▢ |

- Zeichne den Graph der Zuordnung. Beschreibe die Lage der Punkte.
- Beschreibe in Worten und als Term, wie sich die Anzahl der Streichhölzer mit der Anzahl der Quadrate ändert.

*Graph: Ursprungsgerade*

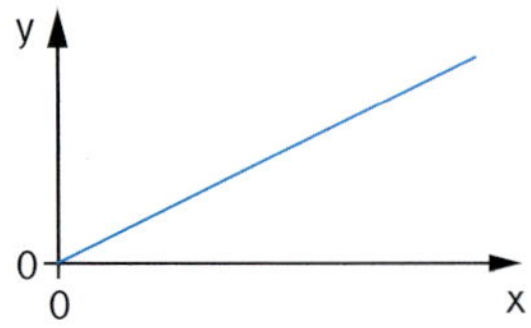


*Graph: Hyperbel*

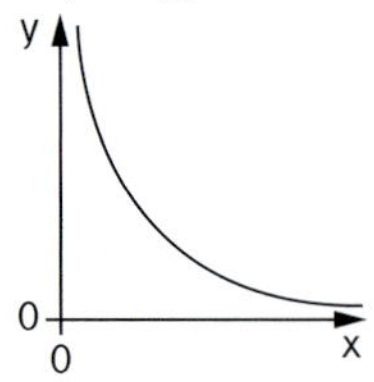


*Graph: Gerade*

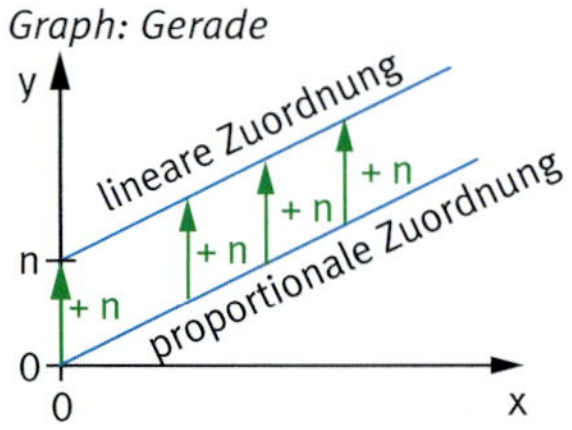


## Merkwissen

Bei einer **Zuordnung** werden Größen oder Zahlen zueinander in Beziehung gesetzt. Zuordnungen können in **Tabellen**, **Diagrammen**, durch **Terme** oder durch eine **Beschreibung in Worten** dargestellt werden.

| Proportionale Zuordnung | |
|---|---|
| Zum Doppelten (zum Dreifachen, ..., zur Hälfte, ...) der Ausgangsgröße gehört das Doppelte (das Dreifache, ..., die Hälfte, ...) der zugeordneten Größe. | Der **Quotient** aus zugeordneter Größe und Ausgangsgröße ist stets **gleich**. Zwei Ausgangsgrößen stehen im **gleichen Verhältnis** wie zugeordnete Größen. |
| **Umgekehrt proportionale Zuordnung** | |
| Zum Doppelten (zum Dreifachen, ..., zur Hälfte, ...) der Ausgangsgröße gehört die Hälfte (ein Drittel, ..., das Doppelte, ...) der zugeordneten Größe. | Das **Produkt** aus zugeordneter Größe und Ausgangsgröße ist stets **gleich**. |
| **Lineare Zuordnung** | |
| Die Punkte der Zuordnung liegen auf einer Gerade. | Der **Graph** ist gegenüber einer proportionalen Zuordnung um einen festen Wert n entlang der y-Achse verschoben. |

## Beispiele

**I** Entscheide, welche Art von Zuordnung zugrunde liegt. Begründe.

**a)** Ein Taxi berechnet 1,20 € pro Kilometer. Die Grundgebühr beträgt 2,50 €.

**b)** Ein Lottogewinn von 100 000 € wird auf die Anzahl der Gewinner verteilt.

*Die Zuordnungen lassen sich auch anhand anderer Eigenschaften erkennen.*

**Lösungsmöglichkeit:**

**a)** Zur doppelten (dreifachen, ...) Anzahl gefahrener Kilometer gehört der doppelte (dreifache, ...) Fahrpreis. Zu jedem Wertepaar dieser proportionalen Zuordnung kommt mit der Grundgebühr ein fester Betrag hinzu. Also ist die Zuordnung linear.

**b)** Das Produkt aus der Anzahl der Gewinner und dem Betrag pro Gewinner beträgt immer 100 000 €, die Zuordnung ist daher umgekehrt proportional.

## Verständnis

- Begründe: Jede proportionale Zuordnung ist eine lineare Zuordnung.
- Wie viele Punkte braucht man mindestens zum Zeichnen des Graphen einer proportionalen (linearen) Zuordnung?

## Aufgaben

**1** Entscheide, welche Art von Zuordnung vorliegt. Begründe.

**a)** *Anzahl der Teilnehmer bei einer Busfahrt → Preis pro Teilnehmer in €*

**b)** *Anzahl Schulhefte → Gesamtpreis in €*

**c)** *Wasserverbrauch in $m^3$ → Gesamtkosten in € mit Grundgebühr*

**d)** *Gesprächsminuten auf Prepaid-Handy → Kosten für das Gespräch in €*

**e)** *Anzahl Gewinner eines Jackpots → Geldbetrag pro Gewinner in €*

**2** Überprüfe, welche Art von Zuordnung vorliegt.

proportional? umgekehrt proportional? linear? sonstige Zuordnung?

**a)**

| | | | | |
|---|---|---|---|---|
| x | 2 | 3 | 5 | 6 |
| y | 3 | 4,5 | 7,5 | 9 |

**b)**

| | | | | |
|---|---|---|---|---|
| x | 2 | 3 | 5 | 6 |
| y | 7,5 | 5 | 3 | 2,5 |

**c)**

| | | | | |
|---|---|---|---|---|
| x | 2 | 3 | 5 | 6 |
| y | 7 | 10 | 15 | 18 |

**d)**

| | | | | |
|---|---|---|---|---|
| x | 1 | 4 | 5 | 7 |
| y | 4,5 | 10,5 | 12,5 | 16,5 |

**e)**

| | | | | |
|---|---|---|---|---|
| x | 3 | 5 | 6 | 8 |
| y | $10\frac{2}{3}$ | 6,2 | $5\frac{1}{3}$ | 4 |

**f)**

| | | | | |
|---|---|---|---|---|
| x | 2 | 3 | 4,5 | 6,5 |
| y | 10 | 13 | 17,5 | 23,5 |

**3** Bestimme die Art der Zuordnung.

*Überprüfe anhand von Beispielen.*

**a)** Jeder natürlichen Zahl wird ihre Hälfte (ihr Fünffaches) zugeordnet.

**b)** Zum Doppelten jeder positiven rationalen Zahl wird 3 hinzugezählt.

**c)** Zwei Zahlen werden einander so zugeordnet, dass ihr Produkt 12 ergibt.

**d)** Jede natürliche Zahl wird verdreifacht und um 2,5 ergänzt.

**4** Ein Rechteck hat einen Flächeninhalt von 24 $cm^2$.

**a)** Finde mindestens fünf verschiedene Wertepaare für die Zuordnung *Länge des Rechtecks in cm → Breite des Rechtecks in cm.*

**b)** Zeichne zur Zuordnung aus a) den zugehörigen Graphen.

**5** Ein Kino bietet verschiedene Eintrittskarten an. Ein Jugendclub möchte eine Vorstellung besuchen. Die Teilnehmerzahl dafür schwankt erfahrungsgemäß zwischen 5 und 25 Jugendlichen.

Einzelkarte 7,00 €
5er-Karte 32 €
10er-Karte 60 €

**a)** Erstelle eine Tabelle, um den möglichen Eintrittspreis schnell zu ermitteln.

**b)** Stelle den Sachverhalt grafisch dar. Begründe, ob die Zuordnung linear ist.

**6** Die Abbildung zeigt verschiedene Grundarten für Smartphone-Tarife.

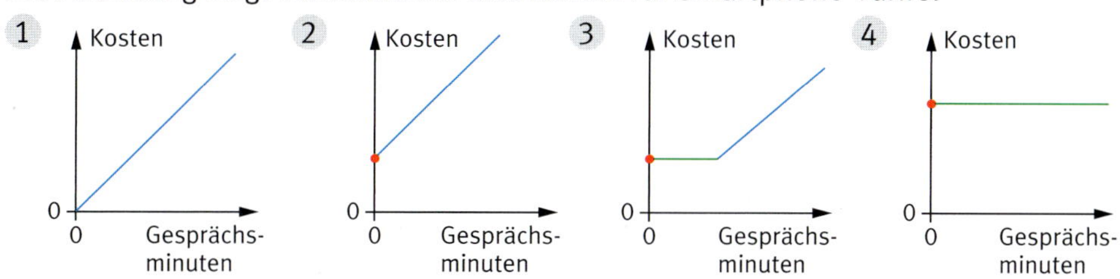


*Es werden nur die Gesprächsminuten betrachtet, also keine Daten- oder SMS-Tarife.*

**a)** Beschreibe den Verlauf der Tarife anhand der bekannten Zuordnungen.

**b)** Beschreibe die Tarifmodelle in Worten.

1

2

3

- Ordne jeweils jedem Tier das zugehörige Futter zu.
- Beschreibe die Unterschiede, bei den Zuordnungen.

*Im Beispiel sind die Zuordnungen 1 und 2 Funktionen. Dabei bilden die Tiere den Definitionsbereich (Definitionsmenge) und das Futter den Wertebereich (Wertemenge).*

*Die Zuordnungsvorschrift $x \rightarrow f(x)$ ist eine weitere Möglichkeit, um Funktionen algebraisch zu beschreiben.*

## Merkwissen

Ist eine Zuordnung **eindeutig**, so nennt man sie eine **Funktion**. Dabei wird jedem x-Wert (**Argument**) genau ein y-Wert (**Funktionswert**) zugeordnet. Beachte: Derselbe Funktionswert darf verschiedenen Argumenten zugeordnet sein.

**Definitionsbereich** $\mathbb{D}$: Menge aller Argumente
**Wertebereich** $\mathbb{W}$: Menge aller Funktionswerte

Eine Funktion lässt sich auf verschiedene Arten darstellen:

1 verbale Beschreibung
2 Gleichung $y = f(x)$ (lies: „f von x")
3 Wertetabelle
4 Graph

**Beispiel:** $\mathbb{D} = \mathbb{Q}$; $\mathbb{W} = \mathbb{Q}$

1 Jeder Zahl wird ihre Hälfte zugeordnet.

2 $y = \frac{1}{2}x$ oder $f(x) = \frac{1}{2}x$

3

| x | −2 | −1 | 0 | 1 | 2 | 3 |
|---|---|---|---|---|---|---|
| y | −1 | $-\frac{1}{2}$ | 0 | $\frac{1}{2}$ | 1 | $1\frac{1}{2}$ |

4
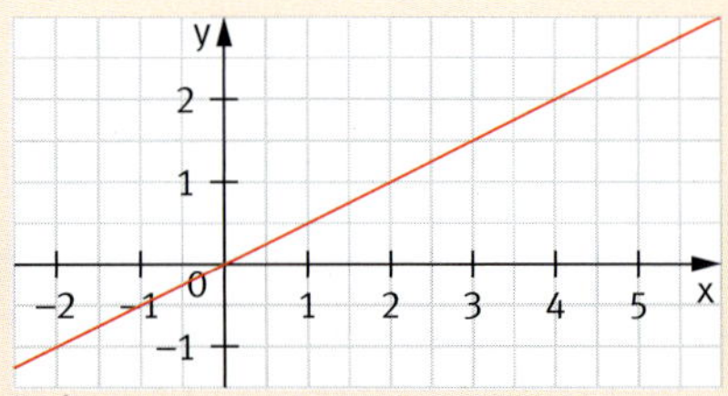


## Beispiele

**I** Handelt es sich um den Graphen einer Funktion? Begründe deine Antwort.

a)
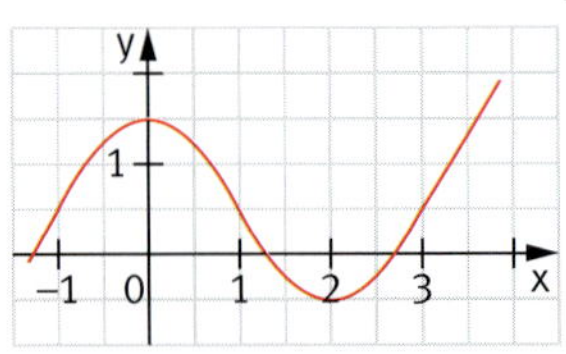


b)
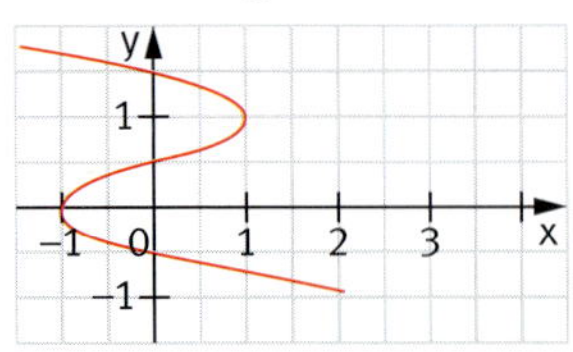


**Lösung:**

a) Es ist der Graph einer Funktion, weil jedem x-Wert genau ein y-Wert zugeordnet wird.

b) Es ist kein Funktionsgraph, weil z. B. dem x-Wert 0 drei y-Werte zugeordnet sind.

*Es liegt bereits dann keine Funktion vor, wenn nur ein x-Wert mehrere zugeordnete y-Werte hat.*

## Verständnis

- „Jede Funktion ist eine Zuordnung." „Jede Zuordnung ist eine Funktion." Sind beide Aussagen wahr? Begründe deine Entscheidung.
- Johannes meint, dass alle Geraden im Koordinatensystem Funktionen darstellen. Finde Beispiele, bei denen das nicht zutrifft.

## Aufgaben

**1** Handelt es sich bei den Zuordnungen um Funktionen? Begründe deine Entscheidung.

a) *Gesprächskosten → Dauer des Telefongesprächs*

b) *Dauer eines Gesprächs → Gesprächskosten*

c) *Masse der Wurst → Preis in €*

d) *Datum → Tageshöchsttemperatur*

e) *Temperatur → Wochentag*

f) *Seitenlänge → Umfang eines Quadrats*

g) Jedem Punkt einer ebenen Figur wird sein Bildpunkt bei einer Verschiebung zugeordnet.

h) Jedem Schüler deiner Klasse wird eine Zahl mit einem Würfelwurf zugeordnet.

**2** Handelt es sich um den Graphen einer Funktion? Begründe deine Antwort.

a)
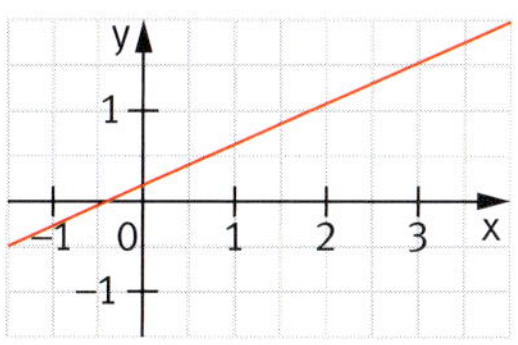


b)
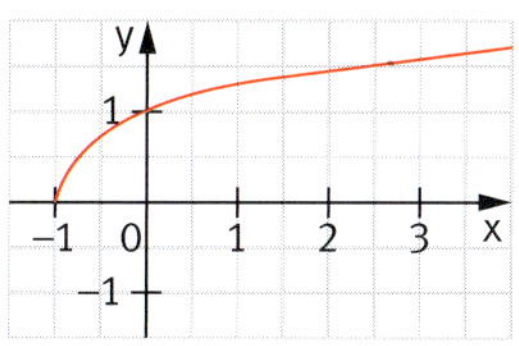


c)
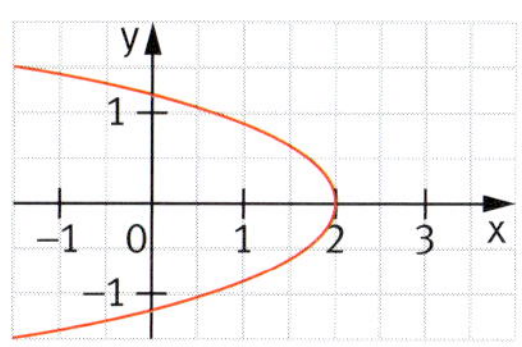


d)
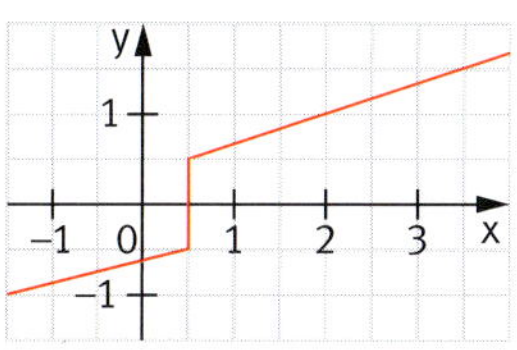


e)
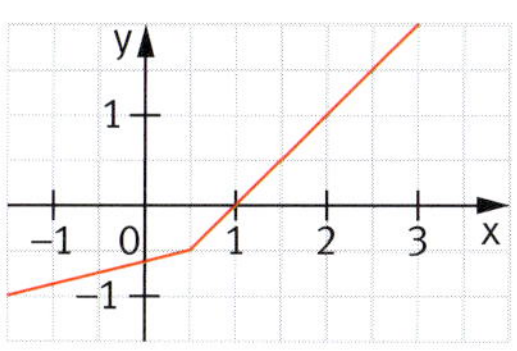


f)
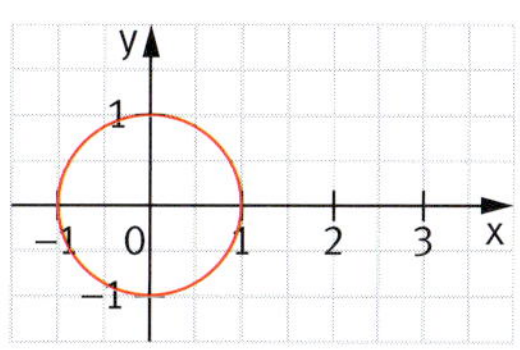


**3** Die Temperatur in der Atmosphäre ist von der Höhe abhängig. Die Grafik zeigt den Temperaturverlauf bei einer Bodentemperatur von knapp 20 °C.

a) Beschreibe den Temperaturverlauf mit zunehmender Höhe in Worten.

b) Lies für verschiedene Höhen die Temperaturen möglichst genau ab.

c) Gib für 0 °C, –20 °C und –40 °C die zugehörige Höhe an. Ist die Zuordnung *Temperatur in °C → Höhe in km* eine Funktion? Begründe.

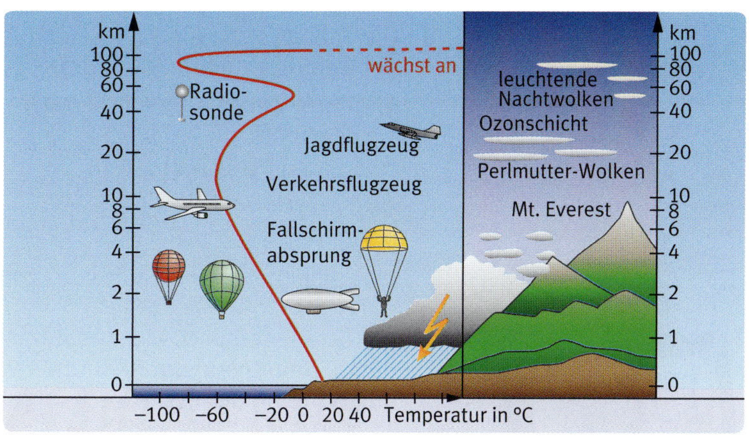

**4** ① $y = 3x$ ② $y = \frac{1}{4}x$ ③ $y = x - 1$ ④ $y = 2x + 1$

a) Beschreibe die Funktion in Worten.
**Beispiel:** $y = \frac{1}{2}x$ „Jedem x-Wert wird sein halber y-Wert zugeordnet.“
Oder „Der y-Wert ist jeweils halb so groß wie der x-Wert.“

b) Übertrage und vervollständige für jede Funktion die Wertetabelle.

| x | −2 | −1 | 0 | 1 | 2 |
|---|---|---|---|---|---|
| y | ▢ | ▢ | ▢ | ▢ | ▢ |

c) Zeichne mithilfe von b) die zugehörigen Graphen der Funktionen.

**5** Stelle eine Funktionsgleichung auf für alle rationalen Zahlen.
a) „Jeder x-Wert wird um 4 verringert.“
b) „Der y-Wert ist ein Drittel mal so groß wie der x-Wert.“
c) „Jeder Zahl wird ihre Quadratzahl zugeordnet.“
d) „Jeder x-Wert wird halbiert und dann um 3 vergrößert.“
e) „Vermindert man jeden x-Wert um 2,5, dann erhält man den y-Wert.“

*Bei einer Funktion nennt man die y-Werte auch* ***Funktionswerte****.*

**6** Berechne die Funktionswerte für $x = 0$ ($x = 1$; $x = 2$; $x = 3$; $x = -2$; $x = -5$).
a) $y = 2x + 1$ b) $y = \frac{1}{3}x - 2$ c) $y = -3x + 4$
d) $y = -\frac{3}{4}x - 3$ e) $y = (x + 2) \cdot x$ f) $y = -x^2$

**7** Begründe jeweils, dass es sich um die Graphen von Funktionen handelt.

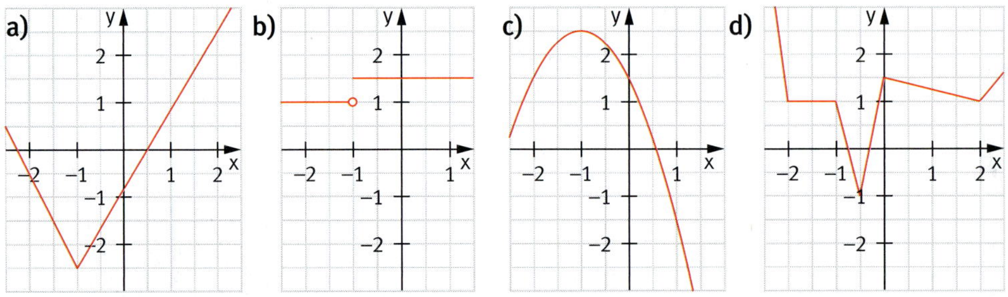


**8** Die Tabelle zeigt einen Auszug aus der Gebührentabelle der Post.
a) Ist die Zuordnung eindeutig? Begründe.
① *Gewicht des Briefs → Portogebühr*
② *Portogebühr → Gewicht des Briefs*
b) Versuche einen Graphen zu zeichnen, der den Sachverhalt wiedergibt.

| | Gewicht | Porto |
|---|---|---|
| Standardbrief | bis 20 g | 0,55 € |
| Kompaktbrief | bis 50 g | 0,90 € |
| Großbrief | bis 500 g | 1,45 € |
| Maxibrief | bis 1000 g | 2,20 € |

**9** Die Schüler einer 9. Klasse führen den ganzen Tag über Wetterbeobachtungen durch. Beginnend um 8.00 Uhr messen sie dabei alle 2 Stunden die Temperatur und erhalten der Reihe nach folgende Werte:
15 °C; 18 °C; 23 °C; 25 °C; 24 °C; 22 °C; 19 °C
a) Erstelle eine Tabelle in deinem Heft und trage die Werte ein.
b) Stelle die Wertepaare in einem Koordinatensystem dar.

**10** Eine Funktion kann man sich als eine Maschine vorstellen, in die man Zahlen x (INPUT) eingibt, und die diese Zahlen nach einer Vorschrift verändert und als neue Zahlen y (OUTPUT) wieder ausgibt.

**Beispiel:**

| INPUT x | Vorschrift | OUTPUT y |
|---|---|---|
| 2 | Jede eingegebene Zahl wird halbiert. | 1 |
| 4 | | 2 |
| 6 | | 3 |
| 8 | | 4 |
| –4 | | –2 |

**a)** Finde für die folgenden INPUT-OUTPUT-Maschinen heraus, nach welcher Vorschrift sie arbeiten.

1

| x | y |
|---|---|
| 1 | 3 |
| 2 | 6 |
| 3 | 9 |
| 4 | 12 |
| 5 | 15 |

2

| x | y |
|---|---|
| 1 | 4 |
| 2 | 5 |
| 3 | 6 |
| 4 | 7 |
| 5 | 8 |

3

| x | y |
|---|---|
| –2 | –10 |
| –1 | –5 |
| 0 | 0 |
| 1 | 5 |
| 2 | 10 |

4

| x | y |
|---|---|
| –2 | –11 |
| –1 | –6 |
| 0 | –1 |
| 1 | 4 |
| 2 | 9 |

5

| x | y |
|---|---|
| –2 | –8 |
| –1 | –3 |
| 0 | 2 |
| 1 | 7 |
| 2 | 12 |

6

| | | | | | |
|---|---|---|---|---|---|
| x | –4 | 0 | 4 | 8 | 12 |
| y | 1 | 0 | –1 | –2 | –3 |

7

| | | | | | |
|---|---|---|---|---|---|
| x | –2 | –1 | 0 | 1 | 2 |
| y | –3 | –1 | 1 | 3 | 5 |

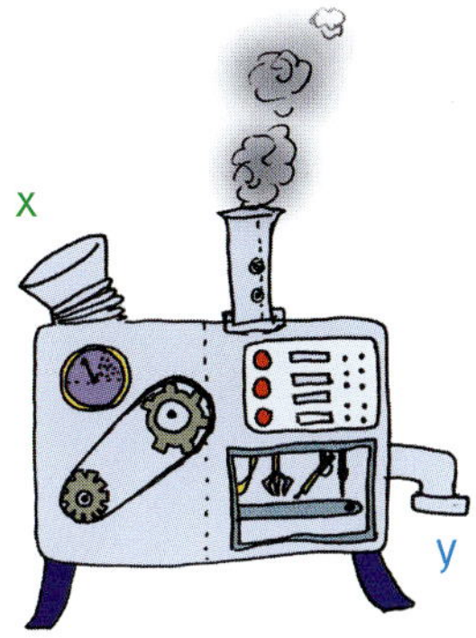


**b)** Eine Maschine arbeitet jeweils nach der gegebenen Vorschrift. Erstelle eine Wertetabelle für mindestens sechs Wertepaare (INPUT|OUTPUT). Die Maschine …

1 verdoppelt die eingegebene Zahl und addiert 3.

2 halbiert die eingegebene Zahl und subtrahiert 2.

3 multipliziert die eingegebene Zahl mit (–2) und addiert (–1).

**11** Jessica hat für Toni Funktionen zum Üben auf Zettel geschrieben. Finde die richtigen Kombinationen heraus. Ergänze fehlende Teile.

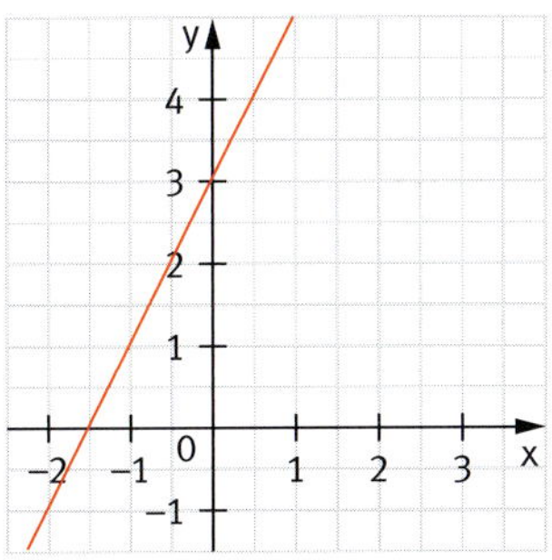

| | | | | | |
|---|---|---|---|---|---|
| x | –1 | 0 | 1 | 2 | 3 |
| y | –8 | –5 | –2 | 1 | 4 |

| | | | | | |
|---|---|---|---|---|---|
| x | 0 | 1 | 2 | 3 | 5 |
| y | 5 | 6 | 7 | 8 | 10 |

| | | | | | |
|---|---|---|---|---|---|
| x | –2 | –1 | 0 | 1 | 2 |
| y | 4 | 2 | 0 | –2 | –4 |

| | | | | | |
|---|---|---|---|---|---|
| x | –1 | 0 | 1 | 2 | 3 |
| y | –5 | –3 | –1 | 1 | 3 |

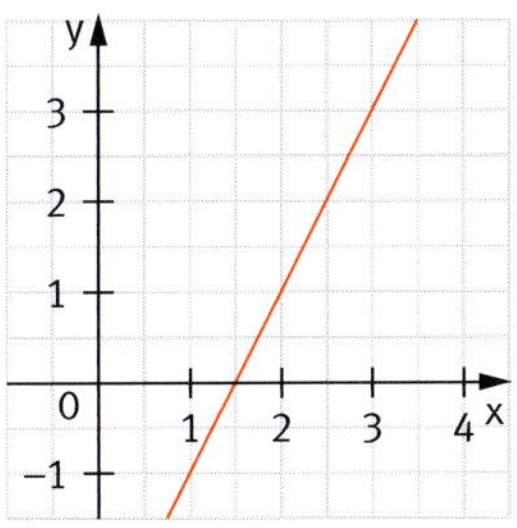

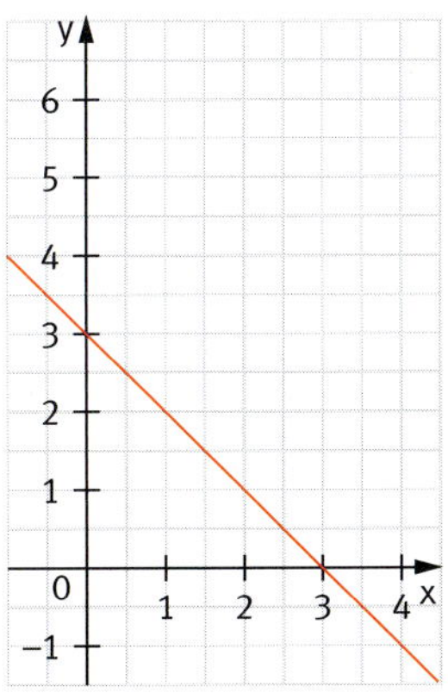

$y = -x + 3$

$y = -2x$

$y = -x + 3$

$y = x + 5$

$y = 2 \cdot x + 3$

Jeder Zahl wird ihre Gegenzahl zugeordnet.

Jeder Zahl wird das Dreifache vermindert um 5 zugeordnet.

*Auf diese Weise kannst du dir selbst Übungsmaterial zusammenstellen. Sortiere nach Gleichung, Tabelle, Wortformulierung und Graph und ordne zu.*

*Ergänze deine Übungskartei in den nächsten Stunden.*

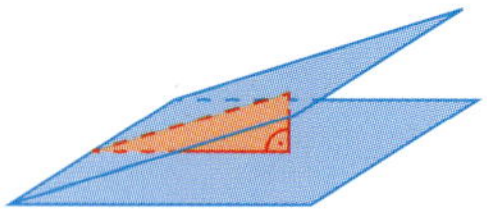

Steigungen auf Verkehrsschildern werden in Prozent angegeben. Möchte man eine bestimmte Strecke horizontal („in der Ebene“) laufen, dann gibt der Prozentsatz p % an, um welchen Anteil dieser Strecke man in die Höhe gehen muss. Somit kann man die Steigung als Wert des Quotienten $\frac{h}{d}$ verstehen.

$8\,\% = \frac{8}{100} = \frac{\text{8 Höhenmeter}}{\text{auf 100 m „in der Ebene“}}$

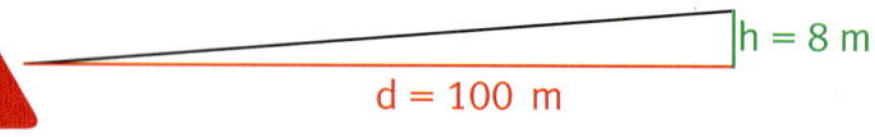


*Beispiele:*

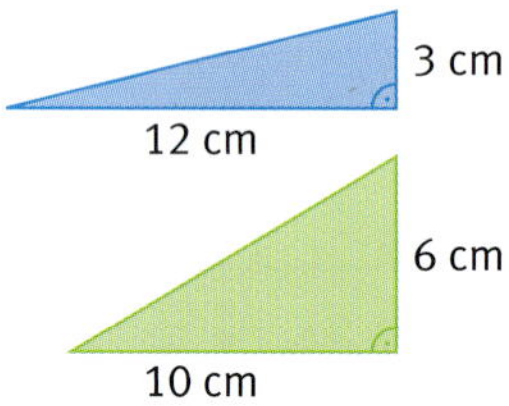


- Stelle vier rechtwinklige Dreiecke her, von denen zwei zwar unterschiedlich groß sind, jedoch die gleiche Steigung haben. Veranschauliche die Steigung einer Rampe, die du durch Falten aus einem DIN-A4-Blatt Fotokarton herstellst.
- Bestimme die Steigung der Rampe als Quotient und in Prozent.
- Erkläre, wie du h und d für eine Rampe mit der Steigung $\frac{1}{2}$ (3, m) wählen kannst.

## Merkwissen

Bei einer proportionalen Zuordnung ist der Quotient aus zugeordneter Größe und Ausgangsgröße stets gleich (Quotientengleichheit).

Den Quotienten nennt man Proportionalitätsfaktor m. Entsprechend hat eine **proportionale Funktion** die Funktionsgleichung $y = m \cdot x$ mit $m \in \mathbb{Q}$.

Der **Graph** ist eine **Gerade durch den Ursprung** des Koordinatensystems, m heißt Steigung oder Anstieg der Gerade.

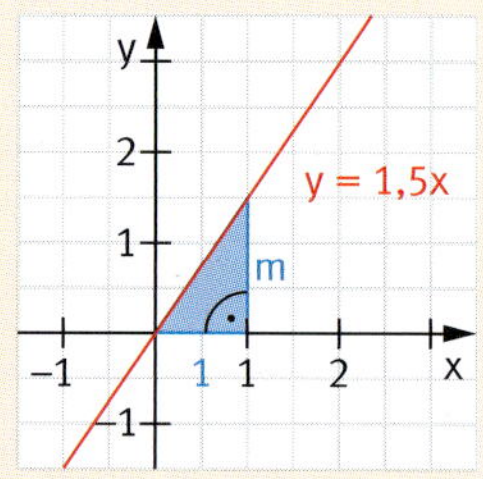


## Beispiele

*Zum Zeichnen schreibt man die Steigung m als Bruch und zeichnet ein rechtwinkliges Steigungsdreieck im Ursprung ein (Nenner nach rechts, Zähler nach oben oder unten).*

*nach unten*

$m = -\frac{3}{7} = \frac{-3}{7}$

*nach rechts*

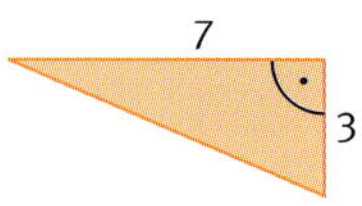


*Steigungsdreieck*

**I** Bestimme die Steigung der proportionalen Funktion. Gib die Rechenvorschrift an.

a)

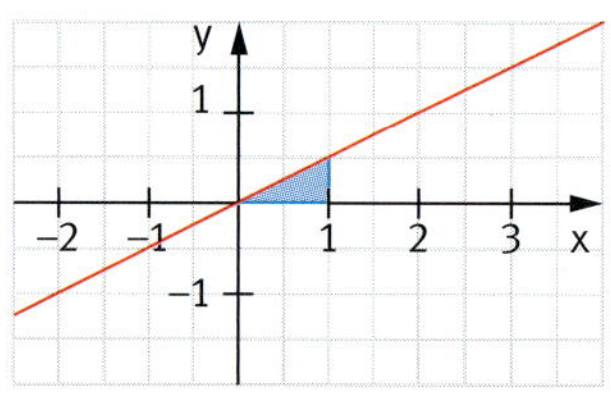


b)

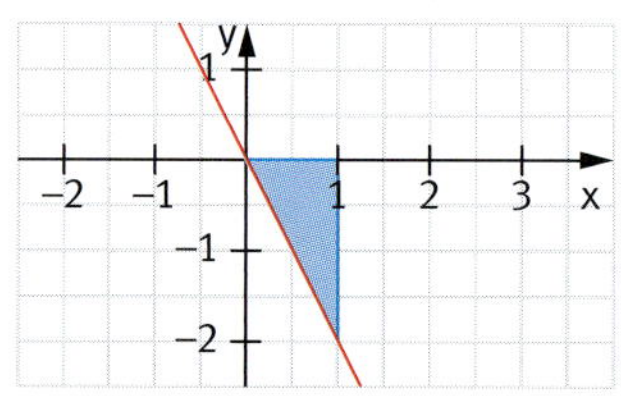


**Lösung:**

a) Wenn sich der x-Wert um 1 erhöht, erhöht sich der y-Wert um $\frac{1}{2}$.

Steigung: $m = \frac{1}{2}$

Funktionsgleichung: $y = \frac{1}{2} \cdot x$

b) Der y-Wert ist das −2-Fache des x-Werts.

Steigung: $m = \frac{-2}{1} = -\frac{2}{1} = -2$

Funktionsgleichung: $y = -2 \cdot x$

## Verständnis

- Wie viele Wertepaare benötigt man mindestens, um eine proportionale Funktion zu zeichnen?
- Wie unterscheiden sich die Graphen von proportionalen Funktionen mit den Steigungen m = 2 und m = −2?

**1**

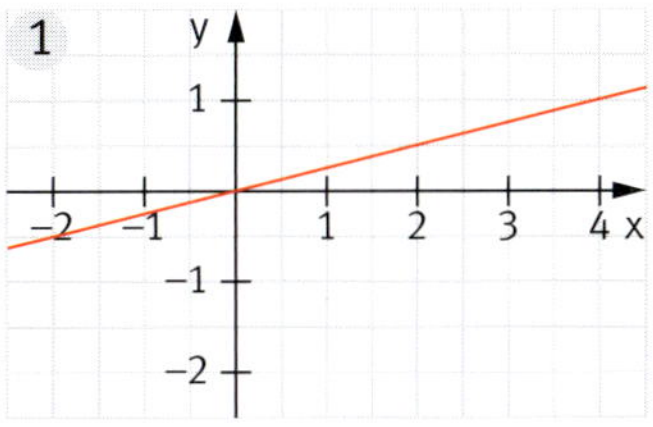


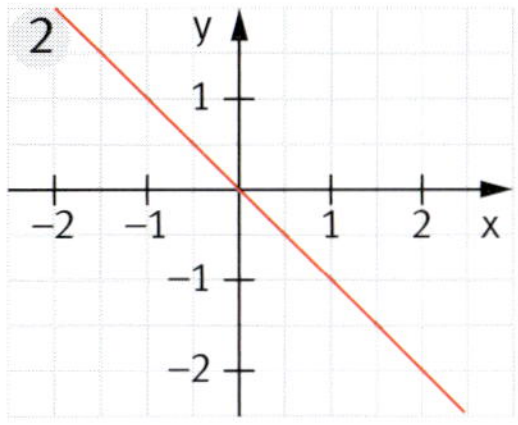


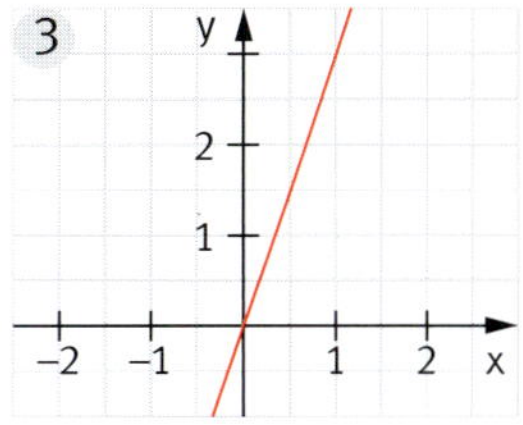


**a)** Bestimme die Steigung der proportionalen Funktion.
**b)** Wie lautet die Funktionsgleichung?

**2** Bestimme die Steigung der proportionalen Funktion. Gib eine Funktionsgleichung an.
**a)** 3 kg Sand kosten 1,98 €. **b)** 35 l Super kosten 54,60 €.
**c)** 6 Eier der Größe L wiegen 408 g. **d)** Für 150 Mio. km braucht Licht 8 min.
**e)** Ein Turm aus 20 Stück 5-ct-Münzen ist 33,4 mm hoch.
**f)** 45 $m^2$ eines Teppichbodens kosten 517,50 €.

**3** **a)** Begründe das Vorgehen zum Zeichnen des Graphen der Funktion $y = \frac{1}{2}x$.
**b)** Zeichne die Graphen folgender Funktionen.
1 $y = 2x$ 2 $y = 1{,}5x$ 3 $y = \frac{3}{4}x$ 4 $y = \frac{1}{5}x$

*Graph zu $y = \frac{1}{2}x$:*

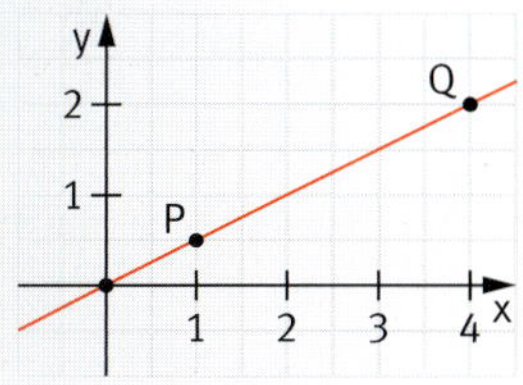


- *Ursprung markieren*
- *$m = \frac{1}{2}$: $P\left(1 \mid \frac{1}{2}\right)$ (besser: Q (4 | 2)) liegt auf dem Graphen.*
- *Der Graph ist die Gerade durch den Ursprung und P bzw. Q.*

**4** 1 $m = -\frac{1}{2}$ 2 $m = -3$ 3 $m = -1{,}5$ 4 $m = -\frac{1}{3}$
**a)** Zeichne den Graphen der Funktion mit der negativen Steigung.
**b)** Überprüfe anhand einer Wertetabelle, ob auch bei negativer Steigung gilt: „Verdopelt, verdreifacht, … sich der x-Wert, so verdoppelt, verdreifacht, … sich der zugeordnete y-Wert."

**5** Eine proportionale Funktion hat folgende Funktionsgleichung:
1 $y = 2{,}5x$ 2 $y = -4x$ 3 $y = \frac{4}{5}x$ 4 $y = -0{,}1x$
**a)** Zeichne die zugehörige Gerade der Funktion.
**b)** Bestimme die Koordinaten der Punkte L (1 | ▢), O (–1 | ▢), G (2,5 | ▢), I (–5 | ▢), S (10 | ▢), C (–2 | ▢) und H (4 | ▢), wenn diese auf der Gerade liegen.
**c)** Für welchen x-Wert hat y den Wert 10 (–10; 25)?

**6** Finde heraus, welche der Punkte E (0 | 0), U (2 | 5), K (–2 | 5), L (–0,4 | –1), I (3 | 7,5) bzw. D (–4 | –10) auf der Gerade g mit der Gleichung $y = \frac{5}{2}x$ liegen.

**7** Bestimme jeweils die Steigung m der Gerade g: $y = mx$ ($m \in \mathbb{Q}$) so, dass der Punkt P auf dem Graphen von g liegt.
**a)** P (0,5 | 3) **b)** P (–6 | 4) **c)** P (–2 | –2) **d)** P (10 | –5) **e)** P (1,5 | 7,5)

*Lösungen zu 7: $-\frac{2}{3}$; –0,5; 1; 5; 6*

**8** Ein Auto fährt auf der Autobahn mit gleichbleibender Geschwindigkeit, d. h. es legt in gleich langen Zeitspannen gleich lange Strecken zurück.
**a)** Übertrage die Tabelle in dein Heft und ergänze sie dort.

| Zeit x in h | 0,5 | 1 | 1,5 | 2 | 2,5 | 3 | 3,5 |
|---|---|---|---|---|---|---|---|
| Weg y in km | 55 | ▢ | ▢ | ▢ | ▢ | ▢ | ▢ |

**b)** Gib eine passende Funktionsgleichung $y = m \cdot x$ an.
**c)** Zeichne den Graphen der Funktion (1 h ≙ 2 cm; 50 km ≙ 1 cm).

Leon wechselt das Wasser seines Aquariums. Dazu lässt er das Wasser bis zu einer Resthöhe von 5 cm aus dem Becken ab. Anschließend füllt er mit einem Schlauch frisches Wasser wieder auf. Der Wasserstand steigt pro Minute um 2 cm.

- Stelle den Wasserstand in Abhängigkeit von der Zeit für das Füllen des Aquariums grafisch dar.
- Gib eine Gleichung zur Berechnung des Wasserstands in Abhängigkeit von der Zeit an.
- Berechne die Füllhöhe nach 30 min und vergleiche dein Ergebnis mit der grafischen Darstellung.

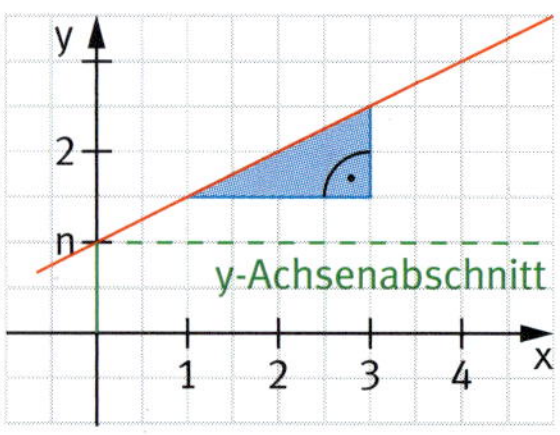


## Merkwissen

Man spricht von einer **linearen Funktion**, wenn alle Wertepaare auf einer **Gerade** liegen. Die **proportionale Funktion** ist ein **Sonderfall** der linearen Funktion, deren Graph durch den Ursprung verläuft.

Der Graph einer **linearen Funktion** ist gegenüber dem einer proportionalen Funktion um **einen festen Wert n** entlang der y-Achse **verschoben.** Zu einer linearen Funktion gehört die **Funktionsgleichung**:
y = Steigung m · x + fester Wert n
kurz: $y = m \cdot x + n$

Der feste Wert n wird auch y-Achsenabschnitt genannt.

## Beispiele

*Eine lineare Zuordnung ist oftmals ein Sonderfall einer linearen Funktion.*

**I** Stelle die Funktion $y = -\frac{3}{4}x + 2$ grafisch dar. Beschreibe unterschiedliche Vorgehensweisen.

**Lösungsmöglichkeiten:**

- mithilfe zweier beliebiger Punkte auf dem Graphen:
  1. Zwei beliebige Wertepaare der Funktion bestimmen, z. B. $A\left(2 \mid \frac{1}{2}\right)$ und $B(4 \mid -1)$
  2. Punkte eintragen und zum Graphen der Funktion verbinden

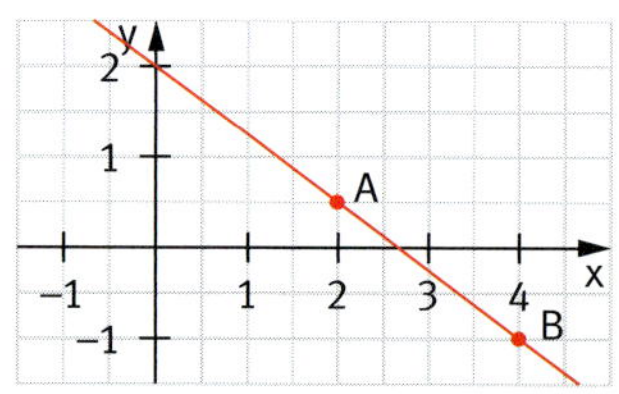


- mithilfe der Steigung m und y-Achsenabschnitt n:
  1. y-Achsenabschnitt n: Die Gerade schneidet die y-Achse bei + 2.
  2. Steigung m:
     $-\frac{3}{4} = \frac{-3}{4} = \frac{-3 \text{ „nach unten“}}{4 \text{ „nach rechts“}}$
     im Steigungsdreieck antragen
  3. Graphen der linearen Funktion zeichnen

*Für m > 0 wird der Zähler „nach oben“ abgetragen.*

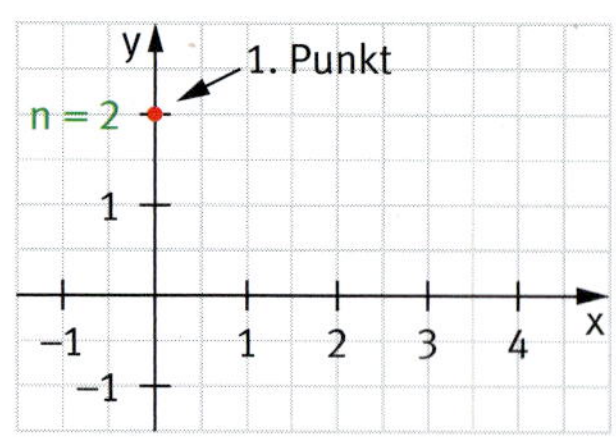


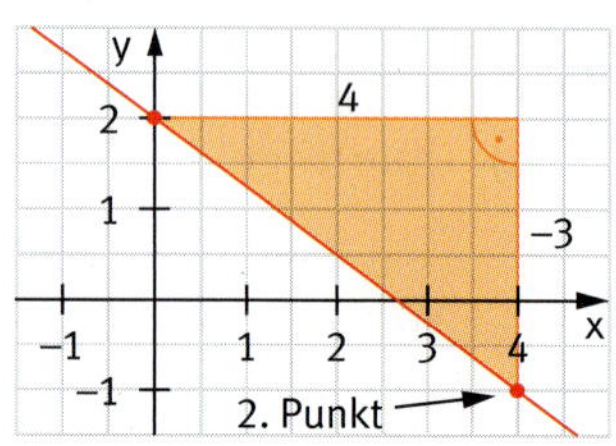

## Verständnis

- Jede proportionale Funktion ist eine lineare Funktion. Erkläre.
- Warum reichen zwei Punkte aus, um den Graphen einer linearen Funktion zeichnen zu können?

## Aufgaben

**1**

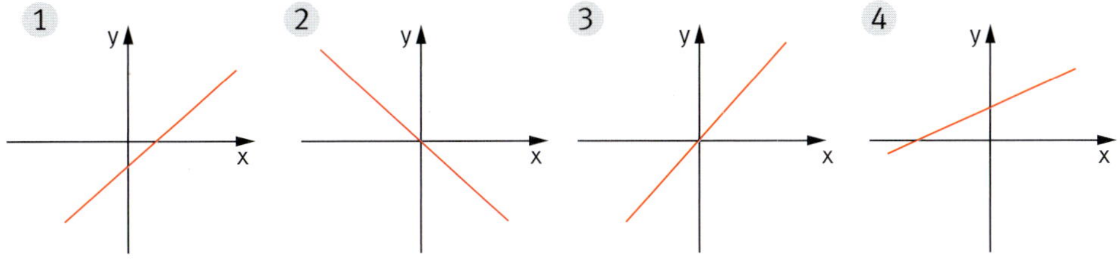

a) Begründe, ob der abgebildete Graph einer linearen Funktion auch der Graph einer proportionalen Funktion ist.

b) Gib an, ob die Steigung m positiv oder negativ ist.

**2**

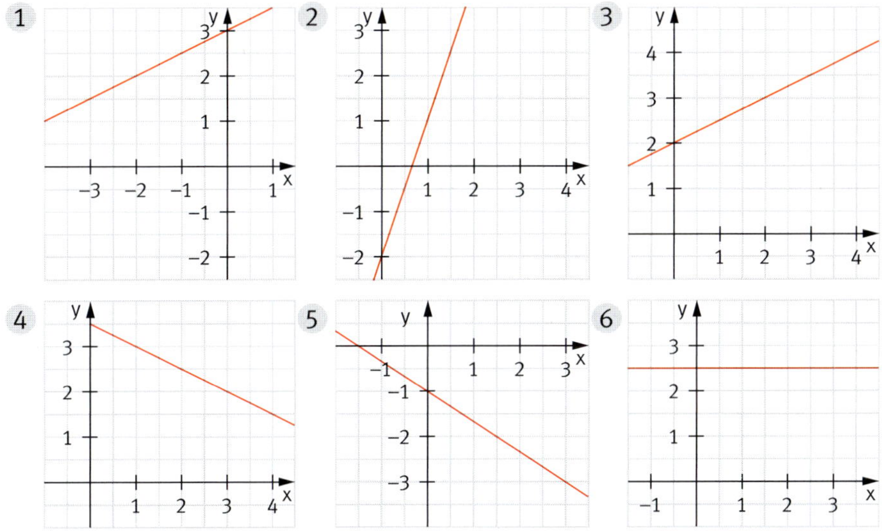

a) Lies jeweils den y-Achsenabschnitt n am Graphen der linearen Funktion ab.

b) Bestimme jeweils die Steigung m der zugehörigen linearen Funktion durch Auszählen.

c) Notiere die Funktionsgleichung in der Form y = mx + n.

*Tipp: Zähle für die Steigung „ganzzahlige Dreiecke“ ab.*
*Beispiel:*

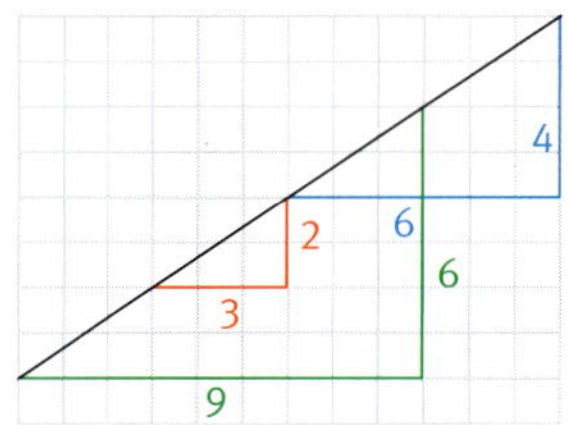

*$m = \frac{4}{6} = \frac{6}{9} = \frac{2}{3}$*
*Üblicherweise wird m so weit wie möglich gekürzt.*

**3** Berechne zwei geeignete Punkte und zeichne damit den Graphen der linearen Funktion. Kontrolliere, indem du einen dritten Punkt berechnest.

a) $y = \frac{2}{5}x$ b) $y = \frac{1}{3}x - 2$ c) $y = \frac{-2}{3}x + 1$ d) $y = \frac{3}{4}x - 1$ e) $y = \frac{-1}{4}x + 3$

*Punkte sind dann „geeignet“, wenn man ...*
- *im Kopf rechnen kann.*
- *die Koordinaten gut einzeichnen kann.*

**4**
(1) $y = -2x + 2$ (2) $y = -1x + 2$ (3) $y = -\frac{1}{2}x + 2$ (4) $y = 0x + 2$
(5) $y = \frac{1}{4}x + 2$ (6) $y = 1x + 2$ (7) $y = 2x + 2$ (8) $y = 3x + 2$

a) Zeichne die Graphen der linearen Funktionen mit verschiedenen Farben in ein und dasselbe Koordinatensystem. Beschreibe den Funktionsverlauf.

b) Vergleiche die Graphen. Welcher Graph verläuft am steilsten (am flachsten)?

**5**

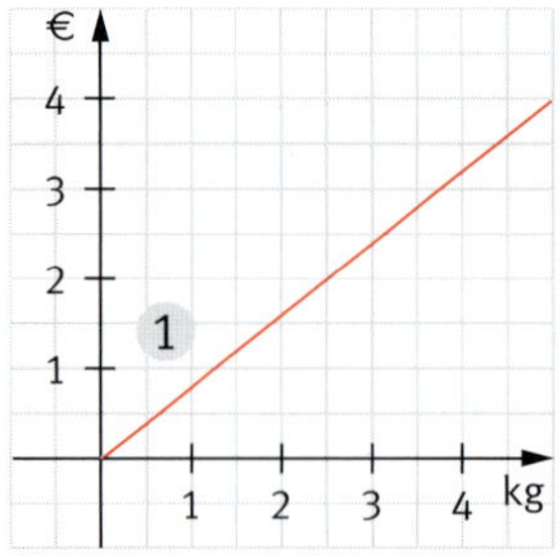


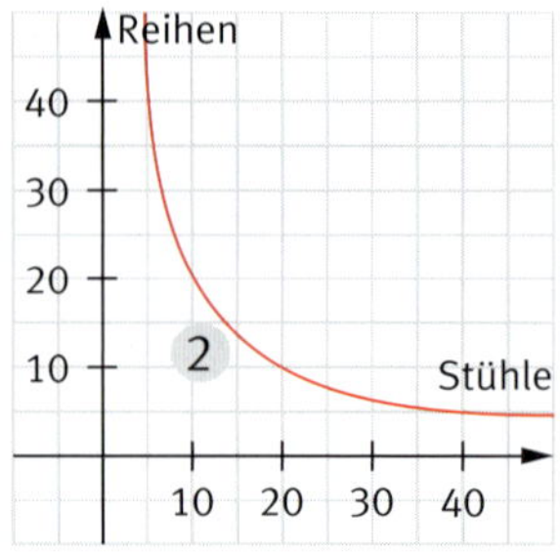


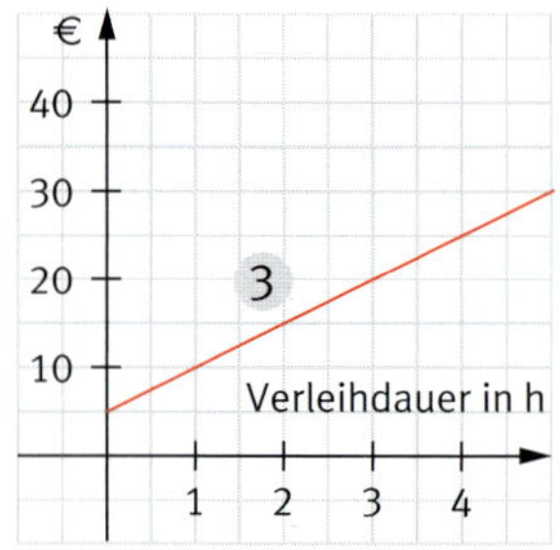


④

| Uhrzeit | 8.00 | 10.00 | 12.00 | 14.00 | 16.00 |
|---|---|---|---|---|---|
| Temperatur in °C | 12 | 14 | 17 | 19 | 18 |

⑤

| 2 € Grundgebühr |
|---|
| 1,50 € pro km |

**a)** Liegt dem Sachverhalt eine lineare (proportionale) Funktion zugrunde? Begründe.

**b)** Überlege dir jeweils ein mögliches Beispiel zu dem Sachverhalt.

**6**

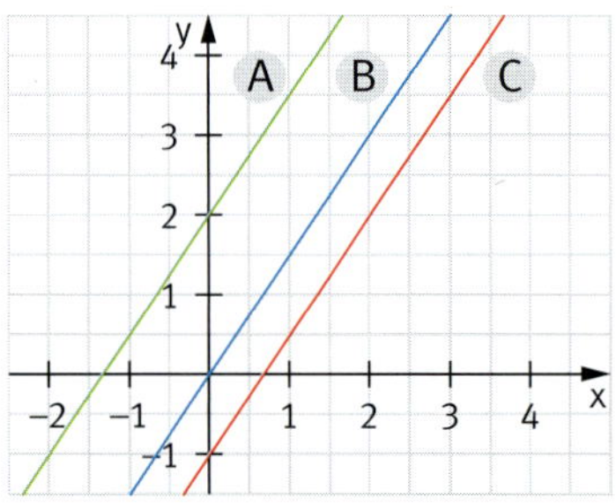


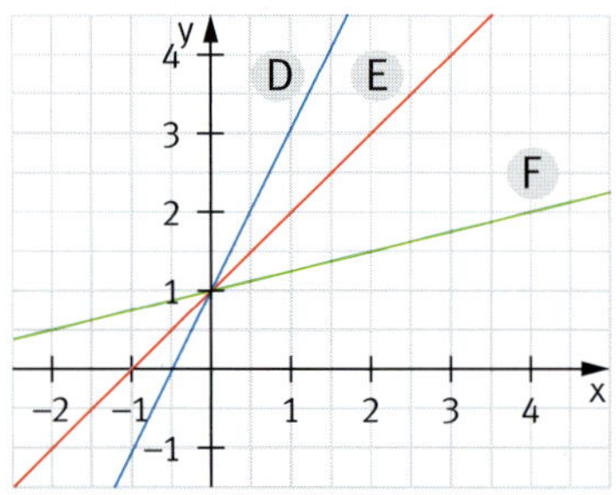


**a)** Beschreibe den Verlauf der Graphen der Funktionen Ⓐ bis Ⓒ bzw. Ⓓ bis Ⓕ. Was ist jeweils gleich?

**b)** Ordne die Funktionsgleichungen zu.

① $y = 2 \cdot x + 1$ ② $y = 1{,}5 \cdot x + 2$ ③ $y = \frac{1}{4}x + 1$

④ $y = 1{,}5 \cdot x$ ⑤ $y = x + 1$ ⑥ $y = 1{,}5 \cdot x - 1$

**Basteln**

**Funktionen spannen**

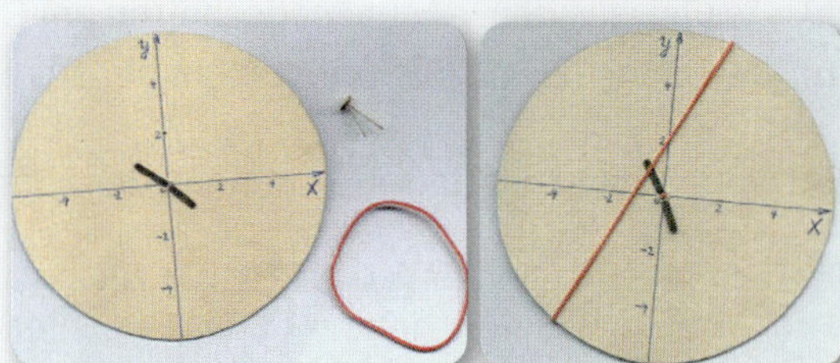

**Bauanleitung**

Stelle dir eine Koordinatenscheibe her, um das Eintragen und Ablesen linearer Funktionen zu üben. Du brauchst dazu ein Koordinatensystem (6 cm je Achsenrichtung), das auf Pappe geklebt wird. Durch den Koordinatenursprung kann man eine Musterbeutelklammer drücken, auf deren Rückseite die Gummibänder gehalten werden. Spanne die Funktionsgraphen durch dünne Gummibänder.

- Stelle die Funktionsgraphen an der Koordinatenscheibe dar.

  **a)** $y = x + 2$ **b)** $y = -x + 1$ **c)** $y = -\frac{1}{2}x + 1$ **d)** $y = \frac{1}{4}x - 1$ **e)** $y = 2x - 4$

- Spanne Funktionen auf der Koordinatenscheibe und lass einen Partner die Funktionsgleichung bestimmen.
- Ein Partner nennt eine Funktionsgleichung und du spannst den Graphen auf der Koordinatenscheibe.

**7** Zeichne in ein Koordinatensystem (Einheit 1 cm) jeweils den Graph der Funktion durch die Punkte U und V. Bestimme die Steigung und die Funktionsgleichung.

**a)** U (0 | 0); V (2 | 1) **b)** U (0 | 4); V (1 | 5) **c)** U (2 | 2); V (6 | 2)
**d)** U (0 | −1); V (3 | 1) **e)** U (0 | −4); V (−3 | 1) **f)** U (0 | −2,5); V (−0,5 | 1,5)
**g)** U (0 | −1); V (2 | 10) **h)** U (0 | −1); V (4 | −1) **i)** U (0 | −1); V (4 | −2)

*Lösungen zu 7:*
*$-8$; $-\frac{5}{3}$; $-0{,}25$; 0; 0; 0,5; $\frac{2}{3}$; 1; 5,5*
*Es sind nur die Steigungen angegeben.*

**8** Überprüfe rechnerisch. Welcher Punkt gehört zu welcher Funktion?

A (1 | −3) B (−2 | 4) C (−1 | −3) D (4 | 1) E (3 | −3) F (2 | 5)

1 $y = \frac{1}{3}x - 4$ 2 $y = 5x - 5$ 3 $y = 12x - 15$
4 $y = -8x + 6$ 5 $y = -6x - 8$ 6 $y = -\frac{5}{4}x + 6$

**9** Bestimme die Funktionsgleichungen.

a)
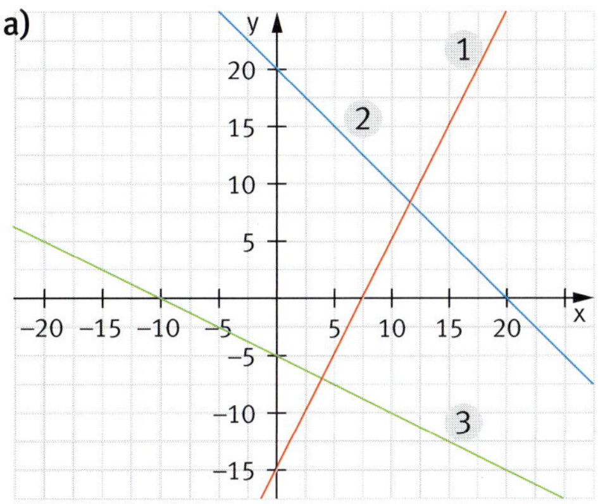


b)
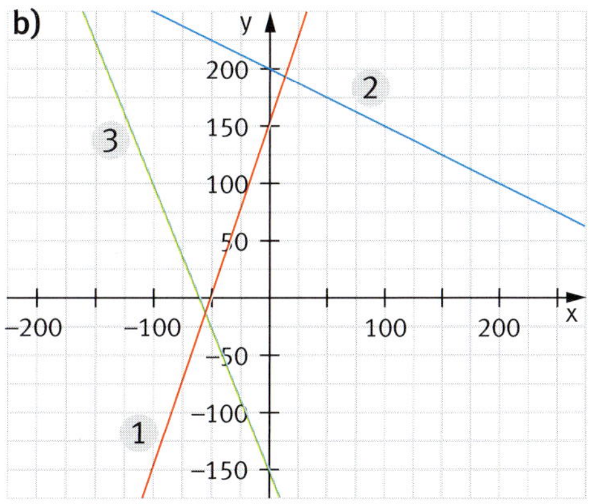


**10** Bestimme die fehlende Koordinate des Punktes P so, dass P auf dem Graph der Funktion liegt.

**a)** $y = x + 5$; P (1 | □) **b)** $y = 2 - 0{,}5x$; P (□ | 0)
**c)** $y = 9{,}1 - 1{,}3x$; P (□ | 0) **d)** $y = 5$; P (3 | □)
**e)** $y = 4{,}4 - 0{,}5x$; P (2,2 | □) **f)** $y = x$; P (□ | 2)

*Lösungen zu 10:*
*2; 3,3; 4; 5; 6; 7*

**11** Zeichne mithilfe der Wertetabellen die zugehörigen Geraden in ein Koordinatensystem. Bestimme die Funktionsgleichung, die zum Graph der linearen Funktion gehört.

**a)**

| x | −2 | −1 | 0 | 1 |
|---|---|---|---|---|
| y | −5 | −2,5 | 0 | 2,5 |

**b)**

| x | −2 | −1 | 0 | 2 |
|---|---|---|---|---|
| y | −1,5 | 0 | 1,5 | 4,5 |

**c)**

| x | −4 | 0 | 2 | 6 |
|---|---|---|---|---|
| y | −3 | 0 | 1,5 | 4,5 |

**d)**

| x | −2 | −1 | 1 | 2 |
|---|---|---|---|---|
| y | −7,5 | −4,5 | 1,5 | 4,5 |

**e)**

| x | −6 | −3 | 3 | 6 |
|---|---|---|---|---|
| y | 2 | 1 | −1 | −2 |

**f)**

| x | −5 | −2 | 1 | 3 |
|---|---|---|---|---|
| y | 3 | 0 | −3 | −5 |

*Lösungen zu 11 und 12:*
*$-x - 2$; $2x - 2$; $-2$; $2{,}5x$; $-1{,}5x + 1{,}5$; $1{,}5x + 1{,}5$; $-\frac{1}{10}x + 2{,}5$; $2x$; $\frac{1}{2}x$; $3x - 1{,}5$; $-\frac{1}{3}x$; $\frac{3}{4}x$*

**12** Zeichne die Gerade AB in ein Koordinatensystem und bestimme die zugehörige Funktionsgleichung.

**a)** A (2 | 1); B (6 | 3) **b)** A (−2 | −4); B (3 | 6) **c)** A (1 | 0); B (5 | 8)
**d)** A (−2 | 4,5); B (2 | −1,5) **e)** A (−5 | 3); B (5 | 2) **f)** A (−4 | −2); B (8 | −2)

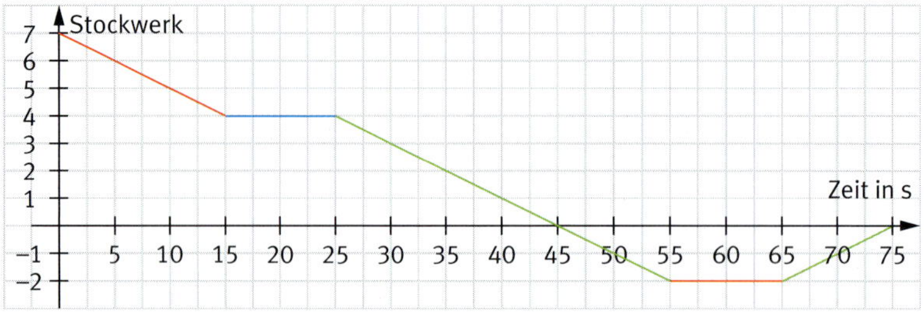


a) Die Grafik veranschaulicht die Fahrt eines Aufzugs. Beschreibe die Bewegung.

b) Ein Stockwerk ist 3 m hoch. Mit welcher Geschwindigkeit fährt der Aufzug?

## Merkwissen

Die **Nullstelle** $x_0$ einer Funktion ist diejenige Stelle, an der der Funktionsgraph die **x-Achse schneidet**.
$x_0$ ist Nullstelle der Funktion, wenn $y = 0$ ist.

Lineare Funktionen der Form $y = mx + n$ schneiden die Koordinatenachsen in den Punkten $N(x_0 | 0)$ und $P(0 | n)$.

Unter dem **Definitionsbereich** $\mathbb{D}$ versteht man alle Zahlen, aus denen die x-Werte („Argumente“) entnommen werden.

Der **Wertebereich** $\mathbb{W}$ ist die Menge derjenigen Zahlen, die als y-Werte („Funktionswerte“) vorkommen können.

Die **Monotonie** beschreibt den Verlauf einer Gerade im Vergleich mit der x-Achse. Eine lineare Funktion kann monoton steigend, monoton fallend oder auch konstant verlaufen.

## Beispiele

**I** Gegeben ist die Funktion $y = 5x - 4$ mit dem Definitionsbereich $x \in \mathbb{Z}$ mit $-2 \leqq x \leqq 4$.

a) Erstelle eine Wertetabelle im angegebenen Definitionsbereich.

b) Gib den Wertebereich an.

c) Stelle den Funktionsverlauf grafisch dar und beschreibe ihn.

**Lösung:**

a) Die Argumente sind alle ganzen Zahlen von –2 bis 4.

| x | –2 | –1 | 0 | 1 | 2 | 3 | 4 |
|---|---|---|---|---|---|---|---|
| y = 5x – 4 | –14 | –9 | –4 | 1 | 6 | 11 | 16 |

*Achte auf eine sinnvolle Einteilung der Koordinatenachsen. Nicht immer ist es günstig, beide Achsen gleich zu skalieren.*

b) Es ergeben sich für y ganze Zahlen zwischen –14 und 16.
Wertebereich $\mathbb{W}$: $y \in \mathbb{Z}$ mit $-14 \leqq y \leqq 16$ bzw.
$\mathbb{W} = \{-14; -9; -4; 1; 6; 11; 16\}$

c) Die Wertepaare werden in ein Koordinatensystem eingetragen. Die Punkte werden **nicht** verbunden, da es (aufgrund des Definitionsbereichs) keine Zwischenwerte gibt. Alle Punkte liegen jedoch auf der Gerade zu $y = 5x - 4$ (gestrichelte Gerade).

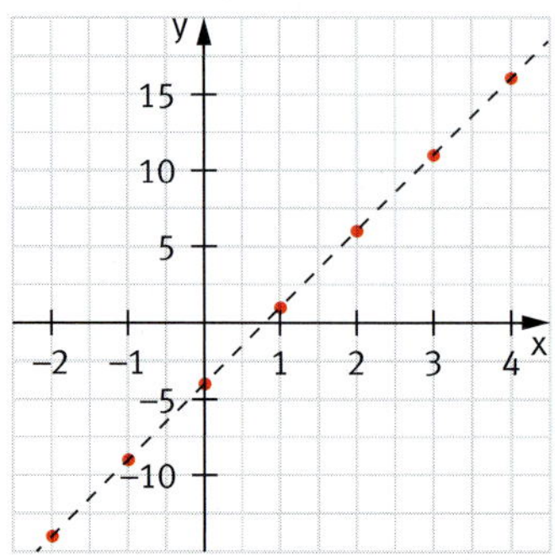

**II** Gegeben sind die linearen Funktionen (1) $y = \frac{1}{2}x + 3$ und (2) $y = -4x - 2$.

**a)** Zeichne die Graphen der Funktionen. **b)** Berechne die Nullstellen.
**c)** Gib die Achsenschnittpunkte an. **d)** Bestimme $\mathbb{D}$ und $\mathbb{W}$.
**e)** Beschreibe die Monotonie der Funktionen.

**Lösung:**

a)

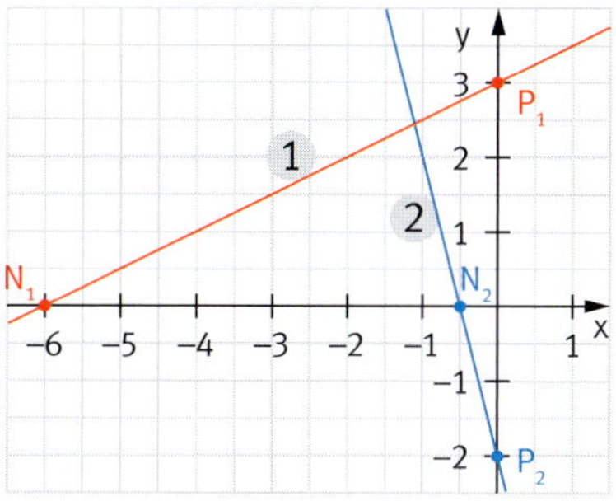


b) (1) $\frac{1}{2}x + 3 = 0 \quad | -3$

$\frac{1}{2}x = -3 \quad | \cdot 2$

$x_0 = -6$

(2) $-4x - 2 = 0 \quad | +2$

$-4x = 2 \quad | : (-4)$

$x_0 = -\frac{1}{2}$

Die berechneten Nullstellen lassen sich auch grafisch bestätigen.

c) (1) $N_1\,(-6\,|\,0)$ $P_1\,(0\,|\,3)$ (2) $N_2\,(-0{,}5\,|\,0)$ $P_2\,(0\,|\,-2)$

d) Da keine Einschränkung gegeben wurde, dürfen für x alle rationalen Zahlen eingesetzt werden, und jede beliebige rationale Zahl tritt als Funktionswert auf.
(1) $\mathbb{D} = \mathbb{Q}$; $\mathbb{W} = \mathbb{Q}$ (2) $\mathbb{D} = \mathbb{Q}$; $\mathbb{W} = \mathbb{Q}$

e) Betrachtet man die Graphen in zunehmender x-Richtung, so erkennt man:
(1) Die Funktion ist monoton steigend. (2) Die Funktion ist monoton fallend.

*„Zunehmende x-Richtung“ bedeutet: „von links nach rechts“.*

## Verständnis

- Wie viele Nullstellen kann eine lineare Funktion haben?
- Eine lineare Funktion ist entweder monoton steigend oder fallend. Stimmt das? Begründe.

## Aufgaben

**1** Berechne die Nullstellen der linearen Funktionen. Kontrolliere deine Ergebnisse mithilfe einer grafischen Darstellung.

**a)** $y = 5x - 4$ **b)** $y = -3x - 1$ **c)** $y = 2x + 4$ **d)** $y = -x + 3{,}5$
**e)** $y = -0{,}4x - 3$ **f)** $y = \frac{7}{3}x + \frac{2}{3}$ **g)** $y = -\frac{4}{3}x + 2$ **h)** $y = \frac{3}{5}x - 2$

**2** Ordne die Funktionsgraphen den Beschreibungen zu.

(1) Die Funktion hat den größten Anstieg.
(2) Der Graph der Funktion ist monoton fallend und verläuft durch den I. Quadranten.
(3) Die zugehörige Funktion hat den Wertebereich y = 4.
(4) Der Punkt K (4 | 2) liegt auf dem Graphen der Funktion.
(5) Die Nullstelle der Funktion ist $x_0 = -4$.

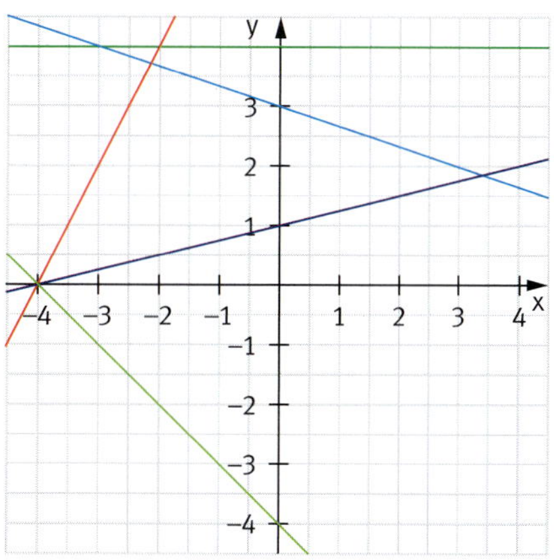

*$x_0$: Nullstelle*
*N: Schnittpunkt mit der x-Achse*
*P: Schnittpunkt mit der y-Achse*

**3** Vervollständige die Tabelle im Heft. Überprüfe mithilfe des Funktionsgraphen.

| Funktionsgleichung | $x_0$ | N | P | Monotonie |
|---|---|---|---|---|
| **a)** $y = 3x - 2$ | □ | □ | □ | □ |
| **b)** $y = □x + 2$ | −3 | □ | □ | □ |
| **c)** $y = □x + □$ | □ | (4 \| 0) | (0 \| 4) | □ |
| **d)** $y = \frac{2}{3}x + □$ | □ | □ | (0 \| 3) | □ |
| **e)** $y = -\frac{3}{4}x - 3$ | □ | □ | □ | □ |
| **f)** $y = □x + □$ | 5 | □ | (0 \| −2) | □ |

**4** Gegeben sind die Gleichungen zweier linearer Funktionen mit $\mathbb{D} = \mathbb{Q}$:
(1) $y = 0{,}5x + 3$  (2) $y = -\frac{3}{2}x + n$ und der Nullstelle $x_0 = 2$
**a)** Stelle die Graphen der Funktionen in einem Koordintensystem dar.
**b)** Die Graphen der Funktionen schneiden sich in S. Gib die Koordinaten von S an.
**c)** Spiegle die Graphen der beiden Funktionen an der x-Achse. Beschreibe das für $-6 \leqq x \leqq 2$ entstehende Viereck.

*Lagemöglichkeiten bei drei Geraden:*

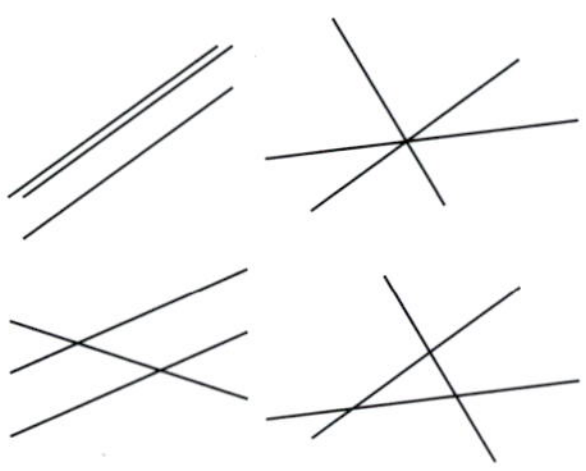

**5** Drei verschiedene Geraden $y_1$, $y_2$ und $y_3$ können sich in keinem, in einem, in zwei oder sogar in drei Punkten schneiden. Entscheide möglichst ohne zu zeichnen, wie viele Schnittpunkte die Geraden besitzen. Begründe.
**a)** $y_1 = \frac{1}{2} - 2$  $y_2 = -\frac{1}{3}x + 1$  $y_3 = \frac{1}{2}x + 3$
**b)** $y_1 = -\frac{1}{5}x - 2$  $y_2 = \frac{1}{3}x + 2$  $y_3 = -5x + 3$
**c)** $y_1 = \frac{1}{5}x - 2$  $y_2 = -\frac{1}{3}x + 2$  $y_3 = -\frac{5}{2}x - 1$
**d)** $y_1 = \frac{3}{5}x - 2$  $y_2 = \frac{3}{5}x + 1$  $y_3 = \frac{3}{5} + 7{,}5$

**6**

| | | | | | | | | |
|---|---|---|---|---|---|---|---|---|
| 1 | x | 0 | 1 | 2 | 3 | 4 | 5 | 6 |
| | $y = \frac{1}{2}x + 2$ | □ | □ | □ | □ | □ | □ | □ |
| 2 | x | 0 | 1 | 2 | 3 | 4 | 5 | 6 |
| | $y = -3x + 3$ | □ | □ | □ | □ | □ | □ | □ |
| 3 | x | 0 | 2 | 4 | 6 | 8 | 10 | 12 |
| | $y = \frac{3}{4}x - 4$ | □ | □ | □ | □ | □ | □ | □ |
| 4 | x | 0 | 0,5 | 1 | 1,5 | 2 | 2,5 | 3 |
| | $y = -2{,}5x - \frac{1}{2}$ | □ | □ | □ | □ | □ | □ | □ |

**a)** Übertrage die Tabelle in dein Heft und vervollständige sie.
**b)** Zeichne die zugehörigen Graphen der Funktionen in ein Koordinatensystem.
**c)** Wie lautet die Funktiongleichung der zugehörigen proportionalen Funktion?
**d)** Bestimme jeweils die Nullstelle und die Monotonie des Funktionsgraphen.

**7** Zeichne die Graphen der beiden Funktionen und gib die Koordinaten des Schnittpunktes S an.
**a)** $y = \frac{1}{2}x$; $y = x - 2$
**b)** $y = x$; $y = -2x - 3$
**c)** $y = \frac{1}{5}x - 1$; $y = -\frac{3}{5}x + 3$
**d)** $y + 5 = 1{,}5x$; $2y - 8x = 0$

**8** Ist die Aussage jeweils wahr oder falsch? Begründe.

**a)** Der Punkt $\left(\frac{3}{5} \mid 0\right)$ liegt auf dem Graphen der Funktion mit $y = 5x - 3$.

**b)** Der Graph einer linearen Funktion hat die Steigung $m = -7$ und verläuft durch $P\,(10 \mid -60)$. Die zugehörige Funktionsgleichung lautet: $y = -7x + 10$.

**c)** Jeder Graph einer linearen Funktion schneidet die x-Achse (die y-Achse).

**d)** Wenn die Koordinaten zweier Punkte auf einer Gerade negativ sind, dann ist der Graph der zugehörigen linearen Funktion monoton fallend.

**e)** Wenn bei einer linearen Funktion die y-Werte zweier Punkte gleich sind, verläuft der Graph der Funktion parallel zur x-Achse.

**f)** Durch zwei Punkte ist eine lineare Funktion eindeutig bestimmt.

**9**

| | | | | | |
|---|---|---|---|---|---|
| 1 | $y = 2x + 5$ | $(-3 \leqq x \leqq -1)$ | 2 | $y = 2x + 7$ | $(-5 \leqq x \leqq -3)$ |
| 3 | $y = 2x - 2$ | $(-1 \leqq x \leqq 1)$ | 4 | $y = 2x - 4$ | $(1 \leqq x \leqq 3)$ |
| 5 | $y = -0{,}25x + 2{,}75$ | $(-1 \leqq x \leqq 3)$ | 6 | $y = -0{,}25x - 1{,}75$ | $(-3 \leqq x \leqq 1)$ |
| 7 | $y = -0{,}25x + 0{,}25$ | $(-3 \leqq x \leqq 1)$ | 8 | $y = -0{,}25x - 4{,}25$ | $(-5 \leqq x \leqq -1)$ |
| 9 | $y = x + 4$ | $(-3 \leqq x \leqq -1)$ | 10 | $y = x + 2$ | $(-5 \leqq x \leqq -3)$ |
| 11 | $y = x - 1$ | $(1 \leqq x \leqq 3)$ | 12 | $y = x - 3$ | $(-1 \leqq x \leqq 1)$ |

*Erkennst du die entstandene Figur?*

**a)** Stelle die Graphen der linearen Funktionen in einem Koordinatensystem dar. Zeichne zunächst die Gerade leicht mit Bleistift und markiere anschließend den angegebenen Definitionsbereich farbig.

**b)** Bestimme den Wertebereich jeder Funktion im gegebenen Definitionsbereich.

**10 a)** Stelle den Graphen der Funktion $y_1 = 1{,}5x - 2$ in einem Koordinatensystem dar.

**b)** Verschiebe den Graphen der Funktion um 6 Einheiten in Richtung der positiven y-Achse. Es entsteht die Funktion mit $f\,(x) = y_2$.

**c)** Spiegle die Graphen zu den Funktionen $y_1$ und $y_2$ an der y-Achse.

**d)** Berechne den Flächeninhalt der entstandenen Raute.

**11**

Rund um die Funktion f mit $y = -\frac{2}{3}x + \frac{3}{2}$

- Zeichne den Graphen der Funktion f im Bereich $-2 \leqq x \leqq 3$.
- Welches Monotonieverhalten zeigt die Funktion f?
- Berechne den Funktionswert für $x = 2$.
- Der Funktionswert an einer Stelle beträgt $y = -3$. Gib das zugehörige Argument an.
- Lies die Nullstelle am Graphen der Funktion f ab.
- Gib die Gleichung einer linearen Funktion an, deren Graph dieselbe Nullstelle wie die Funktion f hat.
- Bestimme die Gleichung einer Gerade, die parallel zum Graphen von f durch den Punkt $(-3 \mid 2)$ verläuft.
- Berechne den Flächeninhalt des Dreiecks, das der Graph der Funktion f mit den Koordinatenachsen bildet.

*Solche Schilder weisen auf extreme Steigungen oder starkes Gefälle hin. 8 % Steigung bedeuten auf 100 m Horizontale 8 m Höhenunterschied.*

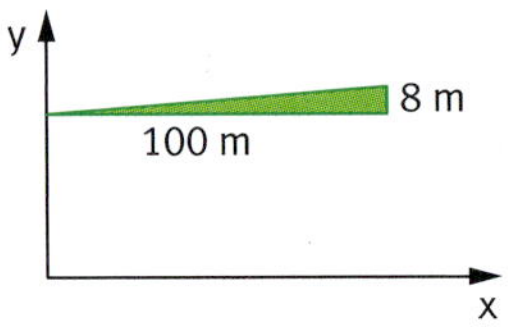


**1** In manchen Ortschaften verlaufen Straßen recht steil.

a) Welches Steigungsschild müsste man hier aufstellen?

b) Gib eine Funktionsgleichung für den Verlauf der Straße an.

c) Welche Höhe würde man erreichen, wenn diese Straße mit gleichbleibender Steigung auf einer Karte umgerechnet 800 m lang ist?

d) Zeichne ein Koordinatensystem in dein Heft und trage die folgenden Steigungen bzw. Gefälle ein.

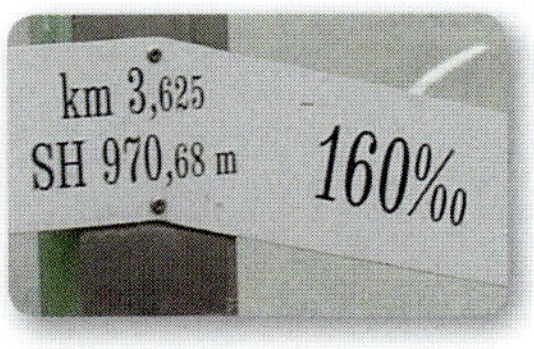


**2** In Österreich ist es üblich, Steigung und Gefälle in Promille anzugeben. Bei einer Schmalspurbahn am Achensee findet man dieses Schild. Wenn man nach einer gefahrenen Strecke von 3625 km (etwa 971 m über dem Meer) aus dem Wagen schaut, sieht man das dargestellte Schild. Ab hier führt die Bahnstrecke 1045 m lang mit einem Gefälle von 160 Promille bergab.

a) Zeichne ein Verkehrsschild, wie man es üblicherweise bei uns in Deutschland aufstellen würde.

b) Ermittle durch eine maßstabsgerechte Zeichnung, welchen Höhenunterschied die Bahn auf der angegebenen Strecke überwindet.

*Wähle ein Koordinatensystem so, dass du auf der y-Achse bis 25 km und auf der x-Achse bis etwa 12.00 Uhr ablesen kannst.*

**3** Toni und Madleen fahren mit ihren Fahrrädern von Arnstadt ins etwa 25 km entfernte Gotha. Madleen startet 9.00 Uhr und schafft in einer Stunde 12 Kilometer. Toni fährt 30 min später los und schafft mit seinem Sportrad ungefähr 20 km. Sie verabreden, eine halbstündige Pause einzulegen, sobald Toni sie eingeholt hat.

a) Stelle den Sachverhalt in einem Koordinatensystem dar.

b) Gib die Nullstellen und die Koordinaten des Schnittpunktes der beiden Funktionen an. Welche Bedeutung haben diese?

c) Gemeinsam werden sie den Rest der Strecke mit Madleens Geschwindigkeit fahren. Wann erreichen beide das Ziel?

d) Erstelle selbst solche „Bewegungsaufgaben“ und lasse sie von einem Partner lösen.

**4** Verschiedene Anbieter bieten Strom an.

**Good Energy**
Der Preisbrecher!
23,50 ct/kWh
Grundgebühr: 11,20 €/ Monat
Mindestlaufzeit: 1 Monat

**Nature-Power**
Wir schlagen alle!
25,00 ct/kWh
Grundgebühr: 99 €/Jahr
Mindestlaufzeit: 1 Jahr

**S wie Strom**
Wechseln Sie jetzt!
21,20 ct/kWh
Grundgebühr: 14 €/Monat
Mindestlaufzeit: 6 Monate

Die vierköpfige Familie Roth ist umgezogen. Auf der Suche nach einem neuen Stromanbieter vergleicht sie die Preise. Auf einer Internetplattform findet sie den nebenstehenden Hinweis.

| Haushalt | Durchschnittlicher Jahresverbrauch |
|---|---|
| 1 Person | 2000 kWh |
| 2 Personen | 2900 kWh |
| 3 Personen | 3800 kWh |
| 4 Personen | 4700 kWh |

a) Bestimme für Familie Roth das günstigste Angebot.

b) Welches Angebot hätte ein Ein- (Zwei-, Drei-) Personen-Haushalt gewählt?

c) Welchen zusätzlichen Verbrauch legt die Internetplattform für jede weitere Person zugrunde?

d) Stelle für jeden Anbieter eine Funktionsgleichung für die jährlichen Gesamtkosten auf.

e) Bei welchem Jahresverbrauch haben „Good Energy“ und „S wie Strom“ („Good Energy“ und „Nature-Power“) denselben Preis?

**5** Ein Wasserbecken mit 6000 l Inhalt kann durch zwei unterschiedliche Pumpen gefüllt werden.

a) Ermittle, wie viel Liter jede Pumpe pro Stunde schafft.

b) Woran erkennst du, dass sich die Leistung der Pumpen nicht ändert?

c) In welcher Zeit füllt jede der beiden Pumpen das Becken?

d) Wie viel Liter Wasser befinden sich jeweils nach 2,5 h (4 h) im Becken?

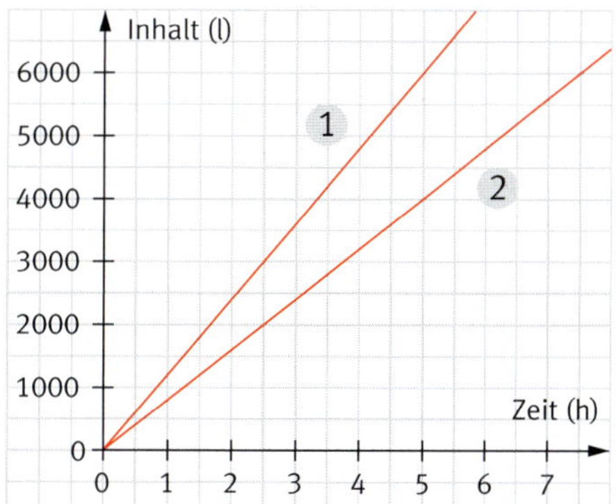


**6** Spaghetti enthalten pro 80 g die angegebenen Nährwerte.

| Engerie | Zucker | Fett | gesättigte Fettsäuren | Natrium |
|---|---|---|---|---|
| 285 kcal | 2,8 g | 1,5 g | 0,6 g | 0,0 g |
| 14 % | 3 % | 2 % | 3 % | 0 % |

Angaben in % der empfohlenen Tagesmenge für einen Erwachsenen

a) Zeichne die Graphen der Funktionen, welche die Menge an (1) Zucker, (2) Fett und (3) Natrium in Abhängigkeit von der Masse Spaghetti beschreiben.

b) Gib die zugehörigen Funktionsgleichungen an.

c) Berechne, welche Masse Spaghetti man essen müsste, um die Richtwerte für die Tageszufuhr an Zucker (90 g) zu decken.

*Beachte die Symmetrien einer Brücke.*

**7** Bei Schrägseilbrücken wird die Fahrbahn von schräg verlaufenden Seilen gehalten, die an einem senkrecht stehenden Mast befestigt sind.

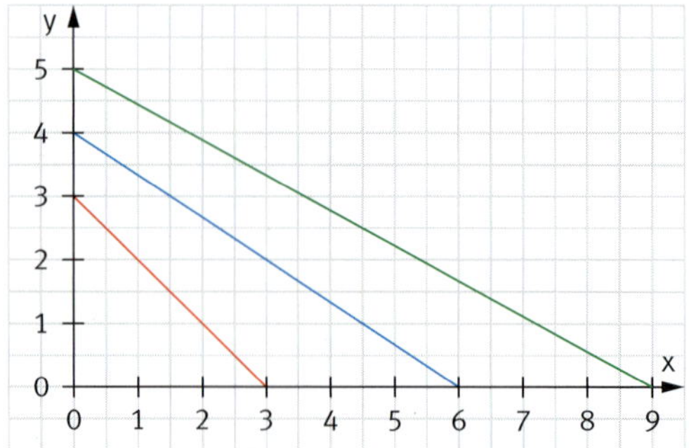


**a)** Ermittle die Gleichungen der linearen Funktionen, die den Verlauf der drei Seile beschreiben.

**b)** Gib jeweils den Definitions- und den Wertebereich an.

**c)** Berechne die Länge der drei Seilstücke.

**d)** Wie viel Seil benötigt man insgesamt, wenn zusätzlich 5 % für die Befestigung notwendig sind?

**8** Familie Sunshin betankt ihr Auto vor Aufbruch in den Spanienurlaub mit 60 l Kraftstoff. Ihr Pkw verbraucht 6,5 l pro 100 km.

**a)** Stelle den Tankinhalt während der 1500 km langen Fahrt in einem Koordinatensystem dar. Beachte, dass bei einem „Rest" von 5 l nachgetankt wird.

**b)** Wie viele Tankaufenthalte müssen für die Fahrt eingeplant werden?

**c)** Automobilclubs empfehlen, mindestens alle 4 Stunden eine 30-minütige Rast einzulegen. Wie viel Zeit ist für die gesamte Strecke einzuplanen, wenn Familie Sunshin mit einer Durchschnittsgeschwindigkeit von $100\ \frac{\text{km}}{\text{h}}$ reist?

**9** Die Firma Weihnachtsglück bietet 26 cm hohe Adventskerzen an, auf der die Zahlen 1 bis 24 aufgeprägt sind. Bei täglich 2 h Brenndauer ist die Kerze nach dem Heiligabend bis auf 2 cm abgebrannt.

**a)** Stelle das Abbrennverhalten der Kerze für die Zuordnung *Brenndauer in h → Restlänge der Kerze in cm* grafisch dar.

**b)** Gib die Funktionsgleichung an. Bestimme den Definitions- und den Wertebereich.

**c)** Familie Hektisch lässt die ersten 12 Dezembertage die Kerze täglich nur eine Stunde brennen. Wie viele Stunden muss die Kerze an den restlichen Tagen jeweils brennen, damit sie nach dem 24. Dezember richtig abgebrannt ist? Ergänze die beiden Graphen im Koordinatensystem.

**d)** Gib für die zwei Teilstücke ebenfalls die Gleichung, den Definitions- und den Wertebereich an.

**10** Für das Anlegen von Wassergräben sind bestimmte Neigungen der Seitenwände einzuhalten, damit kein Erdreich nachrutscht. Die Böschungen lassen sich dabei mit den Gleichungen $y = x + n$ und $y = -x + n$ beschreiben. (alle Längenangaben in m).

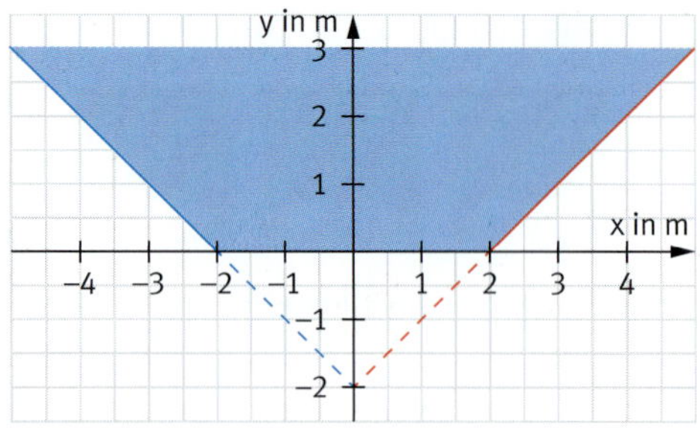


**a)** Bestimme die obere Breite des Grabens für $n = -2$ und eine Tiefe von 3 m.

**b)** Berechne die Querschnittsfläche des Wassergrabens.

**c)** Berechne, wie viel $m^3$ Erdaushub bei einem 19 m langen Graben anfallen.

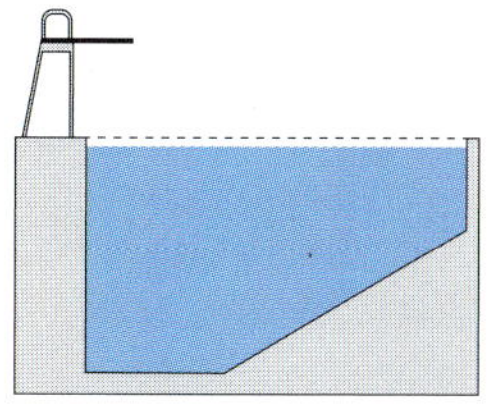

**11** Das Schwimmbecken eines Freibads wird gleichmäßig mit Wasser gefüllt. Das Becken ist im Bereich des Sprungturms besonders tief, danach steigt der Boden allmählich an. Die Grafik zeigt schematisch einen Querschnitt des Beckens.

**a)** Welche Darstellung entspricht dem Einfüllen des Wassers, wenn das Wasser gleichmäßig zufließt? Begründe.

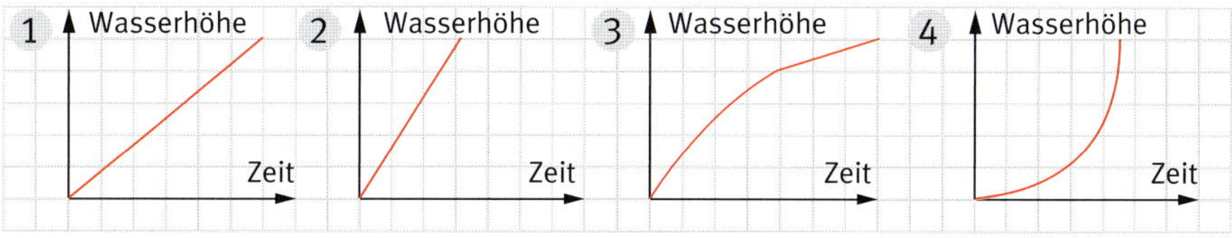


**b)** Skizziere für folgende Wasserbecken einen Füllgraphen.

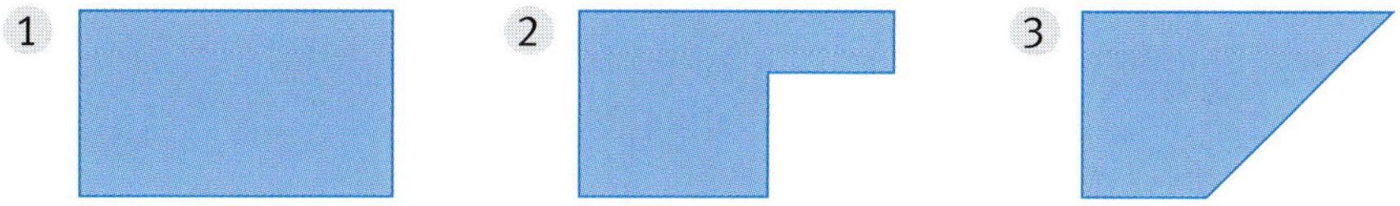


**12** Bei Bewerbungen werden oft multiple-choice-Tests eingesetzt. Bearbeite den Test.

*Es können keine, eine oder mehrere Antworten richtig sein. Notiere die richtigen Antwortbuchstaben in der gegebenen Reihenfolge. Hast du alle richtigen Antworten gefunden?*

**a)** Welche der Gleichungen stellen lineare Funktionen dar?
A $y = x^2$ L $y = \frac{x}{2}$ I $y = 2x + 1$ N $y = -x$ G $y = 2 - x^3$

**b)** Nenne die Punkte, die auf dem Graphen der Funktion $y = -\frac{1}{3}x - 2$ liegen.
E $(3|-3)$ B $(-2|0)$ A $(0|-2)$ F $(-6|-4)$ R $(6|-4)$

**c)** Welche Funktionen verlaufen durch den Koordinatenursprung?
E $y = x$ G $y = x + 1$ K $y = 3x - 2$ I $y = 4$ F $y = -2x$

**d)** Eine Gerade mit der Gleichung $y = mx + n$ verläuft monoton steigend. Bei welchen Eigenschaften kannst du sicher sein, dass m und n sie haben?
S m und n haben gleiche Vorzeichen. U m muss positiv sein.
C m und n haben verschiedene Vorzeichen. B m muss negativ sein.
T n muss positiv sein.

**e)** Der Graph einer linearen Funktion hat die Steigung 1 und schneidet die y-Achse in $(0|-5)$. Entscheide, welche Aussagen wahr sind.
N $f(0) = -5$ K Die Nullstelle ist $x_0 = 5$.
H Die Nullstelle ist $x_0 = -5$. W Die Funktion ist monoton fallend.
E Der Punkt $(5|5)$ liegt auf dem Funktionsgraphen.

**f)** Gesucht sind die Geraden, die parallel zum Graphen von $y = \frac{6}{5}x + 3$ verlaufen.
A $y = \frac{5}{6}x + 1$ T $y = \frac{6}{5}x - 2$ B $y = -\frac{5}{6}x + 1$ I $y = \frac{6}{5}x$ F $y = -\frac{5}{6}x$

**g)** Die Gerade mit der Gleichung $y = -2x + 8$ schneidet die x-Achse im Punkt A und die y-Achse im Punkt B. Nenne die Koordinaten von A und B.
E A $(-2|8)$; B $(8|-2)$ G A $(0|8)$; B $(4|0)$ P A $(8|4)$; B $(4|8)$
O A $(4|0)$; B $(0|8)$ H A $(8|0)$; B $(0|4)$

**h)** Welche Geraden erzeugen mit den Achsen ein gleichschenkliges Dreieck?
W $y = -x$ N $y = -x + 1$ K $y = 2x - 2$ E $y = x - 1$ R $y = \frac{1}{2}x - 2$

**i)** Gib den Schnittpunkt der Geraden mit den zugehörigen Gleichungen $y_1 = 2x$ und $y_2 = -\frac{1}{2}x + 5$ an.
H $(0|0)$ T $(2|5)$ N $(2|4)$ S $(2|2)$ E $(0|5)$

**1** Ergänze die Wertetabellen und zeichne die Graphen der Funktionen.

a)

| x | −2 | −1 | 0 | 1 |
|---|---|---|---|---|
| $y = 3x - 2$ | ▢ | ▢ | ▢ | ▢ |

b)

| x | −1 | 0 | 1 | 3 |
|---|---|---|---|---|
| $y = -2x + 5$ | ▢ | ▢ | ▢ | ▢ |

c)

| x | −3 | −1 | 3 | 6 |
|---|---|---|---|---|
| $y = \frac{5}{3}x - 3$ | ▢ | ▢ | ▢ | ▢ |

d)

| x | −4 | −2 | 1 | 3 |
|---|---|---|---|---|
| $y = -\frac{2}{5}x - 1{,}5$ | ▢ | ▢ | ▢ | ▢ |

**2** Welche linearen Funktionen haben sich hier versteckt?

**a)** Jeder Zahl wird ihr Doppeltes zugeordnet.

**b)** Parallele zu $y = \frac{1}{3}x$ durch den Punkt P (0 | 4)

**c)** Gerade mit den Achsenschnittpunkten $P_x$ (3 | 0) und $P_y$ (0 | 3)

**d)** Eine Ursprungsgerade mit dem Anstieg 0

**e)** Die Gerade verläuft durch die Punkte A (−2 | 4) und B (1 | −5).

**f)** Der Anstieg der Gerade mit der Nullstelle x = −3 ist m = 2.

**3** ① $y = 2x - 5$ ② $y = 1{,}5x - 2{,}5$ ③ $y = x$
④ $y = 0{,}5x + 2{,}5$ ⑤ $y = 5$ ⑥ $y = -0{,}5x + 7{,}5$

**a)** Stelle die Graphen aller Funktionen in einem Koordinatensystem dar.

**b)** Bestimme die Koordinaten des gemeinsamen Schnittpunkts S aller Funktionsgraphen. Bestätige die Koordinaten rechnerisch.

**4** Drei Autovermietungen bieten dasselbe Fahrzeug zu unterschiedlichen Konditionen an.

| cardrive | carfahr | mietcar |
|---|---|---|
| 80 € pro Tag | 50 € pro Tag<br>1 € je 10 km | 20 € pro Tag<br>3 € je 10 km |

**a)** Stelle die Angebote grafisch einander gegenüber. Übertrage dazu das Koordinatensystem in dein Heft und ergänze die fehlenden Graphen.

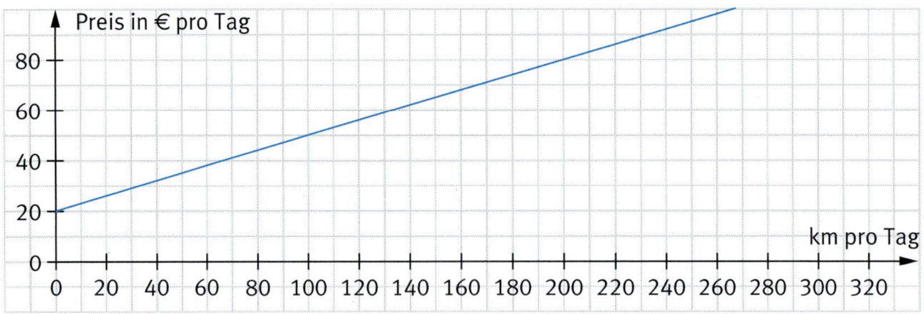


**b)** Entscheide und begründe, welche Autovermietung jeweils am günstigsten ist.

① Das Auto soll für einen Umzug innerhalb der Stadt für drei Tage gemietet werden.

② Das Auto wird für drei Tage für einen Transport nach Spanien und zurück gebraucht.

③ Mit dem Auto möchte man eine Tagesfahrt über ungefähr 500 km unternehmen.

④ Das Auto soll für einen Tag gemietet werden. Die zu fahrende Strecke beträgt hin und zurück jeweils etwa 100 km.

**5** **a)** Bestimme jeweils die Steigung der Geraden.

**b)** Bestimme zu jedem Graphen die zugehörige Funktionsgleichung.

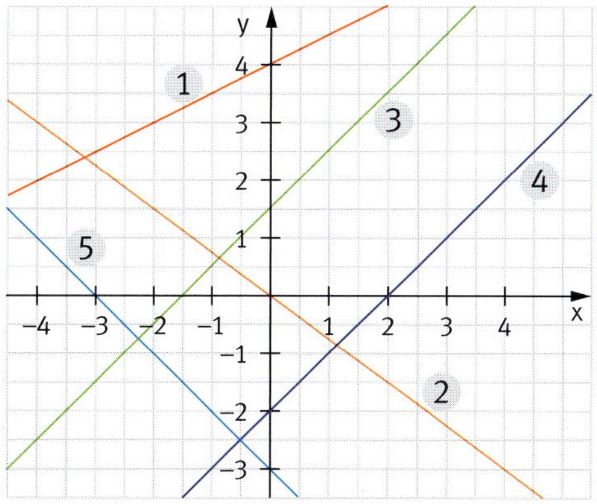


**6** Gegeben sind lineare Funktionen mit bestimmten Eigenschaften.

1 Nullstelle $x_0 = 3$; Steigung $m = \frac{3}{2}$

2 Nullstelle $x_0 = -4$; Steigung $m = \frac{1}{2}$

3 Nullstelle $x_0 = 4$ und y-Achsenabschnitt $n = 1$

4 Nullstelle $x_0 = -5$ und y-Achsenabschnitt $n = 5$

5 Achsenschnittpunkte N (−4 | 0) und P (0 | 2)

6 Achsenschnittpunkte N (5 | 0) und P (3 | 0)

**a)** Stelle die Graphen der Funktionen dar.

**b)** Bestimme die zugehörigen Funktionsgleichungen.

**7** Gegeben sind Funktionsgleichungen und Definitionsbereiche.

1 $y = x - 1;\ 0 \leqq x \leqq 1$  2 $y = x - 3;\ 0 \leqq x \leqq 3$  3 $y = -x + 5;\ 0 \leqq x \leqq 5$

**a)** Zeichne die Ausschnitte der Funktionsgraphen in ein Koordinatensystem.

**b)** Spiegle jede Strecke an der x-Achse. Spiegle anschließend jeweils beide Strecken nochmals an der y-Achse, sodass Quadrate entstehen. Gib jeweils für alle drei neuen Strecken die zugehörigen Funktionsgleichungen wie in der obigen Aufgabenstellung mit dem entsprechenden Definitionsbereich an.

**c)** Berechne die Flächeninhalte der Quadrate.

*Den Flächeninhalt eines Quadrats kann man auch direkt mithilfe der Diagonalen berechnen.*

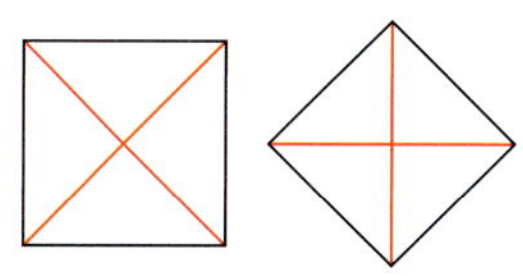

**8** Der Schnittpunkt P einer Gerade mit der y-Achse ist gegeben. Notiere zu jedem Punkt zwei mögliche Funktionsvorschriften und zeichne die Geraden.

**a)** P (0 | 3) **b)** P (0 | −1) **c)** P $(0 \mid \frac{1}{2})$ **d)** P (0 | −2,5)

**9** Der Kaninchenverein Langohr organisiert eine Tanzveranstaltung und möchte die Kosten von 500 € über die Eintrittsgelder finanzieren. Es werden 150 Mitglieder und 100 Gäste erwartet. Die Gäste sollen etwas mehr als die Mitglieder bezahlen, allerdings höchstens das Doppelte.

**a)** Zeige, dass die Gleichung $y = -1{,}5x + 5$ den Sachverhalt beschreibt, wenn x der Eintritt der Mitglieder und y der Eintritt der Gäste (jeweils in €) ist.

**b)** Stelle die Funktion grafisch dar.

**c)** Die Punkte (x | y) auf der Gerade entsprechen den möglichen Eintrittspreisen, wenn exakt 500 € eingenommen werden. Markiere den Bereich, der den geforderten Bedingungen entspricht.

**d)** Der Verein möchte ein wenig Gewinn machen und beim Verkauf der Eintrittskarten nur Euro- und 50-ct-Münzen kassieren. Markiere mögliche Wertepaare.

*Diskutiere mit einem Partner „vernünftige" Eintrittspreise.*

### Alles Funktionen

Untersuche mit einem Computer die Eigenschaften linearer Funktion der Form $y = mx + n$.
Es gibt verschiedene Programme, die du verwenden kannst: Einen „Funktionsplotter" im Internet, ein Tabellenprogramm oder sogar dynamische Geometrieprogramme, von denen die meisten ein geeignetes Algebrafenster haben. Zur Darstellung der Funktionen sollte das Programm ein Koordinatensystem sowie Koordinatenachsen anzeigen können. Die Abbildungen zeigen jeweils Beispiele aus einem Geometrieprogramm.

a) Untersuche zunächst, welche Auswirkung die Variable m auf den Verlauf des Graphen von proportionalen Funktionen mit der Gleichung $y = mx$ hat. Verwende nacheinander verschiedene Werte von m.

b) Wie ändert sich der Verlauf von $y = 2x + n$ für verschiedene Werte von n? Beschreibe deine Beobachtungen.

In vielen Programmen kann man die Werte einer Variable, also beispielsweise von m und n, mithilfe eines Schiebereglers (z. B. [a=2]) festlegen und entsprechend schnell ändern.
Im zugehörigen Fenster kann man den Namen der Variable einstellen, deren maximalen und minimalen Wert und die Schrittweite.
Bevor du den Funktionsterm $y = mx + n$ eingibst, musst du also zunächst die beiden Variablen m und n mit einem Schieberegler anlegen.

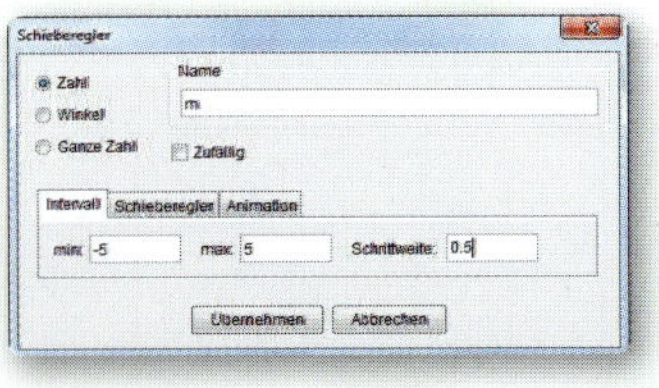


Bewegst du anschließend die Regler, so ändern sich auch die entsprechenden Funktionsgraphen.

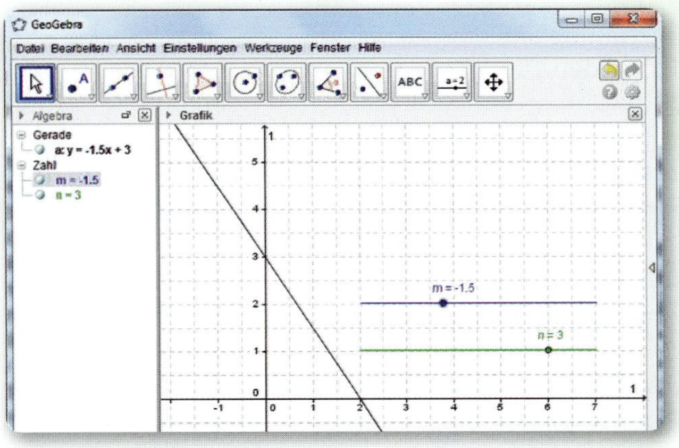


### Unter die Lupe genommen

a) Zeichne jeweils die Funktionsgraphen mit einem Computerprogramm und fülle die Tabelle aus.

| | Funktion | Nullstelle | Monotonie |
|---|---|---|---|
| a) | $y = 3x - 4$ | | |
| b) | $y = 0{,}3x - 2$ | | |
| c) | $y = -0{,}4x + 2$ | | |
| d) | $y = 2x + 2{,}5$ | | |
| e) | $y = 1{,}4x - 1{,}4$ | | |
| f) | $y = -2{,}5x - 1{,}5$ | | |

b) Zeichne den Graphen der Funktion $y = 1{,}5x + 3$ und bestimme durch Probieren den Graph einer Funktion, der parallel verläuft und die Nullstelle …
(1) $x_0 = -1$ (2) $x_0 = 0{,}5$ (3) $x_0 = 2$
hat. Wie lautet die Funktionsgleichung?

### Dreiecke und Funktionen

Eine lineare Funktion kann mit den Achsen des Koordinatensystems ein Dreieck bilden.

a) Zeichne den Graphen von beliebigen linearen Funktion $y = mx + n$ mit einem Geometrieprogramm. Zeichne das entstehende Dreieck mit einem Button „Vieleck" (z. B. [▷]) nach.

b) Bestimme mithilfe eines Buttons den Flächeninhalt des Dreiecks.

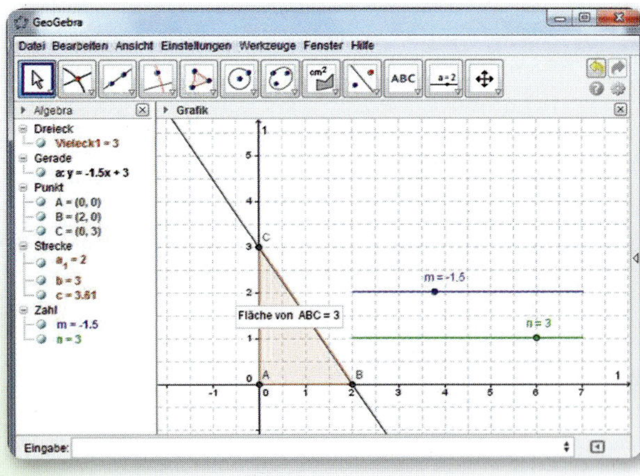


c) Ändere bei der linearen Funktion die Steigung m und den y-Achsenabschnitt n so ab, dass du durch Probieren folgende Fragen beantworten kannst:
(1) Für welchen Wert von m entsteht kein Dreieck? Beschreibe den Zusammenhang mit dem y-Achsenabschnitt n.
(2) Wie lauten Funktionen, die mit den Koordinatenachsen ein Dreieck mit dem Flächeninhalt 4 cm² bilden? Finde verschiedene Möglichkeiten.

## Senkrechte Ansichten

Wie kann man es zwei Funktionen ansehen, dass ihre Geraden aufeinander senkrecht stehen?

**a)** Zeichne in einem Geometrieprogramm den Graphen der Funktion mit $y = 2x + 1$. Ermittle durch Probieren die Steigung einer zweiten Funktion, deren Graph senkrecht zur gegebenen Gerade ist.
**Beispiel**:

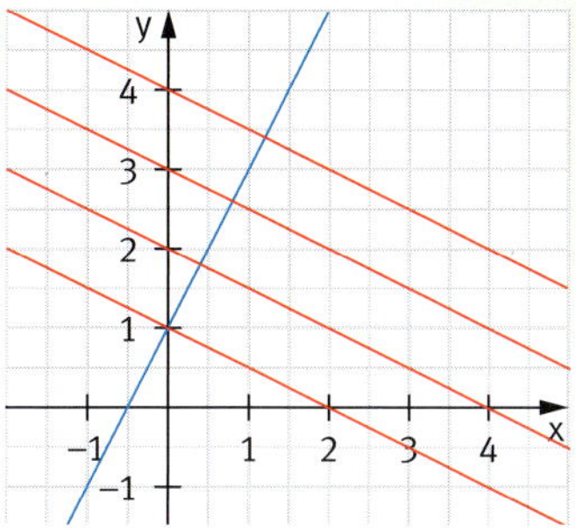


**b)** Untersuche die Steigung der senkrechten Geraden zu den folgenden Funktionen. Übertrage dazu die Tabelle in dein Heft.

| | Funktion | | Funktion mit dazu senkrechter Gerade |
|---|---|---|---|
| | Gleichung | Steigung | Steigung |
| 1 | $y = 3x - 2$ | ▢ | ▢ |
| 2 | $y = \frac{1}{4}x + 1$ | ▢ | ▢ |
| 3 | $y = \frac{1}{2}x - 2$ | ▢ | ▢ |
| 4 | $y = -2x + 2$ | ▢ | ▢ |
| 5 | $y = -x - 1$ | ▢ | ▢ |

**c)** Welchen Zusammenhang erkennst du zwischen der Steigung der Funktion und der Steigung der dazu senkrechten Gerade? Überprüfe deine Vermutung an mindestens drei weiteren Beispielen.

## Rabenhaft

Zwei Raben $R_1$ und $R_2$ sitzen an verschiedenen Stellen und haben einen besonderen Leckerbissen L auf dem Boden erspäht. Da sie gleich schnell fliegen, wird derjenige den Leckerbissen bekommen, dessen Weg kürzer ist.

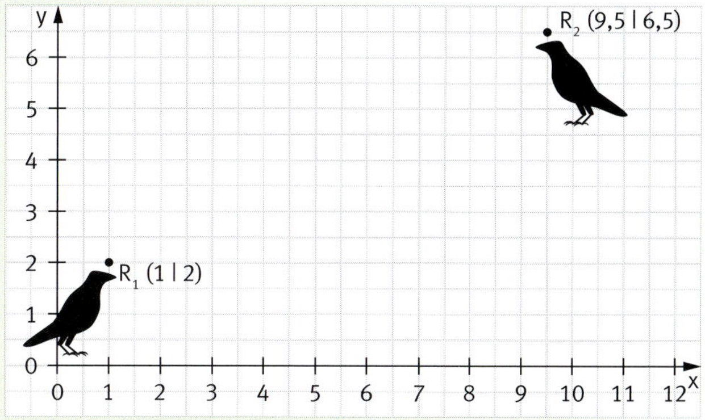


**a)** Wo müsste der Leckerbissen liegen, damit ihn beide Raben gleichzeitig erreichen? Löse das Problem mit dem Werkzeug „Gerade durch zwei Punkte“. Die Längen der Srecken $\overline{R_1L}$ und $\overline{R_2L}$ kannst du dir anzeigen lassen.

**b)** Gib mögliche Gleichungen der Geraden an, auf denen die Raben fliegen.

## Schildbürgerstreich

Die Einwohner des Ortes Schilda hatten vor langer Zeit Angst, dass plündernde Horden ihre wertvolle Kirchenglocke rauben könnten. Deshalb beschlossen sie, diese in ihrem tiefen See zu verstecken. Um die richtige Stelle im See später wiederzufinden, schnitzte ein findiger Schildbürger dort eine Kerbe ins Boot, wo sie die Glocke versenkten.
Geschickter waren bei einer ähnlichen Sache die Bürger von Mathestadt. Sie zeichneten ein Koordinatensystem über die Karte ihres Sees. Beim Versenken des Schatzes haben sie die richtige Stelle durch den Schnittpunkt zweier Funktionsgraphen markiert.
Eine der Funktionen hat die Gleichung $y = \frac{6}{5}x - 4,5$, die zweite Funktion wurde über zwei Punkte A (2,5 | 3) und B (–2,5 | 6) angepeilt.
Welche Koordinaten hat der Schatz?

Überprüfe deine Fähigkeiten und Kenntnisse. Bearbeite dazu die folgenden Aufgaben und bewerte anschließend deine Lösungen mit einem Smiley.

| ☺ | 😐 | ☹ |
|---|---|---|
| Das kann ich! | Das kann ich fast! | Das kann ich noch nicht! |

Hinweise zum Nacharbeiten findest du auf der folgenden Seite. Die Lösungen stehen im Anhang.

**Aufgaben zur Einzelarbeit**

**1** Ist die Zuordnung eindeutig?

**a)** *jede gerade Zahl → Nachfolger Zahl*
**b)** *Primzahl → ihre Gegenzahl*
**c)** *Kaufpreis → Anzahl der Artikel im Korb*
**d)** *Datum → Wochentag*
**e)** *Wochentag → Datum*

**2** Welche Funktionen sind linear?

**a)** $y = 2x - 4$ **b)** $y = x^2$ **c)** $y = -3 - 3x$

**d)**

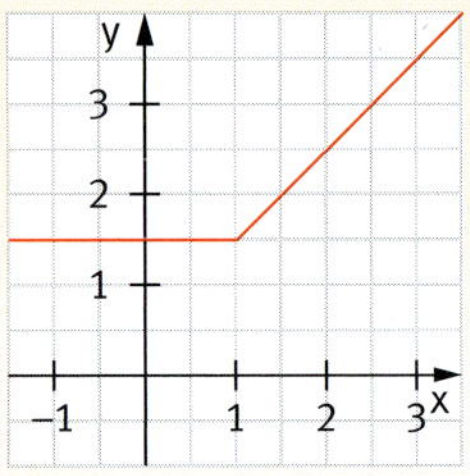

**e)**

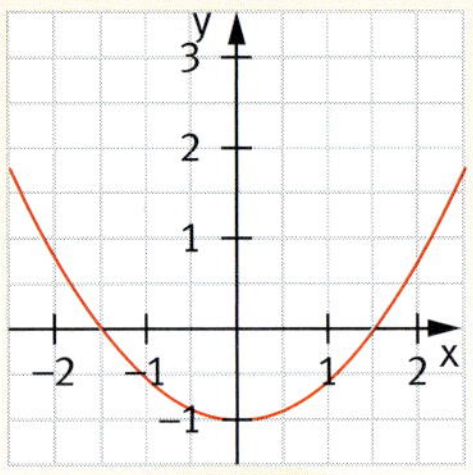

**f)**

| x | 0 | 1 | 2 |
|---|---|---|---|
| y | 3 | 3 | 3 |

**g)**

| x | 0 | 2 | 3 |
|---|---|---|---|
| y | 6 | 9 | 12 |

**3** Liegt der Graph einer Funktion vor? Begründe.

**a)**

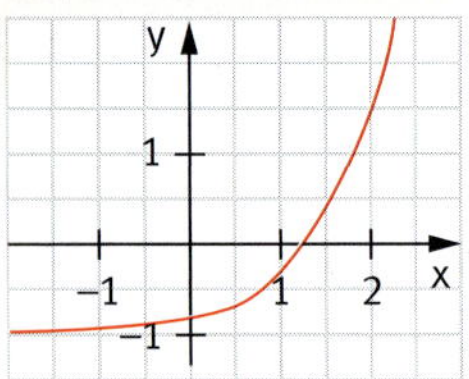

**b)**

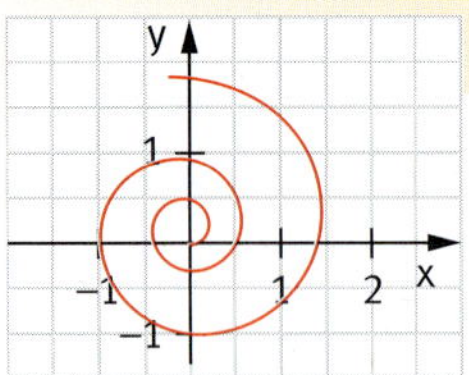

**4** Der Graph einer proportionalen Funktion verläuft durch die gegebenen Punkte.
Zeichne den Graph und bestimme die zugehörige Funktionsgleichung.

**a)** A (3|6) **b)** B (−3|4,5) **c)** C (3,6|2,4)

**5**

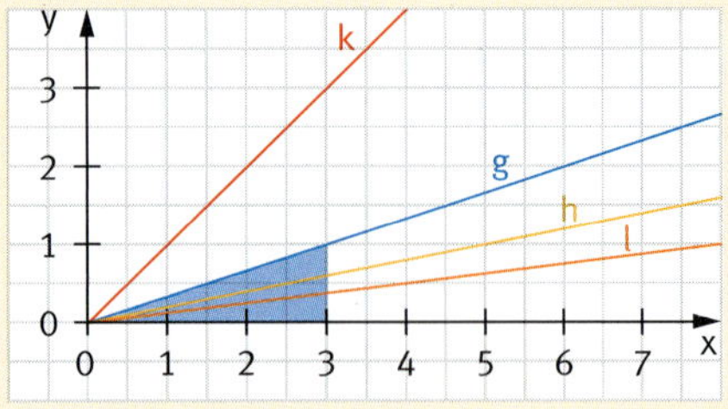


**a)** Erkläre, wie bei der Gerade g die Steigung $m = \frac{1}{3}$ bestimmt wird.
**b)** Bestimme die Steigungen der anderen Geraden.

**6** Bestimme die Funktionsgleichung.

**a)**

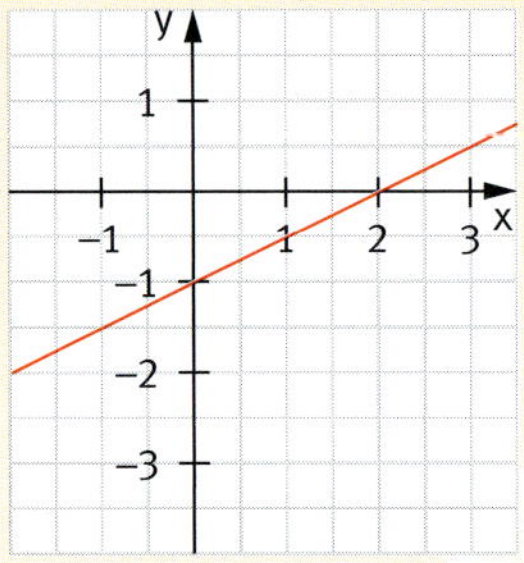

**b)**

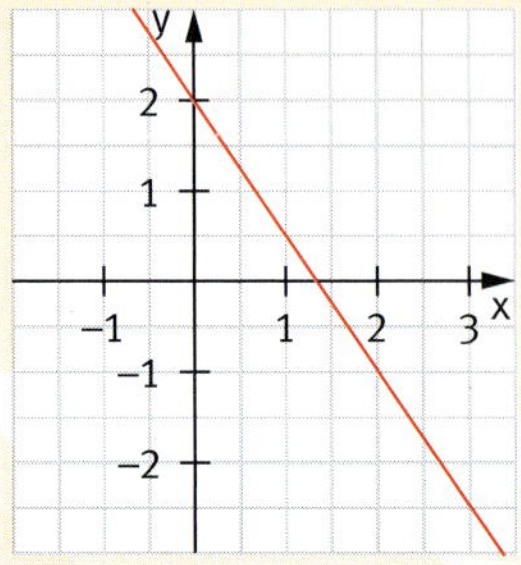

**c)**

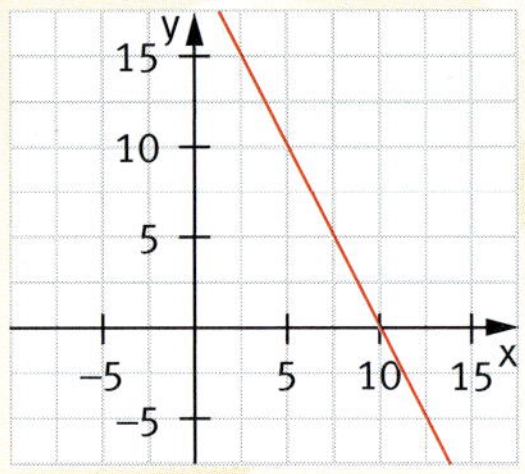

**d)**

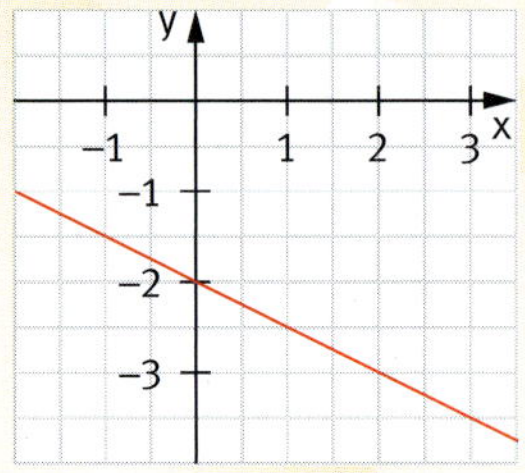

**7** Zeichne die Graphen der Funktionen.

**a)** $y = -x + 3$ **b)** $y = -0{,}2x + 3$ **c)** $y = -\frac{3}{2}x + 3$
**d)** $y = -3$ **e)** $y = \frac{5}{3}x + 1$ **f)** $y = x$

**8** Welcher Punkt liegt auf welchem Funktionsgraph?

A (8|−2) B (1|−1) C (3|−4)
D (2|2) E (3|3) F (1|0)

1 $y = \frac{2}{3}x + 1$ 2 $y = 0{,}25x - 4$ 3 $y = 22x - 22$
4 $y = -3x + 8$ 5 $y = -0{,}5x - 2{,}5$ 6 $y = -\frac{5}{4}x + \frac{1}{4}$

**9** Gegeben ist die Funktion $y = \frac{5}{3}x - 6$.
Bestimme die fehlenden Koordinaten der Punkte.

A (−3|▢) B (▢|−1) C $\left(\frac{3}{5}\middle|▢\right)$ D (▢|0)

**10** Berechne die Nullstellen der Funktionen.

**a)** $y = 2x - 4$ **b)** $y = 5x + 7{,}5$

**c)** $y = -5x + 10$ **d)** $y = -6x - 3$

**11** Gib eine Funktionsgleichung in der Form $y = mx + n$ an.

**a)** Die Steigung ist –5, der y-Achsenabschnitt –6.

**b)** Die Funktion hat die Nullstelle $x_0 = -4$ und ihr Graph verläuft durch A (–2 | –1,5).

**c)** Der Punkt (–2 | 3) liegt auf dem Funktionsgraph. Die Steigung beträgt m = –0,5.

**d)** Die Graph der monoton steigenden Funktion verläuft parallel zur Winkelhalbierenden eines Quadranten durch den Punkt K (–1 | –3).

**12** Wie viele Punkte haben die drei Funktionsgraphen gemeinsam? Begründe deine Entscheidung.

**a)** $y_1 = 2x - 4$ $y_2 = 2x + 7$ $y_3 = 2x + 10$

**b)** $y_1 = 2x - 1$ $y_2 = 5x + 1$ $y_3 = 5x + 12$

**c)** $y_1 = -3x + 2$ $y_2 = 5x + 2$ $y_3 = -0{,}5x + 2$

**d)** $y_1 = 2x - 4$ $y_2 = 5x + 8$ $y_3 = -5x + 3$

**13** Die Temperatureinheiten Grad Celsius (°C) und Grad Fahrenheit (°F) sind über eine lineare Funktion miteinander verknüpft. Bekannt sind die Zuordnungen 0 °C → 32 °F und 20 °C → 68 °F.

**a)** Trage die Punkte in ein Koordinatensystem ein und zeichne die lineare Funktion. Trage die Celsiustemperatur auf der x-Achse und die Fahrenheittemperatur auf der y-Achse ab (10° ≙ 1 cm).

**b)** Ergänze die Wertetabelle. Runde geeignet.

| Temperatur in °C | –20 | –10 | 10 | ▢ | ▢ |
|---|---|---|---|---|---|
| Temperatur in °F | ▢ | ▢ | ▢ | 0 | 60 |

**c)** Gib eine Funktionsvorschrift an, um Temperaturen von °C in °F umzuwandeln und umgekehrt.

**Aufgaben für Lernpartner**

**Arbeitsschritte**

1 Bearbeite die folgenden Aufgaben alleine.
2 Suche dir einen Partner und erkläre ihm deine Lösungen. Höre aufmerksam und gewissenhaft zu, wenn dein Partner dir seine Lösungen erklärt.
3 Korrigiere gegebenenfalls deine Antworten und benutze dazu eine andere Farbe.

Sind folgende Behauptungen **richtig** oder **falsch**? Begründe schriftlich.

**14** Eine Funktion ist eine eindeutige Zuordnung.

**15** Jede Zuordnung ist eine Funktion.

**16** Jede lineare Funktion ist auch eine proportionale Funktion.

**17** Der Graph einer Funktion ist immer eine Gerade.

**18** Der Graph der Funktion $y = 2x + 4$ schneidet die y-Achse bei $y = 2$.

**19** $x + y = 3$ ist eine Funktionsgleichung.

**20** Die Funktion $y = 0{,}5x + 2$ hat die Steigung $\frac{1}{2}$.

**21** Es gibt lineare Funktionen, die keine Nullstellen besitzen.

**22** Jeder monoton steigende Graph einer linearen Funktion hat eine positive Steigung m.

**23** Jede lineare Funktion mit der Gleichung $y = mx + n$ schneidet die y-Achse im Punkt P (0 | n).

**24** Eine Grundgebühr bewirkt stets eine Verschiebung des Graphen entlang der y-Achse.

**25** Die Graphen der Funktionen $y = 2x - 4$ und $y = 2x$ verlaufen parallel zueinander.

**26** Alle Geraden mit der Nullstelle $x_0 = -2$ haben eine Funktionsgleichung der Form $y = mx - 2$.

| Aufgabe | Ich kann ... | Hilfe |
|---|---|---|
| 1, 3, 14, 15 | Funktionen als eindeutige Zuordnungen beschreiben. | S. 62 |
| 2 | lineare Funktionen erkennen. | S. 60 |
| 4, 16 | proportionale Funktionen zeichnen und bestimmen. | S. 66 |
| 5, 20, 22 | Steigungen linearer Funktionen bestimmen. | S. 68 |
| 6, 19 | die Funktionsgleichungen linearer Funktionen bestimmen. | S. 68 |
| 7, 18 | die Graphen linearer Funktionen zeichnen. | S. 68 |
| 8, 9, 10, 11, 12, 17, 21, 23, 25, 26 | Eigenschaften linearer Funktionen angeben und nutzen. | S. 72 |
| 13, 24 | Sachaufgaben mithilfe linearer Funktionen lösen. | S. 76 |

**S. 60**

Wenn 250 g Gold 9200 € kosten, dann kostet ein Fünftel des Goldes auch ein Fünftel des Preises. Also kosten 100 g Gold 3680 €.

Bei einer **Zuordnung** werden Größen oder Zahlen zueinander in Beziehung gesetzt. Zuordnungen können in **Tabellen**, **Diagrammen**, durch **Terme** oder durch eine **Beschreibung in Worten** dargestellt werden.

Wir unterscheiden zwischen proportionalen, umgekehrt proportionalen und linearen Zuordnungen.

**S. 62**
**S. 66**

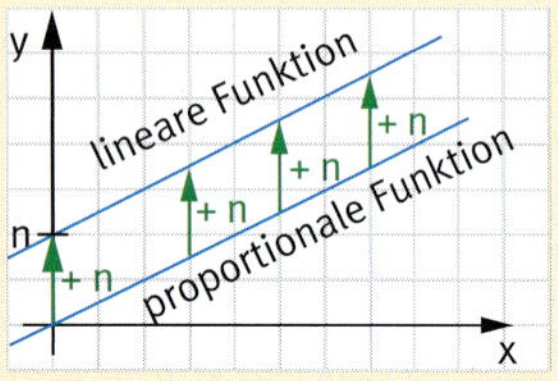


Eine eindeutige Zuordnung nennt man **Funktion**.

Eine **lineare Funktion** liegt vor, wenn alle Wertepaare auf einer **Gerade** liegen.
Der Graph einer **linearen Funktion** ist gegenüber dem einer **proportionalen Funktion** um einen festen Wert n entlang der y-Achse verschoben.
Es gilt folgende **Funktionsgleichung**:
y = Steigung m · x + fester Wert n
$y = m \cdot x + n$

**S. 66**

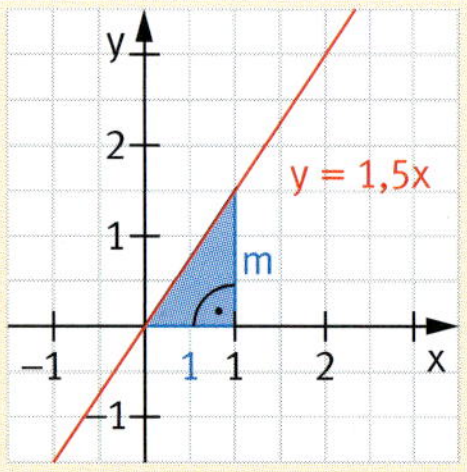


Eine **proportionale Funktion** ist ein Sonderfall einer linearen Funktion. Ihr Graph ist eine **Gerade durch den Ursprung** mit der Steigung oder dem Anstieg m.
$y = mx$

Ein rechtwinkliges Dreieck, das den Anstieg beschreibt, heißt **Steigungsdreieck**.

**S. 72**

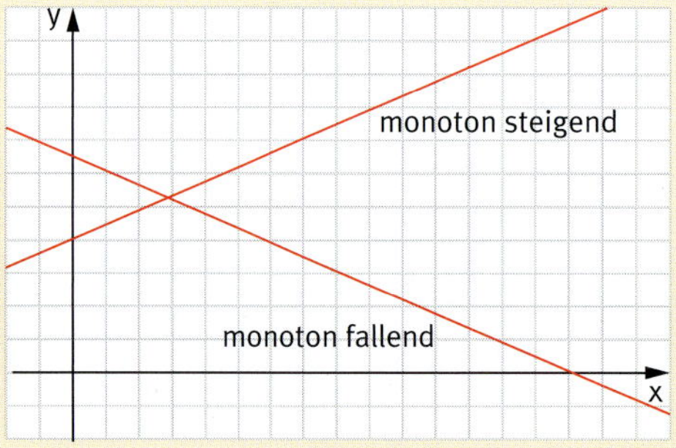


**Eigenschaften von Funktionen**

- Die Schnittstelle eines Funktionsgraphen mit der x-Achse (y = 0) bezeichnet man als **Nullstelle** $\mathbf{x_0}$ der Funktion.
- Der **Definitionsbereich** $\mathbb{D}$ gibt an, welche x-Werte (Argumente) in die Funktionsgleichung eingesetzt werden dürfen.
- Der **Wertebereich** $\mathbb{W}$ gibt an, welche y-Werte (Funktionswerte) vorkommen können.
- Die **Monotonie** gibt an, wie der Graph gegenüber der x-Achse verläuft: Der Graph verläuft von …
  „links unten nach rechts oben“: monoton steigend.
  „links oben nach rechts unten“: monoton fallend.

**S. 76**

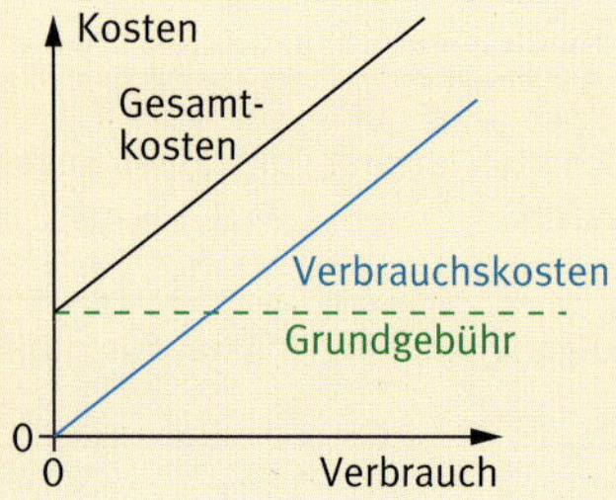


Im **Alltag** kommt eine Vielzahl von Funktionen vor, von denen viele auch linear sind.
Der feste Wert n ist dabei oftmals eine Grundgebühr, die unabhängig von einem Verbrauch zu bezahlen ist. Zusätzlich kommen noch Kosten hinzu, die vom Verbrauch abhängen.

## Zinsrechnung

**1** Ergänze die Tabelle in deinem Heft.

| | a) | b) | c) |
|---|---|---|---|
| Kapital | 550 € | | 1200 € |
| Zinssatz p. a. | 1,5 % | 3 % | |
| Zinsen nach 1 Jahr | | 72 € | 54 € |

**2** Du möchtest 4000 € für ein Jahr anlegen und erhältst von zwei Banken verschiedene Angebote. Vergleiche die Angebote miteinander.

Sparbank
Zinssatz: 1,5 % p. a.
Bearbeitungsgebühr: einmalig 0,5 %

Bankhaus Pinke
Zinssatz: 1,6 % p. a.
Bearbeitungsgebühr: einmalig 40 €

**3** Herr Müller erhält zu Weihnachten 350 € und legt diese am 27.12. für 2 % p. a. an. Kurz vor Ostern hebt er am 3. April des nächsten Jahres sein Geld wieder ab. Wie hoch ist sein neues Guthaben?

**4**

**a)** Wie viel Zinsen hat Frau Schulze nach fünf Jahren insgesamt erhalten, wenn sie das Angebot annimmt? Rechne einmal mit, einmal ohne Zinseszinsen.

**b)** Wenn Frau Schulze vor Ablauf der 5 Jahre ihr Geld haben möchte, muss sie eine Bearbeitungsgebühr von 70 € zahlen. Nach wie vielen Monaten kann sie das ohne Verluste tun?

## Kugel

**5** Bestimme jeweils die fehlenden Größen der Kugel (Radius, Umfang, Oberflächeninhalt, Volumen).

**a)** r = 3 cm

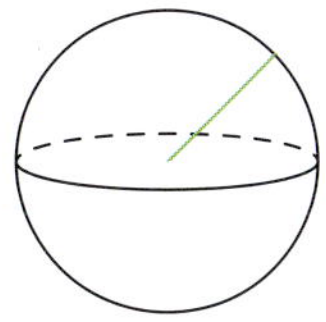

**b)** $A_O = 30\ cm^2$

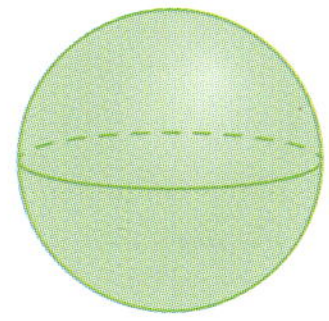

**c)** $V = 35\ cm^3$

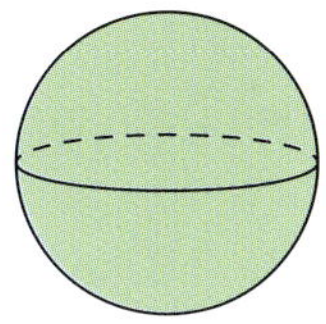

**d)** u = 70 cm

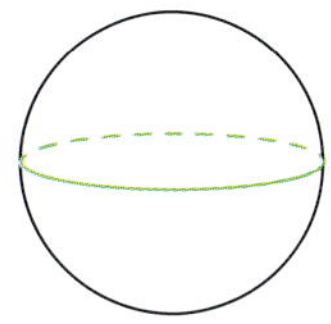

**6** Die Erde ist nahezu kugelförmig bei einem Radius von ca. 6400 km.

**a)** Wie lang ist der Äquator der Erde?

**b)** Die Erde ist zu etwa 71 % mit Wasser bedeckt. Berechne die Größe der Land- und Wasserfläche.

**7** Ein nahezu kugelförmiger Luftballon, der einen Radius von 12 cm hat, ist mit Helium gefüllt.

**a)** Berechne das Volumen und den Inhalt der Oberfläche des Luftballons.

**b)** $1\ m^3$ Helium hat eine Masse von 179 g. $1\ m^2$ gespannte Luftballonhaut hat eine Masse von 150 g. Berechne die Masse des gefüllten Luftballons.

**8** Mario formt aus einem Knet-Würfel mit 5 cm Kantenlänge drei gleich große Kugeln. Wie groß ist deren Durchmesser?

**9** Beschreibe, wie sich das Volumen (die Oberfläche) einer Kugel ändert, wenn man …

**a)** den Radius halbiert.

**b)** den Durchmesser verdoppelt.

## Boxplot

**10** Lies aus dem Boxplot die Spannweite, den Median sowie das obere und das untere Quartil ab. Finde eine passende Sachsituation.

a)

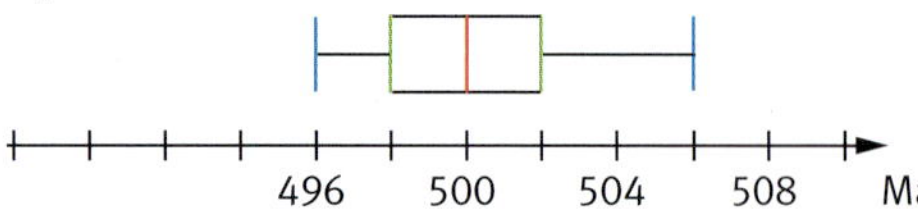


b)

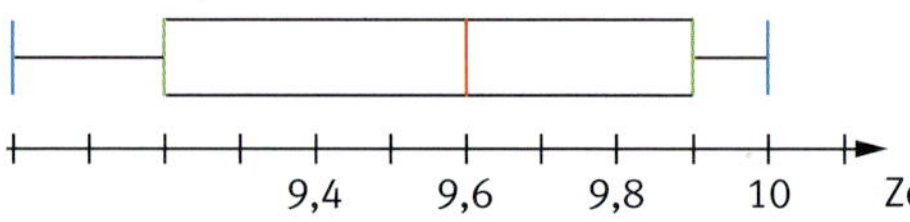


**11** Zeichne einen Boxplot zu folgenden Datenreihen.

a) 3; 5; 2; 0; 2; 1; 7; 3; 5

b) 0,1; 0,2; 0,16; 0,45; 0,1; 0,36; 0,3; 0,3

c) 530; 532; 539; 530; 530; 519; 538; 529; 534

**12** Gib eine Datenreihe mit neun Werten an, die zu dem Boxplot passt.

a)

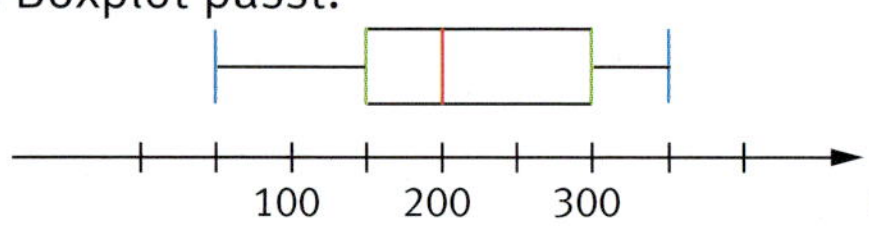


b)

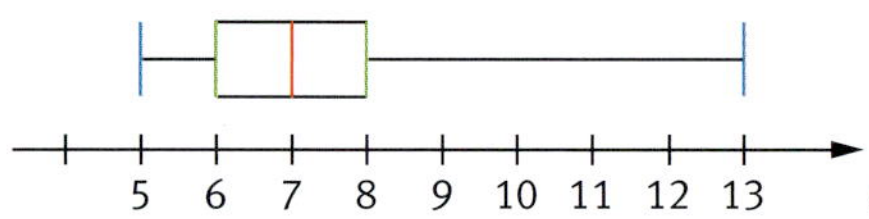


**13** Die Boxplots zeigen die Notenverteilungen einer Klassenarbeit in den Klassen 9a und 9b. Es wurden nur ganze Noten von 1 bis 6 verteilt.

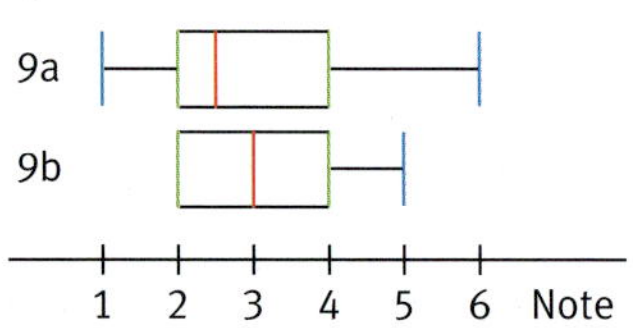


a) Erkläre, warum der Median bei der 9a 2,5 beträgt, obwohl diese Note nie vorkam.

b) Welche Klasse würdest du als besser beurteilen? Begründe deine Entscheidung.

## Schrägbilder

**14** Auf einen Würfel mit Kantenlänge 4 cm wird eine quadratische Pyramide mit Kantenlänge 3 cm und Höhe 3 cm mittig aufgesetzt. Zeichne das Schrägbild dieses zusammengesetzten Körpers.

**15** Zeichne das Schrägbild einer 4 cm hohen Pyramide mit folgender Grundfläche. Die Spitze steht senkrecht über dem …

a) Schnittpunkt der Grundflächendiagonalen.

b) rechten Winkel.

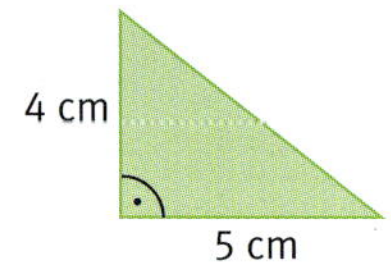


**16** Betrachte das Schrägbild eines Prismas:

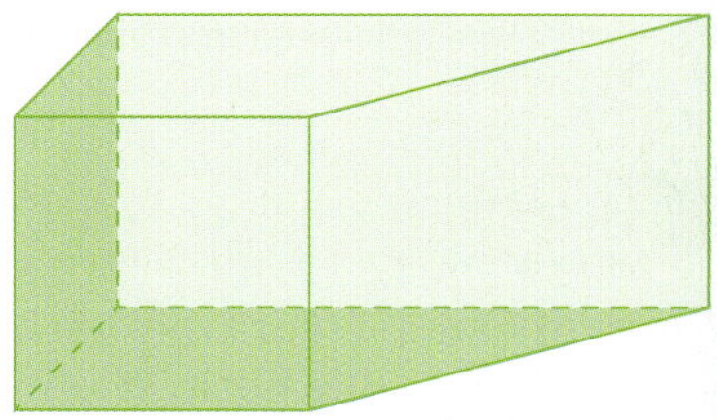

a) Welches Viereck ist die Grundfläche des Prismas? Begründe.

b) Gib die tatsächlichen Längen aller Kanten des Körpers an. Nutze die Zeichnung für Messungen.
Tipp: Zeichne dir Hilfsfiguren in dein Heft.

**17** Welches der begonnenen Schrägbilder lässt sich zum Schrägbild eines Quaders (einer Pyramide, eines Prismas) vervollständigen? Vervollständige dann die Schrägbilder.

a)

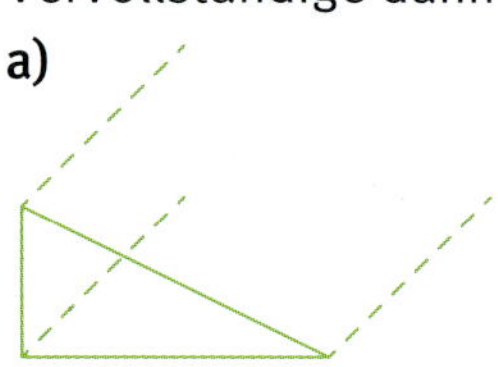

b)

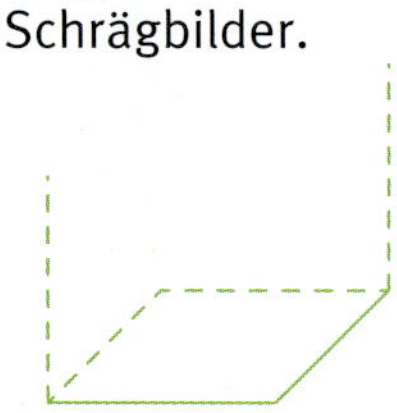

c)

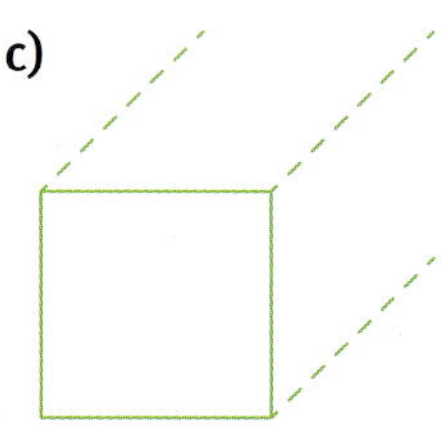

# 4 Lineare Gleichungen und Gleichungssysteme

**Einstieg**

- Tee gibt es in verschiedenen Sorten. Stelle jeweils in einem Schaubild für jede Teesorte die Kosten in Abhängigkeit von der Teemenge dar. Entscheide, ob eine lineare Zuordnung vorliegt. Begründe deine Entscheidung.
- Tee wird oft aus verschiedenen Sorten gemischt, damit sich die Aromen oder die gesunden Wirkungen der Teesorten ergänzen.
  Ein Teehändler mischt grünen Tee aus Indien und Sri Lanka miteinander. Wie viel Tee muss er von jeder Sorte nehmen, wenn er 2 kg der Teemischung zum Preis von 3,25 € pro 100 g herstellen möchte?

| Herkunftsland | Teesorte | Preis pro 100 g |
|---|---|---|
| **Indien** | Grüner Tee – first cut | 4,00 € |
| **Sri Lanka** | Grüner Tee – fermentiert | 2,80 € |
| **Pakistan** | Grüner Tee – Hochlage | 3,20 € |

**Ausblick**

**Am Ende dieses Kapitels hast du gelernt, ...**

- lineare Gleichungen zu lösen.
- lineare Gleichungssysteme mit zwei Variablen zu erkennen.
- lineare Gleichungssysteme auf verschiedene Arten zu lösen.
- die Lösungsmenge eines linearen Gleichungssystems anzugeben.

Sven ist Trainer in der Jugendabteilung eines Sportvereins. Für das 20-jährige Vereinsjubiläum möchte er Schirmmützen mit dem Vereinslogo besticken lassen.

- → Versand: KOSTENLOS!!!
- → Mindestmenge: 15 Stück
- → 3 Modelle zur Auswahl
- → Stickerentwurf einmalig 20,00 €
- → Ab 30 Mützen: 1 € Rabatt pro Mütze
- → Preise inklusive Stickerei:
  blau: 7,95 € grün: 12,50 € orange: 8,95 €

Sven hat 35 Mützen-Bestellungen vorliegen.

- Berechne die Kosten für die unterschiedlichen Modelle.
- Sven bestellt die Mützen für insgesamt 422,50 €. Welches Modell hat er bestellt? Beschreibe deinen Rechenweg.

## Merkwissen

Um die Lösungsmenge $\mathbb{L}$ einer **linearen Gleichung** zu bestimmen, gibt es verschiedene Möglichkeiten:

*Alle Zahlen, die man in eine Gleichung einsetzen darf, bezeichnet man als **Definitionsmenge** $\mathbb{D}$. Die Lösungen der Gleichung müssen aus dieser Menge $\mathbb{D}$ stammen.*

**Systematisches Probieren**

Einsetzen von Zahlen der Reihe nach oder durch Einschachteln:
**Beispiel:** $3x + 8 = -7$; $\mathbb{D} = \mathbb{Z}$

| x | 3x + 8 |
|---|---|
| −7 | −13 |
| −6 | −10 |
| −5 | −7 |

**Umkehraufgabe**

Schrittweiser Aufbau des Terms, dann Abbau durch Umkehroperationen.
**Beispiel**: $3x + 8 = -7$; $\mathbb{D} = \mathbb{Z}$

$$x \xrightarrow{\cdot 3} 3x \xrightarrow{+8} 3x + 8$$
$$-5 \xleftarrow{:3} -15 \xleftarrow{-8} -7$$

$\mathbb{L} = \{-5\}$

**Äquivalenzumformungen**

*Kurzschreibweise für Äquivalenzumformungen: Verwende einen Strich „|“, hinter dem man die Änderung notiert.*

Umformungen, bei denen sich die Lösungsmenge nicht ändert:
- Zahl/Term addieren oder subtrahieren
- Zahl/Term ($\neq 0$) multiplizieren oder dividieren

**Beispiel**: $3x + 8 = -7$; $\mathbb{D} = \mathbb{Z}$
Kurzschreibweise:
$3x + 8 = -7 \quad | -8$
$3x = -15 \quad | :3$
$x = -5$
$\mathbb{L} = \{-5\}$

## Beispiele

**I** Bestimme die Lösungsmenge ($\mathbb{D} = \mathbb{Z}$).

a) $-2x - 6 = 4x + 2$ b) $x \cdot (x - 2) = x^2 - 2x$ c) $3 \cdot (x + 8) - x = 6$

*Mögliche Lösungsmengen:*
*$\mathbb{L} = \{\}$: keine Lösung in $\mathbb{D}$*
*$\mathbb{L} = \{-2\}$: eine Lösung in $\mathbb{D}$*
*$\mathbb{L} = \mathbb{D}$: alle Zahlen aus $\mathbb{D}$*

**Lösung:**

a)

| x | −2x − 6 | 4x + 2 |
|---|---|---|
| −2 | −2 | −6 |
| −1 | −4 | −2 |
| 0 | −6 | +2 |

Die Lösung liegt zwischen −2 und −1: $\mathbb{L} = \{\}$

b) $x \cdot (x - 2) = x^2 - 2x$
$x^2 - 2x = x^2 - 2x$

Die Gleichung ist für alle $x \in \mathbb{Z}$ erfüllt.

$\mathbb{L} = \mathbb{Z}$

c) $3 \cdot (x + 8) - x = 6$
$3x + 24 - x = 6$
$2x + 24 = 6 \quad | -24$
$2x = -18 \quad | :2$
$x = -9$

$\mathbb{L} = \{-9\}$

**II** In einem gleichschenkligen Dreieck ist die Basis 3,5 cm länger als jeder Schenkel. Der Umfang des Dreiecks beträgt 20 cm. Bestimme die Länge der Schenkel.

**Lösung:**
Länge der Basis: x; Länge eines Schenkels: $x - 3,5$
Umfang: $x + 2 \cdot (x - 3,5) = 20$; $\mathbb{D} = \mathbb{Q}^+$

$$\begin{aligned} x + 2 \cdot (x - 3,5) &= 20 && \mid \text{Klammer auflösen} \\ x + 2x - 7 &= 20 && \mid \text{vereinfachen} \\ 3x - 7 &= 20 && \mid +7 \\ 3x &= 27 && \mid :3 \\ x &= 9 \end{aligned}$$

Die Basis ist 9 cm, jeder Schenkel 5,5 cm lang.

Skizze:

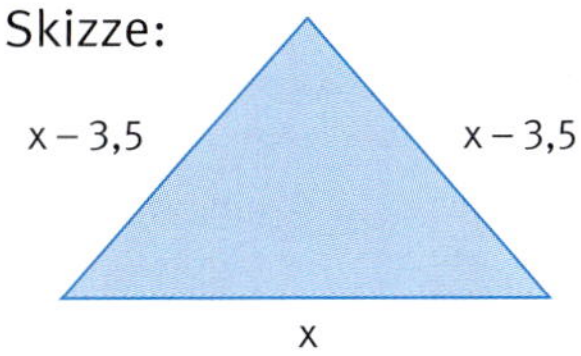


*Alternativ kann man die Länge des Schenkels auch mit x und die der Basis mit x + 3,5 bezeichnen. Probiere aus, ob das Ergebnis dasselbe ist.*

## Verständnis

- In welchen Fällen hat $x = -x$ genau eine Lösung (keine Lösung)?
- Begründe, warum das Wurzelziehen keine Äquivalenzumformung ist.

## Aufgaben

**1** Bestimme die Lösungsmenge durch systematisches Probieren ($\mathbb{D} = \mathbb{Q}$).
**a)** $8x - 8 = 24$ **b)** $5 - 2y + 10 = 0$ **c)** $4 \cdot 3x + 3 = 123$
**d)** $18a + 5 = 32$ **e)** $3x + 7 = 4x + 8$ **f)** $r : 4 + 2 = -1 + r$

**2** Bestimme die Lösungsmenge mithilfe der Umkehraufgabe ($\mathbb{D} = \mathbb{Q}$).
**a)** $5x + 20 = 5$ **b)** $8x + 7 + 2x = 32$ **c)** $4 \cdot 3x + 5 = -2$
**d)** $5\,(2,2 + x) = 3$ **e)** $-(x + 2) = 3$ **f)** $\frac{4}{3} \cdot (3x + 12) = -8$

*Lösungen zu 1 und 2:*
*$\mathbb{L} = \{-6\}$; $\mathbb{L} = \{-5\}$; $\mathbb{L} = \{-3\}$; $\mathbb{L} = \{-1,6\}$; $\mathbb{L} = \{-1\}$; $\mathbb{L} = \{-\frac{7}{12}\}$; $\mathbb{L} = \{1,5\}$; $\mathbb{L} = \{2,5\}$; $\mathbb{L} = \{4\}$; $\mathbb{L} = \{4\}$; $\mathbb{L} = \{7,5\}$; $\mathbb{L} = \{10\}$*

**3** **a)** Bestimme jeweils eine ursprüngliche Gleichung, die bei den gegebenen Umformungen zur gegebenen Lösungsmenge führt ($\mathbb{D} = \mathbb{Q}$).

| 1 | 2 | 3 | 4 |
|---|---|---|---|
| $\mid +3x$ | $\mid -2x$ | $\mid +x$ | $\mid -8x$ |
| $\mid -7$ | $\mid +5$ | $\mid -12$ | $\mid +4$ |
| $\mid :4$ | $\mid :(-2)$ | $\mid \cdot(-2)$ | $\mid \cdot\left(\frac{1}{5}\right)$ |
| $\mathbb{L} = \{-4\}$ | $\mathbb{L} = \{12\}$ | $\mathbb{L} = \left\{\frac{1}{4}\right\}$ | $\mathbb{L} = \{0,8\}$ |

**b)** Begründe, warum es in a) auch andere Gleichungen geben kann als diejenigen, die du gefunden hast. Nenne Beispiele.

**4** Bestimme die Lösungsmenge durch Äquivalenzumformungen ($\mathbb{D} = \mathbb{Q}$).
**a)** $5x + 6 - x = 8x - 4$ **b)** $3 \cdot (x + 8) - x = 7$ **c)** $\frac{5 - 2x}{3x} = 3$
**d)** $4 + 8y = 2,5y - (4 + 5,5y)$ **e)** $0,8 \cdot (5 + 2,5r) = (2r + 1) : 5$ **f)** $\frac{a - 4}{a} = \frac{5}{2a}$

**5** Wähle a so, dass die Gleichung $ax + 3x + 6 = 2$ in $\mathbb{D} = \mathbb{Q}$ jeweils eine Lösung (keine Lösung, unendlich viele Lösungen) hat.

**6** Stelle die Gleichungen mithilfe von Äquivalenzumformungen zur rot markierten Größe um. Welche Bedeutung haben die einzelnen Variablen?

Flächeninhalt Trapez: $A = \frac{a + c}{2} \cdot h$

Umfang Rechteck: $u = 2 \cdot (a + b)$

Volumen Dreiecksprisma: $V = \frac{1}{2} a \cdot h_a \cdot h$

**7** Eine runde Säule hat ein Volumen von 14,13 dm³. Der Radius der Grundfläche beträgt 1,5 dm. Berechne die Höhe h der Säule.

Gegeben: $V = 14{,}13\ \text{dm}^3 \quad r = 1{,}5\ \text{dm}$
Gesucht: h

*Achte beim Rechnen auf gleiche Einheiten, dann kannst du die Einheiten bei der Rechnung weglassen. Hier: alle Einheiten in dm bzw. dm³*

Skizze:

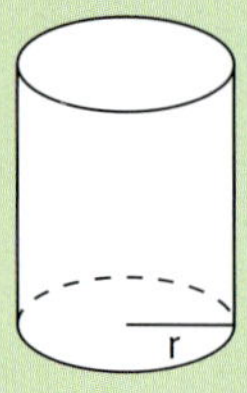


Lösung 1:

$$V = r^2 \cdot \pi \cdot h;\ \mathbb{D} = \mathbb{Q}^+$$
$$14{,}13 = 2{,}25\pi \cdot h \quad | : 2{,}25\pi$$
$$2{,}0 \approx h$$
$$h = 2{,}0\ \text{dm}$$

Lösung 2:

$$V = r^2 \cdot \pi \cdot h \quad | : (r^2 \cdot \pi)$$
$$\frac{V}{r^2 \cdot \pi} = h$$
$$\frac{14{,}13}{1{,}5^2 \cdot \pi} = h$$
$$2{,}0 \approx h$$
$$h = 2{,}0\ \text{dm}$$

a) Vergleiche die Lösungswege miteinander.

b) Erprobe jeweils beide Lösungswege an folgenden Aufgaben. Runde geeignet.

*Erinnerst du dich noch an die Körperberechnungen? Schaue im Grundwissen nach.*

1 Eine Konservendose hat einen Durchmesser von 9,8 cm und ein Fassungsvermögen von 850 cm³. Wie hoch ist die Dose?

2 In einem quaderförmigen Aquarium, das 9 dm lang und 4,5 dm breit ist, sind 243 l Wasser. Wie hoch steht das Wasser?

3 Das Satteldach eines Hauses ist 12,9 m breit und 15 m lang. Es umschließt einen Raum von $1257\frac{3}{4}$ m³. Wie hoch ist der Giebel?

**8** Wie heißt die gesuchte Zahl? Bestimme $\mathbb{D}$.

a) Ich denke mir eine natürliche Zahl, addiere zu ihr das 3-Fache ihres Nachfolgers und erhalte 51.

b) Addiert man zum 1,5-Fachen einer positiven rationalen Zahl das Vierfache ihrer Gegenzahl, so erhält man 654.

c) Multipliziert man eine rationale Zahl mit dem Nachfolger ihrer Gegenzahl, so erhält man das 3-Fache dieser Zahl.

**9** a) Wende die binomischen Formeln an und multipliziere aus.

1 $(a + 4)^2$ 2 $(x - 14)^2$ 3 $(m + 3) \cdot (m - 3)$ 4 $(2y + 1{,}5)^2$ 5 $\left(\frac{2}{5} - \frac{1}{2}z\right)^2$

b) Fasse mithilfe binomischer Formeln zusammen.

*Die binomischen Formeln findest du im Grundwissen.*

1 $x^2 - 16x + 64$ 2 $4a^2 - 6{,}25b^2$ 3 $\frac{4}{9}y^2 + 4y + 9$ 4 $\frac{1}{4} - 1{,}44x^2$

c) Beschreibe den Rechenweg. Ergänze im Heft die fehlenden Umformungsschritte ($\mathbb{D} = \mathbb{N}$). Bestimme $\mathbb{L}$.

1
$$(x + 6)^2 = (x - 2)^2$$
$$x^2 + 12x + 36 = x^2 - 4x + 4$$
$$12x + 36 = -4x + 4$$
$$16x + 36 = 4$$
$$16x = -32$$
$$x = -2$$

2
$$(3 - a)^2 = a \cdot (0{,}5 + a) - 4$$
$$9 - 6a + a^2 = 0{,}5a + a^2 - 4$$
$$9 - 6a = 0{,}5a - 4$$
$$9 - 6{,}5a = -4$$
$$-6{,}5a = -13$$
$$a = 2$$

d) Bestimme die Lösungsmenge ($\mathbb{D} = \mathbb{Q}$). Vergiss die Probe nicht.

1 $(x + 2)^2 = (x - 7)^2$ 2 $(a + 2{,}5) \cdot (a - 2{,}5) = a^2 - 6\frac{1}{4}$ 3 $\frac{1}{2} \cdot (y - 3)^2 = \frac{1}{2}y^2$

4 $(x - 1)^2 = 3 + (x - 1)^2$ 5 $b^2 - 15 = (b + 5) \cdot (b + 4)$ 6 $\frac{1}{2} - 4k = 2k^2 + 1$

7 $(x - 8)^2 = x^2 + 5x + 6$ 8 $(m + 6) \cdot (m + 2) = m^2 + 15$ 9 $(0{,}2x)^2 = \left(\frac{1}{5}x - \frac{2}{3}\right)^2$

*Lösungen zu 9 d):*
$\mathbb{L} = \{\}$; $\mathbb{L} = \left\{-3\frac{8}{9}\right\}$;
$\mathbb{L} = \left\{-1\frac{2}{3}\right\}$; $\mathbb{L} = \{-0{,}5\}$;
$\mathbb{L} = \left\{\frac{3}{8}\right\}$; $\mathbb{L} = \{1{,}5\}$;
$\mathbb{L} = \{2{,}5\}$; $\mathbb{L} = \left\{2\frac{16}{21}\right\}$
$\mathbb{L} = \mathbb{Q}$

**10** Löse die folgenden Gleichungen für $\mathbb{D} = \mathbb{Q}$.

a) $2 \cdot (4x - 2{,}5) = 19$
b) $13x - (3x - 5) = 5x + 40$
c) $2 \cdot (4{,}5x - 1{,}5) = 24$
d) $6 \cdot (x + 4) = 76 - 20x$
e) $8 \cdot (1{,}5x - 5) = 3x + 14$
f) $7x - 8 = 20 + 3x$

**11** Ein symmetrisches Trapez hat einen Umfang von 22 cm. Die Basis ist 2 cm länger als die Schenkel, die jeweils 2 cm länger sind als die Parallele zur Basis. Zeichne die Figur und bestimme die Seitenlängen.

**12** Bei einer rechteckigen Leinwand ist eine Seite 45 cm länger als die andere. Der Umfang der Leinwand beträgt 3,10 m. Bestimme die Maße.

**13** Eine Erbschaft von 158 000 € wird unter Michael, Lorenz und Georg entsprechend des Testaments aufgeteilt. Lorenz erhält 1000 € weniger als den doppelten Betrag von Michael. Georg erhält die Hälfte von Lorenz Betrag. Wie viel erbt jeder?

**14** Die Masse einiger Körper ist angegeben. Finde heraus, aus welchem Material sie gefertigt wurden. Wie schwer wären sie aus den anderen Materialien?

*Dichte von Stoffen in $\frac{g}{cm^3}$:*
*Aluminium: 2,7* *Eisen: 7,9*
*Eichenholz: 0,9* *Gold: 19,3*

a)

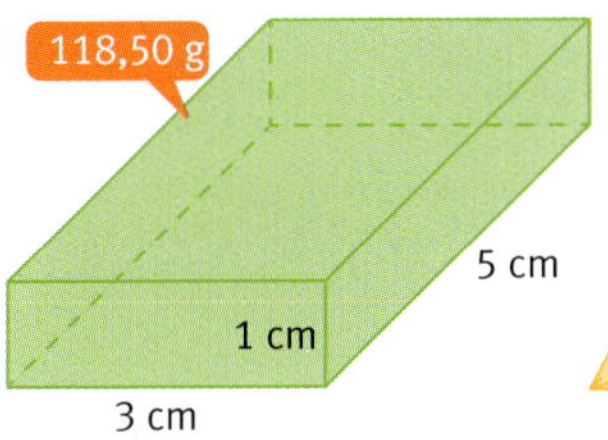


b)

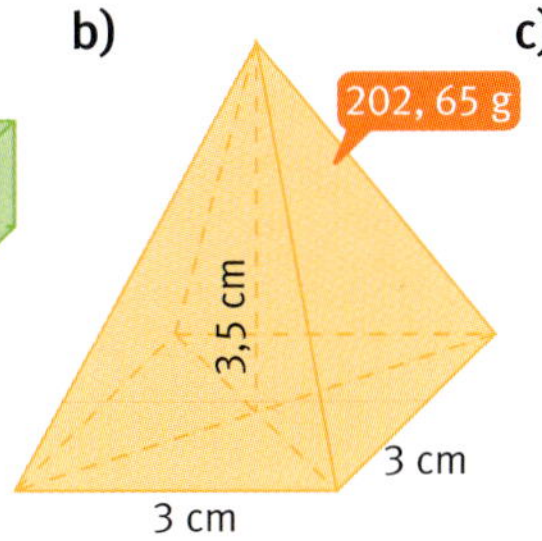


c)

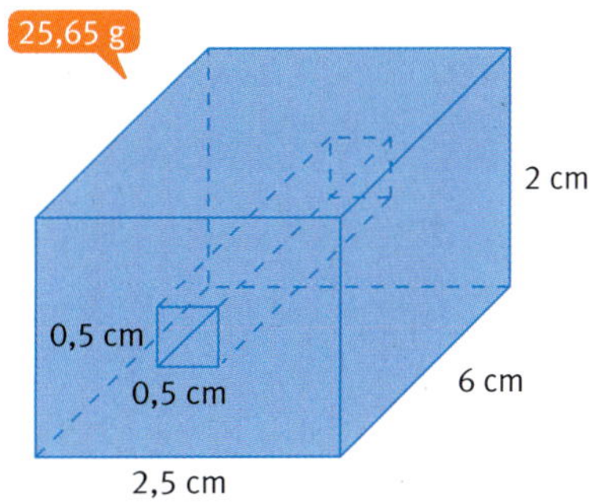


**15** Bestimme die Definitionsmenge im Bereich der rationalen Zahlen. Wie lautet die Lösungsmenge?

a) $\frac{2{,}5 \cdot (4a - 1) - (3a + 6)}{2} = (a + 6) - 1{,}5 \cdot (a - 7)$
b) $\frac{2{,}5 \cdot (3 - 2{,}5y) - 5{,}25y}{5y} = 0$
c) $\frac{2}{3}x + \frac{5}{6} + \frac{3}{2}x = 3$
d) $\frac{3}{x} + \frac{4x}{(x + 1)} = 4 - \frac{2}{x}$
e) $(2 + r)^2 - (r - 5)^2 = \frac{7r}{2r}$
f) $\frac{12x^2 - 4}{3x - 3} = 4x + 8$

*Lösungen zu 15:*
*(nur Lösungsmenge)*
$\mathbb{L} = \{-5\}$; $\mathbb{L} = \left\{-3\frac{3}{16}\right\}$;
$\mathbb{L} = \left\{\frac{15}{23}\right\}$; $\mathbb{L} = \{1\}$;
$\mathbb{L} = \left\{1\frac{2}{3}\right\}$; $\mathbb{L} = \left\{5\frac{3}{16}\right\}$

**16**
1 $3 = \frac{x + 1}{2x - 8}$
2 $\frac{2x + 1}{x - 7} = 3$
3 $\frac{x + 8}{x - 2} = 3$
4 $\frac{x + 1}{2x - 16} = 3$

a) Welche Gleichung passt zum Text?
b) Löse die Gleichungen. Gib vorher die Grundmenge im Bereich der rationalen Zahlen an.

Der Eintritt in den Zoo kostet die Familien Meier und Michel insgesamt 91 €. Es gehen insgesamt 4 Erwachsene und 6 Kinder, wobei ein Kind noch keinen Eintritt zahlen muss.

- Mache verschiedene Vorschläge für mögliche Eintrittspreise.
- Begründe, welche Lösung du sinnvoll findest.

*Gleichungen können auch mehr als zwei Variablen haben. In der Schule spielen diese Gleichungen aber keine Rolle.*

*Erinnere dich:*
*$y = m \cdot x + n$*

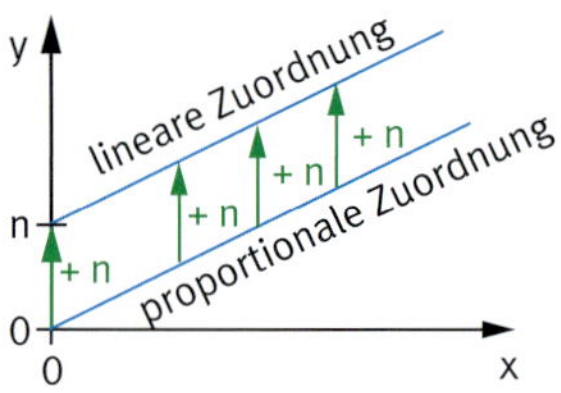


## Merkwissen

**Lineare Gleichungen** können auch **zwei Variablen** enthalten.
Jedes **Zahlenpaar (x | y)**, das die Gleichung erfüllt, ist eine **Lösung** der Gleichung.

**Beispiel:** Bestimme Lösungspaare der linearen Gleichung $-x + 2y = -1$.

nach y auflösen:

$$-x + 2y = -1 \quad | + x$$
$$2y = x - 1 \quad | : 2$$
$$y = \frac{1}{2}x - \frac{1}{2}$$

1 Werte für x einsetzen und y berechnen oder ...

| x | −1 | 0 | 3 |
|---|---|---|---|
| y | −1 | $-\frac{1}{2}$ | 1 |

2 Graph zeichnen und Lösungen ablesen

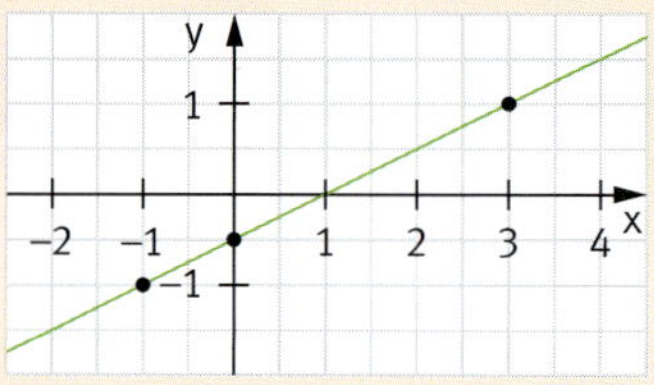


## Beispiele

*−x bedeutet −1 · x.*
*Also ist die Steigung −1.*

**I** Bestimme grafisch und rechnerisch fünf Lösungspaare der Gleichung $2x + 2y = 3$.

**Lösungsmöglichkeit:**
$y = -x + 1{,}5$

| | A | B | C | D | E |
|---|---|---|---|---|---|
| x | −0,5 | 0 | 0,5 | 1 | 1,5 |
| y | 2 | 1,5 | 1 | 0,5 | 0 |

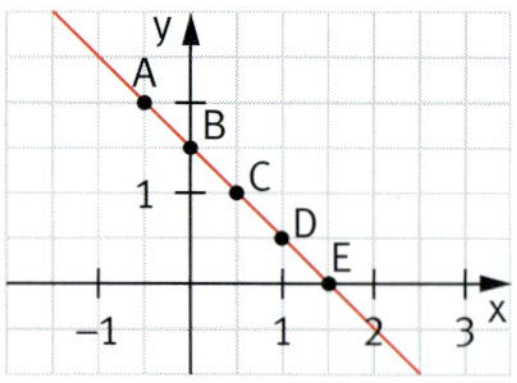


## Verständnis

- Begründe, warum eine solche Gleichung „linear“ heißt.
- Erkläre, warum es bei einer Gleichung mit zwei Variablen unendlich viele Zahlenpaare gibt, die die Gleichung lösen.

**1** Welche der Zahlenpaare sind Lösungen der Gleichung $4x = y + 8$?

(−2 | 0) (1 | −2) (−9 | −44) (24 | 8) (20 | −72) (15 | 52)

**2** Die Zahlenpaare lösen die lineare Gleichung $2y - 4x = -10$.
Vervollständige die Lücken.

**a)** (2 | ☐) **b)** (−5 | ☐) **c)** (0 | ☐) **d)** (☐ | −20) **e)** (☐ | 10)

**3** Bestimme grafisch und rechnerisch jeweils fünf Zahlenpaare, die die Gleichung lösen.

**a)** $y = 2x + 5$ **b)** $5x - 2y + 10 = 0$ **c)** $7x + y = 6x$ **d)** $3x + 3y = 3$

**4** ① $x + 2y = 2$ ② $6x - 3y = -6$ ③ $3x - 8 = 2y$ ④ $-0{,}5x - 7 = -2y$

**a)** Bestimme drei Lösungspaare der linearen Gleichung.

**b)** Zeichne die zugehörige Gerade. Bestimme m und n.

**5** Der Umfang eines Grundstücks in Form eines Parallelogramms beträgt 190 m. Benenne drei Lösungspaare (x | y) und bestimme eine Gleichung zu der Gerade, auf der die Punkte liegen.

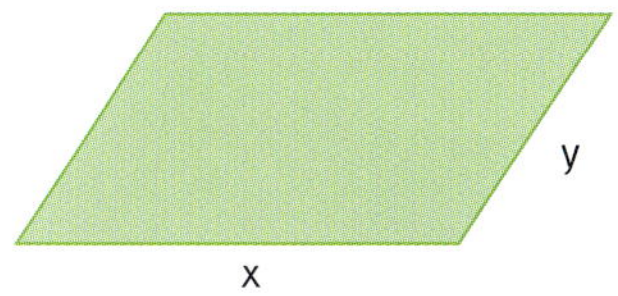


**6** Aus einer 45 cm langen und 2 cm dicken Leiste soll ein Bilderrahmen gebaut werden.

**a)** Bestimme verschiedene Seitenlängen x und y, die möglich sind.

**b)** Stelle den Sachverhalt grafisch dar.

**c)** Begründe, welche Lösungen realistisch sind.

*Skizze:*

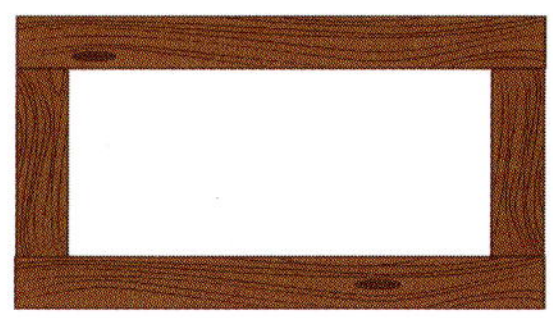

**7** Ergänze so, dass die Zahlenpaare Lösungen der Gleichung sind.

**a)** $x + y = 12$; (5 | ☐); (☐ | −2)

**b)** $2x + y = 20$; (6 | ☐); (☐ | 6)

**c)** $x - 2y = 8$; (☐ | 8); (10 | ☐)

**d)** $x - y = 13$; (5 | ☐); (☐ | − 3)

**e)** $2x + 3y = 48$; (12 | ☐); (☐ | 10)

**f)** $3y - 2x = 6$; (3 | ☐); (☐ | 6)

**g)** $4x - 3y = 0$; (3 | ☐); (☐ | 8)

**h)** $2 \cdot (x + y) = 12$; (☐ | 3); (−1 | ☐)

**8** Gegeben sind Lösungspaare einer linearen Gleichung.

| | | | | | | | |
|---|---|---|---|---|---|---|---|
| 1 | (6 \| −1) | (3 \| 0,5) | (0 \| 2) | 3 | (−2 \| 7) | (0 \| 5) | (4 \| 1) |
| 2 | (−2 \| 0,5) | $\left(3 \mid -\frac{3}{4}\right)$ | (4 \| −1) | 4 | (−5 \| 0) | (−2,5 \| 0,5) | (0,5 \| 1,2) |

**a)** Übertrage jeweils die drei Zahlenpaare in ein Koordinatensystem und bestimme die Gleichung der Gerade, auf denen die Punkte liegen.

**b)** Bestimme drei weitere mögliche Gleichungen, sodass die Lösungspaare alle auf der gezeichneten Gerade liegen. Erkläre, wie du die weitere Gleichungen erhältst.

**9** Bestimme a so, dass die Gleichung $2y = ax + 4$ durch das angegebene Zahlenpaar gelöst wird.

**a)** (1 | 4) **b)** (1 | −2) **c)** $\left(3 \mid \frac{1}{2}\right)$ **d)** (−3 | 5) **e)** (6 | 2)

In einem Gasthof gibt es Zwei- und Dreibettzimmer. Insgesamt hat der Gasthof 10 Zimmer mit 24 Betten. Zur Bestimmung der Anzahl der Zwei- und Dreibettzimmer werden lineare Gleichungen aufgestellt:

I $x + y = 10$  II $2x + 3y = 24$

- Beschreibe die Bedeutung jeder Gleichung.

Um die Anzahl der Zimmer zu bestimmen, werden die Zahlenpaare, die die Gleichungen erfüllen, grafisch dargestellt.

- Welche Gerade gehört zu welcher Gleichung? Forme jede Gleichung nach y um und begründe.
- Beschreibe, wie du mithilfe der Geraden die Aufgaben lösen kannst.

## Merkwissen

Sollen Zahlenpaare (x | y) **zwei lineare Gleichungen gleichzeitig erfüllen**, so spricht man von einem **linearen Gleichungssystem**.

Die **Lösungmenge** $\mathbb{L}$ eines linearen Gleichungssystems besteht aus den **gemeinsamen Zahlenpaaren**, die sowohl zur Lösungsmenge der ersten als auch zur Lösungsmenge der zweiten Gleichung gehören.

## Beispiele

**I** Bestimme die Lösungmenge des linearen Gleichungssystems zeichnerisch. Überprüfe deine Lösung am Ende durch eine Probe.

**a)** I $y - 2x = 0$
II $-2y = -2x - 2$

**b)** I $y - 2 = 3x$
II $1{,}5x + \frac{3}{2} = 1\frac{1}{2}y$

**Lösung:**

*Vorgehen:*
1 *Gleichungen nach y auflösen*
2 *Zugehörige Graphen zeichnen*
3 *$\mathbb{L}$ bestimmen*
4 *Probe machen*

**a)** I $y - 2x = 0$ | $+ 2x$
II $-2y = -2x - 2$ | $: (-2)$

I $y = 2x$
II $y = x + 1$

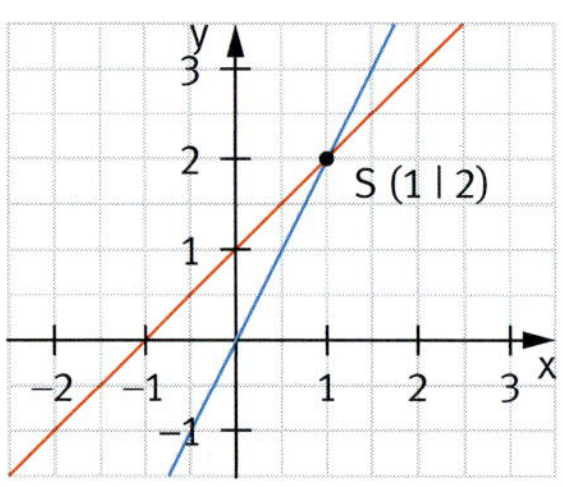


$\mathbb{L} = \{1 | 2)\}$

**b)** I $y - 2 = 3x$ | $+ 2$
II $1{,}5x + \frac{3}{2} = 1\frac{1}{2}y$ | $: \frac{3}{2}$

I $y = 3x + 2$
II $y = x + 1$

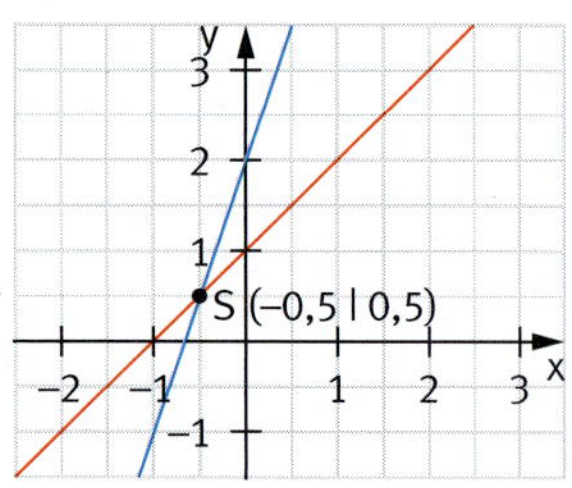


$\mathbb{L} = \{(-0{,}5 | 5)\}$

*wahr: w*
*falsch: f*

| Gleichung | x = 1; y = 2 | w/f | Gleichung | x = –0,5; y = 0,5 | w/f |
|---|---|---|---|---|---|
| $y - 2x = 0$ | $2 - 2 \cdot 1 = 0$ | w | $y - 2 = 3x$ | $0{,}5 - 2 = -1{,}5$ | w |
| $-2y = -2x - 2$ | $-4 = -2 - 2$ | w | $1{,}5x + \frac{3}{2} = 1\frac{1}{2}y$ | $-\frac{3}{4} + \frac{3}{2} = \frac{3}{4}$ | w |

**II** Bestimme zu den Graphen eine zugehörige Gleichung und gib die Lösungsmenge des zugehörigen linearen Gleichungssystems an.

a)

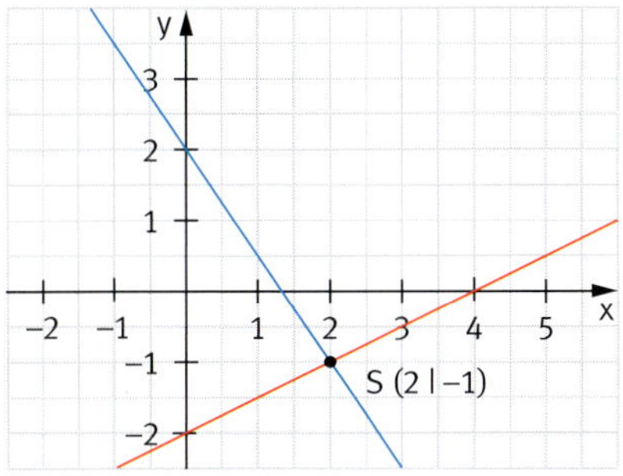


b)

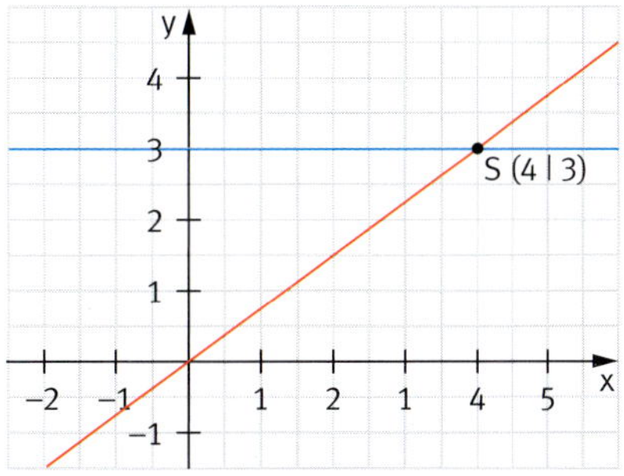


**Lösung:**

a) I $y = -1{,}5x + 2$
II $y = 0{,}5x - 2$
Schnittpunkt (2|–1), also $\mathbb{L} = \{(2|-1)\}$

b) I $y = 3$
II $y = 0{,}75x$
Schnittpunkt (4 | 3), also $\mathbb{L} = \{(4|3)\}$

*Weitere Gleichungen findest du mit Äquivalenzumformungen.*
*Beispiele zu a) I:*
*$y = -1{,}5x + 2$*
*$2y = -3x + 4$*
*$y - 5 = -1{,}5x - 3$*

## Verständnis

- Wieso ist die Probe beim grafischen Lösungsverfahren besonders wichtig?
- Wie sieht der Graph zur Gleichung $x = 3$ aus?

## Aufgaben

**1** Überprüfe durch Einsetzen, ob das Zahlenpaar zur Lösungsmenge einer Gleichung gehört oder sogar das lineare Gleichungssystem erfüllt.

| | | | | | |
|---|---|---|---|---|---|
| **a)** | I $y = x$ | II $y = -0{,}5x + 3$ | (2 \| 2) | (6 \| 6) | (8 \| 3) |
| **b)** | I $y = -x + 6$ | II $y = \frac{1}{2}x - 3$ | (6 \| 0) | (4 \| –1) | (5 \| 1) |
| **c)** | I $y = 2x + 1$ | II $y = \frac{1}{2} \cdot (2 + 4x)$ | (3 \| 7) | (–1 \| –1) | (0 \| 1) |
| **d)** | I $y = 1{,}5x + 1$ | II $y = -\frac{3}{2}x + 4$ | (–6 \| –8) | (1 \| 2,5) | (4 \| –2) |
| **e)** | I $y = 3 - x$ | II $y = -x + 2$ | (4 \| –2) | (–5 \| 7) | (3 \| 0) |
| **f)** | I $y = -2x + 9$ | II $y = 2 \cdot \left(1 - \frac{2}{3}x\right)$ | (10,5 \| –12) | (–7,5 \| 24) | (6 \| –6) |

**2** Prüfe, welches Zahlenpaar das Gleichungssystem erfüllt.

a) I $0 = 4x + 5y$
II $-5y = -20$

b) I $3x + 3y = -3$
II $-3x + 1{,}5 = 6y$

(4,5 | –3,5) (0,5 | 2,5) (4 | 5) (2 | –5) (–5 | 4)
(3 | 0) (7 | 4) (–1,5 | –3,5) (–2,5 | –1,5)

**3** Bestimme die Lösungsmenge zeichnerisch. Mache die Probe.

a) I $y = x - 3$
II $y = -x + 7$

b) I $y = 2x$
II $y = 0{,}5x + 3$

c) I $y = x - 3$
II $y = 4 + x$

d) I $y = 4x - 1$
II $y = -0{,}5x + 3{,}5$

e) I $x - y + 5 = 0$
II $x + y + 3 = 0$

f) I $3x - 5y = 5$
II $2x = 5y$

g) I $y = 2x - 1$
II $2y - 2x = 4$

h) I $x - 2y + 6 = 0$
II $x - 2 = 0$

*Lösungen zu 3:*
*(nur Lösungsmenge)*
*$\mathbb{L} = \{(-4|1)\}$; $\mathbb{L} = \{(1|3)\}$;*
*$\mathbb{L} = \{(2|4)\}$; $\mathbb{L} = \{(3|5)\}$;*
*$\mathbb{L} = \{(5|2)\}$; $\mathbb{L} = \{(5|2)\}$;*
*$\mathbb{L} = \{\}$; $\mathbb{L} = \{(2|4)\}$*

*Du kannst die Graphen auch mit einem Geometrieprogramm darstellen lassen und damit Lösungen ermitteln.*

*Lösungen zu 4:*
$\mathbb{L} = \{(-4|1)\}$; $\mathbb{L} = \{(-2{,}5|2)\}$; $\mathbb{L} = \{(-0{,}5|7)\}$; $\mathbb{L} = \{(\frac{1}{2}|-\frac{1}{4})\}$; $\mathbb{L} = \{(1|-2)\}$; $\mathbb{L} = \{(1\frac{2}{3}|0)\}$; $\mathbb{L} = \{(2|4)\}$; $\mathbb{L} = \{(3|5)\}$; $\mathbb{L} = \{(5|2)\}$

*Mögliche Gleichungen zu 5a:*
$y = 0{,}75x - 2$
$y = -0{,}5x + 0{,}75$
$y = 2x + 2{,}5$
$y = 2x - 3$

**4** Bestimme die Lösungsmenge zeichnerisch wie in Beispiel I. Löse jede Gleichung zunächst nach y auf. Vergiss die Probe nicht.

**a)** I $-4y = 7 + x$
II $2x = -10 - 6y$

**b)** I $-5y + 33 = 4x$
II $35 - 5y = 0$

**c)** I $-2{,}5 + 5y = -3x$
II $-4x = 5y$

**d)** I $x - y + 5 = 0$
II $x + y + 3 = 0$

**e)** I $3x - 5y = 5$
II $2x = 5y$

**f)** I $y = 2x - 1$
II $2y - 2x = 4$

**g)** I $x - 2y + 6 = 0$
II $x - 2 = 0$

**h)** I $2{,}4x - 3{,}2y = 4$
II $4y + 3x = 5$

**i)** I $3{,}1 + 8{,}2y = 2{,}1x$
II $4{,}2x - 2{,}9 = 3{,}2y$

**5** **a)** Bestimme zu den Graphen eine zugehörige Gleichung und gib die Lösungsmenge des zugehörigen linearen Gleichungssystems an.

1
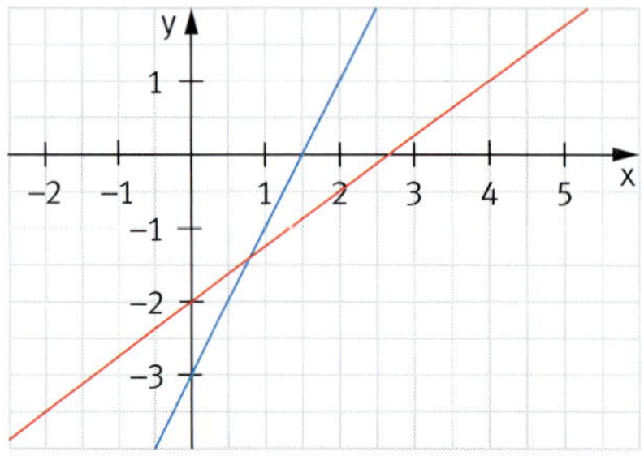


2
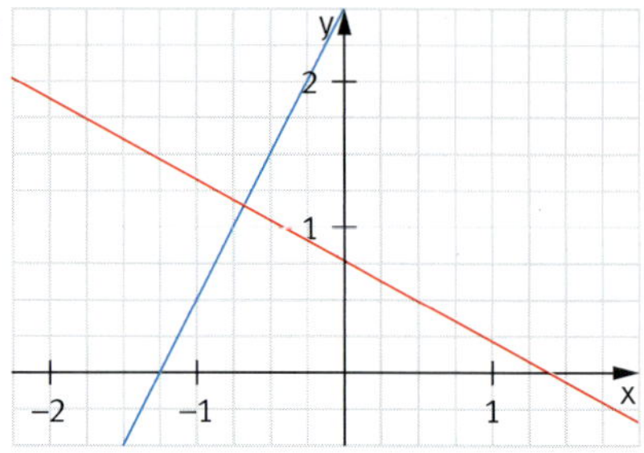


**b)** Gib mindestens zwei weitere Gleichungspaare an, die zu den Graphen aus a) passen. Wie viele Gleichungen gibt es?

**6**

1

2

**a)** Stelle zu jedem Sachverhalt jeweils zwei Gleichungen auf. Beschreibe, wofür x und y stehen.

**b)** Löse jeweils das lineare Gleichungssystem aus a).
Welche Bedeutung hat die Lösung für die dargestellte Situation?

**7** Die 72 Schüler der 9. Klassen der Goethe-Schule werden auf ihrer Klassenfahrt auf 9 Hütten einer Freizeitanlage verteilt. Es gibt 6er- und 8er-Hütten. Wie viele Hütten jeder Sorte belegen die Klassen?

**8** Stelle zwei Gleichungen auf und löse zeichnerisch.

H (9|3) E (8|−2) S (1|5) M (6|−2) L (8|4) I (6|2)

1 Gesucht werden zwei Zahlen: Ihre Summe ist 4 und ihre Differenz ist 8.

2 Gesucht werden zwei Zahlen: Ihre Differenz ist 10 und ihr Produkt ist −16. Die Zahl mit dem größeren Betrag ist positiv.

3 Gesucht werden zwei natürliche Zahlen: Die erste Zahl ist dreimal so groß wie die andere, ihre Differenz ist 6.

4 Gesucht wird eine positive zweistellige Zahl: Ihre Quersumme ist 12 und die Zehnerziffer ist doppelt so groß wie die Einerziffer.

5 Gesucht wird eine positive zweistellige Zahl: Die Zehnerziffer ist dreimal so groß wie die Einerziffer, ihre Quersumme ist 8.

6 Gesucht wird eine positive zweistellige Zahl: Die Zehnerziffer ist um 4 kleiner als die Einerziffer und ihre Quersumme ist 6.

*Die Lösungen ergeben den Teil einer Stadt in Thüringen.*

**9** a) Stelle zwei Gleichungen auf und löse zeichnerisch.

1 Anna und ihre kleine Schwester Marie sind zusammen 16 Jahre alt. Anna ist zwei Jahre älter als Marie.

2 Herr Kachel ist in 5 Jahren doppelt so alt wie sein heute 20 Jahre jüngerer Neffe Tobias. Wie alt sind die beiden heute?

b) Erfinde selbst ein Altersrätsel und lasse es von einem Nachbarn lösen. Überprüfe die Lösung.

**10** Aus einem alten Mathebuch von Adam Ries:
Zwei Händler wollen ein Pferd für 11 Gulden kaufen.
Der eine sagt zum anderen: „Wenn wir zu meinem Geld ein Drittel von deinem tun, reicht das, um das Pferd bezahlen.“
Der andere Händler antwortet: „Wenn wir zu meinem Geld ein Viertel von deinem tun, reicht das, um das Pferd bezahlen.“ Wie viel Geld hatte jeder?

**11** Bei einer Kanuwanderung auf der Unstrut starten die Boote stündlich von der Ablegestelle. Ein rotes Boot fährt mit einer Geschwindigkeit von 1,5 km/h um 8.00 Uhr los. Im Diagramm ist die Abhängigkeit der gefahrenen Strecke von der Zeit als Halbgerade dargestellt.

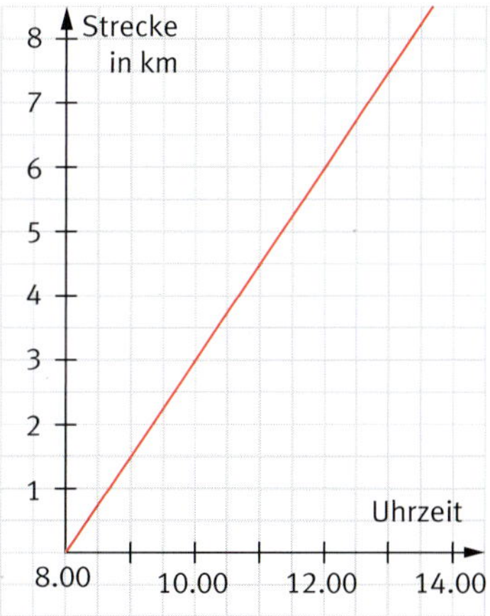

a) Welche Strecke hat das rote Boot um 10.00 Uhr zurückgelegt? Um wie viel Uhr ist das rote Boot 4,5 km von der Ablegestelle entfernt?

Ein blaues Boot fährt zwei Stunden später von der gleichen Ablegestelle mit einer durchschnittlichen Geschwindigkeit von 3 km/h ab.

b) Stellen Sie für das blaue Boot diese Abhängigkeit in demselben Diagramm dar. Übertragen Sie das Diagramm dazu in Ihr Heft.

c) Zu welcher Uhrzeit überholt das blaue Boot das rote?

1
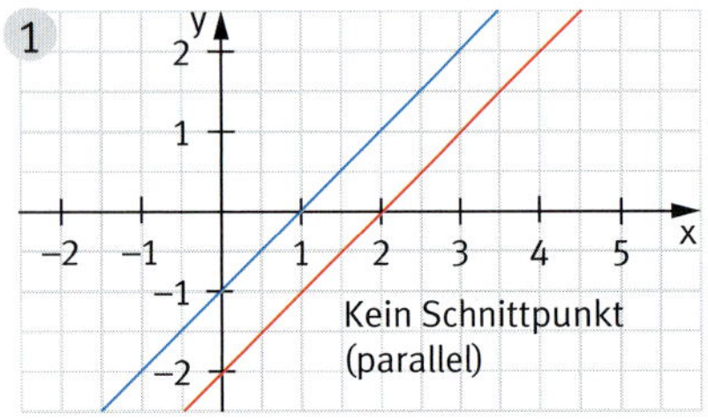


2
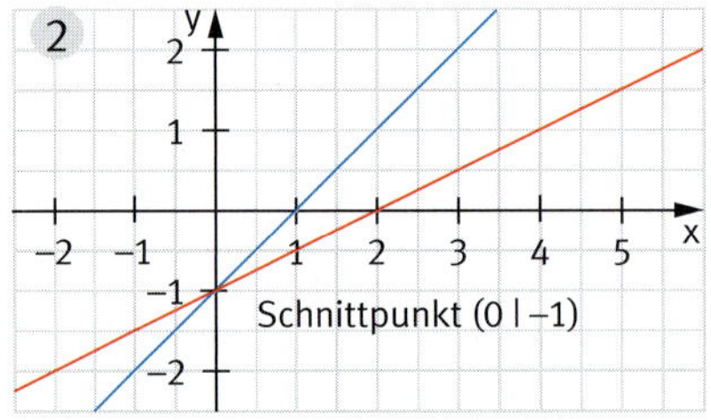


3
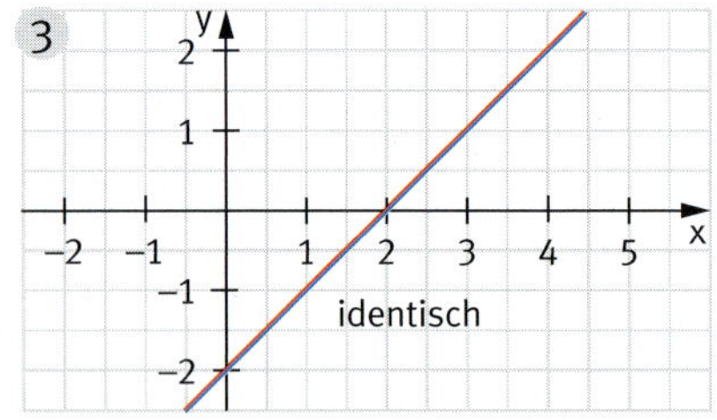


A I $-x + y = -1$
II $-x + 2y = -2$

B I $-x + y = -1$
II $-x + y = -2$

C I $-x + y = -2$
II $-2x + 2y = -4$

- Ordne die Graphen dem zugehörigen Gleichungssystem zu.
- Beschreibe die Lösungen des jeweiligen Gleichungssystems.

## Merkwissen

Zwei Geraden können auf drei verschiedene Weisen in einer Ebene liegen, somit gibt es drei Möglichkeiten der Lösung für ein lineares Gleichungssystem.

| Lage zweier Geraden in der Ebene | Lösung eines zugehörigen linearen Gleichungssystems |
|---|---|
| Die Geraden sind **parallel**. | Es gibt kein Zahlenpaar, das beide Gleichungen erfüllt. Es gibt **keine Lösung**. |
| Die Geraden **schneiden sich** in einem Punkt. | Es gibt genau ein Zahlenpaar, das beide Gleichungen erfüllt. Es gibt **eine Lösung**. |
| Die Geraden sind **identisch** (d. h. sie liegen übereinander). | Jedes Zahlenpaar, das die erste Gleichung erfüllt, ist auch Lösung der zweiten Gleichung. Es gibt **unendlich viele Lösungen**. |

## Beispiele

**I** Bestimme die Lösungsmenge. Beschreibe die Lösungen.

**a)** I $y = 0{,}5x + 1$
II $y = -x + 4$

**b)** I $y = 0{,}8x + 1{,}5$
II $y = \frac{4}{5}x$

**c)** I $y = x + 0{,}5$
II $y = 2 \cdot \left(\frac{1}{2}x + \frac{1}{4}\right)$

**Lösung:**

**a)**
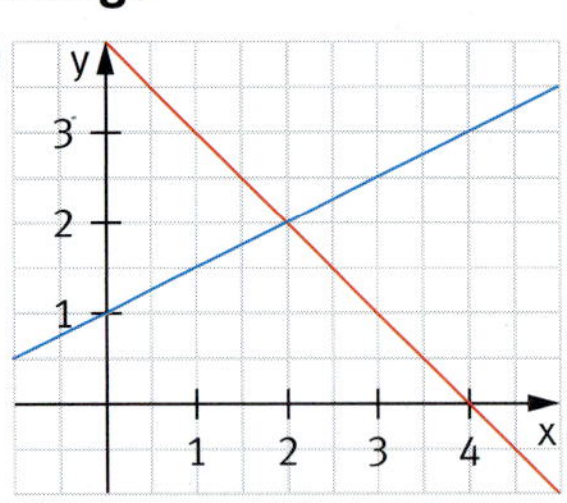

Die Geraden **schneiden sich in einem Punkt.** Das zugehörige Zahlenpaar (2 | 2) erfüllt beide Gleichungen.
$\mathbb{L} = \{(2 \mid 2)\}$

**b)**
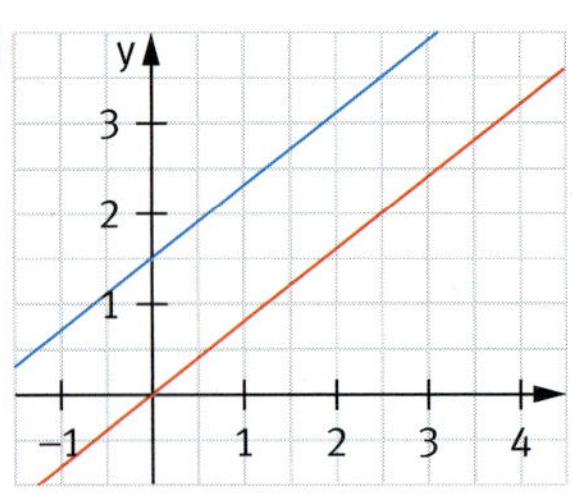

Die Geraden verlaufen **parallel zueinander.** Es gibt kein Zahlenpaar, das beide Gleichungen erfüllt.
$\mathbb{L} = \{\ \}$

**c)**
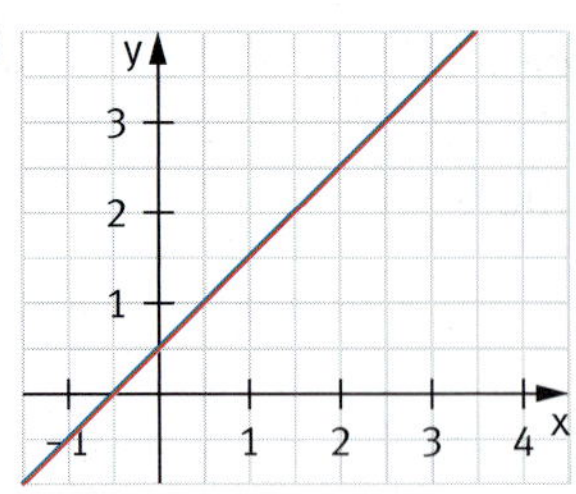

Die Geraden sind **identisch.** Jedes Zahlenpaar, das die 1. Gleichung erfüllt, erfüllt auch die 2.
$\mathbb{L} = \{(x \mid y)$ mit $y = 0{,}5x + 1{,}5\}$

*$\mathbb{L} = \{(x \mid y)$ mit $y = 0{,}5x + 1{,}5\}$ bedeutet: Alle Zahlenpaare $(x \mid y)$, die die Bedingung $y = 0{,}5x + 1{,}5$ erfüllen, gehören zur Lösungsmenge.*

## Verständnis

- Wie sehen die Gleichungen zweier Geraden aus, die parallel (identisch) zueinander sind? Erkläre anhand von y = m + n.
- Begründe, ob die Lösungsmenge eines linearen Gleichungssystems aus genau zwei Zahlenpaaren bestehen kann.

## Aufgaben

**1**

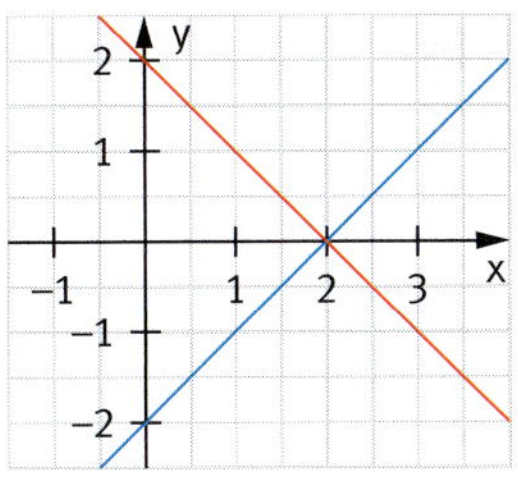

I $4x + 4y = 8$
II $2x - 2y = 4$

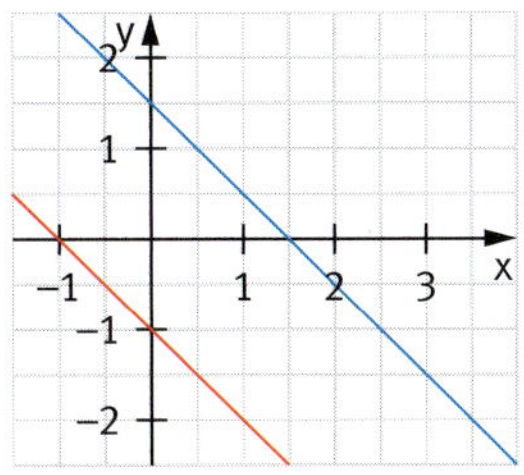

I $x + y = -1$
II $2x + 2y = 3$

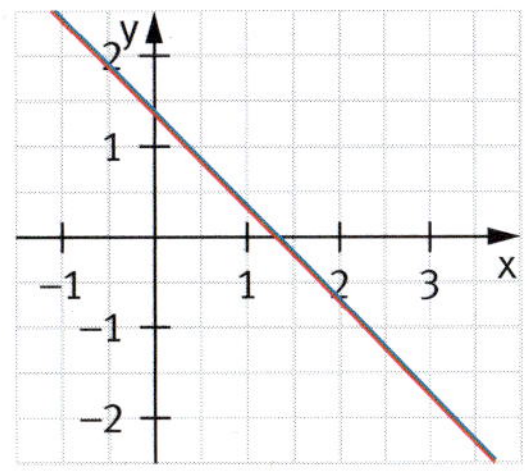

I $3x + 3y = 4$
II $x + y = 1\frac{1}{3}$

**a)** Was kannst du zur Lösungsmenge des jeweiligen Gleichungssystems sagen?

**b)** Löse die Gleichungen nach y auf. Wie kannst du daran erkennen, wie viele Lösungen das Gleichungssystem hat? Notiere einen Merksatz und begründe ihn.

**2** Saskia und Roman wohnen im gleichen Haus und laufen täglich 30 Minuten zur Schule.

**a)** Ermitteln Sie aus dem Diagramm die Länge des Schulwegs.

Roman hat verschlafen und fährt 20 Minuten später mit dem Fahrrad zur Schule. Saskia und Roman kommen zur gleichen Zeit in der Schule an.

**b)** Stellen Sie für Roman den Weg mit dem Fahrrad in Abhängigkeit von der Zeit in demselben Diagramm dar. Übertragen Sie dazu das Diagramm.

**c)** Mit welchen Geschwindigkeiten in Kilometer pro Stunde legen Sabine zu Fuß und Robert mit dem Fahrrad den Schulweg zurück?

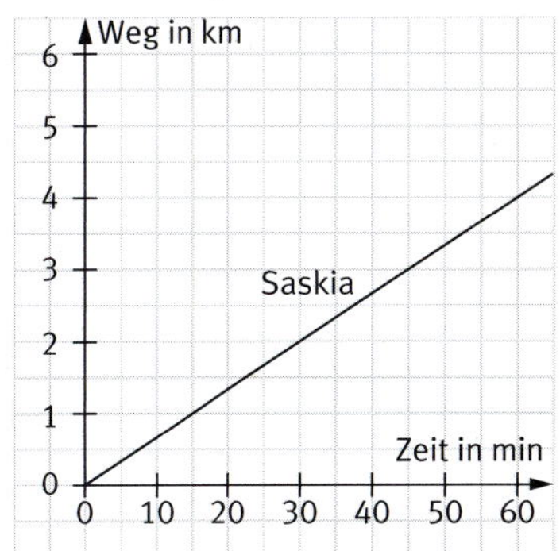


**3** Bestimme die Anzahl der Lösungen des linearen Gleichungssystems.

**a)** I $x - y = 4$
II $2x - 2y = 8$

**b)** I $4y = -10 - 4x$
II $0 = 4 - 6y - 8x$

**c)** I $x + 0{,}5y = 3{,}5$
II $3x + 1{,}5y = 10$

**d)** I $6x - 4y + 6 = 0$
II $4x + 2y - 3 = 0$

**e)** I $-x + 8y = 12$
II $6y - 3x = 4$

**f)** I $5y - 3x + 5 = 0$
II $-\frac{3}{5}x + y = 2$

**4** Übertrage in dein Heft und vervollständige die Lücke so, dass ...

*Wie viele Möglichkeiten findest du jeweils?*

**a)** die Lösungsmenge leer ist.

1 I $y = 5x + 7$
II $y = 5x + \square$

2 I $y = 3x - 2$
II $y = \square x - 4$

3 I $y = -4x + 5$
II $\square y = 2x - 1$

4 I $y = -\frac{2}{3}x - 5$
II $y = \square$

**b)** es unendlich viele Lösungen gibt.

1 I $y = -3x + 2$
II $y = -3x + \square$

2 I $y = x - 5$
II $y = \square x - 5$

3 I $2y = -6x - 2$
II $y = -3x + \square$

4 I $y = -\frac{5}{6}x + \frac{3}{2}$
II $3y = \square$

**c)** die Lösungsmenge aus genau einem Zahlenpaar besteht.

1 I $y = \frac{1}{5}x - 4$
II $y = \square x - 4$

2 I $y = 2x - 1$
II $y = \square x - 5$

3 I $y = -\frac{1}{4}x$
II $4y = \square x + \square$

4 I $y = 2{,}5x - 4$
II $2y = \square$

1 I $-3x + 14y = -1$
II $5x + y = 4$

2 I $2x = y + 27$
II $0{,}5x + y = 68$

- Löse das lineare Gleichungssystems zeichnerisch. Welche Probleme ergeben sich?
- Welche Vor- und Nachteile kann das zeichnerische Lösen eines linearen Gleichungssystems haben? Diskutiere mit einem Partner.

## Merkwissen

Es gibt verschiedene Verfahren, um ein lineares Gleichungssystem zu lösen.

**Einsetzungsverfahren**
Löst man eine der Gleichungen nach einer Variable (z. B. y) auf, dann kann man den erhaltenen Term für die Variable in die andere Gleichung einsetzen.

**Beispiel:**
I $-x - 2y = 3$
II $y = 2x$

einsetzen

$-x - 2 \cdot (2x) = 3$

Es folgt: $x = -\frac{3}{5}$

Einsetzen in II: $y = 2 \cdot \left(-\frac{3}{5}\right) = -1\frac{1}{5}$

**Gleichsetzungsverfahren**
Löst man beide Gleichungen nach einer Variable (z. B. y) auf oder liegen die Gleichungen schon in dieser Form vor, dann kann man die Terme gleichsetzen.

**Beispiel:**
I $y = 2x - 1$
II $y = -x + 5$
gleichsetzen
$2x - 1 = -x + 5$

Es folgt: $x = 2$

Einsetzen in I: $y = 2 \cdot 2 - 1 = 3$

*Das Lösungsprinzip für lineare Gleichungssysteme besteht darin, aus zwei Gleichungen mit zwei Variablen eine Gleichung mit einer Variablen zu erhalten. Man sagt, eine Variable wird* ***eliminiert****.*

## Beispiele

**I** Löse das Gleichungssystem I $-y = x + 2$ mit dem …
II $x + 2y = 4$

**a)** Einsetzungsverfahren. **b)** Gleichsetzungsverfahren.

*Vorgehen:*

*1 Gleichungen nach einer Variable auflösen*

*2* ***Einsetzen*** *bzw.* ***Gleichsetzen*** *der Gleichungen; Lösen der Gleichung*

*3 Einsetzen des Wertes einer Variable in eine ursprüngliche Gleichung und auflösen nach der anderen Variable*

*Mit der Probe überprüfst du die Lösung.*

**Lösungsmöglichkeit:**

**a)** 1 I $y = -x - 2$
II $x + 2y = 4$

2 I einsetzen in II:
$x + 2 \cdot (-x - 2) = 4$ | vereinfachen
$-x - 4 = 4$ | $+ 4$
$-x = 8$ | $\cdot (-1)$
$x = -8$

3 einsetzen in I:
$y = -(-8) - 2$
$y = 6$
$\mathbb{L} = \{(-8 \mid 6)\}$

Probe: $-(-8) - 2 = 6$ wahr
$-8 + 2 \cdot 6 = 4$ wahr

**b)** 1 I $x = -y - 2$
II $x = -2y + 4$

2 I und II gleichsetzen:
$-y - 2 = -2y + 4$ | $+ 2y + 2$
$y = 6$

3 einsetzen in I:
$x = -6 - 2$
$x = -8$
$\mathbb{L} = \{(-8 \mid 6)\}$

Probe: $-8 = -6 - 2$ wahr
$-8 = -2 \cdot 6 + 4$ wahr

## Verständnis

- Begründe, dass das Gleichsetzungsverfahren ein Sonderfall des Einsetzungsverfahrens ist.
- Erkläre, wieso das Gleichsetzungs- und das Einsetzungsverfahren die Lösungsmenge eines linearen Gleichungssystems nicht verändert.

## Aufgaben

**1** Löse nach dem Einsetzungsverfahren.

**a)** I $2x + 5y = 4$
II $y = 2x + 8$

**b)** I $3x + y = 15$
II $y = 5x - 11$

**c)** I $x - y = 5$
II $x = 2y - 4$

**d)** I $-2x + 4y = -28 - 4y$
II $2x - 4y = 32$

**e)** I $-15x = -8y$
II $-10 = -4y + 5x$

**f)** I $-4y = -7x - 5{,}5$
II $0 = 4y - 8x$

**g)** I $3x - 8y = -6{,}5$
II $3x - 4y = 9{,}5$

**h)** I $5 = 3x - 2y$
II $-7y + 9x = -2$

**i)** I $-3y = -22{,}5 + 3x$
II $6x = -3y - 7{,}5$

*Überlege zuerst, ob es günstiger ist, das Verfahren mit y oder mit x durchzuführen.*

**2** Löse nach dem Gleichsetzungsverfahren.

**a)** I $y = 2x - 4$
II $3y = -2x + 12$

**b)** I $x - y = 65$
II $y = -x + 107$

**c)** I $6x + 2y = -10$
II $x + 2y = 5$

**d)** I $18{,}5 = x + 6$
II $11{,}5 + x - 2y = 0$

**e)** I $22x = -5y + 3{,}5$
II $-0{,}5 = 24x + 5y$

**f)** I $0 = -7 - y - 4x$
II $3y - 8x - 4y = -3$

**g)** I $-11 + x = 0$
II $12 - 4y + 2x = 0$

**h)** I $-3x = -0{,}5 - 8y$
II $12 = -4y - 10$

**i)** I $-8x = 4 - 2y$
II $13x = 2y + 3x$

*Lösungen zu 2:*
*$\mathbb{L} = \{(-14{,}5 \mid -5{,}5)\}$;*
*$\mathbb{L} = \{(-3 \mid 4)\}$;*
*$\mathbb{L} = \{(-2 \mid 9{,}5)\}$;*
*$\mathbb{L} = \{(2 \mid 10)\}$;*
*$\mathbb{L} = \{(2{,}5 \mid -17)\}$;*
*$\mathbb{L} = \{(3 \mid 2)\}$;*
*$\mathbb{L} = \{(11 \mid 8{,}5)\}$;*
*$\mathbb{L} = \{(12{,}5 \mid 12)\}$;*
*$\mathbb{L} = \{(86 \mid 21)\}$*

**3** Sofie und Jenny lösen dasselbe Gleichungssystem.

*Sofie*
I $4x + 2y = 5$
II $10x + 4y = 6$

I $2y = -4x + 5$
II $2y = -5x + 3$

$-4x + 5 = -5x + 3$

*Jenny*
I $4x + 2y = 5$
II $10x + 4y = 6$

I $y = -2x + \frac{5}{2}$
II $y = -\frac{5}{2}x + \frac{3}{2}$

$-2x + \frac{5}{2} = -\frac{5}{2}x + \frac{3}{2}$

**a)** Vervollständige die Lösungswege in deinem Heft.

**b)** Vergleiche die Rechenwege. Welches Vorgehen findest du geschickter? Diskutiere mit einem Partner.

**c)** Löse das lineare Gleichungssystem möglichst geschickt.

① I $-3x + 2y = 2$
II $18x + 6y = 15$

② I $5x + 4y = 16$
II $x + 7y = 22$

③ I $2x + 2y = 10$
II $2x + 16y = 38$

**4** Löse das lineare Gleichungssystem mit einem beliebigen Lösungsverfahren.

**a)** I $-4x = 36 + 2y$
II $0 = -2y + 36$

**b)** I $7{,}5 = 5a$
II $-5b + 50a = -12{,}5$

**c)** I $-4 = -4r + 4s$
II $-17{,}5 = -s$

**d)** I $13 = -3p - 10q$
II $3p = 22 - 5q$

**e)** I $0 = -6 - 15e - 12f$
II $-4f = -12 + 6e$

**f)** I $-5a = 5x$
II $5x - 50 = 0$

**g)** I $2 = -5l + 2m$
II $-2m = -4l + 4$

**h)** I $2w = v - 5{,}5$
II $5{,}5 + v = 4w$

**i)** I $3e + 5f = 121$
II $81e + 175f = 3240$

*Es können auch andere Variablen als x und y verwendet werden. Die Lösungsmenge gibt man dann in alphabetischer Reihenfolge an.*

*Vergleiche die Lösungsmengen mit denen aus Kapitel 4.4.*

**5** Löse das lineare Gleichungssystem. Was fällt dir auf?

**a)** I $3x - 2y = 8$
II $2y = 3x + 5$

**b)** I $2x + 5y = 12$
II $y = -\frac{2}{5}x + 2\frac{2}{5}$

**c)** I $y = 3x + 2{,}5$
II $6x - 5 = 2y$

**6** Löse das lineare Gleichungssystem mit einem Verfahren deiner Wahl.

**a)** I $2x - 3y + 3 = 0$
II $2x = 3$

**b)** I $3x - 3y = -7$
II $3x = 11$

**c)** I $2x + 6y + 4 = 0$
II $y = -\frac{1}{3}x - \frac{2}{3}$

**d)** I $x + 4y = 4$
II $y = -\frac{1}{4}x + 1$

**e)** I $\frac{1}{3}x + \frac{1}{2}y = \frac{2}{3}$
II $3x - 5y = 25$

**f)** I $2x - 5y = -9$
II $2x + 7y = 1$

**7** Familie Subasi geht am Familientag in einen Freizeitpark. Zwei Erwachsene und drei Kinder müssen zusammen 32,50 € zahlen. Famile Schmitz zahlt mit drei Erwachsenen und fünf Kindern 51,50 €. Berechne den Gesamtpreis, den Herr Koschik bezahlen muss, wenn er mit zwei Kindern den Park besucht.

*Beseitige zuerst die Brüche durch Multiplikation mit einem gemeinsamen Nenner.*

*Lösungen zu 8:*
*$\mathbb{L} = \{(-11|1)\}$;*
*$\mathbb{L} = \{(-14{,}5|-2)\}$;*
*$\mathbb{L} = \{(10|-3{,}5)\}$*

**8** Löse das folgende lineare Gleichungssystem mit einem beliebigen rechnerischen Lösungsverfahren.

**a)** I $-\frac{3}{2}y - \frac{1}{2}x = \frac{1}{4}$
II $0 = y + \frac{7}{2}$

**b)** I $0 = -\frac{1}{4} + \frac{3}{2}x - 11y$
II $21y - 3x = \frac{3}{2}$

**c)** I $-\frac{1}{5} = \frac{1}{5}x + 2y$
II $-\frac{3}{2} = 4y + \frac{1}{2}x$

**9** Du hast verschiedene rechnerische Verfahren zur Lösung linearer Gleichungssysteme kennengelernt (beachte auch den grauen Kasten auf der Folgeseite).

| 1 | 2 | 3 |
|---|---|---|
| I $y = 2x + 5$<br>II $y = -x + 3$ | I $y = 4 - x$<br>II $2x - y = 8$ | I $6x - 3y = 5$<br>II $2x + 3y = 9$ |

**a)** Begründe, welches Verfahren für welches der obigen Beispiele am geeignetsten erscheint.

**b)** Löse das lineare Gleichungssystem mit dem gewählten Verfahren.

*Lösungen zu 10:*
*$\mathbb{L} = \{(-19|-5)\}$;*
*$\mathbb{L} = \{(-17|-17)\}$;*
*$\mathbb{L} = \left\{\left(-12\frac{1}{2}|-19\frac{7}{8}\right)\right\}$;*
*$\mathbb{L} = \{(-5|0{,}5)\}$;*
*$\mathbb{L} = \{(-4|-11)\}$;*
*$\mathbb{L} = \{(-3|11{,}5)\}$;*
*$\mathbb{L} = \{4|-1\}$; $\mathbb{L} = \{(11|-2)\}$;*
*$\mathbb{L} = \{(13|-3)\}$;*
*$\mathbb{L} = \{(18|-12)\}$;*
*$\mathbb{L} = \{(23|-17)\}$;*
*$\mathbb{L} = \left\{\left(58\frac{11}{13}|6\frac{9}{13}\right)\right\}$*

**10** Löse die folgenden linearen Gleichungssysteme mit einem beliebigen rechnerischen Lösungsverfahren.

**a)** I $4x + 5y = 7$
II $3y - 4x = 17$

**b)** I $2x + 5y - 3 = 0$
II $3x + 8y = 4$

**c)** I $2x - 2y = x - 6$
II $3 \cdot (x + 3) = 4 \cdot (y - 2)$

**d)** I $7x + 32y = 13$
II $9x + 8y = 83$

**e)** I $-x + 7y = -12$
II $2x - y = 111$

**f)** I $3 \cdot (y - 4) = -(x + 8)$
II $x + 1 + 2y - 8 = 0$

**g)** I $12{,}5 + 2y = -x + 2y$
II $3 \cdot (1{,}5 - 2x) = -4y$

**h)** I $-6 \cdot (y - 3) = 5x$
II $5 \cdot (3y + 2x) = 0$

**i)** I $-34 = (-4) \cdot (y + x)$
II $(y + 0{,}5x) \cdot 4 = 40$

**j)** I $9y - 50 = 5x$
II $10y = (9 + x) \cdot 5$

**k)** I $2 \cdot (x + 4) = 0$
II $3y = 4x + 5 + 2y$

**l)** I $0 = 20 \cdot (y - x)$
II $-5x = 17 - 4y$

**11** Stelle zunächst ein lineares Gleichungssystem auf. Wie lauten die Zahlen?

**a)** Die doppelte Summe zweier Zahlen ergibt 24, deren dreifache Differenz –6.

**b)** Eine Zahl ist um 8 größer als eine andere und um 10 kleiner als deren Dreifaches.

**c)** Eine zweistellige Zahl ist 2,5-mal so groß wie ihre Quersumme. Vertauscht man die Ziffern der Zahl, ergibt sich eine neue Zahl, die um 6 größer ist als das Dreifache der ursprünglichen Zahl.

**12** Hier stimmt doch was nicht.

①
I $4y + 11x + 45 = 0 \quad | -4y$
II $-10x - 4y - 46 = 0$

I $11x + 45 = -4y$
II $-10x - 4y - 46 = 0$

*I einsetzen in II:*
$-10x - (11x + 45) - 46 = 0$
$-10x - 11x - 45 - 46 = 0$
$-21x - 91 = 0 \quad | +91$
$-21x = 91 \quad | :(-21)$
$x = 4\frac{1}{3}$
...

②
I $12y = 8x + 4$
II $-4y = 10 - 4x \quad | \cdot (-3)$

I $12y = 8x + 4$
II $12y = 30 - 12x$

*I und II gleichsetzen:*
$8x + 4 = 30 - 12x \quad | +12x$
$20x + 4 = 30 \quad | -4$
$20x = 26 \quad | :20$
$x = 1,3$
...

**a)** Korrigiere jeweils den Fehler und vervollständige die Lösung.
**b)** Welchen Tipp kannst du geben, um den Fehler zu vermeiden?

**Wissen**

**Additionsverfahren**

Das Ziel, aus zwei Gleichungen mit zwei Variablen eine Gleichung mit einer Variablen zu erhalten, lässt sich auch durch die Addition beider Gleichungen erreichen, wenn vor einer Variable betragsgleiche Koeffizienten stehen, die ein unterschiedliches Vorzeichen haben. Man spricht vom **Additionsverfahren**.

**Beispiele:**

①
I $2x - 2y = -5$
II $4x + 2y = -7$
I + II $6x = -12 \quad | :6$
$\Leftrightarrow x = -2$

Einsetzen in I:
$2 \cdot (-2) - 2y = -5$
$\Leftrightarrow y = \frac{1}{2}$
$\mathbb{L} = \left\{\left(-2 \mid \frac{1}{2}\right)\right\}$

Probe: $2 \cdot (-2) - 2 \cdot \frac{1}{2} = -5$ wahr
$4 \cdot (-2) + 2 \cdot \frac{1}{2} = -7$ wahr

②
I $6x - 5y = 9 \quad | \cdot 2$
II $4x - 7y = -5 \quad | \cdot (-3)$
I $12x - 10y = 18$
II $-12x + 21y = 15$
I + II $11y = 33 \quad | :11$
$\Leftrightarrow y = 3$

Einsetzen in I:
$6x - 5 \cdot 3 = 9$
$\Leftrightarrow x = 4$
$\mathbb{L} = \{(4 \mid 3)\}$

Probe: $6 \cdot 4 - 5 \cdot 3 = 9$ wahr
$4 \cdot 4 - 7 \cdot 3 = -5$ wahr

Mithilfe von Äquivalenzumformungen lassen sich die Koeffizienten zu einer Variablen in beiden Gleichungen auf die gewünschte Form bringen.

- Löse mit dem Additionsverfahren.

**a)** I $x + 5y = -14,5$
II $-x - y = 2,5$

**b)** I $2x + y = 10,3$
II $3x - y = 1,2$

**c)** I $8x - 5y - 3 = 0$
II $5 \cdot (y - 3x) = -10$

**d)** I $3x - 5y = 14$
II $x + y = 10$

*Kurs I: Probiere das Gleichungssystem zeichnerisch zu lösen.*

**1** Auch zahlreiche Alltagsaufgaben kann man mithilfe linearer Gleichungssysteme lösen.

**Beispiel:**
Laurenz ist in den Ferien auf einem Bauernhof. Dort zählt er die Hühner und Kühe und sagt seinem Vater Folgendes: „Zusammen sind es 23 Tiere. Insgesamt haben sie 62 Beine." Wie viele Hühner und Kühe sind auf dem Hof?

**Lösungsmöglichkeit:**

| | |
|---|---|
| Variablen zuordnen: | Anzahl Kühe: x; Anzahl Hühner: y |
| Gleichung aufstellen zur 1. Bedingung: Zusammen sind es 23 Tiere. | $x + y = 23$ |
| Gleichung aufstellen zur 2. Bedingung: Insgesamt haben sie 62 Beine. | $4x + 2y = 62$ |
| Lineares Gleichungssystem mit einem Verfahren lösen | I $x + y = 23$ \| $-x$<br>II $4x + 2y = 62$<br>I $y = -x + 23$<br>II $4x + 2y = 62$<br><br>I einsetzen in II:<br>$4x + 2 \cdot (-x + 23) = 62$<br>$4x - 2x + 46 = 62$ \| $-46$<br>$2x = 16$ \| $:2$<br>$x = 8$<br><br>einsetzen in II:<br>$y = -8 + 23 = 15$<br><br>Probe:<br>$8 + 15 = 23$ wahr<br>$32 + 30 = 62$ wahr<br><br>$\mathbb{L} = \{(8 \mid 15)\}$ |
| Lösung auf Ausgangssituation beziehen | Es sind 8 Kühe und 15 Hühner. |

a) Erkläre einem Partner mit eigenen Worten das obige Vorgehen.

b) Löse ebenso: Andreas und Malte zählen auf einem Autobahnrastplatz 60 Fahrzeuge mit insgesamt 414 Rädern. Dabei haben Pkw 4 Räder und Lkw 10 Räder. Wie viele Fahrzeuge jeder Sorte standen auf dem Rastplatz?

**2** Die 31 Kinder der Klasse 9c essen am Projekttag in der Schulcafeteria ihr Mittagessen. Das vegetarische Menü kostet 3,50 €, das Menü mit Fleisch kostet 3,60 €. Insgesamt zahlen sie 110,30 €.

**3** 188 Eier werden in 24 Eierkartons verpackt. Wie viele Kartons von jeder abgebildeten Art hat man verwendet?

4 In einem Hotel gibt es nur Einzel- und Doppelzimmer. Wie viele Einzel- und wie viele Doppelzimmer hat das Hotel?

*Ruhige Lage, 116 Zimmer, 192 Betten Übernachtung ab 49 €*

5 In einem Hotel mit 98 Betten stehen zusammen 60 Einzel- und Doppelzimmer zur Verfügung.

**a)** Stelle ein lineares Gleichungssystem für den Sachverhalt auf.

**b)** Löse das Gleichungssystem mithilfe einer Zeichnung (1 cm ≙ 10 Zimmer). Bestätige dein Ergebnis durch eine Rechnung.

6 **a)** Sven ist zurzeit viermal so alt wie sein Bruder Paul. Vor drei Jahren war Sven siebenmal so alt wie Paul. Wie alt sind Sven und Paul heute?

1 Erkläre und vervollständige den folgenden Ansatz:

| | heute | vor 3 Jahren |
|---|---|---|
| Alter von Sven in Jahren: | $x$ | $x - 3$ |
| Alter von Paul in Jahren: | $y$ | $y - 3$ |
| | I $x = 4y$ | II $x - 3 = \square$ |

**b)** Berechne ebenso: Wie alt sind die Personen heute?

1 Marcos Onkel ist heute dreimal so alt wie Marco. Vor fünf Jahren war er viermal so alt wie Marco.

2 Majas Mutter ist in zwei Jahren doppelt so alt wie Maja. Vor acht Jahren war sie noch dreimal so alt wie ihre Tochter.

3 Herr Müller ist dreimal so alt wie seine Nichte Nicole. Zusammen sind sie 64 Jahre alt.

7 Ein Lkw einer Spedition fährt seine Ladung mit einer Geschwindigkeit von 80 km/h über 230 km zu seinem Kunden. Eine halbe Stunde nach der Abfahrt bemerkt der Juniorchef, dass ein wichtiger Artikel fehlt und fährt ihn mit seinem Sportwagen mit einer Geschwindigkeit von 120 km/h hinterher. Trifft der Juniorchef den Fahrer noch vor dem Ziel? Begründe.

8 Bei der Stichwahl für das Amt der Bürgermeisterin siegt Frau Schwab mit einer Mehrheit von 1236 Stimmen gegenüber Frau Beyer. Das Stimmenverhältnis der gültigen Stimmen war 5 : 4.
Wie viele Stimmen hatte jede der beiden Kandidatinnen?

9 Bei einem Fußballturnier haben Hansi und Thomas zusammen 13 Tore geschossen. Hätte Hansi 2 Tore weniger und Thomas 3 Tore mehr geschossen, hätten beide gleich viele Tore geschossen. Wie viele Tore hat jeder erzielt?

**10** Für die Bauplanung eines Hauses werden zwei Heizungsanlagen miteinander verglichen.

| Heizungsanlage mit ... | Baukosten | Betriebskosten pro Jahr |
|---|---|---|
| Wärmepumpe | 16 000 € | 500 € |
| Öl | 12 000 € | 1500 € |

**a)** Berechnen Sie die Gesamtkosten der Heizungsanlage mit Wärmepumpe nach fünf Jahren.

**b)** Stellen Sie die Gesamtkosten der beiden Heizungsanlagen für mindestens fünf Jahre grafisch dar.

**c)** Nach wie viel Jahren sind die Gesamtkosten beider Anlagen gleich?

**d)** Welche Aussage ist wahr? Begründen Sie Ihre Antwort.

1. Die Heizungsanlage mit Öl hat höhere Baukosten als die mit Wärmepumpe.
2. Nach drei Jahren Nutzung sind die Gesamtkosten der Heizung mit Wärmepumpe günstiger.
3. Nach sechs Jahren Nutzung spart man durch die Heizung mit Wärmepumpe 2000 € ein.

**11** Lea und Steffi planen zusammen ihren Urlaub. Sie vergleichen die Kosten für eine Ferienwohnung und ein Doppelzimmer.

| | Kosten pro Tag | Kosten für Endreinigung und Energie |
|---|---|---|
| Ferienwohnung | 40,00 € | 100,00 € |
| Doppelzimmer | 60,00 € | 0,00 € |

In der grafischen Darstellung sind die Kosten in Abhängigkeit von der Anzahl der Urlaubstage für das Doppelzimmer dargestellt.

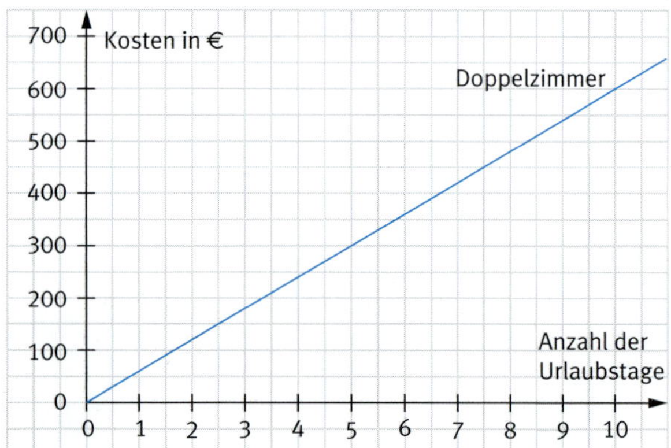


**a)** Ermittle die jeweiligen Kosten für die Ferienwohnung und das Doppelzimmer bei einem Aufenthalt von 3 bzw. 8 Tagen.

**b)** Übertrage das Koordinatensystem in dein Heft und stelle für die Ferienwohnung diese Abhängigkeit in demselben Koordinatensystem dar.

**c)** Ermittle, bei welcher Anzahl der Urlaubstage die Kosten gleich sind.

**12 a)** Heino und Malte zählen auf einem Autobahnrastplatz PKWs mit 4 Rädern und LKWs mit 10 Rädern, insgesamt 60 Fahrzeuge mit 414 Rädern. Nach einiger Zeit zählt Heino wieder und stellt fest: 428 Räder und 63 Autos. Nach kurzem Überlegen sagt Malte: „Da hast du dich aber ganz schön verzählt."

**b)** Beim Fußballturnier haben Stefan und Martin zusammen 13 Tore geschossen. Hätte Stefan 2 Tore weniger und Martin 3 Tore mehr geschossen, wären sie in der Treffertabelle torgleich. Wie viele Tore hat jeder erzielt?

**13** Zwei Bratwürste und drei Portionen Pommes kosten 11,60 €, vier Bratwürste und sechs Portionen Pommes kosten 23,20 €.

a) Begründe, wieso man mit den obigen Angaben den Preis für eine Bratwurst bzw. eine Portion Pommes nicht eindeutig berechnen kann.

b) Verändere eine Angabe so, dass die Aufgabe eindeutig lösbar ist und stelle sie deinem Nachbarn. Überprüfe sein Ergebnis.

**14** Schüttet man 1 l kaltes Wasser in einen Eimer mit 2 l heißem, erhält man 3 l Wasser mit einer Temperatur von 50 °C. Ein Eimer mit 2 l kaltem und 1 l heißem Wasser hat noch eine Temperatur von 40 °C. Wie warm ist welches Wasser?

**Wissen**

**Rund um gleichschenklige Dreiecke**

- In einem gleichschenkligen Dreieck ist der Winkel $\beta$ um 24° kleiner als ein Basiswinkel. Wie groß sind die drei Winkel?
- Bei einem gleichschenkligen Dreieck sind die Schenkel um 3,2 cm länger als die Basis. Der Umfang des Dreiecks beträgt 24,4 cm. Wie lang sind Basis und Schenkel?
- Ein gleichschenkliges Dreieck mit der Basis c = 4,8 cm lässt sich durch Zerteilen und Zusammensetzen in ein flächeninhaltsgleiches Rechteck mit dem Umfang 14,8 cm umwandeln. Wie lang ist die Höhe des Dreiecks?
- Ein Draht von 50 cm Länge soll zu einem gleichschenkligen Dreieck gebogen werden, dessen Basis 2 cm länger (2 cm kürzer) ist als ein Schenkel. Bestimme die Seitenlängen des Dreiecks.

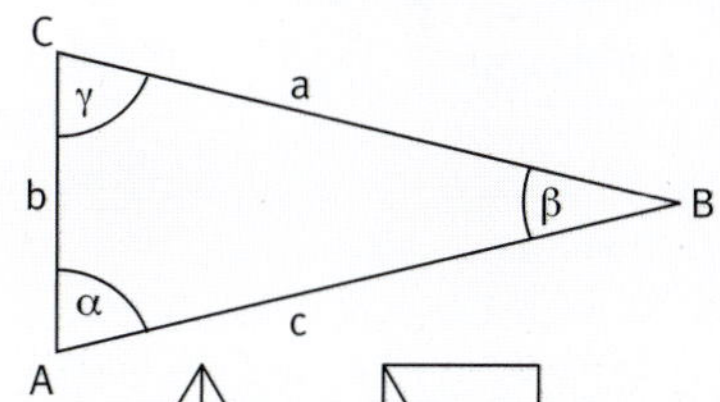


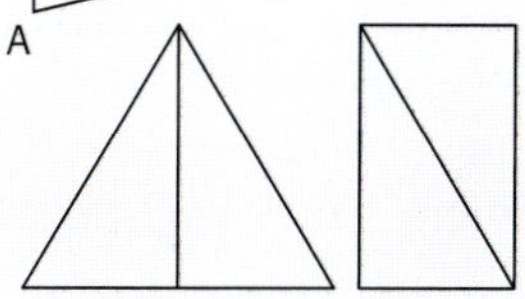

**Rund um Vierecke**

- Verkürzt man die längere Seite eines Rechtecks um 2 cm und verlängert die andere um 1 cm, dann nimmt der Flächeninhalt um 2 cm² ab. Wird jedoch beim ursprünglichen Rechteck die längere Seite um 3 cm gekürzt und die andere Seite um 3 cm verlängert, dann nimmt der Flächeninhalt um 3 cm² zu.
- Die Seite a eines Trapezes ist 2,4 cm länger als die Seite c. Die Höhe beträgt 4,5 cm. Es gilt: A = 36 cm². Wie lang sind a und c?

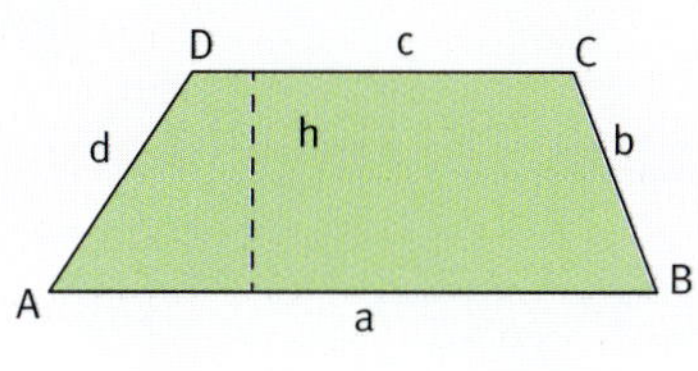


**Rund um Quader**

- Die Klasse 9a soll aus 80 cm langen Drahtstücken Kantenmodelle von Quadern mit quadratischer Grundfläche basteln. Die Körperhöhe soll dabei doppelt so lang sein wie die Kantenlänge der Grundfläche.
- Aus einem Draht der Länge 112 cm soll das Kantenmodell eines Quaders mit quadratischer Grundfläche gebaut werden. Dabei ist die Quadratseite um 4 cm kürzer als die Höhe des Quaders. Welche Kantenlänge hat der Quader?

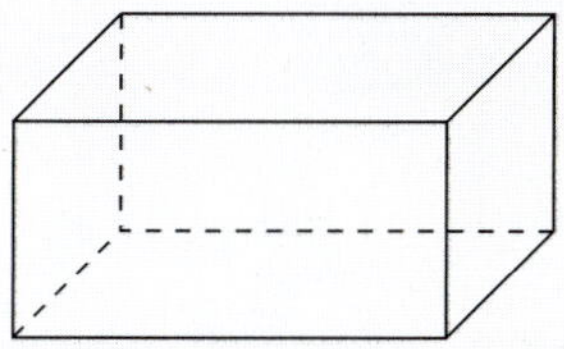

**1** Löse die Gleichungen ($\mathbb{D} = \mathbb{Q}$).

**a)** $4x - 8 = -3x + 6$ **b)** $221{,}5 - 2{,}5x = 4$ **c)** $(-2) \cdot (0{,}25 + 3x) - x = 17{,}5$

**2** Bestimme die Definitionsmenge im Bereich der rationalen Zahlen.
Wie lautet die Lösungsmenge?

**a)** $\frac{1{,}5 \cdot (1 - 2r) - (r - 1)}{3} = (-1) \cdot (r + 1)$ **b)** $\frac{2 \cdot (s^2 - 2)}{4s - 3} = 0{,}5s + 1$

**c)** $\frac{4 \cdot (1{,}5 - 2y) - 1{,}5y}{12y} = 0$ **d)** $(x + 4)^2 - (3 - x)^2 = \frac{2x}{x}$

**3** Gib jeweils fünf rationale Zahlenpaare an, die die Gleichung lösen.

**a)** $3y + 4x = 12$ **b)** $x + y = 1$ **c)** $2x - 2y = 7$

**4** Stelle folgende Gleichung grafisch dar:
$-4{,}5x - 10{,}5 = -3y$

*Vergiss die Probe nicht.*

**5** Bestimme die Lösungsmenge des linearen Gleichungssystems zeichnerisch.

**a)** I $-x - 5y = 61{,}5$
II $5y + 2x + 60{,}5 = 0$

**b)** I $-2y = x - 11$
II $2y + 2x = 10$

**c)** I $2x - y = 3$
II $9x - 5y = 1$

*Findest du mehrere Möglichkeiten?*

**6** Bestimme zu den folgenden Graphen eine zugehörige Gleichung und lies die Lösung ab. Mache jeweils eine Probe.

**a)**
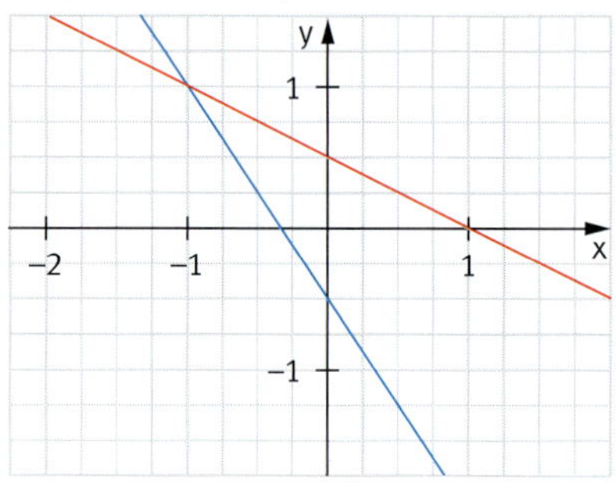


**b)**
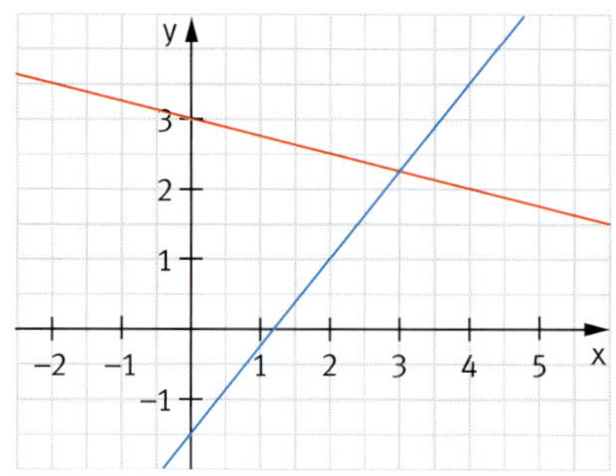


**7** Aus der Geometrie. Stelle ein lineares Gleichungssystem auf und löse es.

**a)** Im Dreieck ABC mit $\alpha = 42°$ ist $\gamma$ um $24°$ größer als $\beta$. Bestimme $\beta$ und $\gamma$.

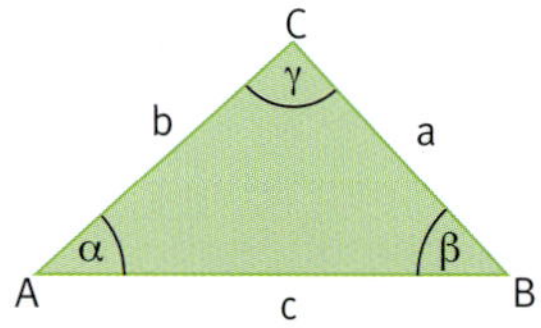


**b)** Ein Rechteck hat einen Umfang von 46 cm. Verlängert man eine Seite um 3 cm und verkürzt die andere gleichzeitig um 3 cm, so wächst der Flächeninhalt um $21\ cm^2$. Bestimme die Seitenlängen.

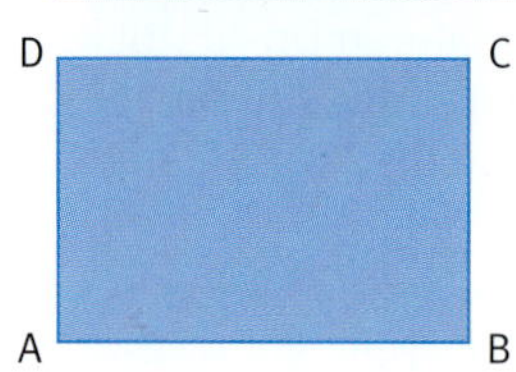


**c)** Ein Parallelogramm hat einen Umfang von 15 cm. Die Seite a ist um 1,5 cm länger als die Seite b. Bestimme a und b.

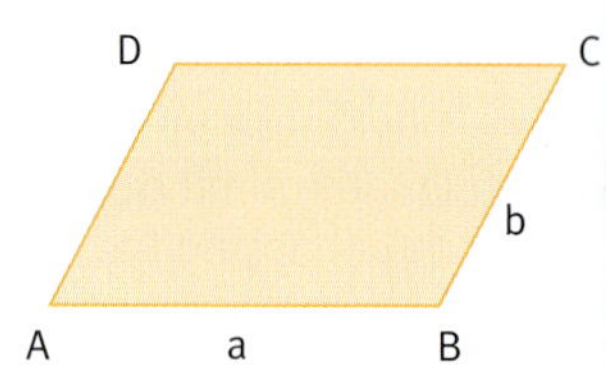

**8** Löse mit dem Einsetzungsverfahren.

a) I $-3x + 3{,}5 = 5y$ II $3x + 2 = -37$
b) I $0 = -x - 8{,}5$ II $-2x = 3y - 4$
c) I $6x + 8y = 8$ II $-12 = 4x + 4y$
d) I $4 = 4x - 2y$ II $4x - y + 12 = 0$

**9** Löse mit dem Gleichsetzungsverfahren.

a) I $y = -x - 10$ II $y = -2x - 6$
b) I $6 + 3x = 0$ II $-4y - 12x = 0$
c) I $-12y + 4x = 4$ II $-10 + 4y = 2x$
d) I $2y + 80 = -5x$ II $-y = 85 + 5x$

**10** Die Notenverteilung bei einer Schulaufgabe in der Klasse 9b mit 28 Schülerinnen und Schülern ist unvollständig.

| Note | 1 | 2 | 3 | 4 | 5 | 6 |
|---|---|---|---|---|---|---|
| Anzahl | 1 | 6 | □ | 7 | □ | 0 |

Bestimme die fehlenden Anzahlen, wenn der Notendurchschnitt 3,25 betrug.

*Lösungen zu 11:*
$\mathbb{L} = \{(-46|29)\}$; $\mathbb{L} = \left\{\left(-6\tfrac{4}{19}|7\tfrac{6}{19}\right)\right\}$; $\mathbb{L} = \{(-1|-18)\}$; $\mathbb{L} = \left\{\left(\tfrac{7}{11}|\tfrac{7}{11}\right)\right\}$; $\mathbb{L} = \{(2|-18)\}$; $\mathbb{L} = \left\{\left(6\tfrac{1}{2}|5\tfrac{3}{4}\right)\right\}$; $\mathbb{L} = \left\{\left(11\tfrac{1}{2}|15\tfrac{1}{2}\right)\right\}$; $\mathbb{L} = \mathbb{Q}$; $\mathbb{L} = \mathbb{Q}$

**11** Löse das lineare Gleichungssystem mit einem beliebigen Verfahren.

a) I $x = y + 3$ II $y = \frac{1}{2}(2x - 6)$
b) I $x - 2y = 1{,}5$ II $3{,}8y - 1{,}9x = -2{,}85$
c) I $6y + 9x + 12 = 0$ II $x = 45 - 7y$
d) I $x = 2y - 5$ II $y = \frac{1}{2}(3x - 8)$
e) I $3x + 5y = 7$ II $-5x - 8y + 2 = 0$
f) I $\frac{4}{7}x - 1 = -y$ II $2x = \frac{7}{2} \cdot (1 - y)$
g) I $-11{,}5 = -a$ II $-2b - 3{,}5 = -3a$
h) I $52 = -3y + 2x$ II $-3y = -4x + 50$
i) I $-6m = 60 + 4n$ II $-4n - 64 = 4m$

**12** Aus 1 m langen Drahtstücken sollen Kantenmodelle von Quadern mit quadratischer Grundfläche gebaut werden. Die Körperhöhe soll dabei halb so lang sein wie die Kantenlänge der Grundfläche.

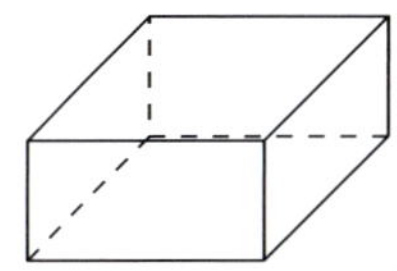

**13** Vervollständige so, dass das lineare Gleichungssystem ...

(1) keine Lösung hat.
(2) unendlich viele Lösungen hat.
(3) genau eine Lösung hat.

*Bei welchem Fall findest du mehrere Lösungen?*

a) I $-2x + 13 = 2y$ II $x + y =$ □
b) I $\frac{2}{3}x + 2y = 5$ II □ $= 7{,}5 - 3y$
c) I $-2y + 8 = -x$ II $-2x - 5 =$ □

**14** An einem Wandertag macht die Klasse 9a der Luisen-Realschule eine Aktion „Sauberer Fluss“. Die Schüler gehen entlang der Hörsel und sammeln alle verwertbaren Abfälle in weißen Säcken, allen Müll in schwarzen Säcken.

a) Am Ende der Aktion haben die Schüler siebenmal so viele weiße Säcke wie schwarze Säcke eingesammelt. Insgesamt waren es 32 Säcke. Wie viele Säcke von jeder Sorte wurden gesammelt?

b) Durchschnittlich wog ein weißer Sack 12 kg, ein schwarzer 14 kg. Wie viel Kilogramm Müll hat die Klasse 9a entsorgt?

c) Pro Kilogramm „schwarzem“ Müll erhält die Klasse 0,80 € vom Landratsamt für ihre Klassenkasse. Der Elternbeirat legt noch einmal 30 % des Betrags als Anerkennung oben drauf. Wie viel Geld fließt durch die Aktion in die Klassenkasse?

d) Schreibe einen kurzen Bericht, wie er zu dieser Aktion in einer Zeitung stehen könnte.

**Break-even-point: Der Punkt zum Gewinn**
Wenn die Kosten höher sind als die Einnahmen, macht ein Unternehmen Verlust. In einem sogenannten Break-even-Diagramm sehen Wirtschaftsfachleute auf einen Blick, in welchem Bereich die Verlustzone und wo die Gewinnzone liegt. Als „Break-even-point“ bezeichnet man den Punkt, an dem die Kosten und die Einnahmen eines Unternehmens gleich sind.

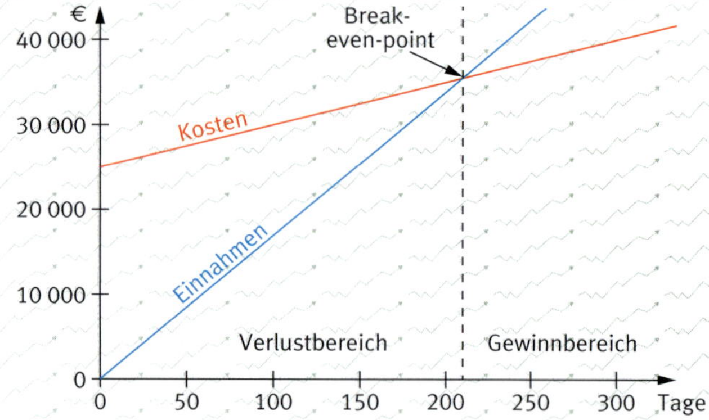


**a)** Ein Verleger möchte Arbeitshefte drucken lassen.

**Kosten**
- Heft durch einen Grafiker setzen lassen: 2000 € insgesamt
- Farbdruck: 1,70 € pro Heft

**Einnahmen**
Nettopreis 4,90 € pro Heft

Wie viele Hefte muss der Verleger herstellen und verkaufen, damit er den „Break-even-point“ genau erreicht?

**b)** Ein Hotelmanager stellt eine einfache Gewinn-und-Verlustrechnung für sein Hotel mit 80 Betten auf.

**Kosten**
- Versicherungen, Zinsen, Steuern: 150 000 € pro Jahr
- Unterhaltskosten pro vermietetes Zimmer (Reinigung, Wasser, Strom, Heizung, ...): 25 € pro Tag
- Unterhaltskosten pro leeres Zimmer (Strom, Heizung, ...): 10 € pro Tag

**Einnahmen**
Zimmermiete: 45 € pro Tag
Das Hotel hat an 365 Tagen im Jahr geöffnet.

Wie viele Zimmer müssen am Tag im Durchschnitt vermietet sein, damit das Hotel am Ende des Jahres (Ende September) den „Break-even-point“ erreicht?

**Spare, spare, Häusle baue**

Familie Meisel finanziert den Bau eines Eigenheims mit einem Bauspardarlehen und einem Bankkredit. Beide zusammen betragen 320 000 €.
Das Bauspardarlehen ist mit 2,5 %, der Bankkredit mit 3 % verzinst. Die gesamten Zinsen im ersten Jahr betragen 8600 €.
Berechne die Höhe des Bauspardarlehens und des Kredits.

**Money, money, money ...**

Christopher hat 20 000 € geerbt und in zwei Fonds angelegt.

| | |
|---|---|
| Global-Fonds<br>Aussicht: stabil | 4,5 % durchschnittlich erwarteter Ertrag |
| Öko-Fonds<br>Aussicht: schwankend | 5,5 % durchschnittlich erwarteter Ertrag |

**a)** Wie viel Geld hat er in jedem Fonds investiert, wenn er im ersten Jahr 1050 € Zinsen erwartet?

**b)** Tatsächlich schwankte der Öko-Fonds im ersten Jahr erheblich, sodass nur ein durchschnittlicher Ertrag von 3,5 % erwirtschaftet wurde. Wie hoch waren die Zinsen in dem Jahr mit den Ergebnissen aus a)?

**Alles Theater**

Ein Theatermanager kalkuliert die Kosten für ein Gastspiel eines bekannten Künstlers wie folgt:

- Der Künstler erhält 10 000 € sowie 40 % der Einnahmen aus dem Kartenverkauf.
- Mietkosten für einen Saal mit 1400 Plätzen, Sicherheitsdienst, Versicherungen, Werbung etc. betragen zusammen 15 000 €

Der Konzertveranstalter plant zwei verschiedene Kartenkategorien: 1. Rang und 2. Rang.

**a)** Macht Vorschläge, wie der Theatermanager die Kartenpreise kalkulieren sollte, damit er keinen Verlust macht.
Geht von verschiedenen Verkaufszahlen für die Karten aus und stellt eure Ergebnisse der Klasse vor.

**b)** Der Theatermanager glaubt, dass das Gastspiel ausverkauft ist, wenn er die Preise wie folgt festlegt:
1. Rang: 40 €   2. Rang: 32 €
① Der Term $10\,000 + 0{,}4 \cdot (40x + 32y)$ beschreibt die Kosten für die Künstlergruppe. Erläutere, wie man auf diesen Term kommt.
② Wie viele Karten müssen in jedem Rang verkauftwerden, wenn der Manager mit einem Gewinn von 5000 € rechnet?

Überprüfe deine Fähigkeiten und Kenntnisse. Bearbeite dazu die folgenden Aufgaben und bewerte anschließend deine Lösungen mit einem Smiley.

| ☺ | 😐 | ☹ |
|---|---|---|
| Das kann ich! | Das kann ich fast! | Das kann ich noch nicht! |

Hinweise zum Nacharbeiten findest du auf der folgenden Seite. Die Lösungen stehen im Anhang.

**1** Bestimme die Lösungsmenge ($\mathbb{D} = \mathbb{Q}$).

**a)** $12x + 2 = -11$ **b)** $4 - y + 5 = y$

**2** Folgende Umformungen wurden in der Reihenfolge gemacht, um das jeweilige Ergebnis zu erhalten. Wie lautet die ursprüngliche Gleichung ($\mathbb{D} = \mathbb{Q}$)?

1 $| + 4x$

2 $| - 8$

3 $| \cdot (-1)$

**a)** $\mathbb{L} = \{-3\}$ **b)** $\mathbb{L} = \{2\}$ **c)** $\mathbb{L} = \left\{\frac{2}{3}\right\}$

**3** Wie heißt die gesuchte Zahl?
Ich denke mir eine ganze Zahl, addiere zu ihr das Dreifache ihrer Gegenzahl und erhalte 4.

**4** **a)** Löse die Gleichung nach y auf: $\frac{1}{2}x + y = 5$.

**b)** Vervollständige die Tabelle mit den passenden y-Werten:

| x | −3 | −2 | −1 | 0 | 1 | 2 | 3 |
|---|---|---|---|---|---|---|---|
| y | ▢ | ▢ | ▢ | ▢ | ▢ | ▢ | ▢ |

**c)** Stelle die Zahlenpaare grafisch dar und verbinde sie durch eine Gerade.

**5** Vervollständige die Lücken so, dass die Zahlenpaare die lineare Gleichung $3y + 4{,}5x = 6$ lösen.

**a)** (1 | ▢) **b)** (▢ | −13) **c)** (▢ | −5,5) **d)** (−3 | ▢)

**6** Welches der Zahlenpaare ist Lösung des linearen Gleichungssystems? Finde die Lösung zeichnerisch.
(−12,5 | 4); (−5 | 2,5); (−8 | 2); (−2,5 | 3); (1 | 0,5); (3 | −4,5)

**a)** I $12y = -3x$
II $-2{,}5x + 10y = 40$

**b)** I $-4x = -2 + 4y$
II $-4 - 4x = 2y$

**7** Lies zwei zu folgenden Graphen passende Gleichungen und die Lösung ab. Mache die Probe.

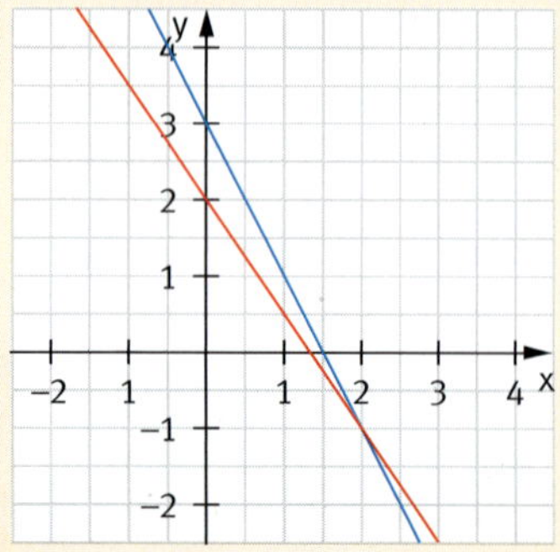


**8** Bestimme zeichnerisch die Lösung des linearen Gleichungssystems. Mache die Probe.

**a)** I $-3x + 5y = 11{,}5$
II $5y + 9{,}5 = 6x$

**b)** I $4y = 4x - 6$
II $-4y + 2x = 4$

**9** Gib jeweils an, ob es genau eine, keine oder unendlich viele Lösungen für das lineare Gleichungssystem gibt.

**a)** I $3x - 2y = 1$
II $1{,}5x - y = 1$

**b)** I $2{,}5y = 3{,}5 - 1{,}5x$
II $2x = 7 - 5y$

**10**

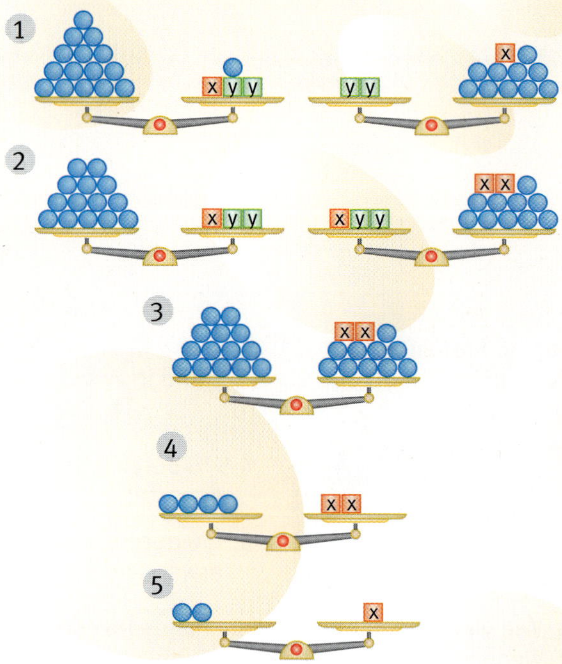


**a)** Wie lautet das zugehörige Gleichungssystem zu 1?

**b)** Beschreibe, wie die Lösung des linearen Gleichungssytems bestimmt wird.
Gib die Lösungsmenge an.

**11** Bestimme die Lösungsmenge.

a) I $8y = 4x - 28$
II $-32 = -4x + 4y$

b) I $-2y + 2x = -6$
II $-2x + y = 7$

**12** Löse mit dem Einsetzungsverfahren.

a) I $-9 + 3x = 6y$
II $-7{,}5 = -15y + 9x$

b) I $0 = -42 + 4y - 4x$
II $3y = 4x + 44$

**13** Löse mit dem Gleichsetzungsverfahren.

a) I $-24 + 4y = -2x$
II $-2x = -18 + 6y$

b) I $-9 - 2x + y = 0$
II $-y + 3x = -5{,}5$

**14** Löse mit einem beliebigen rechnerischen Lösungsverfahren.

a) I $-6b + 31 = 2a$
II $3b = 34 - 2a$

b) I $8x = 5y + 21$
II $-12x = 6 - 10y$

c) I $4y = 2 \cdot (3{,}5 - 0{,}5x)$
II $y = \frac{1}{4} \cdot (-12x - 20)$

d) I $-5a = \left(1 + \frac{1}{2}b\right) \cdot 8$
II $(-3) \cdot (b - 3) = 5a$

**15** Löse mit einem beliebigen rechnerischen Lösungsverfahren. Achte auf die Brüche.

a) I $-\frac{3}{8}y = -1 + \frac{1}{2}x$
II $\frac{4}{7}x + \frac{1}{7} = -\frac{1}{2}y$

b) I $-\frac{4}{5} = -\frac{1}{8}y + \frac{1}{20}x$
II $\frac{4}{5}x - \frac{6}{5} = y$

**16** Ali und seine Oma sind zusammen 110 Jahre alt. Vor fünf Jahren war sie genau dreimal so alt wie Ali.

**17** Ein Unternehmer nimmt zur Finanzierung seiner Maschinen zwei Kredite auf, die zusammen 125 000 € betragen. Der eine Kredit ist mit 7,5 %, der zweite mit 8 % zu verzinst. Die Zinsen belaufen sich in einem Jahr zusammen auf 9460 €.

**18** Diana besorgt für ein Klassenfrühstück Käse- und normale Laugenstangen. Sie bestellt zunächst von jeder Sorte 15 und soll dafür 27,00 € bezahlen. Es entscheiden sich aber 3 Schüler um und wollen nun lieber Käselaugenstangen. Nun kostet alles zusammen 27,90 €.

**19** Die Quersumme einer aus zwei Ziffern bestehenden Zahl beträgt 10. Vertauscht man die Ziffern, so entsteht eine Zahl, die um 2 kleiner ist als das Dreifache der ersten Zahl.

**20** In einem rechtwinkligen Dreieck ist einer der spitzen Winkel fünfmal so groß wie der andere.

**Aufgaben für Lernpartner**

**Arbeitsschritte**

1 Bearbeite die folgenden Aufgaben alleine.
2 Suche dir einen Partner und erkläre ihm deine Lösungen. Höre aufmerksam und gewissenhaft zu, wenn dein Partner dir seine Lösungen erklärt.
3 Korrigiere gegebenenfalls deine Antworten und benutze dazu eine andere Farbe.

Sind folgende Behauptungen **richtig** oder **falsch**? Begründe schriftlich.

**21** Die Division (Multiplikation) durch x ist keine Äquivalenzumformung, da sich dadurch die Lösungsmenge einer Gleichung ändert.

**22** Zur y-Achse gehört die Funktionsgleichung $y = 0$.

**23** Ein lineares Gleichungssystem mit zwei Unbekannten kann man grafisch so verstehen, dass die Lage zweier Geraden zueinander dargestellt wird.

**24** Hat ein lineares Gleichungssystem mit zwei Variablen unendlich viele Lösungen, ist die Lösung eine Gerade.

**25** Beim Gleichsetzungsverfahren löse ich nach einer Variablen auf und erhalte dann durch Gleichsetzen eine Gleichung mit nur einer Variablen.

**26** Die beiden Gleichungen $x = 3$ und $y = 4$ ergeben kein lineares Gleichungssystem.

| Aufgabe | Ich kann … | Hilfe |
|---|---|---|
| 1, 2, 3, 21 | lineare Gleichungen mit einer Variablen lösen. | S. 90 |
| 4, 5, 22, 26 | lineare Gleichungen mit zwei Variablen grafisch interpretieren und lösen. | S. 94 |
| 6, 7, 8, 23 | lineare Gleichungssysteme zeichnerisch lösen. | S. 96 |
| 9, 10, 11, 14, 15, 24 | die Lösungsmenge linearer Gleichungssysteme angeben. | S. 100 |
| 12, 13, 14, 15, 25 | lineare Gleichungssysteme rechnerisch lösen (Kurs II). | S. 102 |
| 16, 17, 18, 19, 20 | Alltagsprobleme auf lineare Gleichungen anpassen und diese mithilfe der Lösungsverfahren lösen. | S. 105 |

| | | |
|---|---|---|
| S. 90 | $4 \cdot (2 + x) - x = -1$ \| ausmultiplizieren<br>$8 + 4x - x = -1$ \| zusammenfassen<br>$8 + 3x = -1$ \| $-8$<br>$3x = -9$ \| $:3$<br>$x = -3$<br>$\mathbb{L} = \{-3\}$ | Zur **Lösung** einer **linearen Gleichung** gibt es verschiedene Verfahren:<br>• Systematisches **Probieren**<br>• Lösen durch die **Umkehraufgabe**<br>• Lösen mithilfe von **Äquivalenzumformungen** |
| S. 94 | fünf Zahlenpaare aus $\mathbb{Q}$, die die Gleichung lösen:<br>$y = 3x + 7$<br>$(-2\|1)$; $(-1\|4)$; $(0\|7)$; $(1\|10)$; $(2\|13)$ | **Lineare Gleichungen** können auch **zwei Variablen** enthalten. Alle Zahlenpaare, die die Gleichung erfüllen, sind Lösungen der Gleichung. |
| S. 96<br>S. 100 | 1 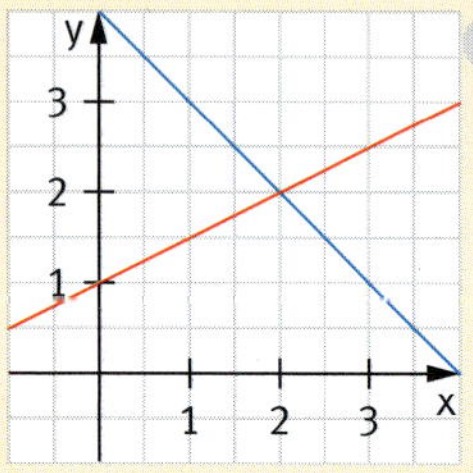 2 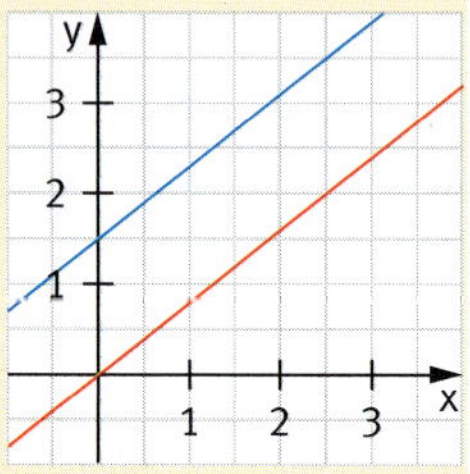 3 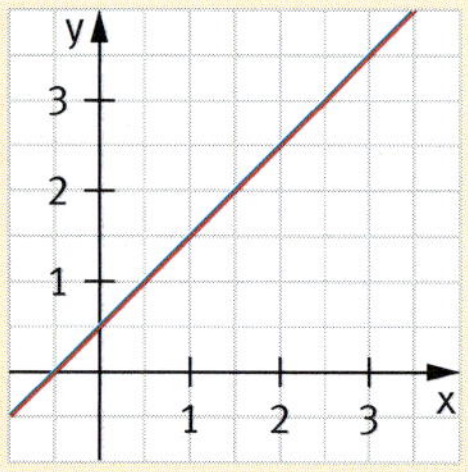 | Sollen Zahlenpaare $(x\|y)$ **zwei lineare Gleichungen gleichzeitig erfüllen**, so spricht man von einem **linearen Gleichungssystem**.<br>Die **Lösungsmenge** $\mathbb{L}$ eines linearen Gleichungssystem ist sowohl ein Element der Lösungsmenge der ersten als auch der zweiten Gleichung.<br><br>Bei der Lösungsmenge eines linearen Gleichungssystems können folgende drei Fälle auftauchen:<br>1 Die Geraden **schneiden sich.** Das lineare Gleichungssystem hat **genau eine Lösung**. $\mathbb{L} = \{(2\|2)\}$<br>2 Die Geraden sind **parallel**. Das lineare Gleichungssystem hat **keine Lösung**: $\mathbb{L} = \{\,\}$<br>3 Die Geraden sind **identisch**. Das lineare Gleichungssystem hat **unendlich viele Lösungen**: $\mathbb{L} = \{(x\|y) \mid y = 0{,}5x + 1{,}5\}$ |
| S. 102 | I $-x - 2y = 3$<br>II $y = 2x$<br>einsetzen<br>$-x - 2 \cdot (2x) = 3$ | **Einsetzungsverfahren** (Kurs II)<br>Man löst man eine der Gleichungen nach einer Variable (z. B. y) auf, dann kann man den erhaltenen Term für die Variable in die andere Gleichung einsetzen. |
| S. 102 | I $y = 2x - 1$<br>II $y = -x + 5$ gleich-setzen<br>$2x - 1 = -x + 5$ | **Gleichsetzungsverfahren** (Kurs II)<br>Sind beide Gleichungen nach einer Variable (z. B. y) aufgelöst, kann man die Terme gleichsetzen. |
| S. 105 | I $2x - 2y = -5$<br>II $4x + 2y = -7$<br>$6x = -12$ \| $:6$ | **Additionsverfahren** (Kurs II)<br>Addition beider Gleichungen, wenn vor einer Variable betragsgleiche Koeffizienten stehen, die ein unterschiedliches Vorzeichen haben. |
| S. 106 | Peter ist 2 Jahre älter als Tina. Zusammen sind sie 30 Jahre alt.<br>Peters Alter: p; Tinas Alter: t<br>I $p = t + 2$<br>II $p + t = 30$ (...)<br>$p = 16$; $t = 14$<br>Peter ist also 16, Tina 14 Jahre alt. | Bei **Alltagsaufgaben** betrachtet man den Inhalt der Aufgabenstellung und versucht **Bedingungen** zu finden, die man in Gleichungen mit zwei **Variablen** umwandeln kann, um sie dann mit den bekannten Verfahren zu lösen. |

## Mit Formeln umgehen

**1** ① $V = a \cdot b \cdot h$ ② $f^2 = g^2 + h^2$ ③ $A = a \cdot h$

**a)** Skizziere zu jeder Formel eine geeignete Figur oder einen Körper und beschrifte die Skizze mit den in der Formel gegebenen Variablen.

**b)** Stelle die Formel nach h um.

**2** Gib für jede Figur eine Formel für den (rot markierten) Umfang an.

**a)**

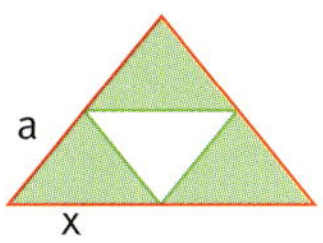


**b)**

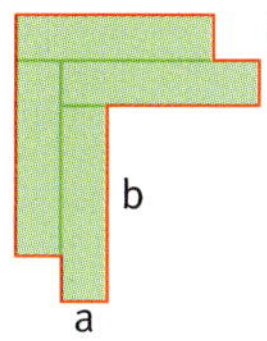


**c)**

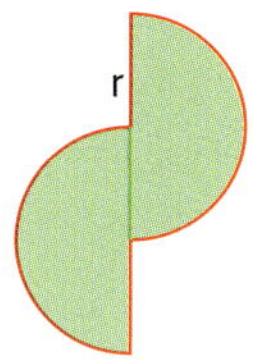


**3** **a)** Ergänze die Anzahl der Würfel beim 4., 5. und 6. Schritt.

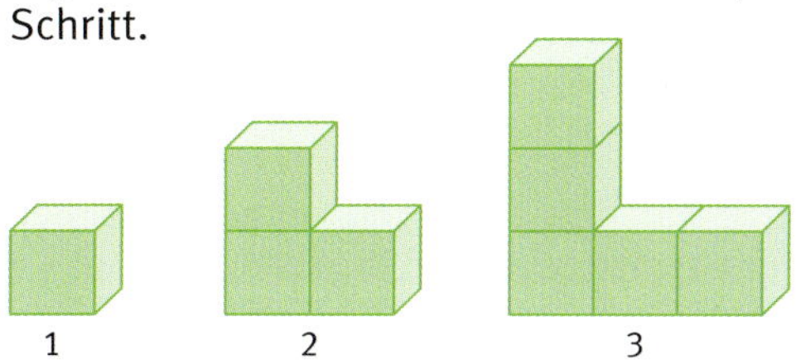


**b)** Welche Formel beschreibt die Anzahl der Würfel beim n-ten Schritt?

**c)** Nutze die Formel:

① Wie viele Würfel braucht man beim 20. Schritt?

③ Welchen Schritt kann man bauen, wenn man 17 Würfel zur Verfügung hat?

**4** Welche Formel ist korrekt? Probiere aus.

**a)** Die Summe der ersten n natürlichen Zahlen ergibt …

① $\frac{n \cdot (n+1)}{2}$. ② $\frac{n \cdot n}{2}$. ③ $n + (n - 1)$.

**b)** Die Summe von drei aufeinanderfolgenden Zahlen, von denen die mittlere n ist, ergibt …

① $n + (n + 1) + (n + 2)$.

② $(n - 1) + n + (n + 1)$.

③ $3n + 3$.

**5** Korrigiere die Hausaufgaben von Tanja.

**a)** *nach t umformen*

$v = st \quad | :s$

$vs = t$

**b)** *nach b umformen*

$c^2 = a^2 + b^2 \quad | \sqrt{\ }$

$c = a + b \quad | -a$

$c - a = b$

## Maßstäbliches Vergrößern und Verkleinern

**6** Zeichne die folgenden Situationen in den angegebenen Maßstäben.

**a)** Ein Tennisfeld ist 23,77 m lang und 10,97 m breit (Maßstab 1 : 200).

**b)** Die Erde hat einen Durchmesser von 12 800 km (Maßstab 1 : 250 000 000).

**c)** Ein menschliches Haar ist etwa 0,06 mm dick und wächst am Tag etwa 0,3 mm (Maßstab 150 : 1).

**7** Die Luftaufnahme zeigt die Krämerbrücke in Erfurt im Maßstab 1 : 2500. Bestimme die Länge der Krämerbrücke.

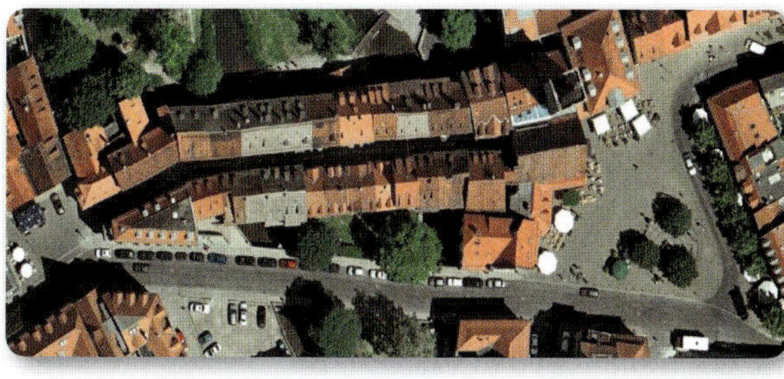

**8** Gib an, in welchen Maßstäben die Figuren jeweils vergrößert bzw. verkleinert wurden. Der Maßstab muss mit ganzen Zahlen angegeben werden.

**a)**

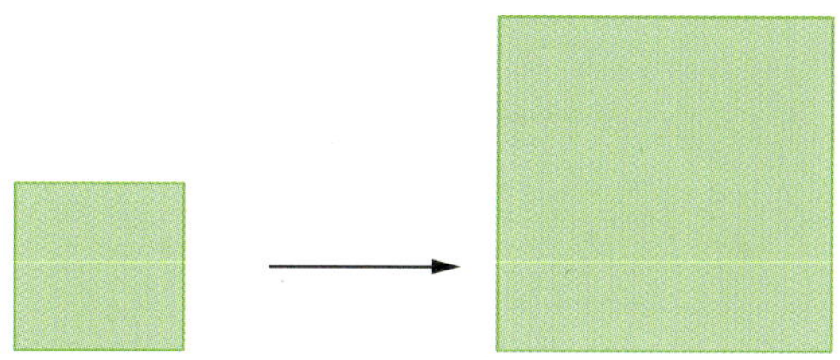

**b)**

**c)**

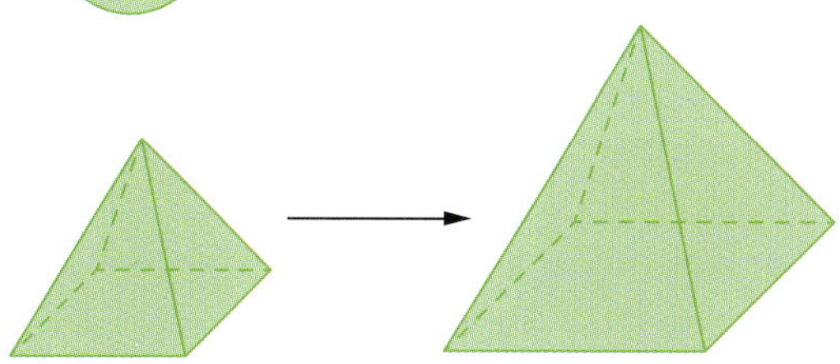

## Rechnen mit Wurzeln

**9** Berechne im Kopf.

a) $\sqrt{3} \cdot \sqrt{12}$ b) $\sqrt{50} \cdot \sqrt{2}$ c) $\sqrt{\frac{25}{16}}$

d) $\sqrt{0{,}25}$ e) $\frac{\sqrt{3} \cdot \sqrt{2}}{\sqrt{1{,}5}}$ f) $\sqrt{\frac{18}{2{,}25}}$

**10** Bestimme die Lösungsmenge.

a) $\sqrt{x} + 1 = 8$ b) $\sqrt{x + 1} = 8$

**11** Die Abbildung zeigt den Beginn einer Quadratwurzelschnecke.

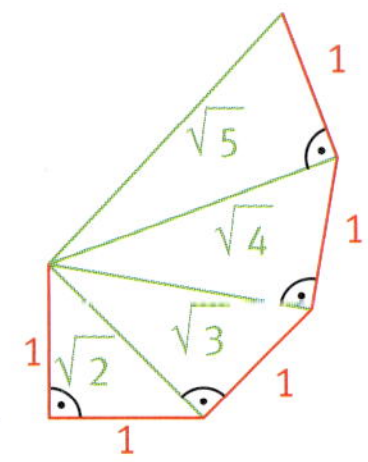


a) Begründe, warum die grün dargestellten Seitenlängen $\sqrt{2}$, $\sqrt{3}$, … ergeben.

b) Zeichne selbst eine solche Quadratwurzelschnecke bis $\sqrt{7}$.

c) Miss in deiner Zeichnung nach, wie lang die Strecken für $\sqrt{2}$, $\sqrt{3}$, … sind, und vergleiche jeweils mit dem Wert des Taschenrechners.

**12** Zeichne das Rechennetz in dein Heft und ergänze die fehlenden Zahlen.

a) Kannst du Muster erkennen? Erkläre, wie diese zustande kommen.

b) Welche Wurzeln ergeben irrationale, welche rationale Zahlen?

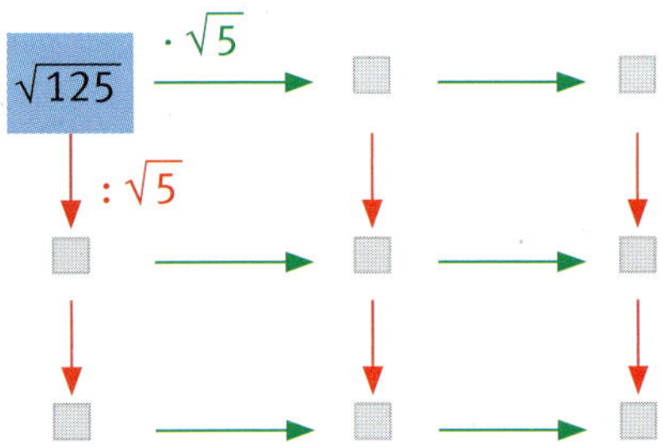


**13** Tanja möchte mit ihrem Taschenrechner $(-25)^{\frac{2}{4}}$ berechnen, dieser gibt aber eine Fehlermeldung an. Per Hand rechnet sie:

$(-25)^{\frac{2}{4}} = \sqrt[4]{(-25)^2} = \sqrt[4]{625} = 5$

Wo liegt ihr Fehler?

**14** a) Für welche Zahlen gilt $\sqrt{(a + b)} = \sqrt{a} + \sqrt{b}$?

b) Quadriere die Gleichung $\sqrt{a + b} = \sqrt{a} + \sqrt{b}$ auf beiden Seiten. Beachte die binomische Formel. Was muss gelten, damit beide Seiten gleich sind? Wie passt das zu deinen Ergebnissen von a)?

## Bruchgleichungen

**15** Gib die Definitionsmenge für die folgenden Bruchterme an.

a) $\frac{2x - 1}{2x - 2}$ b) $\frac{x - 5}{x + 5}$ c) $\frac{x^2 - 1}{x^2 + 1}$ d) $\frac{15 + x}{x}$

**16** Begründe, warum die Lösungsmenge, die Konrad ermittelt hat, falsch ist.

$\frac{4}{x - 1} = \frac{3}{x - 1}$

$4 \cdot (x - 1) = 3 \cdot (x - 1)$

$4x - 4 = 3x - 3$

$x - 4 = -3$

$x = 1$

$\mathbb{L} = \{1\}$

**17** Löse die folgenden Bruchgleichungen.

a) $\frac{2}{x + 1} = \frac{7}{3x - 4}$ b) $\frac{5}{x - 3} = \frac{3}{x - 5}$

c) $\frac{2x}{x^2 - \frac{4}{3}} = \frac{3}{x}$ d) $\frac{x}{1 + x} = \frac{2x}{x + 2}$

**18** Gib eine Bruchgleichung mit der angegebenen Definitionsmenge an und löse sie.

a) $\mathbb{Q} \setminus \{2\}$ b) $\mathbb{Q} \setminus \{-3; 3\}$

**19** Gib eine Bruchgleichung mit der angegebenen Lösungsmenge an.

a) $\mathbb{L} = \{-4\}$ b) $\mathbb{L} = \{\,\}$

**20** Ordne den Bruchgleichungen ihre korrekten Lösungen zu. Einige Gleichungen haben mehrere Lösungen.

$\frac{-2}{x} = 30$

$\frac{3}{x} = \frac{15}{x - 8}$

$x - 9 = \frac{16 - 9x}{x}$

$\frac{x}{3} = \frac{27}{x}$

$x = -9$ $x = -\frac{1}{15}$ $x = -2$

$x = 4$ $x = 9$ $x = -4$

**21** Gib eine Bruchgleichung an mit …

a) Definitionsmenge $\mathbb{D} = \mathbb{Q} \setminus \{1\}$ und Lösungsmenge $\mathbb{L} = \{2\}$.

b) Definitionsmenge $\mathbb{D} = \mathbb{Q} \setminus \{3\}$ und Lösungsmenge $\mathbb{L} = \{-1\}$.

# 5 Daten und Zufall

## Einstieg

- Die Abbildung stellt die Ergebnisse der Landtagswahl in Thüringen vom 30. August 2009 dar. Interpretiere die Diagramme. Erläutere Vor- und Nachteile der unterschiedlichen Darstellungsweisen.
- Bekanntlich gilt: „Nach der Wahl ist vor der Wahl." Vor Wahlen werden Prognosen erstellt. Erläutere das Vorgehen für solche Prognosen. Erläutere in diesem Zusammenhang auch den Begriff „Stichprobe".
- Führt eine (geheime) Wahlumfrage in eurer Klasse durch und stellt die Ergebnisse in einem geeigneten Diagramm dar. Vergleicht das Ergebnis mit der aktuellen Landtagswahl. Informiert euch im Internet.

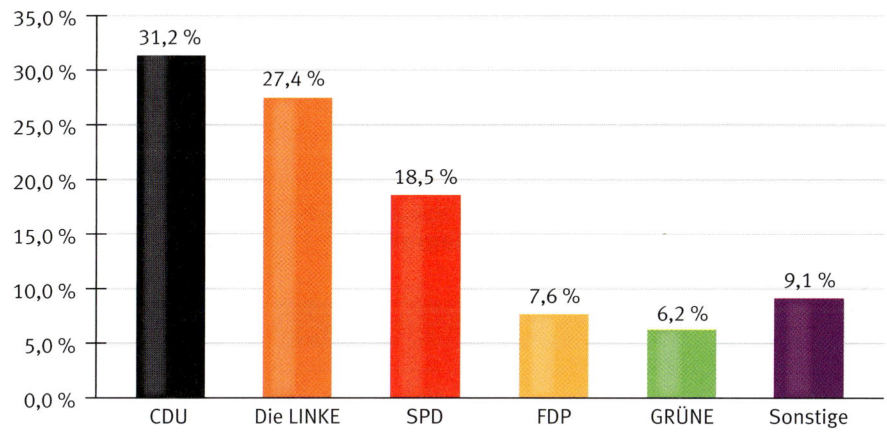


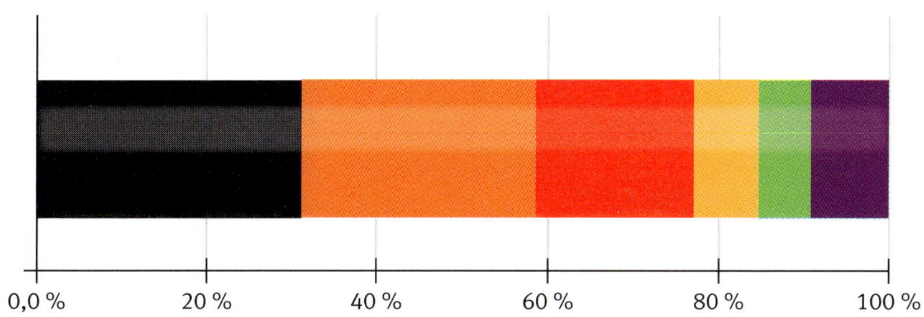


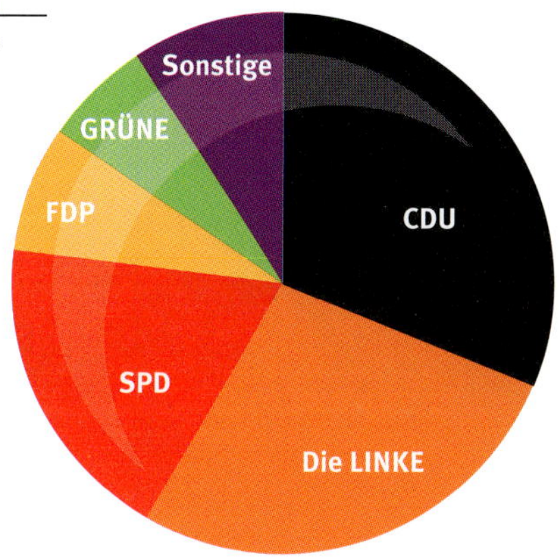


## Ausblick

**Am Ende dieses Kapitels hast du gelernt, ...**
- Daten, die in einer Tabelle oder einer grafischen Darstellung gegeben sind, auszuwerten.
- Daten mithilfe von Kenngrößen zu vergleichen.
- Daten grafisch darzustellen.

Noch nie gab es in Deutschland so viele Fahrgäste bei Bussen und Bahnen wie im Jahr 2011. Die Tabelle zeigt die Verteilung aller Fahrgäste auf die einzelnen Verkehrsmittel des öffentlichen Nahverkehrs.

| Verkehrsmittel | Anzahl der Fahrgäste in Millionen | Anzahl der mit diesem Verkehrsmittel gefahrenen Kilometer |
|---|---|---|
| insgesamt | 10 811 | 102 192 |
| Eisenbahn | 2386 | 49 453 |
| Straßenbahn | 3731 | 16 465 |
| Bus | 5332 | 36 274 |

- Ermittle die Anzahl der Kilometer, die jeder Fahrgast 2011 durchschnittlich mit den einzelnen Verkehrsmitteln zurückgelegt hat.
- Berechne die gesamte Anzahl der Fahrgäste (Eisenbahn, Straßenbahn, Bus) und vergleiche mit dem vorgegebenen Wert. Gib einen Grund für diesen Unterschied an.
- Veranschauliche die Anzahl der Fahrgäste für die gegebenen Verkehrsmittel in einem geeigneten Diagramm. Begründe deine Wahl.

## Merkwissen

*Beim Kreisdiagramm gilt:*
*100 % ≙ 360°*
*1 % ≙ 3,6°*
*Beim Streifendiagramm empfiehlt sich eine Gesamtlänge von 5 cm oder 10 cm.*

Daten werden oft in folgenden Diagrammen dargestellt:

**Kreisdiagramm**

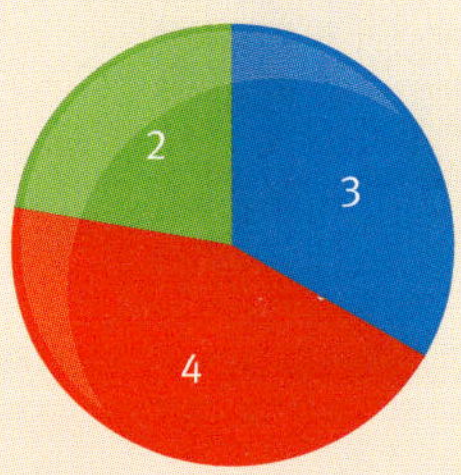


**Streifendiagramm**

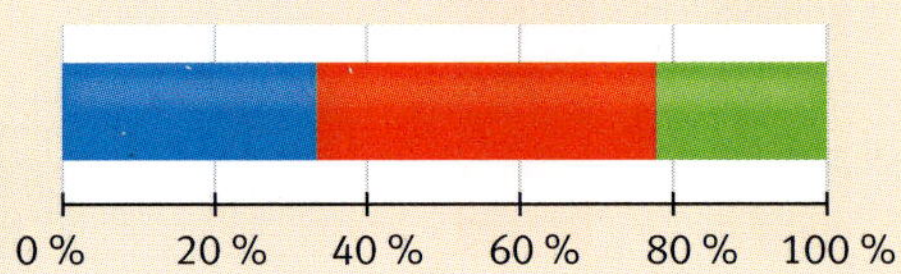


**Säulendiagramm**

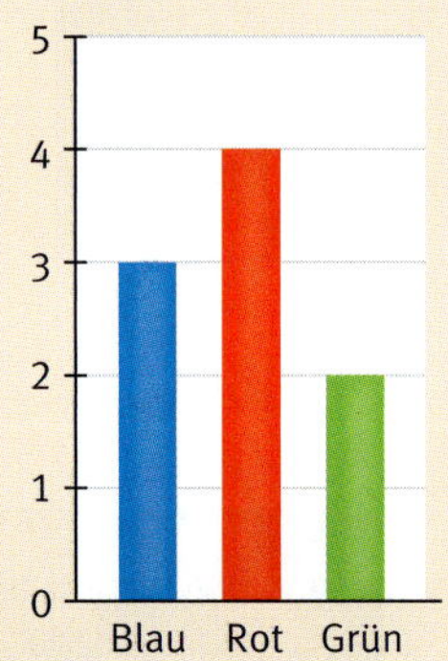


Summe aller Werte ergibt 100 %.
Werte dürfen nicht in mehrere Kategorien fallen.

Summe aller Werte kann bei Mehrfachnennung 100 % übersteigen.

Datenreihen werden beispielsweise durch folgende Kennwerte beschrieben:

- **arithmetisches Mittel**: $\bar{x} = \frac{\text{Summe der Einzelwerte}}{\text{Anzahl der Einzelwerte}}$
- **Maximum**: größter Wert der Datenreihe
- **Minimum**: kleinster Wert der Datenreihe
- **Spannweite**: Unterschied zwischen Maximum und Minimum.

*Spannweite = Max – Min*

BEISPIELE

**I** Für ein Schuhgeschäft wurde die Anzahl der noch vorhandenen Paare eines neuen Modells tabellarisch dargestellt. Zeichne ein Kreisdiagramm.

| Größe | 37 | 38 | 39 | 40 | 41 | 42 | 43 | 44 |
|---|---|---|---|---|---|---|---|---|
| Anzahl | 1 | 2 | 0 | 0 | 8 | 4 | 0 | 3 |

**Lösung:**
Insgesamt 18 Paar Schuhe $\triangleq 360°$

$1 \text{ Paar} \triangleq \frac{1}{18} \cdot 360° = 20°$

$2 \text{ Paar} \triangleq 40°$

$3 \text{ Paar} \triangleq 60°$

$4 \text{ Paar} \triangleq 80°$

$8 \text{ Paar} \triangleq 160°$

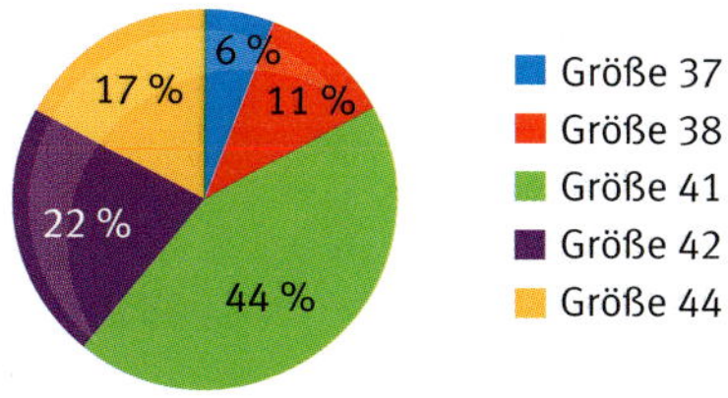


VERSTÄNDNIS

- Daten, die man in einem Säulendiagramm darstellen kann, kann man immer in einem Kreisdiagramm darstellen und umgekehrt. Ist diese Aussage wahr oder falsch? Begründe.
- Marian soll aus Minimum und Spannweite das Maximum berechnen. Beschreibe sein Vorgehen.

AUFGABEN

**1** Die Abbildung zeigt die Altersverteilung der Lehrkräfte an deutschen Schulen. Bestimme den prozentualen Anteil der Lehrer der jeweiligen Altersklasse.

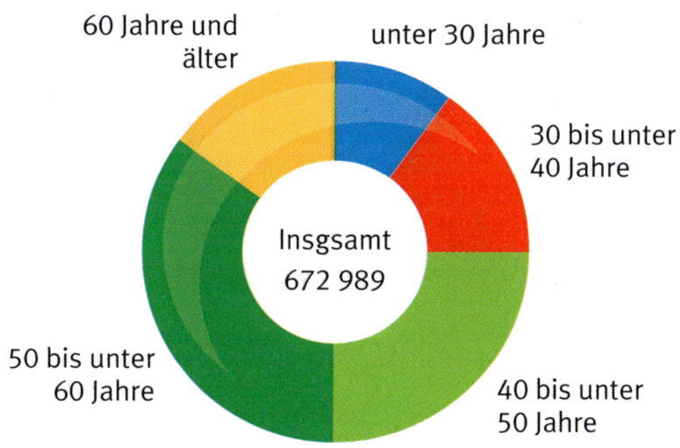


**2** Der Flughafen Frankfurt ist der größte deutsche Flughafen.
Die Tabelle zeigt die Entwicklung der Passagierzahlen von 2008 bis 2011. Stelle diese in einem geeigneten Diagramm dar.

| Jahr | 2008 | 2009 | 2010 | 2011 |
|---|---|---|---|---|
| Passagiere in Millionen | 53,47 | 50,94 | 53,01 | 56,44 |

**3** Im Jahr 2002 gaben die Bundesbürger insgesamt 56,3 Milliarden € bei Auslandsreisen aus.

**a)** Wie viel € sind das pro Kopf der Bevölkerung? Deutschland hat 82,1 Millionen Einwohner.

**b)** Wie viel Prozent der gesamten Ausgaben bei Auslandsreisen entfallen insgesamt auf Spanien und Italien?

*Eine Ellipse ist eine spezielle ovale Kurve.*

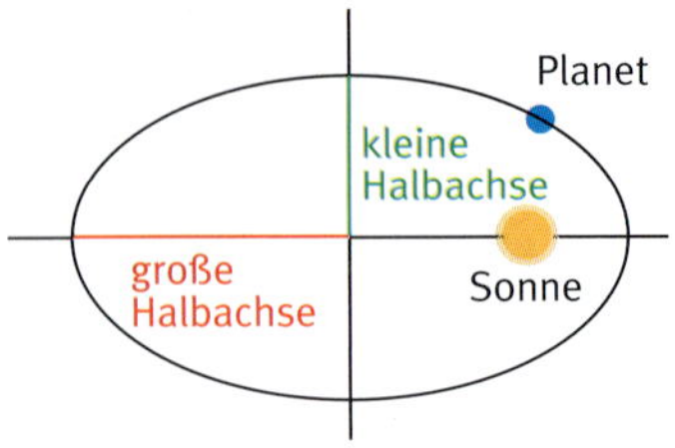


**4** Die Erde umrundet die Sonne jährlich einmal auf einer Ellipsenbahn. Deshalb ist die Erde nicht immer gleich weit von der Sonne entfernt und bewegt sich nicht immer gleich schnell.

**a)** Vervollständige die Tabelle.

| | Entfernung zur Sonne | Bahngeschwindigkeit |
|---|---|---|
| größter Wert | 149,6 Millionen km | |
| kleinster Wert | 147,1 Millionen km | 29,29 $\frac{km}{s}$ |
| mittlerer Wert | | 29,79 $\frac{km}{s}$ |

**b)** Gib die Spannweite der jeweiligen Größe an.

**5** Dargestellt sind für Deutschland Alterspyramiden für die Jahre 1910, 1950, 2005 sowie eine Prognose für 2050 (Angaben in 1000 Personen).

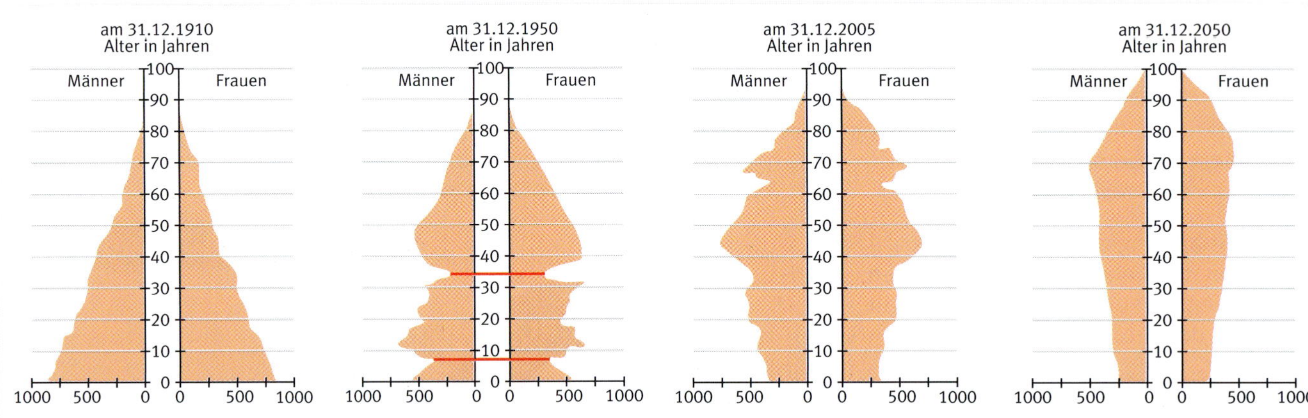


*Eine **Alterspyramide** zeigt die Anzahl der Männer und Frauen eines bestimmten Alters zum Zeitpunkt der Datenerhebung in einem Land.*

*Nutze dein Wissen aus dem Geschichtsunterricht.*

**a)** Beschreibe die Entwicklung der Altersstruktur in Deutschland nach 1910.

**b)** Erkläre die Bedeutung des „Bauchs“ im Diagramm von 2005.

**c)** Gib für 2005 drei Altersgruppen an, bei denen es mehr Frauen als Männer gab.

**d)** An den zwei markierten Stellen für 1950 ist die Pyramide besonders schmal. Ermittle das Alter der Männer und Frauen an diesen Stellen. Finde die entsprechenden Stellen in der Darstellung für 2005. Erkläre den Grund hierfür.

**e)** Formuliere mindestens drei weitere passende Aussagen zu den Diagrammen.

**6** So viele Tiere werden pro Jahr bei Wildunfällen bundesweit getötet.

Rehwild
220 000

Hasen / Kaninchen
200 000

Schwarzwild
30 000

Rotwild
15 000

**a)** Wie viel Prozent der getöteten Tiere entfallen auf Schwarzwild?

**b)** Stellen Sie die prozentualen Anteile der getöteten Tiere in einem geeigneten Diagramm dar.

**7** Im Jahr 2012 gab die Bundesrepublik Deutschland etwa 4,3 % ihres Gesamthaushalts für Bildung und Forschung aus. Das waren insgesamt 12,9 Milliarden Euro. Ermittle die Höhe des Gesamtbudgets der Bundesregierung.

**8** Warmes Wasser mit Sonnenenergie: Zur Warmwasserbereitung benötigt Familie Günther 360 $m^3$ Erdgas im Jahr.

**a)** Ermitteln Sie den durchschnittlichen monatlichen Verbrauch an Erdgas.

Durch die Nutzung einer Solaranlage für die Warmwasserbereitung wird besonders in den Monaten Mai bis August Erdgas eingespart.
In einer grafischen Darstellung informiert sich Familie Günther.

**Warmes Wasser mit Erdgas und Solar – so viel Energie schenkt die Sonne**

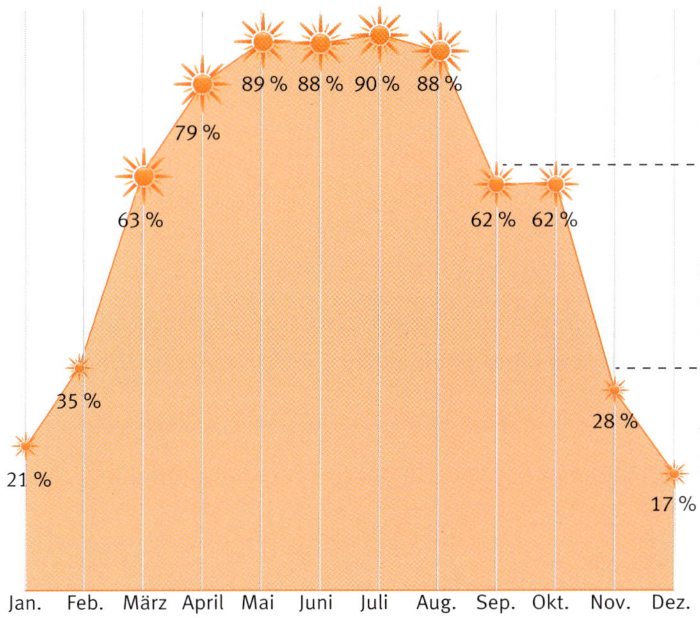


**b)** Wie viel Kubikmeter Erdgas kann Familie Günther in den Monaten Mai bis August für die Warmwasserbereitung insgesamt einsparen? Geben Sie diese Einsparung in Prozent an.

**9** Elf Mini-Häuser in verschiedenen Städten bewerben sich um den Titel des schmalsten Hauses in Thüringen.

*Die Abbildung zeigt eine Fotomontage.*

| Standort | Breite |
|---|---|
| Eisenach | 2,05 m |
| Bad Frankenhausen | 3,10 m |
| Ohrdruf | 2,50 m |
| Bad Langensalza | 3,20 m |
| Erfurt | 3,50 m |
| Weimar Haus 1 | 5,27 m |
| Weimar Haus 2 | 3,50 m |
| Arnstadt Haus 1 | 2,70 m |
| Arnstadt Haus 2 | 2,30 m |
| Heiligenstadt | 4,46 m |
| Sömmerda | 3,45 m |

**a)** Berechnen Sie die durchschnittliche Breite der Mini-Häuser.

**b)** Wie groß ist der Unterschied zwischen der kleinsten und größten Breite der Mini-Häuser?

| Hauptstadt | Entfernung |
|---|---|
| Athen | 1800 km |
| Bratislava | 530 km |
| Brüssel | 660 km |
| Budapest | 660 km |
| Dublin | 1300 km |
| London | 950 km |
| Oslo | 830 km |
| Paris | 880 km |
| Stockholm | 830 km |
| Warschau | 530 km |
| Wien | 530 km |

Die Tabelle zeigt, wie weit (Luftlinie) elf europäische Hauptstädte von Berlin entfernt sind.

- Gib die zugehörigen Länder an.
- Erstelle eine Rangliste der Entfernungen.
- Erstelle ein passendes Diagramm.
- Bestimme den Wert, der …
  1 genau in der Mitte liegt.
  2 am häufigsten auftritt.
  3 $\frac{1}{11}$ der Summe aller Werte ist.
  Welche Mittelwerte hast du jeweils gebildet?
- Die Werte 1 bis 3 sind Mittelwerte für Entfernungen von Berlin bis zu allen europäischen Hauptstädten. Stimmt das? Begründe.

## Merkwissen

*Eine Rangliste ist eine geordnete Datenreihe.*

Daten können durch drei verschiedene Mittelwerte charakterisiert werden:
- **Arithmetisches Mittel**: Summe aller Werte dividiert durch deren Anzahl
- **Median**: Der Wert, der genau **in der Mitte einer Rangliste** liegt. Bei einer geraden Anzahl von Werten ist der Median das arithmetische Mittel der beiden „mittleren" Werte.
- **Modalwert**: Der Wert, der **am häufigsten** auftritt. Treten mehrere Werte gleich häufig auf, so gibt es mehrere Modalwerte.

## Beispiele

**I** Bestimme die drei verschiedenen Mittelwerte der folgenden Datenreihe.
–1,8  4,6  0  3,5  4,6  –6,6  –4,6  –2,1

**Lösung:**
Arithmetisches Mittel: $x = \frac{-1{,}8 + 4{,}6 + 0 + 3{,}5 + 4{,}6 - 6{,}6 - 4{,}6 - 2{,}1}{8} = \frac{-2{,}4}{8} = -0{,}3$
Rangliste:
–6,6  –4,6  –2,1  –1,8 ¦ 0  3,5  4,6  4,6

Der Median ist hier das arithmetische Mittel von –1,8 und 0, also –0,9.
Modalwert: Nur 4,6 tritt doppelt auf und ist somit der Modalwert.

**II** Die Tabelle zeigt die Verkaufszahlen der drei beliebtesten Smartphones. Welche Mittelwerte können angegeben werden?

| Smartphone | Verkaufszahl |
|---|---|
| π-Phone | 34,8 Millionen |
| Galaxis | 32,6 Millionen |
| Two S | 36,9 Millionen |

**Lösung:**
Der Modalwert der Smartphones ist Two S. Durchschnittlich werden von den drei beliebtesten Smartphones etwa 34,8 Millionen Stück verkauft.

## Verständnis

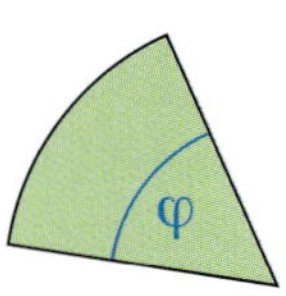

*Zentriwinkel (Mittelpunktswinkel) eines Kreissektors*

- Bei einem Kreisdiagramm gehört der Modalwert zu dem Kreissektor mit dem größten Zentriwinkel. Entscheide, ob die Aussage wahr ist. Begründe.
- Median, Modalwert, arithmetisches Mittel und Minimum einer Datenreihe sind gleich. Ermittle die Spannweite.

1 Ergänze in der Zahlenreihe 91; 93; 95; 99; 99; 101; 103 jeweils drei weitere Zahlen so, dass ...

a) der Modalwert 100 ist.
b) der Median 100 ist.
c) der Durchschnitt 100 ist.
d) die Spannweite 100 ist.
e) arithmetisches Mittel und Median gleich sind.

*„Durchschnitt" ist eine andere Bezeichnung für das arithmetische Mittel.*

2 In der Jahrgangsstufe 9 wurde eine Klassenarbeit geschrieben, bei der maximal 30 Punkte erreicht werden konnten. Die Klassen erzielten folgende Ergebnisse:

| Klasse 9a | Klasse 9b | Klasse 9c |
|---|---|---|
| 28; 14; 20; 23; 29; 17; 30; 30; 27; 15; 18; 22; 27; 30; 29; 9; 18; 17; 29; 30; 25; 26 | 22; 25; 30; 28; 12; 19; 29; 26; 18; 15; 26; 27; 14; 16; 19; 28; 30; 29; 26; 24 | 19; 27; 5; 28; 29; 15; 17; 28; 21; 15; 15; 26; 27; 30; 19; 18; 29; 27; 27; 26; 24; 24 |

a) Stelle die Ergebnisse für jede Klasse grafisch dar.
b) Vergleiche die Ergebnisse der Klassen unter Nutzung von arithmetischem Mittel, Modalwert und Median.
c) Kann der Lehrer mit der Spannweite zufrieden sein? Begründe.

3 Im Fußballtraining wird Elfmeterschießen trainiert. Jeder Spieler schießt zehnmal auf das Tor; der Trainer notiert die Anzahl der Treffer.

| Anzahl der Treffer | 0 | 1 | 2 | 4 | 5 | 7 | 8 |
|---|---|---|---|---|---|---|---|
| Anzahl der Schützen | 2 | 3 | 1 | 3 | 4 | 2 | 2 |

a) Schreibe die Rangliste auf und ermittle den Median.
b) Die Trefferquote der Mannschaft beim Elfmeterschießen wurde im Boxplot veranschaulicht. Übertrage ihn in dein Heft und beschrifte die Zeichen ▢.

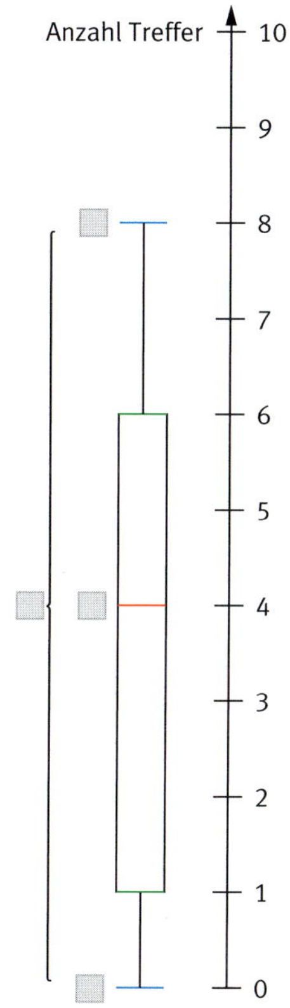


4 In der Tabelle sind die mittleren Temperaturen für Erfurt im Jahr 2012 dargestellt.

| Monat | Jan | Feb | März | April | Mai | Juni | Juli | Aug | Sep | Okt | Nov | Dez |
|---|---|---|---|---|---|---|---|---|---|---|---|---|
| Temperatur in °C | 1,3 | −3,6 | 7,1 | 8,3 | 14,4 | 15,2 | 17,3 | 18,8 | 14,0 | 8,4 | 4,7 | −1,4 |

a) Stelle die Werte in einem geeigneten Diagramm dar.
b) Ermittle das arithmetische Mittel der gegebenen Werte. Entscheide, ob dieser Wert die durchschnittliche Jahrestemperatur angibt. Begründe.

5 Neben gedruckten Büchern gibt es seit einiger Zeit immer mehr E-Books. Eine Umfrage unter deutschen Bürgern ergab, dass ...

- 25 % nie lesen.
- 20 % gedruckte Bücher genauso gerne wie E-Books lesen.
- 15 % gedruckte Bücher wesentlich lieber lesen als E-Books.
- 40 % ausschließlich gedruckte Bücher lesen.

a) Zeichne ein Kreisdiagramm zu den Lesegewohnheiten der Deutschen.
b) Interpretiere Median, Modalwert und arithmetisches Mittel in diesem Zusammenhang.

*Zufallsexperiment (Zufallsversuch)*

Paula startet die abgebildete Stoppuhr und lässt sie eine Weile laufen, bevor sie irgendwann blind die Stopptaste drückt.

- Schätze die Wahrscheinlichkeit, dass die Hundertstelsekunden eine durch vier teilbare Zahl zeigen. Beschreibe deine Überlegungen.
- Entwickle ein Experiment, um diese Wahrscheinlichkeit zu ermitteln. Worauf musst du besonders achten?
- Mit welcher Wahrscheinlichkeit zeigen die Hundertstelsekunden eine ungerade Zahl (eine durch vier teilbare Zahl, eine gerade Zahl)?

## Merkwissen

Ein **Zufallsexperiment** ist ein Experiment, bei dem verschiedene Ergebnisse eintreten können. Die Wiederholung erfolgt unter gleichen Bedingungen, wobei das Ergebnis nicht vorhersehbar ist.
Fasst man mehrere Ergebnisse eines Zufallsexperiments zusammen, so spricht man von einem **Ereignis**.

Führt man ein Zufallsexperiment sehr häufig durch, so nähert sich die relative Häufigkeit h eines Ergebnisses dessen **Wahrscheinlichkeit P** immer weiter an (**Gesetz der großen Zahlen**). Man sagt: Die relative Häufigkeit ist ein Schätzwert für die Wahrscheinlichkeit.

Zufallsexperimente, bei denen alle Ergebnisse gleich wahrscheinlich sind, z. B. das Werfen eines normalen Würfels, heißen **Laplace-Experimente**. Die zugehörigen Wahrscheinlichkeiten heißen **Laplace-Wahrscheinlichkeiten**.
Für die Laplace-Wahrscheinlichkeit eines Ereignisses E gilt:

$$P(E) = \frac{\text{Anzahl der Ergebnisse, bei denen E eintritt}}{\text{Anzahl aller möglichen Ergebnisse des Zufallsexperiments}}$$

**Beispiel**: Würfeln mit einem normalen Würfel
E: „ungerade Zahl"  E = {1; 3; 5}
$P(E) = \frac{3}{6} = \frac{1}{2} = 0{,}5 = 50\,\%$

*Unter einem „normalen Würfel" versteht man hier einen Würfel, bei dem jede Augenzahl mit der gleichen Wahrscheinlichkeit von $\frac{1}{6}$ auftritt. Man spricht auch von einem Laplace-Würfel.*

*Ereignisse können **sicher**, **möglich** oder **unmöglich** sein.*
*Die Wahrscheinlichkeit eines sicheren Ereignisses ist 1, die eines unmöglichen ist 0.*

## Beispiele

*Zahle 50 ct und drehe das Rad zweimal. Ist die Summe durch 3 teilbar, so winkt ein toller Preis.*

**I** a) Ist das Zufallsexperiment in der Randspalte ein Laplace-Experiment? Begründe.
b) Erstelle eine Tabelle mit allen möglichen Summen und bestimme die Wahrscheinlichkeit, einen Preis zu erhalten.

**Lösung:**

a) Das Drehen am Glücksrad ist ein Laplace-Experiment, weil alle Zahlen gleich wahrscheinlich sind. Das Bilden der Summe ist aber kein Laplace-Experiment, da es nicht für alle Summenwerte gleich viele Möglichkeiten gibt (siehe b).

b)

| | | | | |
|---|---|---|---|---|
| 1 + 1 = 2 | 2 + 1 = 3 | 3 + 1 = 4 | 4 + 1 = 5 | 5 + 1 = 6 |
| 1 + 2 = 3 | 2 + 2 = 4 | 3 + 2 = 5 | 4 + 2 = 6 | 5 + 2 = 7 |
| 1 + 3 = 4 | 2 + 3 = 5 | 3 + 3 = 6 | 4 + 3 = 7 | 5 + 3 = 8 |
| 1 + 4 = 5 | 2 + 4 = 6 | 3 + 4 = 7 | 4 + 4 = 8 | 5 + 4 = 9 |
| 1 + 5 = 6 | 2 + 5 = 7 | 3 + 5 = 8 | 4 + 5 = 9 | 5 + 5 = 10 |

Durch 3 teilbar sind 9 von 25 möglichen Ergebnissen, also $P(E) = \frac{9}{25}$.

## VERSTÄNDNIS

Entscheide, ob die Aussagen richtig oder falsch sind. Begründe.
- Wenn beim Münzwurf dreimal hintereinander Wappen kam, ist es keine Laplace-Münze.
- Wenn du einen Laplace-Würfel 60 000-mal wirfst, erhältst du jede Augenzahl ungefähr 10 000-mal.

## AUFGABEN

**1** Ein Würfel wird einmal geworfen. Ermittle die Wahrscheinlichkeit folgender Ereignisse. Die Augenzahl ist …

(1) gerade. (2) durch 2 oder 5 teilbar. (3) keine Primzahl. (4) größer als 6.

**2** Typische Spielgeräte für Laplace-Zufallsexperimente sind beispielsweise:

*In der Mathematik werden Gefäße mit unterscheidbaren Kugeln „Urne“ genannt.*

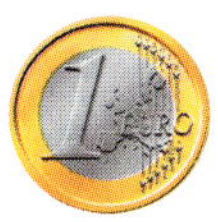

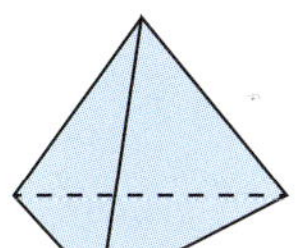
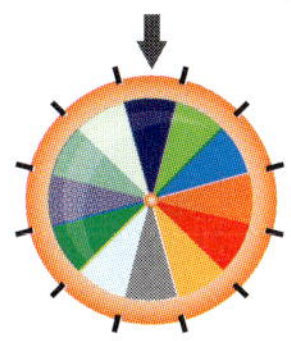
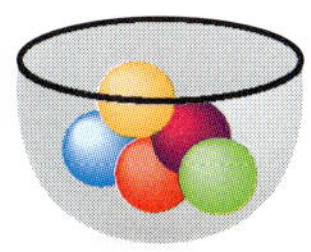

Münze | Würfel | Tetraeder | Glücksrad | Urne

Ordne die Wahrscheinlichkeiten der Ergebnisse den Spielgeräten zu.

$\frac{1}{6}$ $\frac{1}{12}$ $\frac{1}{2}$ $\frac{1}{5}$ $\frac{1}{4}$

**3** Gib die Wahrscheinlichkeiten folgender Ereignisse an.

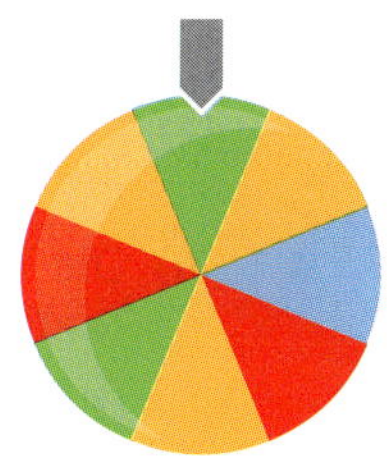
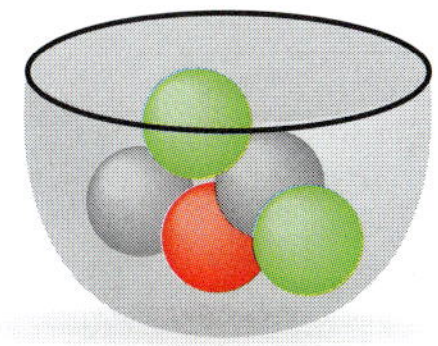

**a)** Mit einem Tetraeder (Ziffern 1–4) wird eine gerade Zahl gewürfelt.
**b)** Das abgebildete Glücksrad bleibt auf gelb stehen.
**c)** Beim Ziehen einer Kugel aus der abgebildeten Urne wird keine graue Kugel gezogen.
**d)** Mit einer Münze wird Wappen oder Zahl geworfen.

**4** Für ein Gewinnspiel steht das abgebildete Glücksrad zur Verfügung.

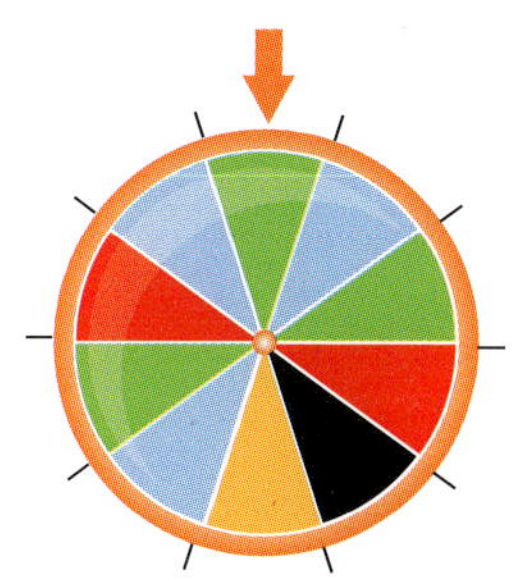

**a)** Gib die Wahrscheinlichkeiten für die einzelnen Farben an.
**b)** Ermittle die Wahrscheinlichkeit, dass das Glücksrad auf blau oder rot steht.
**c)** Wie groß ist die Wahrscheinlichkeit, nicht schwarz (nicht rot) zu erhalten?
**d)** Mit welcher Wahrscheinlichkeit bekommst du weder gelb noch grün?

**5** Theoretisch kann man davon ausgehen, dass die Wahrscheinlichkeit, dass eine beliebig ausgewählte Person an einem bestimmten Tag Geburtstag hat, für jeden Tag des Jahres gleich groß ist. Bestimme unter dieser Annahme die Wahrscheinlichkeiten für die folgenden Ereignisse.

**a)** A: „Die Person hat am 5. Januar Geburtstag.“
**b)** B: „Die Person hat im März Geburtstag.“
**c)** C: „Die Person hat im Sommer Geburtstag.“
**d)** D: „Die Person hat in der 1. Jahreshälfte Geburtstag.“
**e)** E: „Die Person hat in der 1. Jahreshälfte Geburtstag, aber nicht im Sommer.“
**f)** F: „Die Person hat in der ersten Jahreshälfte und im Sommer Geburtstag.“
**g)** Formuliere selbst weitere Ereignisse. Bitte einen Mitschüler, die zugehörigen Wahrscheinlichkeiten zu bestimmen.

**6** Die Abbildung zeigt ein Kartenspiel. Daraus wird eine Karte zufällig gezogen.

**a)** Gib mindestens ein Ereignis an, ...

1 dessen Wahrscheinlichkeit $\frac{1}{32}$ ist.

2 dessen Wahrscheinlichkeit $\frac{1}{2}$ ist.

3 dessen Wahrscheinlichkeit $\frac{7}{8}$ ist.

4 dessen Wahrscheinlichkeit $\frac{15}{16}$ ist.

5 das wahrscheinlicher ist als das Ereignis K: „Es wird ein König gezogen."

6 das weniger wahrscheinlich eintritt als F: „Es wird eine Figurenkarte, aber kein Ass gezogen."

**b)** Gib die Wahrscheinlichkeiten der Ereignisse K und F sowie deiner Ereignisse von 5 und 6 an.

**7** **a)** Denke dir mindestens ein Laplace-Experiment aus, bei dem jedes Ergebnis ...

1 die Wahrscheinlichkeit 25 % hat. 2 die Wahrscheinlichkeit $\frac{3}{9}$ hat.

**b)** Tausche dich mit einem Mitschüler aus und kontrolliert eure Lösung.

**8** In einer Lostrommel sind Gewinnlose und Nieten. Vor dem Verkauf liegt die Gewinnwahrscheinlichkeit ...

1 bei $\frac{1}{8}$. 2 bei $\frac{7}{16}$. 3 bei 9 %. 4 bei 0,04.

**a)** Ermittle eine mögliche Anzahl der Gewinnlose und Nieten, falls die Tombola auf einem Jahrmarkt veranstaltet wird.

**b)** Die Tombola soll zu einer Klassenfeier durchgeführt werden. Wähle eine realistische Gewinnwahrscheinlichkeit und begründe deine Wahl. Gib die Anzahl der Gewinnlose und Nieten an.

**9** Nimm an, dass zu Beginn deiner nächsten Geschichtsstunde eine mündliche Kontrolle in deiner Klasse stattfindet. Betrachte folgende Ereignisse.

1 „Es wird ein Mädchen abgefragt."

2 „Es wird jemand abgefragt, der eine Brille trägt."

3 „Derjenige, der abgefragt wird, trägt Jeans."

4 „Es wird jemand mit langen Haaren abgefragt."

**a)** Bestimme die Wahrscheinlichkeiten der Ereignisse für deine Klasse.

**b)** Gib zu jedem der vier Ereignisse das Gegenereignis und dessen Wahrscheinlichkeit an.

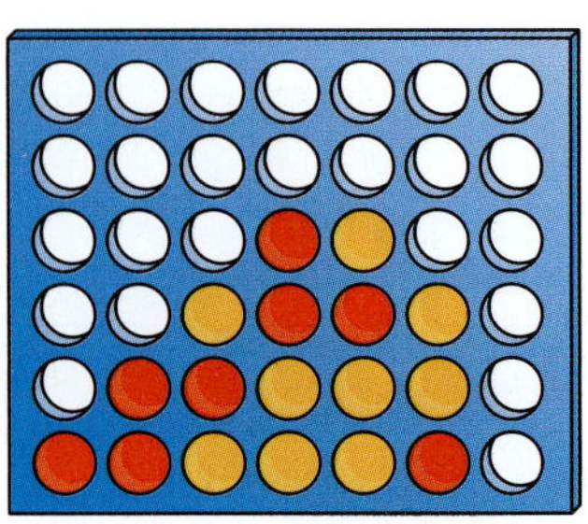

**10** Korbinian spielt mit seinem 4-jährigen Bruder Max „Vier-Gewinnt". Ziel ist es, dass vier Spielsteine gleicher Farbe waagrecht, senkrecht oder diagonal eine Reihe ergeben. Max platziert seine roten Steine willkürlich. Er ist als nächstes am Zug. Mit welcher Wahrscheinlichkeit platziert er seinen Stein so, dass Korbinian dadurch in seinem nächsten Spielzug gewinnen kann?

**11** Maria würfelt zweimal mit einem Würfel, dessen Netz abgebildet ist, und multipliziert die Augenzahlen.

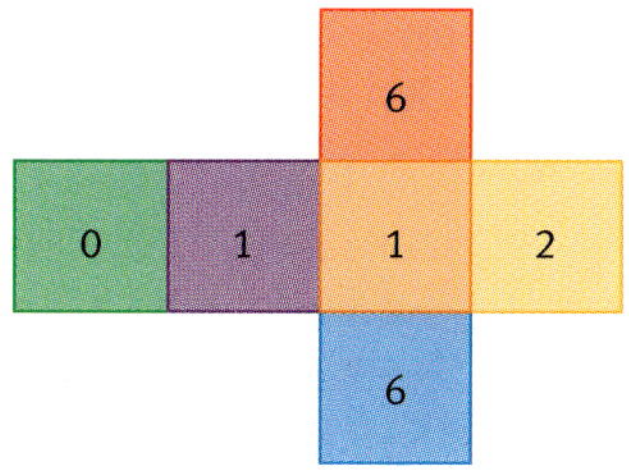


a) Gib ein unmögliches Ergebnis dieses Zufallsexperiment an.

b) Ermittle alle möglichen Ergebnisse.

c) Bestimme die Wahrscheinlichkeit für das Ergebnis 0 (Ergebnis 1).

**12** Bei Bluttransfusionen ist es wichtig, dass die passende Blutgruppe verwendet wird. Die Tabelle zeigt, welche Spender- zu welchen Empfängerblutgruppen passen. In Deutschland haben von 100 Personen durchschnittlich 43 Personen die Blutgruppe A, 11 Personen B, 5 Personen AB und der Rest 0.

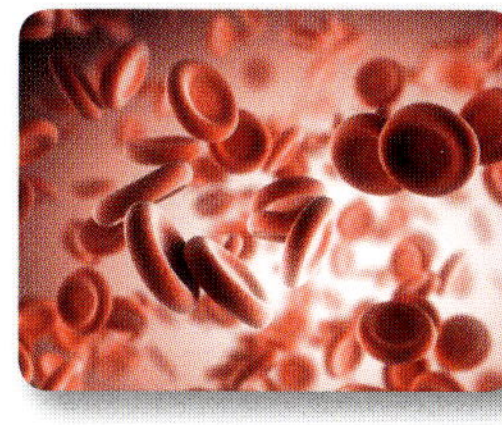

a) Gib für jede Blutgruppe die Wahrscheinlichkeit an, dass ein Spender eine passende Blutgruppe hat.

b) Gib für jede Blutgruppe die Wahrscheinlichkeit an, dass das Blut für einen Empfänger, dessen Blutgruppe noch nicht bekannt ist, geeignet ist.

c) Manche Personen werden als „Universalspender“ bzw. „Universalempfänger“ bezeichnet. Erkläre diese Begriffe mithilfe der Tabelle.

| | | Empfänger | | | |
|---|---|---|---|---|---|
| | | 0 | A | B | AB |
| Spender | 0 | ✓ | ✓ | ✓ | ✓ |
| | A | | ✓ | | ✓ |
| | B | | | ✓ | ✓ |
| | AB | | | | ✓ |

**Spiel**

**Mini-Lotto**

**Vorbereitung**

Beschriftet fünf gleichartige Kugeln mit den Zahlen 1, 2, 3, 4 und 5. Steckt alle Kugeln in eine Schachtel oder ein Säckchen. Pro Person wird ein Lottozettel benötigt.

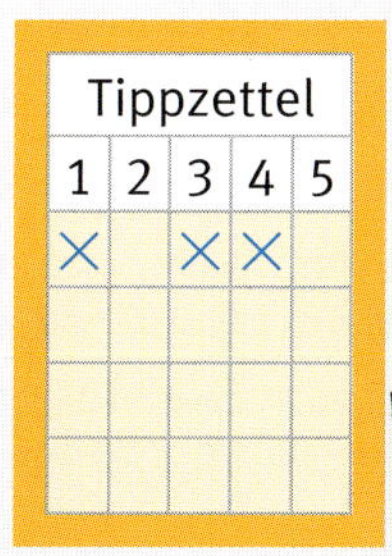

**Ablauf**

Tippen: Jede Person kreuzt drei dieser Zahlen auf einem Lottoschein an.
Ziehen: Eine Person zieht drei Kugeln aus der Schachtel.
Auswerten: Wie viele „Richtige“ hatte jeder? Gab es „Drei Richtige“?

- Führt dieses Mini-Lotto mehrmals durch.
- Legt eine Häufigkeitstabelle an und füllt diese aus.
- Stellt die Ergebnisse grafisch dar.
- Gebt einen ungefähren Schätzwert für die Wahrscheinlichkeit für drei (zwei, eins, null) „Richtige“ an.

| „Richtige“ | 0 | 1 | 2 | 3 |
|---|---|---|---|---|
| Anzahl | ☐ | ☐ | ☐ | ☐ |

Ermittle die genaue Wahrscheinlichkeit für drei (zwei, eins, null) „Richtige“ folgendermaßen:

- Schreibt alle Möglichkeiten auf, z. B. 123, 124, 125 usw. Wie viele gibt es?
- Angenommen, es werden die Zahlen 1, 2 und 5 gezogen. Wie viele Möglichkeiten für drei (zwei, eins, null) „Richtige“ gibt es dann?
- Gebt die Wahrscheinlichkeiten an und vergleicht diese mit eurem Schätzwert.

*Findest du für die Datenreihen auch einen Sachzusammenhang?*

**1** Gib jeweils das arithmetische Mittel, den Median und den Modalwert sowie die Spannweite an.

**a)** 1; 3; 5; 2; 2; 2; 3; 2; 4; 6; 5; 1; 2; 2; 3; 4; 1; 1; 3; 3; 2; 4

**b)** –200; 740; 100; –100; –200; 800; 50;

**2** Die Grafik zeigt die Weltbevölkerung in den Jahren 2010 und 2050 (nach einer UN-Schätzung).

**a)** Auf welchem Kontinent wird sich von 2010 bis 2050 die Weltbevölkerung fast verdoppeln?

**b)** Welcher Kontinent wird 2050 etwa die gleiche Einwohnerzahl wie Europa im Jahr 2010 haben?

**c)** Wie viele Menschen werden 2050 in Europa weniger leben als 2010?

**d)** Deutschland hat 2013 rund 80 Millionen Einwohner. Laut UN-Angaben werden 2050 noch 70,5 Millionen Menschen in Deutschland leben.
Um wie viel Prozent wird die Einwohnerzahl Deutschlands in diesem Zeitraum sinken?

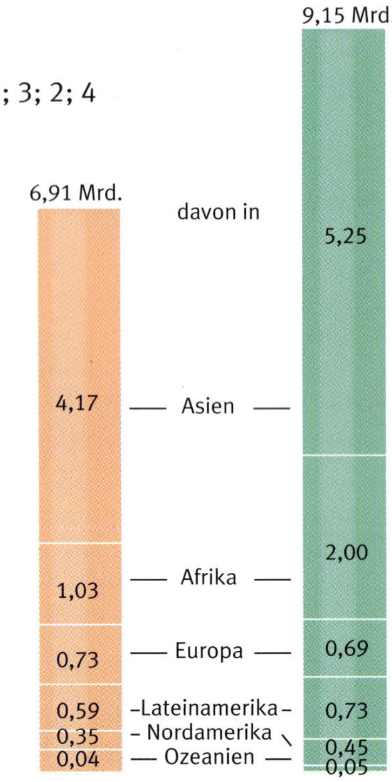


*Lösungen zu 3: 776; 724,8; 746; 1111*

**3** Angegeben sind die Werbeumsätze von Facebook (in Mill. US-Dollar) jeweils für die Quartale in den Jahren 2010, 2011 und 2012.

| | 1. Quartal | 2. Quartal | 3. Quartal | 4. Quartal |
|---|---|---|---|---|
| 2010 | 340 | 424 | 450 | 655 |
| 2011 | 637 | 776 | 798 | 943 |
| 2012 | 872 | 992 | 1086 | ▢ |

**a)** Stelle alle Werte in einem Diagramm grafisch dar.

**b)** Ermittle den Median, das arithmetische Mittel und die Spannweite aller elf Werte. Trage diese Werte in die grafische Darstellung ein.

**c)** Das arithmetische Mittel der Werte für 2012 soll 1015,25 Mill. US-Dollar betragen. Gib einen Wert für das 4. Quartal 2012 an.

*Lösungen zu 4: 38; 36,5; 35; 26; 19; 19,75*

*Verwende das Lineal zum Abmessen.*

**4** Die Abbildungen zeigen den Umsatz einer Firma in zwei aufeinanderfolgenden Jahren. Vergleiche den Median, das arithmetische Mittel und die Spannweite des Umsatzes in den beiden Jahren.

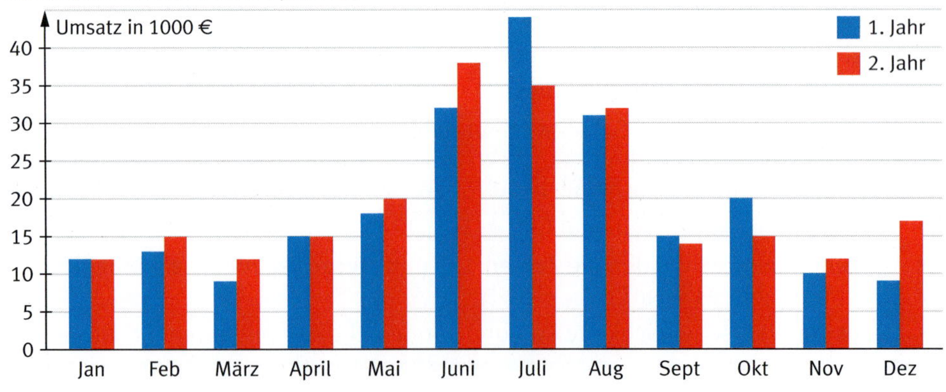

**5** Windkraftanlagen in Thüringen: In der Tabelle sind die Anzahl der Windkraftanlagen und deren Gesamtleistungen ausgewählter Landkreise vom November 2007 angegeben.

| Landkreis | Anzahl | Gesamtleistung in kW |
|---|---|---|
| Unstrut-Hainich-Kreis | 72 | 102 400 |
| Sömmerda | 33 | 47 100 |
| Weimarer Land | 36 | 31 950 |
| Saale-Holzland-Kreis | 46 | 51 674 |
| Eisenach | 27 | 27 800 |

**a)** Stellen Sie die Anzahl der Windkraftanlagen der ausgewählten Landkreise in einem Säulendiagramm dar.

**b)** Um wie viel Prozent ist die erzeugte Gesamtleistung der Windkraftanlagen im Landkreis Sömmerda größer als im Landkreis Weimarer Land?

In Thüringen gab es im November 2007 insgesamt 510 Windkraftanlagen mit einer erzeugten Gesamtleistung von 622 754 Kilowatt.

**c)** Bestimmen Sie die durchschnittliche Leistung einer Windkraftanlage in Thüringen.

**6** Das Diagramm zeigt die Veränderung der Verbraucherpreise im Februar 2012 gegenüber dem Vorjahresmonat.

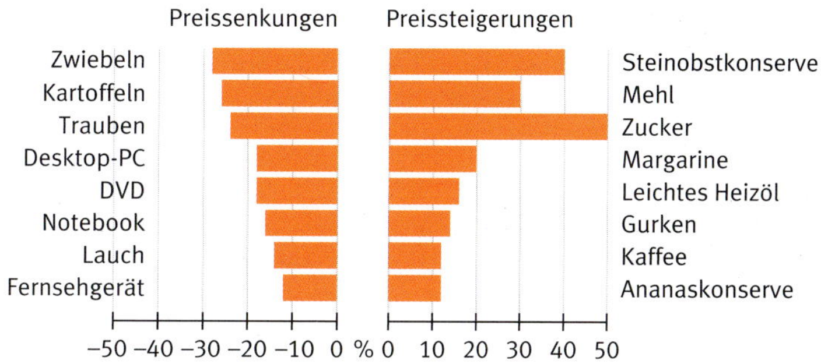


**a)** Erkläre das Diagramm anhand einiger Beispiele.

**b)** Im Februar 2011 hat ein durchschnittliches Notebook 560 € gekostet. Wie viel musste man im Februar 2012 im Mittel bezahlen?

**c)** Ein Fernseher, der im Februar 2012 gekauft wurde, kostete etwa 630 €. Berechne den Betrag, den man ein Jahr früher dafür hätte bezahlen müssen.

**d)** Formuliere mindestens zwei Fragen, die ein Mitschüler anhand der Grafik beantworten soll.

**7** Henriettes Hobby ist Klettern. Bei Regen geht sie gerne in die Kletterhalle und stellt fest: „Ich stürze genauso oft in Kletterrouten mit blauen Griffen wie in solchen mit roten! Trotzdem mag ich die blauen lieber. Dort klettere ich doppelt so häufig wie in den roten.“ Heute ist Henriette mal wieder gestürzt. Wie groß ist die Wahrscheinlichkeit, dass sie gerade eine rote Tour geklettert ist?

**8** Erymbike will mit ihrer Freundin Bircan ins Kino. Weil sie auf deren Weg in die Stadt wohnt, verabreden die beiden, dass Erymbike zu Bircan in die Straßenbahn steigt. Als Erymbike an die Haltestelle kommt, fahren gerade zwei Bahnen ein. Die erste besteht aus vier, die zweite aus sieben Waggons. Erymbike muss entscheiden, in welche Bahn sie einsteigt und in welchen Waggon. Wie groß ist die Wahrscheinlichkeit, dass Erymbike zufällig in den Waggon einsteigt, in dem Bircan sitzt?

Überprüfe deine Fähigkeiten und Kenntnisse. Bearbeite dazu die folgenden Aufgaben und bewerte anschließend deine Lösungen mit einem Smiley.

| ☺ | 😐 | ☹ |
|---|---|---|
| Das kann ich! | Das kann ich fast! | Das kann ich noch nicht! |

Hinweise zum Nacharbeiten findest du auf der folgenden Seite. Die Lösungen stehen im Anhang.

**Aufgaben zur Einzelarbeit**

**1** Gegeben sind folgende Datenreihen.

1 7; 11; 13; 19; 25; 39; 47

2 0,12 m; 13 dm; 1,4 cm; 2 mm; 900 dm

3 1,5 h; 50 min; 1 h 5 min; 1200 s

**a)** Berechne jeweils das arithmetische Mittel.

**b)** Bestimme den Median der Datenreihen.

**2** Formuliere jeweils das Gegenereignis und gib an, ob du dieses für wahrscheinlicher hältst als das ursprüngliche Ereignis. Begründe.

**a)** A: „Beim Mensch-ärgere-dich-nicht-Spiel nimmt Max gelb."

**b)** B: „Höchstens 23 % aller Jungen hatten früher ein BobbyCar."

**c)** C: „Nächstes Schuljahr haben wir eine Mathematiklehrerin."

**d)** G: „Kilian wirft nicht Wappen."

**3** Die fünf höchsten Gebäude Deutschlands stehen alle in Frankfurt und sind mindestens 200 m hoch:

| Gebäude | Höhe |
|---|---|
| Commerzbank Tower | 259 m |
| Messeturm | 257 m |
| Westend Tower | 208 m |
| Main Tower | 200 m |
| Tower 185 | 200 m |

**a)** Stelle die Daten in einem geeigneten Diagramm dar.

**b)** Bestimme das arithmetische Mittel, den Modalwert und den Median. Erkläre die Bedeutung jedes Mittelwerts.

**c)** Gib das Maximum, das Minimum und die Spannweite für die Höhen der höchsten Gebäude an.

**4** Schreibe zu folgenden Zufallsexperimenten die möglichen Ergebnisse auf. Gib zu jedem Ergebnis die zugehörige Wahrscheinlichkeit an. Entscheide jeweils, ob es sich um ein Laplace-Experiment handelt.

**a)** Ziehen einer Kugel aus einer Urne, die 7 violette, 7 gelbe, 4 schwarze und 7 grüne Kugeln enthält

**b)** Produkt der Augenzahlen beim gleichzeitigen Werfen von zwei Würfeln

**c)** Augenzahlen beim Werfen eines roten und eines schwarzen Würfels

**5** Beschreibe den Inhalt des Gesetzes der großen Zahlen an einem selbst gewählten Beispiel.

**6** Bei einer Befragung von 1205 Jugendlichen im Jahr 2012 wurde untersucht, auf welche Medien sie nicht verzichten wollen.

| Medium | Anteil |
|---|---|
| Computer | 26 % |
| Fernsehen | 19 % |
| Internet | 19 % |
| MP3-Player | 21 % |
| Radio | 10 % |
| Zeitschriften/Zeitungen | 5 % |

**a)** Wie viele Jugendliche wollen nicht auf einen Computer verzichten?

**b)** Stellen Sie die Anteile der untersuchten Medien in einem geeigneten Diagramm dar.

**7** Eine Umfrage zur Anzahl der noch lebenden leiblichen Großeltern in einer 9. Klasse ergab das folgende Diagramm:

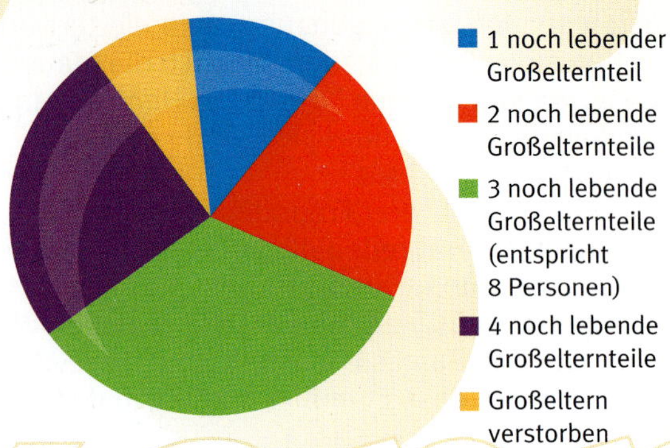


Wie viele Schüler gehen in diese 9. Klasse? Zeichne ein Säulendiagramm so, dass man die absoluten Häufigkeiten direkt ablesen kann.

**8** Die Klasse 9b macht eine Umfrage, bei der sie die folgenden Fragen stellt:

- Bist du ein Mädchen?
- Hast du eine Brille?
- Hattest du schon einmal einen Freund/eine Freundin?
- Gehst du am Wochenende gerne aus?

Die erhobenen Daten sollen grafisch ausgewertet werden. Beschreibe das Vorgehen für die Darstellung in einem geeigneten Diagramm.

**9** Nach der Ziehung der Lottozahlen 1; 5; 19; 25; 26; 49 werden sofort zwei neue Tipps angelegt.
Tipp 1: 1; 5; 20; 25; 40; 49
Tipp 2: 4; 10; 15; 22; 35; 45
Gib den Tipp an, der mit einer höheren Wahrscheinlichkeit gewinnt. Begründe.

### Aufgaben für Lernpartner

**Arbeitsschritte**

1 Bearbeite die folgenden Aufgaben alleine.
2 Suche dir einen Partner und erkläre ihm deine Lösungen. Höre aufmerksam und gewissenhaft zu, wenn dein Partner dir seine Lösungen erklärt.
3 Korrigiere gegebenenfalls deine Antworten und benutze dazu eine andere Farbe.

Sind folgende Behauptungen **richtig** oder **falsch**? Begründe schriftlich.

**10** Das Gegenteil von „nie" ist „immer".

**11** Das Gegenteil von „mindestens fünf" ist „höchstens vier".

**12** Das Gegenteil von „Maren ist in Timo verliebt." ist „Maren ist in Paul verliebt.".

**13** Bei einem Mensch-ärgere-dich-nicht-Würfel fällt die 6 am seltensten.

**14** Man kann alle Daten, die man mit einem Kreisdiagramm veranschaulichen kann, auch mit einem Säulendiagramm darstellen.

**15** Man kann alle Daten, die man mit einem Säulendiagramm veranschaulichen kann, auch mit einem Kreisdiagramm darstellen.

**16** Das arithmetische Mittel von drei Zahlen ist immer genauso groß wie die mittlere dieser Zahlen.

**17** Der Median von drei Zahlen ist immer genauso groß wie die mittlere dieser Zahlen.

**18** Wirft man eine Laplace-Münze 10 Millionen mal, dann ist die Anzahl der Zahl-Würfe auf Hunderttausender gerundet höchstwahrscheinlich 5 Millionen.

**19** Bei der Bewerbung um einen Praktikumsplatz handelt es sich um ein Laplace-Experiment.

**20** Wenn das arithmetische Mittel von vier Zahlen den gleichen Wert hat wie zwei dieser Zahlen, so haben die anderen beiden automatisch auch denselben Wert.

**21** Das arithmetische Mittel von acht positiven und einer negativen Zahl ist immer positiv.

**22** Das Maximum ist immer größer als das Minimum.

**23** Es wird aus einer Urne mit blauen, weißen und roten Kugeln eine Kugel blind gezogen. Falls die Wahrscheinlichkeit für das Ziehen einer blauen Kugel 60 % beträgt, dann ist die Wahrscheinlichkeit, eine weiße Kugel zu ziehen, nicht 40 %.

**24** Die Spannweite kann niemals 0 sein.

| Aufgabe | Ich kann ... | Hilfe |
|---|---|---|
| 1, 3, 16, 17, 20, 21 | das arithmetische Mittel, den Median und den Modalwert von Datenreihen bestimmen. | S. 124 |
| 3, 22, 24 | das Maximum, das Minimum und die Spannweite von Datenreihen ermitteln. | S. 120 |
| 2, 10, 11, 12 | Gegenereignisse angeben. | S. 214 |
| 4 | Ergebnisse von Zufallsexperimenten ermitteln. | S. 126 |
| 5, 13, 18 | das Gesetz der großen Zahlen anwenden. | S. 126 |
| 6, 7, 8, 14, 15 | Daten in einem geeigneten Diagramm darstellen und bewerten. | S. 120 |
| 4, 19 | entscheiden, ob es sich um ein Laplace-Experiment handelt. | S. 126 |
| 9, 23 | die Wahrscheinlichkeit von Ereignissen bei Laplace-Experimenten bestimmen. | S. 126 |

S. 120

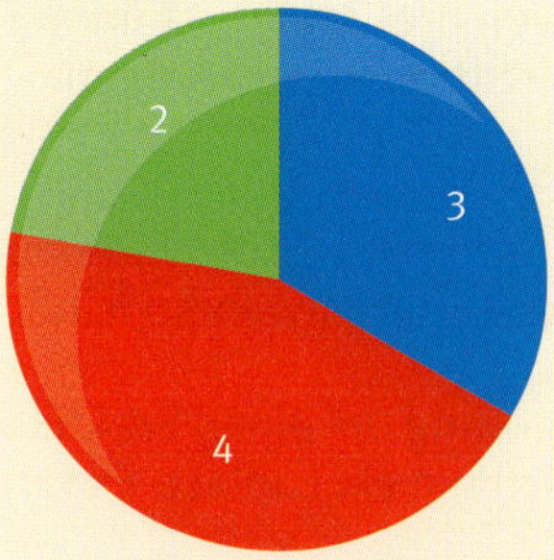


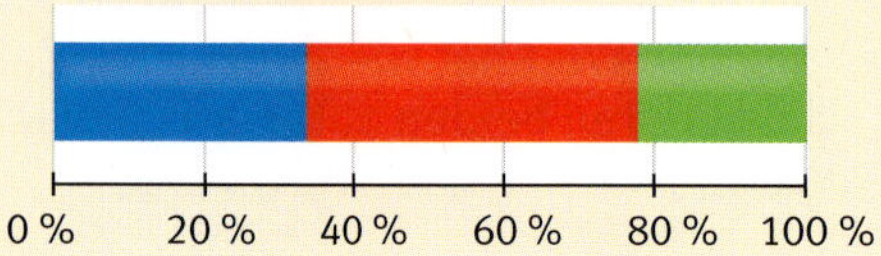


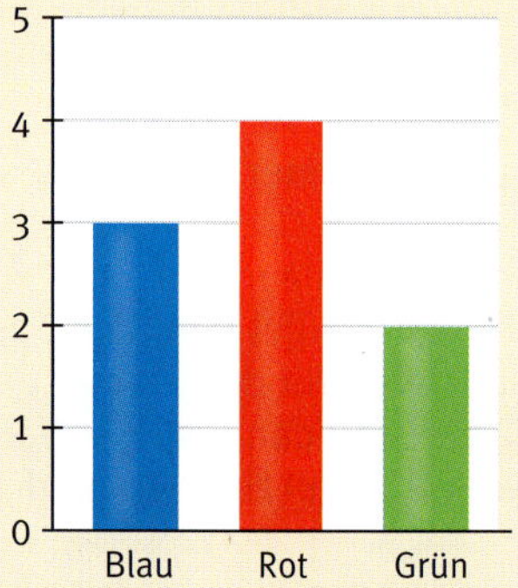


Werden Anteile dargestellt, die zusammen 100 % ergeben, eignen sich **Kreis-** und **Streifendiagramme** besonders gut.

In **Säulendiagrammen** können sowohl Anteile als auch absolute Häufigkeiten dargestellt werden. In der Summe sind mehr als 100 % erlaubt.

S. 124

Daten: 0; 17; 3; –5; 9; –1; 0; 7; 11; 0

Rangliste: –5;–1; 0; 0; 0; 3; 7; 9; 11; 17

- **Arithmetisches Mittel**:
  $\overline{x} = \frac{-5 - 1 + 3 \cdot 0 + 3 + 7 + 9 + 11 + 17}{10} = 4{,}1$
- **Median**: in der Mitte liegen 0 und 3, also ist der Median der Durchschnitt dieser beiden Zahlen, also 1,5.
- **Modalwert**: am häufigsten (3-mal) kommt die 0 vor, also ist sie der Modalwert.

**Mittelwerte**

- **Arithmetisches Mittel** (Durchschnitt):
  $\overline{x} = \frac{\text{Summe der Einzelwerte}}{\text{Anzahl der Einzelwerte}}$
- **Median**: Der Wert, der genau **in der Mitte einer Rangliste** (also einer geordneten Datenreihe) liegt. Wenn es zwei „mittlere“ Werte gibt, ist der Median das arithmetische Mittel dieser beiden Werte.
- **Modalwert**: Der Wert, der **am häufigsten** auftritt. Treten mehrere Werte gleich häufig auf, so gibt es mehrere Modalwerte.

S. 126

Das Werfen eines Tetraeders, bei dem jede Seite eine andere Farbe hat, ist ein Laplace-Experiment. Es gilt:
P (Rot) = P (Blau) = P (Gelb) = P (Grün) = $\frac{1}{4}$ = 25 %

Die Wahrscheinlichkeit, Rot oder Blau zu werfen, ist P (Rot oder Blau) = $\frac{2}{4} = \frac{1}{2}$
Es gibt 2 Möglichkeiten, die zum Ereignis „Rot oder Blau“ passen, und insgesamt 4 verschiedene Möglichkeiten.

Zufallsexperimente, bei denen alle Ergebnisse gleich wahrscheinlich sind, heißen **Laplace-Experimente**. Die Wahrscheinlichkeiten bei einem Laplace-Experiment heißen **Laplace-Wahrscheinlichkeiten**.
Formel zum Berechnen der Laplace-Wahrscheinlichkeit des Ereignisses E:

$$P(E) = \frac{\text{Anzahl der Ergebnisse, bei denen E eintritt}}{\text{Anzahl aller möglichen Ergebnisse}}$$

## Ähnliche Figuren

**1** Gib an, welche Figuren oder Körper ähnlich zueinander sind.

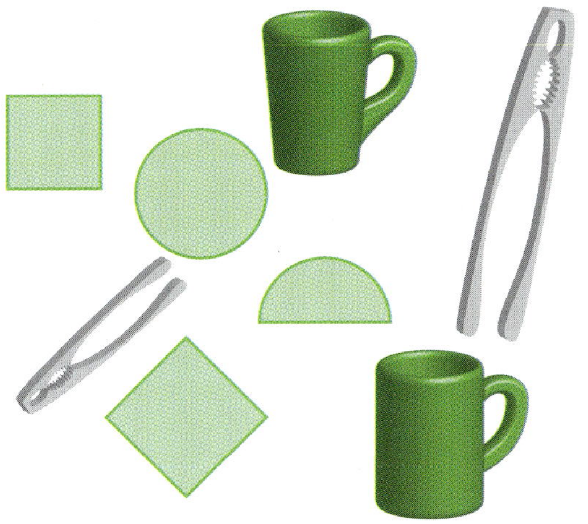

**2** Bestimme die Länge der rot markierten Strecken, wenn die Figuren jeweils zueinander ähnlich sind.

**a)**

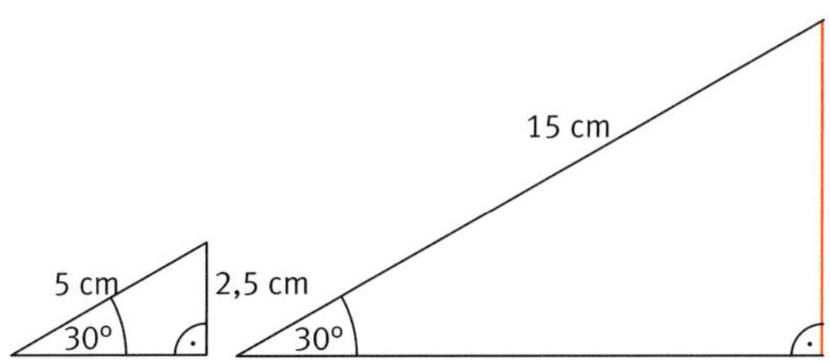


**b)**

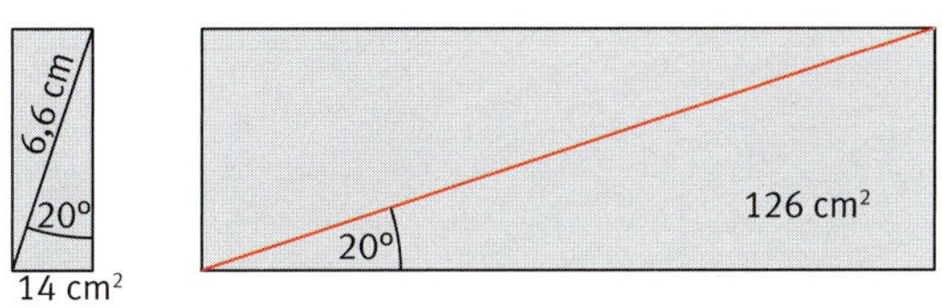


**3**

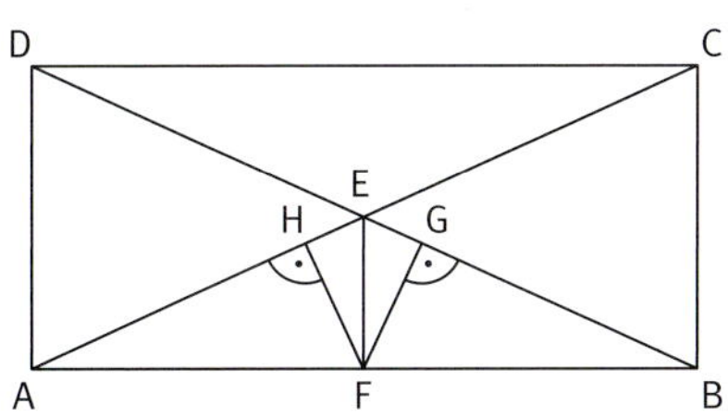


**a)** Gib Dreiecke an, die ähnlich, aber nicht kongruent zueinander sind.

**b)** Begründe die Ähnlichkeit zweier dieser Dreiecke mithilfe des Hauptähnlichkeitssatzes.

## Terme vereinfachen

**4** Vereinfache die Terme so weit wie möglich. Am Ende dürfen keine Klammern mehr vorhanden sein.

**a)** $(a + 3) \cdot (a - 2)$ **b)** $(2a + 3) - (3 - 2a)$

**c)** $(4b + 17a) : 2$ **d)** $17b + 4a : 2$

**e)** $a^2 \cdot 2b \cdot 4a - a^3b$ **f)** $\frac{1}{2}(4a + 2b)(4a - 2b)$

**5** Welche Terme haben jeweils den gleichen Wert $(y \neq 0)$?

1 $x \cdot y \cdot 2x$ 2 $4xy$

3 $x^2 + 2x$ 4 $x^2 \cdot 2y$

5 $2y \cdot (y + x^2) - 2y^2$ 6 $(x + 2y)^2 - x^2 - 4y^2$

7 $\left(\frac{x}{y} + \frac{2}{y}\right) \cdot xy$

**6** Drücke die mit Spielkarten belegte Fläche mithilfe eines Terms aus und vereinfache diesen. Überprüfe, indem du die Karten abzählst.

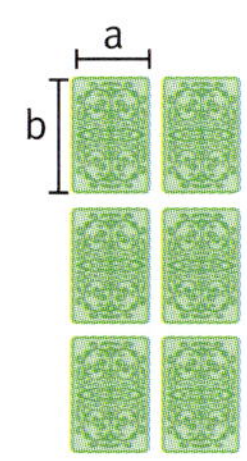


**Beispiel:**
$A = (2 \cdot a) \cdot (3 \cdot b) = 6ab$

**a)**

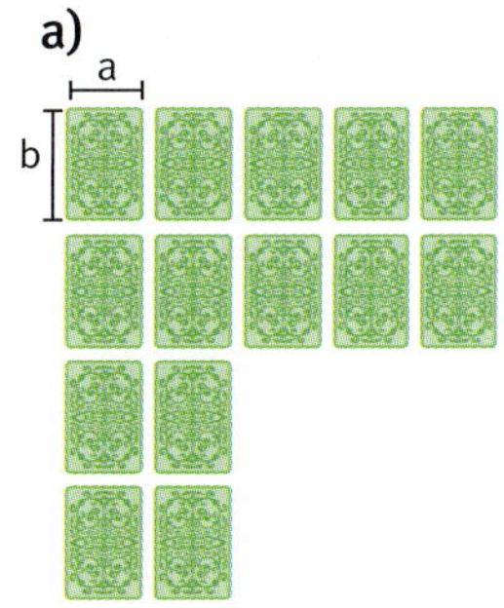


**b)**

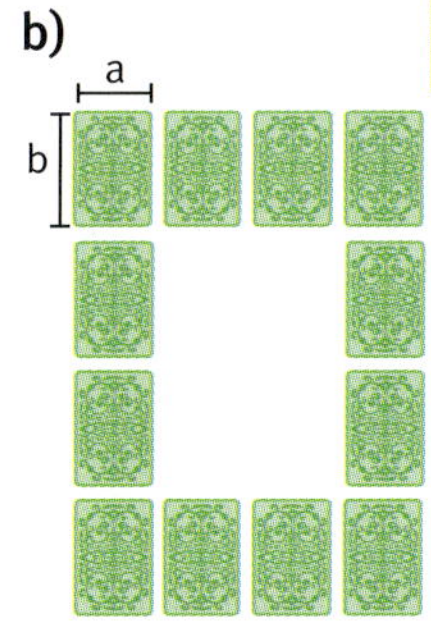


**c)**

**7** Ergänze im Heft die Kästchen so, dass wahre Aussagen entstehen.

**a)** $(k - 1) \cdot (j + 2) = k\square + 2\square - j\square 2$

**b)** $(z + 2) \cdot (z - 3) = z^2 \square \square - 6$

**c)** $(e + f) \cdot 2(f - e) = -2\square^2 \square 2f^{\square}$

**d)** $(2a + 3b) \cdot (2a - \square) = \square - 9b^2$

**e)** $\left(\frac{1}{2}s + t\right) \cdot (2t + 2s) = \square + 3st + \square$

## Lineare Zuordnungen im Alltag

**8** Entscheide, ob die Zuordnung linear ist. Welche Zuordnungen sind sogar proportional?

**a)** Jeder Menge an Äpfeln wird ihr Preis zugeordnet.

**b)** In eine Badewanne wird gleichmäßig Wasser eingelassen. Nach jeder Minute wird die Höhe des Wasserstands gemessen.

**c)** Ein Telefonvertrag besteht aus einer monatlichen Grundgebühr und Kosten pro Gesprächsminute. Je nachdem, wie lange im Monat telefoniert wurde, muss man einen bestimmten Preis bezahlen.

**9** In einem quaderförmigen Schwimmbecken ($3\,\text{m} \times 2\,\text{m} \times 0{,}6\,\text{m}$) muss das Wasser ausgetauscht werden. Pro Minute können etwa 20 l Wasser abgepumpt werden.

**a)** Erkläre, inwieweit die beiden Graphen die Situation beschreiben.

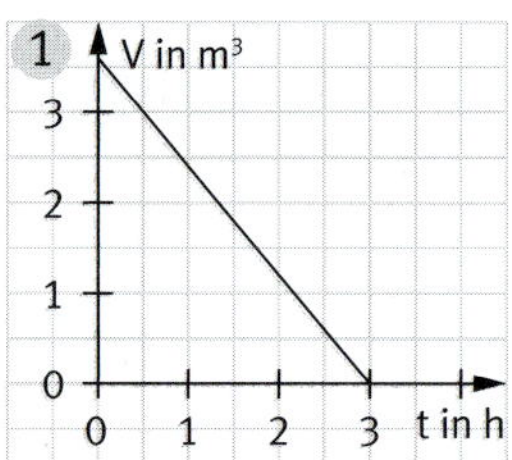


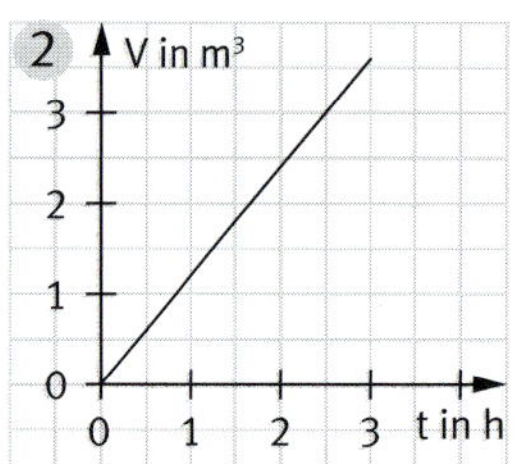


**b)** Gib für beide Graphen die zugehörige Funktionsgleichung an.

**c)** Durch den Gartenschlauch, mit dem das Becken gefüllt wird, fließen 15 l pro Minute.

1 Zeichne den Füllgraphen, bis das Becken komplett gefüllt ist.

2 Gib die Funktionsgleichung für den Füllvorgang an.

**10** 1 $y = 3x$ 2 $y = 2x + 1$ 3 $y = 0{,}5x - 2$

**a)** Nenne Situationen aus dem Alltag, die durch die Funktionsgleichungen beschrieben werden könnten.

**b)** Welche Bedeutung haben jeweils die Steigung und der y-Achsenabschnitt?

## Körper

**11** Aus welchen Einzelkörpern besteht der zusammengesetzte Körper? Beschreibe die Einzelkörper so genau wie möglich.

**a)**

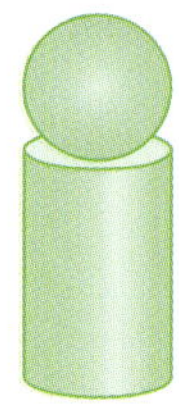

**b)**

**c)**

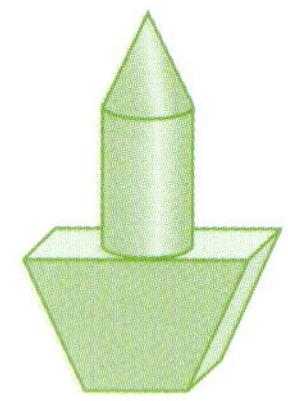

**12** Bestimme jeweils die Anzahl der Ecken, Kanten und Flächen bei den Körpern.

**a)**

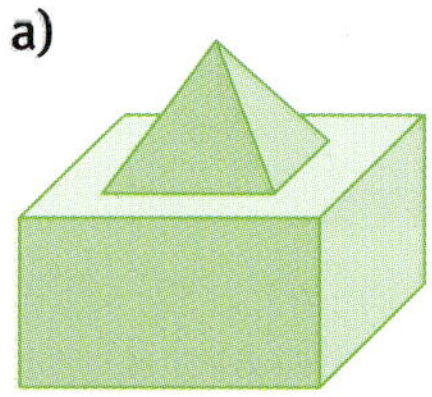

**b)**

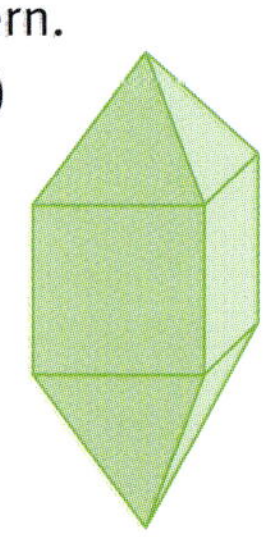

**13** Skizziere das Schrägbild eines Körpers mit den angegebenen Eigenschaften.
Wie viele Ecken bzw. Kanten hat der Körper?

**a)** 7 Flächen; 15 Kanten

**b)** 10 Flächen; 16 Ecken

**14** Bestimme das Volumen der dargestellten Körper (Maße in cm).

**a)**

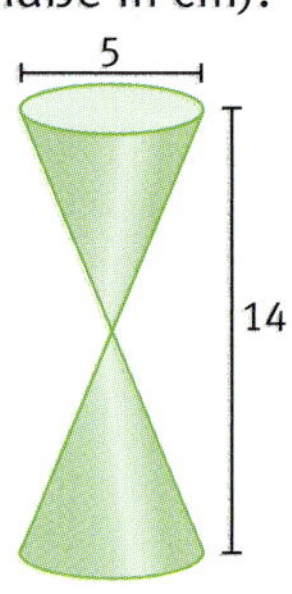


**b)**

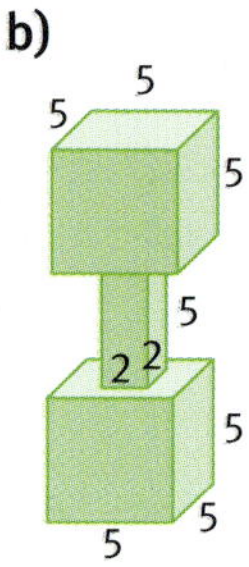


**c)**

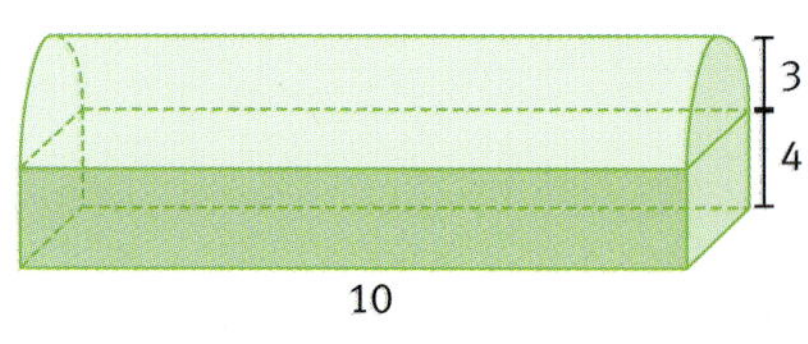

# 6 Sachrechnen

**Einstieg**

- Jedes Jahr verlassen Tausende von Schülerinnen und Schülern in Deutschland das Schulsystem. Bestimme die Anteile der einzelnen Abschlussarten im Jahr 2010 in Prozent.
- Stelle den Sachverhalt grafisch dar.
- Erfahrungsgemäß machen 16 % der Schulabgänger mit oder ohne Hauptschulabschluss einen weiteren Schulabschluss an den beruflichen Schulen (z. B. Hauptschulabschluss, Mittlere Reife). Wie viele der Abgänger waren 2010 hierbei zu erwarten?

Abschlüsse allgemeinbildender Schulen in Deutschland im Jahr 2010

| | Anzahl |
|---|---|
| kein Abschluss | 53 041 |
| Hauptschulabschluss | 173 848 |
| mittlerer Abschluss | 349 137 |
| Fachhochschulreife | 13 295 |
| allgemeine Hochschulreife | 267 850 |

**Ausblick**

**Am Ende dieses Kapitels hast du gelernt, ...**
- Zahlen mit Zehnerpotenzen zu schreiben und zu lesen.
- Gesetzmäßigkeiten beim Rechnen mit Potenzen anzuwenden.
- Sachaufgaben im Bereich der Prozentrechnung zu lösen.
- die Zinsrechnung als Anwendung der Prozentrechnung auszuführen.

*$2 \cdot 2 \cdot 2 \cdot 2 \cdot 2 = 2^5$*

*Exponent*

$2^5$

*Basis*

Ausgehend von einem Ausgangsquadrat sollen durch fortgesetzte Verdopplung und Halbierung die Potenzen mit der Basis 2 untersucht werden:

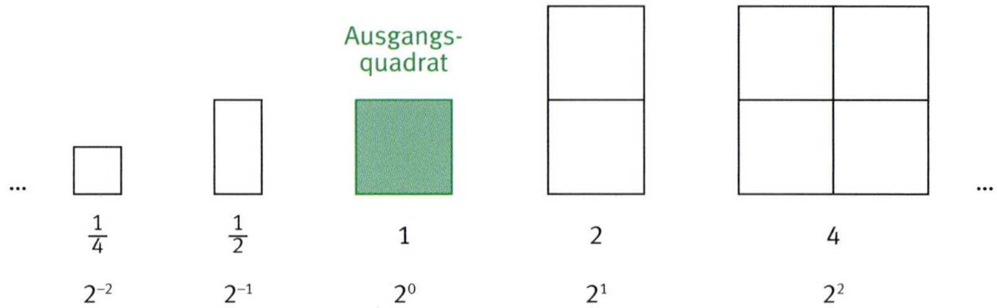


- Setze die Reihe in beide Richtungen um mindestens zwei Schritte fort.
- Stelle ein Ausgangsquadrat mit der Kantenlänge 8 cm her. Stelle größere Quadrate durch Ankleben, kleinere Quadrate durch Zerschneiden her.
- Formuliere eine sinnvolle Festlegung für $2^{-n}$.

## Merkwissen

Produkte aus lauter gleichen Faktoren kann man als **Potenz** schreiben:

$a^n = \underbrace{a \cdot a \cdot \ldots \cdot a}_{\text{n Faktoren}}$

Es gilt: $a^1 = a$ und $a^0 = 1$ $(a \neq 0)$.

Bei Potenzen können die **Exponenten** auch **negativ** sein: $a^{-n} = \frac{1}{a^n}$ $(a \neq 0)$

**Beispiel:** $5^{-2} = \frac{1}{5^2} = \frac{1}{25}$ $\qquad x^{-3} = \frac{1}{x^3}$ $(x \neq 0)$

**Potenzen** mit der **Basis 10** werden als **Zehnerpotenzen** bezeichnet.

| | $\frac{1}{1000}$ | $\frac{1}{100}$ | $\frac{1}{10}$ | | | | | |
|---|---|---|---|---|---|---|---|---|
| ... | $10^{-3}$ | $10^{-2}$ | $10^{-1}$ | $10^0$ | $10^1$ | $10^2$ | $10^3$ | ... |
| | 0,001 | 0,01 | 0,1 | 1 | 10 | 100 | 1000 | |

Der **Exponent einer Zehnerpotenz** gibt an, um wie viele Stellen das **Komma gegenüber der Zahl 1 zu verschieben** ist.

*positiver Exponent: Verschiebung nach rechts*
*negativer Exponent: Verschiebung nach links*

Besonders bei sehr großen und sehr kleinen Zahlen nutzt man die Tatsache aus, dass sich jede Zahl auch mithilfe von Zehnerpotenzen darstellen lässt.

$530\,000 = 5{,}3 \cdot 100\,000 = 5{,}3 \cdot 10^5$ (Komma fünf Stellen nach rechts) $\qquad 0{,}000053 = 5{,}3 \cdot 0{,}00001 = 5{,}3 \cdot 10^{-5}$ (Komma fünf Stellen nach links)

## Beispiele

**I** Schreibe als Quotient und berechne dann.

**a)** $3^{-2}$ **b)** $4^{-3}$ **c)** $10^{-5}$ **d)** $(-4)^{-3}$

**Lösung:**

**a)** $3^{-2} = \frac{1}{3^2} = \frac{1}{9} = 0{,}\overline{1}$

**b)** $4^{-3} = \frac{1}{4^3} = \frac{1}{64} = 0{,}015625$

**c)** $10^{-5} = \frac{1}{10^5} = \frac{1}{100\,000} = 0{,}00001$

**d)** $(-4)^{-3} = \frac{1}{(-4)^3} = \frac{1}{-64} = -0{,}015625$

**II** Schreibe mithilfe einer Zehnerpotenz in der Form $a \cdot 10^n$ mit $1 \leqq a < 10$.

**a)** 7 340 000 **b)** 12 700 000 000 **c)** 0,00000034

*Häufig schreibt man Zahlen mithilfe von Zehnerpotenzen in der Form $a \cdot 10^n$, wobei a eine rationale Zahl zwischen 1 und 10 ist.*

**Lösung:**

**a)** $7\,340\,000 = 7{,}34 \cdot 1\,000\,000 = 7{,}34 \cdot 10^6$

**b)** $12\,700\,000\,000 = 1{,}27 \cdot 10\,000\,000\,000 = 1{,}27 \cdot 10^{10}$

**c)** $0{,}00000034 = 3{,}4 \cdot 0{,}0000001 = 3{,}4 \cdot 10^{-7}$

## Verständnis

- Gib die Zahl $a \neq 0$ an, für die $a^{-1} = a^1$ gilt.
- Begründe, dass $a^{-n}$ nur für $a \neq 0$ gilt.
- Vergleiche: **a)** $100^{10}$ und $10^{11}$ **b)** $100^{10}$ und $10^{100}$ **c)** $100^{-4}$ und $10^{-6}$

## Aufgaben

**1** Schreibe als Quotient und gib dann in Dezimalschreibweise an.

**a)** $3^{-3}$; $5^{-3}$; $4^{-1}$; $2^{-6}$; $10^{-4}$; $6^{-2}$; $8^{-2}$ **b)** $0{,}8^{-2}$; $0{,}25^{-2}$; $(-2)^{-3}$; $(-1)^{-6}$; $12^{-2}$; $0{,}1^{-2}$

**2** Schreibe als Potenz mit der Basis 3.

**a)** 27; 81; 243; 2187 **b)** $\frac{1}{9}$; $\frac{1}{27}$; $\frac{1}{81}$; $\frac{1}{729}$ **c)** $0{,}\overline{3}$; $0{,}\overline{1}$; $0{,}\overline{037}$

**3** Schreibe als Zehnerpotenz.

**a)** 10 000; 100 000; 100 000 000 **b)** 0,001; 0,00001; 0,00000001

**4**

*Bei großen Zahlen zähle ich die „Sprünge“ und schreibe diese Anzahl in den Exponenten zur Basis 10.*
*$12\,400\,000 = 1{,}24 \cdot 10^7$*
*7 „Sprünge“ nach rechts*

*Bei sehr kleinen Zahlen zähle ich die „Sprünge“ vom Komma aus hinter die erste Ziffer ungleich null und schreibe diese Anzahl mit negativem Vorzeichen in den Exponenten zur Basis 10.*
*$0{,}00257 = 2{,}57 \cdot 10^{-3}$*
*3 „Sprünge“ nach links*

**a)** Beschreibe das Vorgehen von Sven und Nina mit eigenen Worten.

**b)** Gehe ebenso vor und schreibe als Zehnerpotenz:
340 000; 76 200 000 000; 67 400; 0,000035; 0,0000002716; 0,00002951; 123 000; 67 344,5; 850 005 000; 0,000045; 0,123456; 0,0000453

**5** **a)** Schreibe ohne Zehnerpotenzen.

1 $4{,}5 \cdot 10^5$ 2 $504{,}06 \cdot 10^3$ 3 $14{,}008 \cdot 10^8$ 4 $14{,}01 \cdot 10^{12}$

5 $1{,}5 \cdot 10^{-4}$ 6 $12{,}05 \cdot 10^{-3}$ 7 $0{,}0051 \cdot 10^{-2}$ 8 $417{,}5 \cdot 10^{-6}$

**b)** Beschreibe mit eigenen Worten ähnlich Aufgabe 4, wie man eine Zahl ohne Zehnerpotenz schreiben kann.

**6** Entscheide, ob die Angabe richtig oder falsch ist. Korrigiere gegebenenfalls.

a) $780 \cdot 10^4 = 7\,800\,000$ b) $1{,}73 \cdot 10^5 = 173\,000$ c) $80 \cdot 10^5 = 8 \cdot 10^6$

d) $9000 \cdot 10^{-4} = 9$ e) $0{,}81 \cdot 10^{-2} = 0{,}081$ f) $4340 \cdot 10^{-2} = 43{,}4$

**7** Bei zahlreichen Größen werden Einheiten mit Vorsilben versehen.

a) Informiere dich über Vorsilben und vervollständige die Tabelle in deinem Heft. Finde möglichst viele Vorsilben.

| Vorsilbe | Zehnerpotenz | Dezimalschreibweise |
|---|---|---|
| Milli | $10^{-3}$ | 0,001 |
| Mega | $10^{6}$ | 1 000 000 |
| | | |

*Ein Computer hat eine 2-Tera-Byte-Festplatte: 2 000 000 000 000 Byte*

b) Zeige an drei Beispielen mit Längen (Massen), wie sich die Vorsilben bei der Darstellung mit Größen sinnvoll einsetzen lassen.

**8**

| | | |
|---|---|---|
| 1 Entfernung Erde – Mond etwa 360 000 km | 3 Etwa 11 300 000 Menschen zwischen 0 und 15 Jahren | 5 Einwohnerzahl ca. 2 210 000 |
| 2 Durchmesser Erde ca. 12 500 km | 4 Verschuldung ca. 2 130 000 000 000 € | 6 Fläche ungefähr 16 200 km² |

Schreibe mithilfe von Zehnerpotenzen der Form $a \cdot 10^n$ so, dass der Faktor vor der Zehnerpotenz eine ...

a) möglichst kleine natürliche Zahl ist. b) rationale Zahl zwischen 1 und 10 ist.

**9** Im Weltraum sind die Entfernungen unvorstellbar groß. Als Längeneinheit verwendet man deshalb die Entfernungen, die das Licht in bestimmten Zeiteinheiten zurücklegt.

| Einheit | Strecke | |
|---|---|---|
| 1 Lichtsekunde (Ls) | 299 792,458 km | $\approx 3 \cdot 10^5$ km |
| 1 Lichtminute (Lm) | 17 987 547,48 km | $\approx 18 \cdot 10^6$ km |
| 1 Lichtstunde (Lh) | 1 079 252 848,8 km | $\approx 1{,}1 \cdot 10^9$ km |
| 1 Lichttag (Ld) | 25 902 068 371,2 km | $\approx 26 \cdot 10^9$ km |
| 1 Lichtjahr (Lj) | 9 460 730 472 580,8 km | $\approx 9{,}5 \cdot 10^{12}$ km |

Berechne die Entfernungen in km und vergleiche diese mit der Formelsammlung.

a) Die mittlere Entfernung von Erde und Mond beträgt ca. 1,3 Ls.

b) Die Erde ist von der Sonne im Mittel ca. 8,3 Lm entfernt.

c) Die mittlere Entfernung zwischen Sonne und Neptun beträgt ca. 4,5 Lh.

d) Finde weitere Entfernungen im Weltraum und stelle sie deiner Klasse vor.

**10** Berechne mit dem Taschenrechner. Gib das Ergebnis auch in der Zehnerpotenzschreibweise an.

**a)** $9\,000\,000^2$ **b)** $4\,000\,000 \cdot 12\,000\,000$
**c)** $0{,}000000008^2$ **d)** $0{,}000003 \cdot 0{,}000713$
**e)** $0{,}000123 : 0{,}000000045$ **f)** $0{,}00094 : 213\,000\,000$

*Anzeige der Zehnerpotenzen beim Taschenrechner:*
*$2.4^{-08}$*
*$2.4 \times 10^{-8}$*
*2.4E–08*

**11** ① $12{,}34 \cdot 10^5 \cdot 500$ ② $0{,}1234 \cdot 10^7 \cdot 500$ ③ $1234 \cdot 10^3 \cdot 50$ ④ $12{,}34 \cdot 10^7 \cdot 5$

**a)** Berechne und vergleiche. Erläutere die Ursache für gleiche Werte.
**b)** Finde mindestens zwei weitere Beispiele derselben Art.

**12**

Pantoffeltierchen werden zwischen $5 \cdot 10^{-2}$ mm und $3{,}2 \cdot 10^{-1}$ mm lang. Sie sind außen von etwa 104 Wimpern umgeben. Als Nahrung fressen sie gerne die viel kleineren Bakterien, deren Durchmesser $3 \cdot 10^{-3}$ mm beträgt. Das Pantoffeltierchen teilt sich unter günstigen Bedingungen bis zu 7-mal am Tag. In einem Gefäß sind $2 \cdot 10^2$ Pantoffeltierchen.

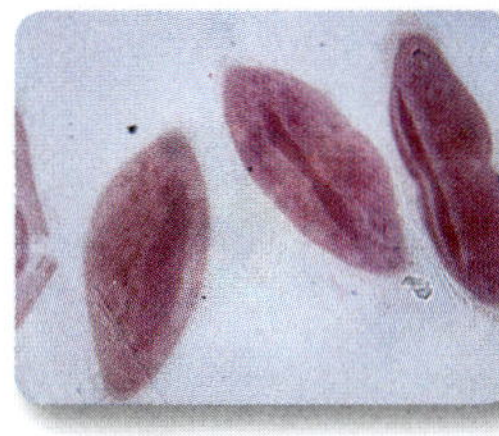

*Mikroskopaufnahme eines Pantoffeltierchens*

**a)** Schreibe die Zahlen nochmals ohne Zehnerpotenzen.
**b)** Rechne die Längen in Meter und Mikrometer um.
**c)** Gib die Größe der Pantoffeltierchen an, wenn man sie unter 100-facher (1000-facher) Vergrößerung betrachtet.
**d)** Ermittle die Anzahl der Pantoffeltierchen nach einem Tag.

**13** In Erfurt lebten 2011 insgesamt 202 270 Einwohner in 110 820 Wohnungen. Von den Einwohnern waren 97 480 männlich. Die Fläche von Erfurt beträgt 26 910 ha. Diese wird von einem 751 km langen Straßennetz durchkreuzt. Insgesamt sind 114 632 Fahrzeuge zugelassen, darunter 92 757 Pkw.

| Fläche | Größe |
|---|---|
| Fläche gesamt | 26 910 ha |
| davon Wohnbaufläche | 1303 ha |
| Gewerbefläche | 1367 ha |
| Verkehrsfläche | 1809 ha |
| Landwirtschaftsfläche | 16 703 ha |
| Wald-/Grünfläche | 4333 ha |
| Freizeitanlagen | 269 ha |
| Gewässer | 360 ha |
| Sonstige Flächen | 766 ha |

**a)** Gib die Anzahl der weiblichen Einwohner in Erfurt an.
**b)** Überprüfe, ob die Bevölkerungsdichte 752 Einwohner/km² beträgt.
**c)** Stelle die Anteile der einzelnen Flächen an der Gesamtfläche in einem Streifendiagramm dar.

*Stelle weitere Aufgaben zu den Daten und lasse sie von einem Partner lösen.*

**Geschichte**

### Alter Stifel

Michael Stifel (geboren um 1487 in Esslingen a. N., gestorben 1567 in Jena) formulierte in seinem Werk „Arithmetica integra“, das 1544 veröffentlicht wurde, die Potenzgesetze.

- Finde Informationen über Michael Stifel heraus. Nutze das Internet.
- Gib einen Überblick über die Potenzgesetze.
- Berechne.

**a)** $5^0 + 5^1 + 5^2$ **b)** $5 \cdot 10^3$ **c)** $5 + 10^0$
**d)** $5 \cdot 10^3 + 5 \cdot 10^2 + 5^0$ **e)** $5{,}1 \cdot 10^3 + 4{,}7 \cdot 10^2$ **f)** $3{,}78 \cdot 10^9 + 2{,}14 \cdot 10^5$

*Gedenktafel in Jena, Kollegiengasse 10*

Potenzen mit derselben Basis:

$3^6 \cdot 3^2 =$ ? $3^8$ $3^{12}$
$3^6 : 3^2 =$ ? $3^4$ $3^3$

$(-4)^8 \cdot (-4)^4 =$ ? $(-4)^{12}$ $(-4)^{32}$
$(-4)^8 : (-4)^4 =$ ? $(-4)^4$ $(-4)^2$

$(-2)^3 \cdot (-2)^2 =$ ? $(-2)^5$ $(-2)^6$
$(-2)^3 : (-2)^2 =$ ? $(-2)^2$ $(-2)^1$

Potenzen mit demselben Exponenten:

$4^2 \cdot 3^2 =$ / $4^2 : 3^2 =$ ? $12^2$ $7^2$ $\left(\frac{4}{3}\right)^2$

$(-6)^3 \cdot (-2)^3 =$ / $(-6)^3 : (-2)^3 =$ ? $12^3$ $(-4)^3$ $3^3$

$(-5)^4 \cdot 2^4 =$ / $(-5)^4 : 2^4 =$ ? $(-10)^4$ $-3^4$ $\left(-\frac{5}{2}\right)^4$

Potenzen potenzieren:

$(5^3)^2 =$ ? $5^6$ $5^5$ $5^1$

$[(-3)^4]^2 =$ ? $(-3)^8$ $(-3)^6$ $( 3)^2$

$\left[\left(\frac{1}{2}\right)^2\right]^5 =$ ? $\left(\frac{1}{2}\right)^{10}$ $\left(\frac{1}{2}\right)^7$ $\left(\frac{1}{2}\right)^3$

- Untersuche, bei welchen Kärtchen sich derselbe Wert ergibt.
- Beschreibe die Gesetzmäßigkeiten, die du erkennst.

### Merkwissen

**Potenzgesetze für Potenzen (a, b ≠ 0) mit rationalen Exponenten m, n und ...**

| **gleichen Basen** | **gleichen Exponenten** |
|---|---|
| $a^m \cdot a^n = a^{m+n}$ | $a^n \cdot b^n = (a \cdot b)^n$ |
| $a^m : a^n = a^{m-n}$ | $a^n : b^n = (a : b)^n$ |

**Potenzieren von Potenzen:** $(a^m)^n = a^{m \cdot n}$

### Beispiele

**I** Fasse zusammen.

a) $a^2 \cdot a^3$ b) $a^4 : a^6$ c) $a^3 \cdot b^3$ d) $a^4 : b^4$ e) $(a^2)^3$

**Lösung:**

*Hier sind die Exponenten sogar ganzzahlig.*

a) $= a \cdot a \cdot a \cdot a \cdot a = a^5$

b) $= \frac{a \cdot a \cdot a \cdot a}{a \cdot a \cdot a \cdot a \cdot a \cdot a} = \frac{1}{a^2} = a^{-2}$

c) $= a \cdot b \cdot a \cdot b \cdot a \cdot b = (a \cdot b)^3$

d) $= \frac{a \cdot a \cdot a \cdot a}{b \cdot b \cdot b \cdot b} = \left(\frac{a}{b}\right)^4$

e) $= a^2 \cdot a^2 \cdot a^2 = a \cdot a \cdot a \cdot a \cdot a \cdot a = a^6$

**II** Vereinfache zunächst so weit wie möglich und berechne dann.

a) $(-5)^3 \cdot (2{,}5)^3$ b) $[(-3)^4]^2$

**Lösung:**

a) $= (-5 \cdot 2{,}5)^3 = -12{,}5^3 = -1953{,}125$ b) $= (-3)^{4 \cdot 2} = (-3)^8 = 6561$

### Verständnis

- $2^3 \cdot 2^3$. Jenny rechnet: $2^{3+3}$, weil die Basen gleich sind. Theresa rechnet: $(2 \cdot 2)^3$, weil die Exponenten gleich sind. Wer hat Recht? Begründe.
- Negative Exponenten verwendet man auch bei Einheiten, z. B. $km \cdot h^{-1}$. Gib ohne negativen Exponenten an. Finde weitere Beispiele.

**AUFGABEN**

*Lösungen zu 1:*
*$-1024$; $-216$; $-64$; $\frac{81}{625}$; 16; 144; 343; 512*

**1** Vereinfache die Potenz so weit wie möglich und berechne dann.

**a)** $4^3 \cdot 2^3$ **b)** $3^4 \cdot \left(\frac{2}{3}\right)^4$ **c)** $0{,}4^5 \cdot (-10)^5$ **d)** $\left(-\frac{3}{4}\right)^3 \cdot 8^3$
**e)** $(-96)^2 : (-8)^2$ **f)** $119^3 : 17^3$ **g)** $7{,}8^4 : 13^4$ **h)** $-27{,}2^2 : 3{,}4^2$

**2** Berechne auf zwei verschiedene Arten.
**Beispiel:** $(3 \cdot 4)^2 = 12^2 = 144$ $(3 \cdot 4)^2 = 3^2 \cdot 4^2 = 9 \cdot 16 = 144$

**a)** ① $(2 \cdot 3)^2$ ② $(2 \cdot 5)^2$ ③ $(2 \cdot 6)^3$ **b)** ① $(11 \cdot 2)^2$ ② $(-2 \cdot 8)^3$ ③ $(-7 \cdot 5)^4$
**c)** ① $\left(\frac{1}{2}\right)^3$ ② $\left(\frac{2}{3}\right)^5$ ③ $\left(\frac{3}{4}\right)^3$ **d)** ① $\left(-\frac{2}{3}\right)^3$ ② $\left(-\frac{1}{4}\right)^2$ ③ $\left(-\frac{4}{7}\right)^4$

**3** Vereinfache durch Anwendung der Potenzgesetze.

**a)** $(2{,}5^3)^2$ **b)** $(3^4)^7$ **c)** $(0{,}5^5)^8$ **d)** $[(-3)^2]^6$
**e)** $(-4{,}2^5)^2$ **f)** $(7^5)^3$ **g)** $(-2^7)^5$ **h)** $(0{,}1^8)^3$
**i)** $[(-2{,}5)^2]^4$ **j)** $[(-1)^6]^8$ **k)** $(-4^3)^{-1}$ **l)** $(0{,}5^{-2})^3$

**4** Suche die richtige Lösung auf den Karten. Zwei Karten bleiben übrig.

$a^4$ | 0 | $a^3$ | $a^2$ | $a^5$ | $a^7$ | 4a | $a^{12}$

**a)** $a + a + a + a$ **b)** $a - a + a - a$ **c)** $a \cdot a \cdot a \cdot a$
**d)** $a^2 \cdot a^3$ **e)** $a^7 : a^5$ **f)** $(a^3)^4$

**5** Berechne ohne Taschenrechner.

**a)** $3^3 \cdot 3^4$ **b)** $3^3 \cdot 5^3$ **c)** $8^{-6} : 4^{-6}$ **d)** $2^5 \cdot 5^5$
**e)** $51^4 : 17^4$ **f)** $3^{-1} \cdot 5^{-1}$ **g)** $(2^3)^2$ **h)** $(2^3)^{-1}$
**i)** $10^{-6} : 10^6$ **j)** $10^6 : 10^{-6}$ **k)** $12a^5 : 4b^{-5}$ **l)** $21n^7 : 3n^5$

**6** Zerlege die Potenzen.

**a)** $24^6 = \square^6 \cdot \square^6$ **b)** $100^{20} = \square^{20} \cdot \square^{20}$ **c)** $12^2 = (\square \cdot \square)^2$ **d)** $2^{-9} = 2^9 : \square^9$

**WISSEN**

**Potenzgesetze unter die Lupe genommen**

Begründungen für die Potenzgesetze ($a \neq 0$, $b \neq 0$) und $m, n \in \mathbb{Z}$:

**Potenzen mit gleicher Basis**

$$a^m \cdot a^n = \underbrace{(a \cdot \ldots \cdot a)}_{\text{m Faktoren}} \cdot \underbrace{(a \cdot \ldots \cdot a)}_{\text{n Faktoren}} = \underbrace{a \cdot \ldots \cdot a \cdot a \cdot \ldots \cdot a}_{\text{(m + n) Faktoren}} = a^{m+n}$$

$$a^m : a^n = \frac{a^m}{a^n} = \frac{\overbrace{a \cdot \ldots \cdot a}^{\text{m Faktoren}}}{\underbrace{a \cdot \ldots \cdot a}_{\text{n Faktoren}}} = \underbrace{a \cdot \ldots \cdot a}_{\text{(m − n) Faktoren}} = a^{m-n}$$

Kürzen der gemeinsamen Faktoren

**Potenzen mit gleichem Exponenten**

$$a^n \cdot b^n = \underbrace{(a \cdot \ldots \cdot a)}_{\text{n Faktoren}} \cdot \underbrace{(b \cdot \ldots \cdot b)}_{\text{n Faktoren}} = \underbrace{(ab) \cdot \ldots \cdot (ab)}_{\text{n Faktoren}} = (ab)^n$$

$$a^n : b^n = \frac{a^n}{b^n} = \frac{\overbrace{a \cdot \ldots \cdot a}^{\text{n Faktoren}}}{\underbrace{b \cdot \ldots \cdot b}_{\text{n Faktoren}}} = \underbrace{\left(\frac{a}{b}\right) \cdot \ldots \cdot \left(\frac{a}{b}\right)}_{\text{n Faktoren}} = \left(\frac{a}{b}\right)^n = (a : b)^n$$

**Potenzen potenzieren**

$$(a^m)^n = \underbrace{a^m \cdot \ldots \cdot a^m}_{\text{n Faktoren}} = \underbrace{\underbrace{(a \cdot \ldots \cdot a)}_{\text{m Faktoren}} \cdot \ldots \cdot \underbrace{(a \cdot \ldots \cdot a)}_{\text{m Faktoren}}}_{\text{n Produkte mit jeweils m Faktoren}} = \underbrace{a \cdot \ldots \cdot a}_{\text{m · n Faktoren}} = a^{m \cdot n}$$

- Erkläre einem Partner die Begründungen mit eigenen Worten.
- Überprüfe die Gesetze für $a = 5$, $b = 3$, $m = 4$ und $n = 5$.

**7** Bestimme x.

a) $4^3 \cdot 4^5 = 4^x$ b) $2^x \cdot 2^3 = 2^7$ c) $3^3 : 3 = 3^x$ d) $(3^5 : 3^2) \cdot 3^3 = x^3$

**8** Übertrage in dein Heft und fülle die Lücken im Stern aus.

*Die Werte in den gelben bzw. blauen Feldern sind die Produkte der angrenzenden Felder.*

a)

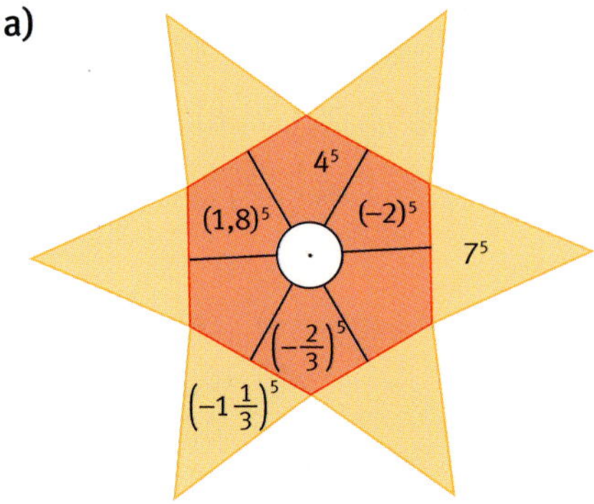


b)

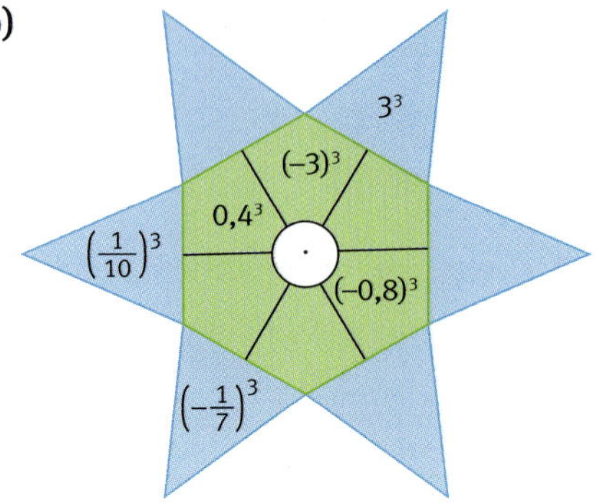


**9** Berechne.

a) $2,8 \cdot 10^4 \cdot 2 \cdot 10^{-2}$ b) $3,4 \cdot 10^2 + 2 \cdot 10^3$ c) $4,6 \cdot 10^{-2} : 2 \cdot 10^{-2}$

d) $4,8 \cdot 10^2 - 8 : 10^{-1}$ e) $2,9 \cdot 10^3 \cdot 3 \cdot 10^2$ f) $5,5 \cdot 10^4 : 3 \cdot 10^{-1}$

**10** Wende Rechengesetze zum vorteilhaften Berechnen der Terme an. Kontrolliere mit dem Taschenrechner.

a) $2,7 \cdot 10^6 + 4,3 \cdot 10^6$ b) $10,3 \cdot 10^9 - 4,3 \cdot 10^9$

c) $0,35 \cdot 10^6 + 65 \cdot 10^4$ d) $3,4 \cdot 10^{-5} + 4,6 \cdot 10^{-5}$

e) $6,8 \cdot 10^{-4} + 2,3 \cdot 10^{-4} + 9 \cdot 10^{-5}$ f) $0,00024 \cdot 10^4 + 0,0076 \cdot 10^3$

**11** Vergleiche die Terme. Was fällt dir auf?

1 $8^5 \cdot x^5 \cdot 3^5$ 2 $24^6 \cdot x^5 \cdot 24^{-1}$ 3 $6^5 \cdot x^2 \cdot x^3 \cdot 4^5$

4 $24^{10} \cdot x^{10} : (24x)^5$ 5 $12 \cdot x^6 \cdot 12^4 \cdot 2^5 \cdot x^{-1}$ 6 $(120 \cdot x^8) : (5 \cdot x^3)$

7 $6^2 : x^{-5}$ 8 $6^2 \cdot x^{10} : x^5$ 9 $6^5 \cdot x^5 \cdot 3^5 \cdot 2^5$

**12** Setze <, > oder = so ein, dass eine wahre Aussage entsteht.

a) $6^4 : 6^3 \;\square\; 1$ b) $6^{-4} : 6^{-3} \;\square\; 1$ c) $0,2^2 : \left(\frac{1}{5}\right)^2 \;\square\; 1$

d) $3^{-4} \cdot 6^4 \;\square\; 1$ e) $(3 : 4)^3 \;\square\; 3^3 : 4^3$ f) $1^{-3} \cdot 0^4 \;\square\; 1$

g) $3^4 : 6^4 \;\square\; 1$ h) $(3 \cdot 4)^3 \;\square\; 3^2 \cdot 4^4$ i) $3^1 \cdot 3^3 \;\square\; 9^2$

**13** Zerlege den großen Würfel. Berechne die Anzahl der kleinen Würfel. Schreibe als Potenz.

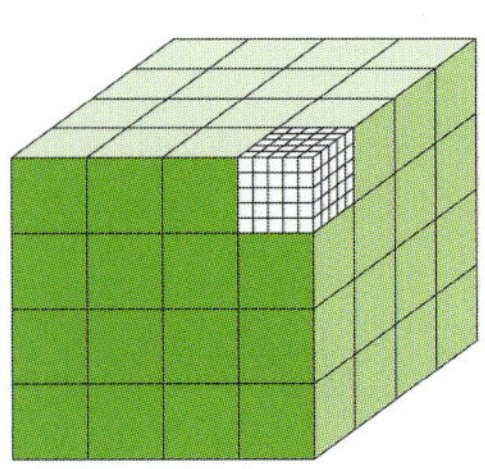

**14** Vereinfache die Terme. Vermeide negative Exponenten.

a) $2 \cdot 2^{-5}$ b) $a^2 \cdot a^{-3}$ c) $b^{-2} : b^{-3}$ d) $(c^2)^{-3}$

e) $5^0 \cdot 3^2 \cdot 3^{-3}$ f) $3 \cdot 10^{-3}$ g) $5^x \cdot 5^{-2x}$ h) $8^{-5} : 4^{-5}$

i) $\left(\left(\frac{1}{3}\right)^2\right)^{-1}$ j) $e^{-1} \cdot f^{-1}$ k) $2 \cdot 3^5 + 7 \cdot 3^5$ l) $(-5)^4 \cdot (-5)^3$

m) $\frac{(3p^{-6}q^3)^{-3}}{(2p^5q^{-2})^4}$ n) $\frac{27a^n}{20b^4} : \frac{9a^4}{12b^n}$ o) $\frac{a^2 \cdot a^3}{(a^2)^3}$ p) $\left(\frac{3ab}{5cd}\right)^4 \cdot \left(\frac{5c}{6a}\right)^3 \cdot \left(\frac{4b}{3d}\right)^2$

**15** Hier stimmt doch was nicht. Finde die Fehler und berichtige.

a) $x^2 \cdot x^4 = x^8$ b) $5^a \cdot 7^a = 21^a$ c) $3^6 \cdot 4^6 = 7^6$

d) $20^4 : 4^4 = 5^0$ e) $4^2 \cdot 4^{-3} = 4$ f) $(a^2 \cdot a^{-3})^{-1} = a^{-1}$

**16** Berechne mit dem Taschenrechner. Runde auf zwei Dezimalen.

a) $9{,}23^{-2}$ b) $7{,}3^{-0{,}5}$ c) $1{,}35 \cdot 10^9 \cdot 5{,}43 \cdot 10^{-11}$ d) $1{,}2^{\frac{2}{3}} \cdot 4{,}1^{\frac{2}{3}}$

e) $\left(4^{\frac{4}{5}}\right)^{\frac{1}{3}}$ f) $5{,}8^{\frac{3}{4}} \cdot 0{,}9^{\frac{1}{2}}$ g) $7{,}3^{\frac{3}{4}}$ h) $2{,}3 \cdot 10^{0{,}2} : 3{,}7 \cdot 10^{\frac{1}{2}}$

*Bei Aufgabe 16 sind die Exponenten nicht immer ganzzahlig – für deinen Taschenrechner kein Problem. Bei den Brüchen im Exponenten verwendest du am besten die Bruchtaste, dann brauchst du um den Exponenten keine Klammern zu setzen.*

*Lösungen zu 16:*
*3,12; 1,45; 0,07; 4,44; 0,37; 0,01; 3,55; 2,89*

**WISSEN**

**Potenzen und Wurzeln**

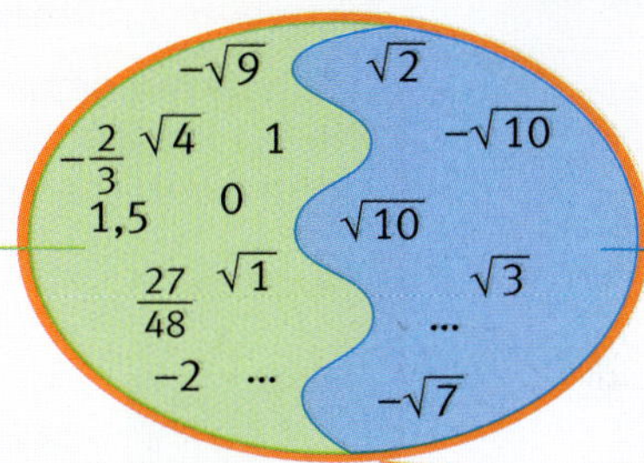


Du kennst bereits Quadrat- und Kubikwurzeln, die das Quadrieren und Potenzieren mit 3 umkehren. Auch für Potenzen mit anderen Exponenten besteht ein solcher Zusammenhang. Durch das Wurzelziehen erhält man rationale und irrationale Zahlen. Jede **rationale Zahl** kann man als Bruch aus zwei ganzen Zahlen darstellen. Jeder unendliche, nicht periodische Dezimalbruch ist eine **irrationale Zahl**. Die Gesamtheit der rationalen und irrationalen Zahlen bezeichnet man als die **Menge der reellen Zahlen** $\mathbb{R}$. Du kennst damit also folgende Zahlenmenden:

natürliche Zahlen: $\mathbb{N}$ ganze Zahlen: $\mathbb{Z}$ rationale Zahlen: $\mathbb{Q}$ reelle Zahlen: $\mathbb{R}$

Unter $\sqrt[n]{a}$ (lies: **n-te Wurzel aus a**) versteht man für $n \in \mathbb{N}$, $n \neq 1$ und $a \in \mathbb{R}_0^+$ diejenige **nichtnegative reelle Zahl b**, deren **n-te Potenz den Wert a** hat: $\sqrt[n]{a} = b$ für $b^n = a$.
a nennt man Radikand, n den Wurzelexponent. Schreibweise: $\sqrt[n]{a} = a^{\frac{1}{n}}$

**Beispiele:**

$\sqrt{4} = 4^{\frac{1}{2}} = 2$, denn $2^2 = 4$
$\sqrt[5]{1024} = 1024^{\frac{1}{5}} = 1 = 4$, denn $4^5 = 1024$
$\sqrt[4]{3^5} = 3^{\frac{5}{4}} = \sqrt[4]{243} \approx 3{,}95$, denn $3{,}95^4 \approx 243 = 3^5$

Beachte: Bei der Quadratwurzel kann man den Wurzelexponenten weglassen.

- Berechne mit dem Taschenrechner. Runde auf zwei Dezimalen.
  a) $340^{\frac{1}{4}}$ b) $0{,}401^{\frac{1}{8}}$ c) $\sqrt[3]{145}$ d) $\sqrt[5]{0{,}87}$
  e) $\sqrt[7]{3456}$ f) $\sqrt[8]{0{,}046}$ g) $\sqrt[10]{840}$ h) $\sqrt[5]{7630}$
- Schreibe als Wurzeln.
  a) $x^{\frac{1}{3}}$ b) $y^{\frac{1}{4}}$ c) $k^{\frac{1}{5}}$ d) $125^{\frac{1}{3}}$ e) $64^{\frac{2}{3}}$ f) $17^{\frac{4}{5}}$
  g) $15^{\frac{3}{5}}$ h) $1^{\frac{3}{5}}$ i) $7^{-\frac{2}{3}}$ j) $5^{-\frac{3}{4}}$ k) $0^{\frac{2}{3}}$
- Vereinfache und vergleiche für $a > 0$.
  a) $\sqrt[3]{4} \cdot \sqrt[4]{a}$ b) $\sqrt[3]{\sqrt[4]{a}}$ c) $\sqrt[4]{a \cdot \sqrt[3]{a}}$ d) $\sqrt[3]{a} \cdot \sqrt[4]{a}$
- Für welche x-Werte ist der Term definiert?
  a) $\sqrt{x}$ b) $\sqrt{-x}$ c) $\sqrt{x+1}$ d) $\sqrt{x-1}$ e) $\sqrt{x^2+1}$
- Ergänze die fehlenden Stellen.
  a) $\sqrt[3]{\square} = 10$ b) $\sqrt[5]{\square} = 4$ c) $\sqrt[\square]{1625} = 5$ d) $\sqrt[4]{\square} = 8$ e) $\sqrt[10]{0}$

*Werbung hat großen Einfluss auf das Kaufverhalten. In einer Umfrage gaben mehr als 60 % der Befragten an, dass Werbung im Fernsehen den größten Einfluss auf die persönlichen Kaufentscheidungen hat. Dann folgen Werbungen in Tageszeitungen und Zeitschriften.*

Heute Vollrabatt: Auf alles 20 %.

- Was bedeutet dieser Werbeslogan? Erläutere an einem Beispiel.
- Erläutere die Aussagen zur Werbung. Sind sie wahr oder falsch?

(1) Voller Rabatt, man muss nichts bezahlen.
(2) Es gibt 20 % Rabatt.
(3) Vom alten Preis wird $\frac{1}{5}$ abgezogen.
(4) Jedes Teil kostet nur noch 20 %.
(5) Wenn der alte Preis 100 € war, dann ist der aktuelle 80 €.
(6) Man muss keine Mehrwertsteuer bezahlen.

*Hundertstelbruch → Prozent*

*$0{,}35 = \frac{35}{100} = \frac{7}{20} = 35\ \%$*

*Dezimalbruch, gekürzter Bruch*

*100 % + p % wird als* ***vermehrter Prozentsatz,*** *100 % – p % als* ***verminderter Prozentsatz*** *bezeichnet.*

## MERKWISSEN

Anteile mit dem Nenner 100 lassen sich als **Prozente** schreiben.
In der Prozentrechnung rechnet man mit den folgenden Größen:
Grundwert G ≙ 100 %    Prozentwert P ≙ p %

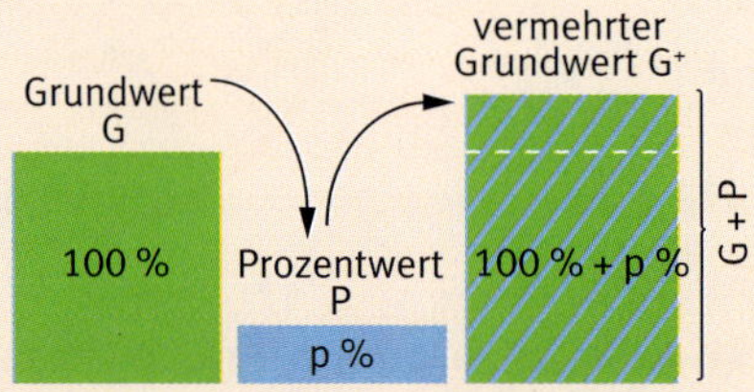


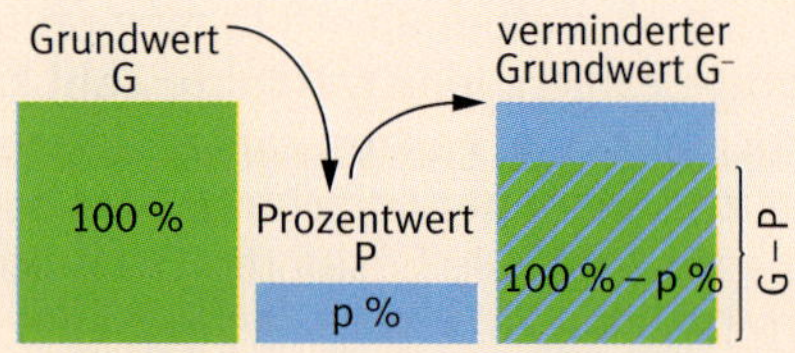


**$G^+$** = Grundwert G + Prozentwert P

$G^+ = G \cdot \left(1 + \frac{p}{100}\right)$

**$G^-$** = Grundwert G – Prozentwert P

$G^- = G \cdot \left(1 - \frac{p}{100}\right)$

## BEISPIELE

*Berechnung des Prozentsatzes*

**I** Wie viel Prozent sind 99 € von 450 €?

**Lösung:**

| (1) Anteil | (2) Tabelle mit Dreisatz | (3) Verhältnisgleichung |
|---|---|---|
| $p\ \% = \frac{P}{G}$<br>$p\ \% = \frac{99\ €}{450\ €} = \frac{22}{100} = 22\ \%$ | Geldbetrag \| p %<br>450 € \| 100 %<br>(: 50) 9 € \| 2 % (: 50)<br>(· 11) 99 € \| 22 % (· 11) | 450 € ≙ 100 %<br>99 € ≙ p %<br>p % = 99 € · 100 % : 450 €<br>p % = 22 % |

*Berechnung des Prozentwerts*

**II** Wie viel sind 45 % von 360 €?

**Lösung:**

| (1) Teil vom Ganzen | (2) Tabelle mit Dreisatz | (3) Verhältnisgleichung |
|---|---|---|
| $P = G \cdot p\ \%$<br>$P = 360\ € \cdot \frac{45}{100} = 162\ €$ | p % \| Geldbetrag<br>100 % \| 360 €<br>(: 20) 5 % \| 18 € (: 20)<br>(· 9) 45 % \| 162 € (· 9) | 100 % ≙ 360 €<br>45 % ≙ P<br>P = 45 % · 360 € : 100 %<br>P = 162 € |

**III** 80 % sind 240 €. Wie viel sind 100 %?

*Berechnung des Grundwerts*

**Lösung:**

| 1 Vom Teil zum Ganzen | 2 Tabelle mit Dreisatz | 3 Verhältnisgleichung |
|---|---|---|
| $G = P : p\,\%$<br>$G = 240\,€ : \frac{80}{100}$<br>$G = 240\,€ \cdot \frac{100}{80} = 300\,€$ | p % \| Geldbetrag<br>: 8 ( 80 % \| 240 € ) : 8<br>· 10 ( 10 % \| 30 € ) · 10<br>100 % \| 300 € | 80 % ≙ 240 €<br>100 % ≙ G<br>G = 100 % · 240 € : 80 %<br>G = 300 € |

## Verständnis

- Begründe den folgenden Zusammenhang: Bei gleichem Prozentwert ist der Grundwert umso größer, je kleiner der Prozentsatz ist.
- Erkläre, warum der verminderte Grundwert stets kleiner als 100 % ist.

## Aufgaben

**1** Berechne die gesuchte Größe auf mindestens zwei verschiedene Arten.

a) Berechne den Prozentsatz.
1 12 cm von 15 cm; 2 11 g von 20 g; 3 30 m von 45 m
4 288 € von 450 €; 5 88 t von 110 t; 6 204 km von 240 km

b) Berechne den Prozentwert.
1 12 % von 156,75; 2 19 % von 240 €; 3 6 % von 450 m
4 88 % von 320,50 €; 5 64 % von 850 g; 6 1,5 % von 344 €

c) Berechne den Grundwert.
1 30 % sind 216 €.; 2 $42\frac{3}{4}$ g sind 45 %.; 3 15 % sind 11,7 m.
4 4 % sind 38,62 €.; 5 12,5 % sind 850 cm.; 6 11,48 € sind 2,5 %.

*Lösung zu 2a:*
*$66\frac{2}{3}$ %; 55 %;*
*80 %; 64 %; 85 %; 80 %*

**2** Berechne die fehlende Größe.

| | a) | b) | c) | d) | e) | f) |
|---|---|---|---|---|---|---|
| G | 317 € | 640 km | 2600 | 45 min | ▢ | ▢ |
| P | 63,40 € | ▢ | 2938 | ▢ | 510,6 kg | 371 € |
| p % | ▢ | 15 % | ▢ | 10 % | 37 % | 14 % |

*Lösung zu 2:*
*113 %; 4,5 min; 20 %;*
*1380 kg; 2650 €; 96 km*

**3** Übertrage die Tabelle in dein Heft und ergänze die fehlenden Angaben.

| | a) | b) | c) | d) | e) | f) |
|---|---|---|---|---|---|---|
| alter Preis | 420 € | 320 € | 845 € | ▢ | ▢ | ▢ |
| Änderung um | + 9 % | ▢ | ▢ | ▢ | ▢ | ▢ |
| vermehrter/ verminderter Prozentsatz | ▢ | 72 % | ▢ | 105 % | 25 % | ▢ |
| dezimale Änderung | ▢ | ▢ | 1,02 | ▢ | ▢ | 0,8 |
| neuer Preis | ▢ | ▢ | ▢ | 672 € | 348 € | 85 € |

*Ein „+“-Zeichen zeigt bei der Änderung eine Erhöhung an, ein „–“-Zeichen eine Reduzierung.*

**4** Die Preise für einige Artikel werden wie auf dem Preisschild angegeben verändert.

**a)** Gib an, um wie viel Prozent der alte Preis verändert wurde.

**b)** Wie viel Prozent des ursprünglichen Preises entspricht der neue Preis?

~~49 €~~ 44,59 €

~~150 €~~ 127,50 €

~~2,39 €~~ 2,87 €

**5** Sara vergrößert ein Rechteck (Länge 20 cm, Breite 15 cm) am Kopierer um 25 %. Sie stellt die Vergrößerung auf 125 % ein.

**a)** Gib die Seitenlängen des vergrößerten Rechtecks an.

**b)** Das größere Rechteck verkleinert Sara wieder um 25 %, um das Ausgangsrechteck zu erhalten. Doch die Rechtecke sind nicht gleich groß.

① Entscheide, ob das verkleinerte Rechteck größer oder kleiner als das Ausgangsrechteck ist. Begründe deine Entscheidung.

② Ermittle die Einstellung für den Kopierer so, dass Ausgangs- und „Endrechteck“ gleich groß sind.

**c)** Formuliere weitere „Kopieraufgaben“ für einen Mitschüler.

*Probiere an einem Zahlenbeispiel (z. B. 100 €) aus. Versuche anschließend allgemein mit den Begriffen der Prozentrechnung zu argumentieren.*

**6** Sind folgende Aussagen wahr? Überprüfe an Beispielen.

**a)** Zweimal um 50 % erhöhen ist das Gleiche wie einmal um 100 %.

**b)** Der um 20 % verminderte Eröffnungspreis wird wieder um 20 % erhöht, um den Originalpreis zu erhalten.

**c)** Gib mindestens zwei weitere Beispiele an.

**7** Auf einer Pralinenschachtel stehen folgende Angaben.

| Eine Praline (38 g) enthält … | | | | |
|---|---|---|---|---|
| 225 kcal | 18,5 g Zucker | 15,4 g Fett | 10,6 g gesätt. Fettsäuren | 0,02 g Salz |
| 11 % | 21 % | 22 % | 53 % | < 1 % |
| der empfohlenen Tagesmenge | | | | |

**a)** Ermittle jeweils die empfohlene Tagesmenge an Kilokalorien (kcal), Zucker, Fett, gesättigten Fettsäuren und Salz.

**b)** Maria isst drei Pralinen. Wird die empfohlene Tagesmenge überschritten?

**c)** Informiere dich im Internet über die empfohlene Tagesmenge für Jugendliche in deinem Alter. Vergleiche mit den Angaben in der Tabelle.

**8** Nach der Thüringer Bauordnung darf das Gefälle von Rampen maximal 6 % betragen.

**a)** Überprüfe die Zulässigkeit folgender Rampen (Maßangaben in cm).

① ② ③

**b)** Zeichne verschiedene Rampen, die ein Gefälle von 6 % haben.

**9** Ersetze die Buchstaben durch die fehlenden Angaben.

a) 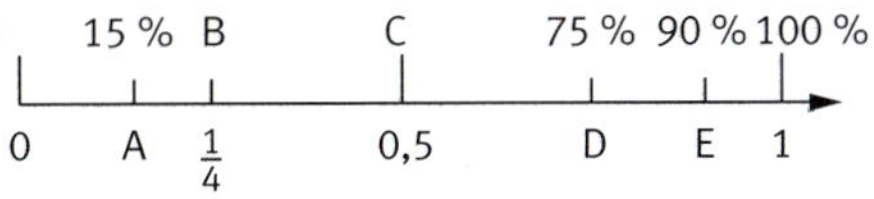


b) 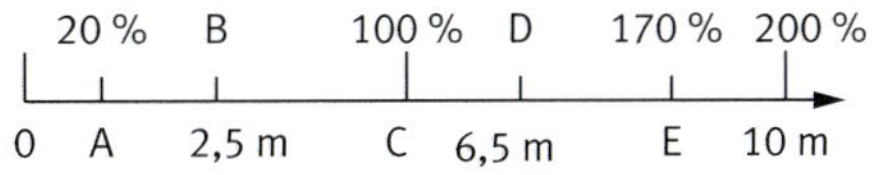


**10** a) Herr Mimkes verdient 1685,00 € im Monat. Nach einer Gehaltserhöhung bekommt er nun 1735,55 €. Um wie viel Prozent wurde das Gehalt erhöht?

b) Ein Smartphone kostet netto 165 €. Berechne den Verkaufspreis.

c) Das Bruttoeinkommen von Familie Hiob beträgt 1842 €. Davon gehen 36 % als Abzüge ab. Berechne das Nettoeinkommen.

d) Die Fahrzeit eines ICE verringert sich durch eine Neubaustrecke um 18 min und somit um 7,5%. Berechne die alte und neue Fahrzeit.

*Die Mehrwertsteuer beträgt 19 %.*

**11** Formuliere eine Frage und berechne.

a) Im Autohaus hängt an einem Auto das in der Randspalte abgebildete Schild.

b) Zur Geschäftseröffnung gibt es 10 % Rabatt. Der Fernseher kostet jetzt nur noch 675 €.

c) An einer Schule mit 650 Schülern fahren regelmäßig 35 % mit dem Bus und 47 % mit dem Fahrrad.

**12** Viele kranke Menschen sind darauf angewiesen, dass sie ein lebenswichtiges Organ von einem Menschen bekommen, der gerade erst gestorben ist. Doch es gibt oftmals nicht genug Organe. Die Grafik zeigt den Unterschied zwischen dem Bedarf an Spenderorganen und den tatsächlich transplantierten Organen im Jahr 2011 in Deutschland.

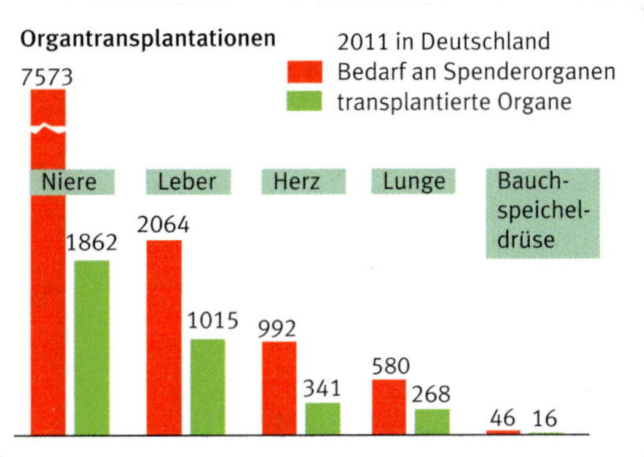


a) Ermittle jeweils den prozentualen Anteil für die verschiedenen transplantierten Organe im Vergleich zum Bedarf.

b) Zeichne jeweils ein zugehöriges Kreisdiagramm.

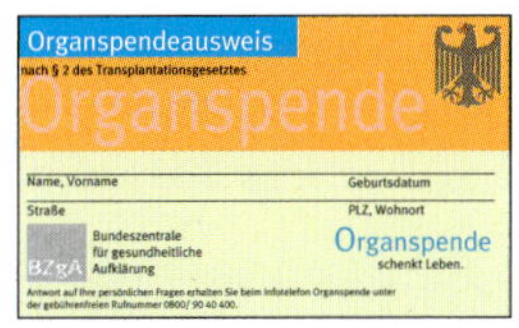


*Viele Menschen tragen einen Organspendeausweis, der Auskunft darüber gibt, ob und wenn ja welche Organe nach ihrem Tod entnommen werden dürfen.*

**13** In der Grafik sind Kraftstoffpreise für Super E10 bzw. Diesel im Tagesverlauf in Deutschland dargestellt.
Berechne an einigen selbst gewählten Beispielen den prozentualen Unterschied der Preise für Super E10 bzw. Diesel um 8.00 Uhr und um 18.00 Uhr.

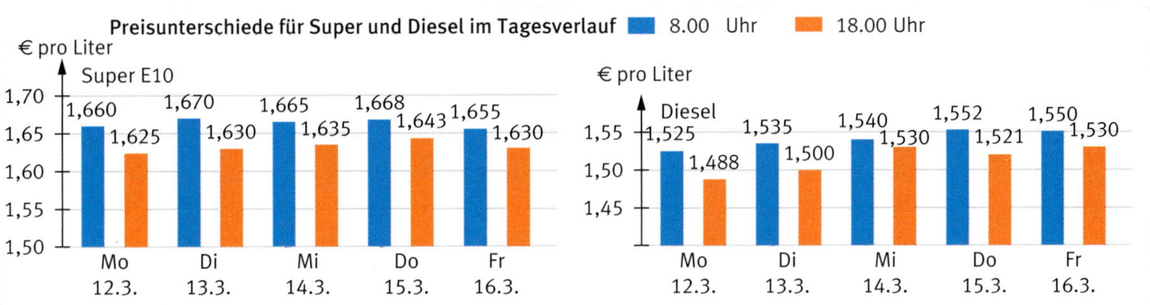

# 6.4 Zinsrechnung

In der Welt der Banken und Finanzen bezeichnet man die Prozentrechnung als Zinsrechnung.

- Ordne die Begriffe aus der Zinsrechnung den entsprechenden Begriffen in der Prozentrechnung zu.
- Suche weitere Begriffe, die in der Zinsrechnung verwendet werden.
- Erkläre anhand von Sachsituationen die Verwendung der Begriffe in der Zinsrechnung einem Partner.

Auf Einlagen 2,5 % Zinsen

Ein Kredit über 10 000 € wird zu 3,2 % gewährt.

Bei Finanzierung eines Gebrauchtwagens in dieser Woche nur 1,9 % Zinsen.

Auf eine Aktie im Wert von 50 € wird eine Dividende über 1,20 € ausbezahlt.

| *Zinsrechnung* | *Prozentrechnung* |
|---|---|
| *K: Kapital* | *G: Grundwert* |
| *Z: Zinsen* | *P: Prozentwert* |
| *p %: Zinssatz* | *p %: Prozentsatz* |

*Vereinbarung:*
*1 Monat hat 30 Tage.*
*1 Jahr hat 360 Tage.*

## Merkwissen

Die **Zinsrechnung** ist eine Anwendung der Prozentrechnung.

Berechnung der **Zinsen Z nach einem Jahr** bzw. **Teil des Jahres**:

**Jahreszinsen** (1 Jahr): $Z = K \cdot p\,\%$

**Monatszinsen** (m Monate): $Z = K \cdot p\,\% \cdot \frac{m}{12}$

**Tageszinsen** (t Tage): $Z = K \cdot p\,\% \cdot \frac{t}{360}$

## Beispiele

**I** 5000 € werden zu 3,2 % angelegt. Berechne das Kapital nach einem Jahr.

*Vermehrte bzw. verminderte Prozentsätze bezeichnet man in der Zinsrechnung als **Zinsfaktoren**.*

**Lösungsmöglichkeiten**:
Gegeben: K = 5000 €; p % = 3,2 % Gesucht: Kapital nach 1 Jahr: K (1)
Rechnung:

① $Z = K \cdot p\,\%$
$Z = 5000\,€ \cdot \frac{3{,}2}{100} = 165\,€$
$K(1) = 5000\,€ + 165\,€ = 5165\,€$

② $K(1) = K \cdot \left(1 + \frac{p}{100}\right)$
$K(1) = 5000\,€ \cdot 1{,}032 = 5165\,€$

**II** Ermittle die Zinsen für ein Guthaben von 1000 € bei einem Zinssatz von 2,5 % nach 200 Tagen.

*Bei den Zeiträumen muss man auf gleiche Einheiten (Tage, Monate) achten, dann kann man die Einheit weglassen.*

**Lösung:**
Gegeben: K = 1000 €; p % = 2,5 %; t = 200 Gesucht: Z (200)
Rechnung:
$Z = K \cdot p\,\% \cdot \frac{t}{360}$ $Z = 1000\,€ \cdot \frac{2{,}5}{100} \cdot \frac{200}{360} = 13{,}89\,€$

**III** Wie lange wurde das Konto mit 450 € überzogen, wenn man bei einem Zinssatz von 5 % Zinsen in Höhe von 18,75 € bezahlen muss?

*Die Rechnung kann mit der Formel für Monatszinsen oder Tageszinsen gelöst werden.*

**Lösungsmöglichkeiten**:
Gegeben: K = 450 €; Z (t) = 18,75 €; p % = 5 % Gesucht: Zeit t (m)
Rechnung:

① $Z = K \cdot p\,\% \cdot \frac{m}{12}$
$18{,}75\,€ = 450\,€ \cdot \frac{5}{100} \cdot \frac{m}{12}$
m = 10 (Monate)

② $Z = K \cdot p\,\% \cdot \frac{t}{360}$
$18{,}75\,€ = 450\,€ \cdot \frac{5}{100} \cdot \frac{t}{360}$
t = 300 (Tage)

## Verständnis

- Erkläre die Aussage: „Mit einem Zinsfaktor kann man direkt das Kapital nach einem Jahr berechnen."
- Beschreibe unterschiedliche Möglichkeiten, mit denen man die Jahreszinsen (Kapital, Zinssatz) berechnen kann.

## Aufgaben

**1** Berechne den Zinssatz p %.

| | a) | b) | c) | d) | e) |
|---|---|---|---|---|---|
| K | 222,00 € | 352,00 € | 10 500,00 € | 8520,00 € | 7324,00 € |
| Z | 5,55 € | 6,69 € | 367,50 € | 191,70 € | 145,75 € |
| p % | ▢ | ▢ | ▢ | ▢ | ▢ |

*Lösungen zu 1:*
*1,99 %; 3,5 %; 1,9 %; 2,5 %; 2,25 %*

**2** Berechne das Kapital K.

| | a) | b) | c) | d) | e) |
|---|---|---|---|---|---|
| K | ▢ | ▢ | ▢ | ▢ | ▢ |
| Z | 3,40 € | 13,35 € | 334,60 € | 17,22 € | 326,40 € |
| p % | 1,7 % | 2,4 % | 3,5 % | 3,2 % | 3,4 % |

*Lösungen zu 2:*
*538,13 €; 556,25 €; 200 €; 9560 €; 9600 €*

**3** Berechne die Zinsen Z.

| | a) | b) | c) | d) | e) |
|---|---|---|---|---|---|
| K | 1000,00 € | 1430,00 € | 20 300,00 € | 871,43 € | 47 368,40 € |
| Z | ▢ | ▢ | ▢ | ▢ | ▢ |
| p % | 1,6 % | 2,2 % | 4,5 % | 3,5 % | 1,9 % |

*Lösungen zu 3:*
*900,00 €; 913,50 €; 30,50 €; 31,46 €; 16 €*

**4**

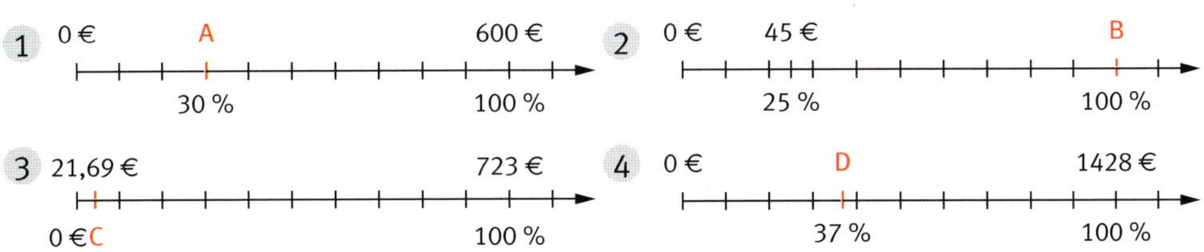


a) Ordne den rot markierten Größen die Begriffe der Zinsrechnung zu.
b) Formuliere eine passende Aufgabe und berechne die rot markierte Größe.

**5** a) Berechne die Jahreszinsen für ein Guthaben in Höhe von 3000 € bei einem Zinssatz von 2,9 %.
b) Ein Guthaben in Höhe von 5000 € wird zu einem Zinssatz von 2,5 % angelegt. Die Laufzeit beträgt 9 Monate. Berechne die Zinsen.
c) Nach einem Jahr werden bei einem Zinssatz von 3,5 % insgesamt 175 € Zinsen gutgeschrieben. Wie hoch war das Guthaben zu Beginn?
d) Es wird ein Guthaben in Höhe von 4500 € angelegt. Nach einem Jahr beträgt das Guthaben 4630,50 €. Berechne den Zinssatz.
e) Für ein Darlehen in Höhe von 20 000 € zahlt Herr Meyer 1100 € Zinsen im ersten Jahr. Gib den Zinssatz des Darlehens an.

**6** Familie Schmidt möchte ein Darlehen in Höhe von 9000 € für ein Jahr lang aufnehmen. Sie erhält folgende Angebote.

1 5,4 % Zinsen pro Jahr
2 4,9 % Zinsen und 100 € Bearbeitungsgebühr
3 4,9 % Zinsen und 1,5 % der Darlehenssumme Bearbeitungsgebühr

Erläutere einem Partner die Angebote. Welches ist am günstigsten?

*Nutze ein Tabellenprogramm.*

**7** Herr Jeschke zahlt für einen Autokredit über 15 000 € ab dem zweiten Monat jeweils zu Monatsbeginn 300 € zurück. In diesem Betrag sind die Zinsen und die Tilgung enthalten. Für das Darlehen wurden 4,5 % Zinsen pro Jahr vereinbart.

| Monat | Rückzahlung | Stand des Darlehens am Monatsanfang | Zinsen | Stand des Darlehens am Monatsende |
|---|---|---|---|---|
| 1 | 0 € | 15 000 € | 56,25 € | 15 056,25 € |
| 2 | 300 € | 14 756, 25 € | 55,34 € | ▢ |
| 3 | ▢ | ▢ | ▢ | ▢ |

**a)** Erkläre den Aufbau der Tabelle.

**b)** Setze die Tabelle fort. Nach wie viel Monaten ist der Kredit abbezahlt?

*Beim Dispo (Überziehungskredit) handelt es sich um eine von der Bank eingeräumte Kreditlinie, die bei Bedarf vom Kontoinhaber genutzt werden kann. Diese Kreditlinie dient der kurzfristigen Überbrückung finanzieller Engpässe.*

**8** Arne hat einen monatlichen Kontoeingang von 600 €. Seine Bank gewährt ihm einen Dispositionskredit in doppelter Höhe zu einem Zinssatz von 7,9 %.

**a)** Arne möchte den Dispo vollständig für 15 Tage (11 Monate, ein Jahr) in Anspruch nehmen. Gib die zu zahlenden Zinsen an.

**b)** Im Mai benötigt er den Dispo in voller Höhe für 20 Tage. Allerdings reicht der Zahlungseingang im Juni nicht aus, um diesen Dispo zu begleichen. Erst Ende Juni kann er wieder Geld einzahlen. Reicht der monatliche Zahlungseingang im Juli aus, um den Dispo bis Ende Juni zu begleichen? Begründe.

**9** Beim mehrjährigen Sparen werden Zinsen oft auf dem Konto gelassen.

Werden Zinsen am Ende eines Jahres nicht abgehoben, dann werden sie mitverzinst. Man spricht vom **Zinseszins**.
Kapital nach n Jahren:

$K(n) = K \cdot (1 + p\,\%)^n$

**Zinseszinsformel**

**Beispiel:** Zinssatz 4 %; Kapital K

- Kapital am Ende des 1. Jahres:
  $K(1) = K \cdot 1{,}04$ bzw. $K(1) = K \cdot 1{,}04^1$
- Kapital am Ende des 2. Jahres:
  $K(2) = \underbrace{(K \cdot 1{,}04)}_{K(1)} \cdot 1{,}04$ bzw. $K(2) = K \cdot 1{,}04^2$
- Kapital am Ende des 3. Jahres:
  $K(3) = \underbrace{(K \cdot 1{,}04 \cdot 1{,}04)}_{K(2)} \cdot 1{,}04$ bzw. $K(3) = K \cdot 1{,}04^3$

**a)** Bestimme für das Beispiel das Kapital nach n = 1, 2, 3, ..., 10 Jahren, wenn zu Beginn K = 7000 € angelegt werden.

**b)** Berechne das Kapital am Ende der Laufzeit, wenn die Zinsen mitverzinst werden. Wie hoch sind die Zinsen und Zinseszinsen in dem Zeitraum?

*Runde auf volle €-Beträge.*

| | 1 | 2 | 3 | 4 | 5 |
|---|---|---|---|---|---|
| K | 5000 € | 12 000 € | 7500 € | 35 000 € | 90 000 € |
| Laufzeit n | 4 Jahre | 6 Jahre | 5 Jahre | 8 Jahre | 4 Jahre |
| Zinssatz | 3 % | 2 % | 3,5 % | 2,25 % | $2\frac{3}{4}$ % |

**10** Das Anfangskapital auf einem Sparbuch beträgt 12 500 € mit einem festen Zinssatz von 3,75 %. Berechne das Endkapital ...

**a)** mithilfe einer Tabelle. **b)** durch die Zinseszinsformel.

**11** Herr Richter kauft einen Sparbrief für 6000 € zu einem Zinssatz von 3,4 %. Die Laufzeit beträgt 5 Jahre. Berechne die Höhe des Guthabens zum Laufzeitende.

**12** Ein Auszubildender vergleicht die Girokonto-Angebote verschiedener Banken.

| Bank | monatliche Grundgebühr | Dispozins | Guthabenszins |
|---|---|---|---|
| 1 | 0 € | 12,75 % | 0,33 % |
| 2 | 3,50 € | 11,89 % | 0 % |
| 3 | 5,90 € | 8,50 % | 0 % |
| 4 | 0 € | 13,24 % | 1,10 % |

**a)** Das Konto weist ein Guthaben über 3000 € auf. Ermittle für jedes Angebot den Kontostand nach 5 Monaten ohne Geldbewegung.

**b)** Das Konto wird um 1000 € überzogen. Vergleiche die anfallenden Kosten (einschließlich Grundgebühr) pro Monat.

**c)** Hole dir Angebote von Banken aus deiner Umgebung und stelle diese deinen Mitschülern vor. Nutze zum Vergleich ähnliche Aufgaben wie zuvor.

**13** Peter kauft sich ein Fahrrad für 1500 €. Bei sofortiger Zahlung werden 3 % Rabatt gewährt. Dafür müsste er allerdings sein Konto für 10 Tage überziehen. Der Zinssatz für den Dispo beträgt 8,5 %. Hilf Peter bei seiner Entscheidung. Begründe rechnerisch. Berate ihn und weise auf die Gefahren eines Dispos hin.

**14** Im Alltag werden oftmals regelmäßige Geldbeträge einbezahlt.

Bei einer **Ratenzahlung** werden gleich große Geldbeträge („Raten“) in regelmäßigen Abständen auf ein Konto bezahlt. Die Zinsen fallen nur für die Zeit an, in der das Geld auch auf dem Konto ist.

Beispiel für den Zinszeitraum von Raten innerhalb eines Jahres, die zu Beginn jedes Monats einbezahlt werden.

1. Rate: 12 Monate
2. Rate: 11 Monate
3. Rate: 10 Monate
⋮

| Rate zu Beginn | Jan. | Feb. | März | | Nov. | Dez. |
|---|---|---|---|---|---|---|
| Rate | 75 € | 75 € | 75 € | | 75 € | 75 € |
| Monate | 12 | 11 | 10 | | 2 | 1 |
| Zinsen | | | | | | |

**a)** Übertrage die Tabelle in dein Heft und bestimme die Zinsen ...

(1) für die einzelnen Raten. (2) für das ganze Jahr.

**b)** Wie hoch ist das Guthaben am Ende des ersten Jahres?

**c)** Welches Kapital hätte man einmalig zu Beginn des Jahres anlegen müssen, um auf dasselbe Endkapital wie bei der Ratenzahlung zu kommen?

**d)** Welches Kapital erhält man bei der Ratenzahlung, wenn jede Rate am Monatsende eingezahlt wird?

## 6.5 Vermischte Aufgaben

**1** Vervollständige und ordne die Längen der Größe nach.

| | | |
|---|---|---|
| Entfernung Berlin – Erfurt | □ | $2{,}4 \cdot 10^5$ m |
| Entfernung Wohnort – Schule | □ | □ |
| Größe roter Blutkörperchen | 7 µm | $7 \cdot 10^{-6}$ m |
| Herpesvirus | 180 nm | □ |
| Abstand Augen – Heft | □ | □ m |
| Dicke eines Haars | 0,07 mm | □ m |

**2** Der Abstand unseres nächsten Nachbarplaneten Mars zur Erde schwankt zwischen 56 und 401 Millionen Kilometer. Schreibe die Entfernungen ...

**a)** ausführlich als Zahl. **b)** mithilfe einer Zehnerpotenz.

**3** Vereinfache durch Anwendung der Potenzgesetze so weit wie möglich.

**a)** $5^3 \cdot 5^4$ $1{,}2^4 \cdot 1{,}2^6$ $(-5)^5 \cdot (-5)^2$ $(-0{,}9)^5 \cdot (-0{,}9)^8$

**b)** $12^7 : 12^5$ $0{,}75^5 : 0{,}75^2$ $(-3{,}2)^4 : (-3{,}2)^3$ $\left(\frac{2}{3}\right)^6 : \left(\frac{2}{3}\right)^8$

**c)** $(-4)^5 : (-4)^2 + (-4)^2 \cdot (-4)$ $1{,}9^2 \cdot 1{,}9^2 - 1{,}9^4 : 1{,}9^3$

**d)** $5^{-3} \cdot 5^2$ $(-2{,}5)^{-5} \cdot (-2{,}5)^{-2}$ $0{,}5^4 \cdot 0{,}5^{-5}$ $(-2)^{-5} : (-2)^{-4}$

*Der Wert eines Steins ergibt sich als Produkt der Potenzen in den darunterliegenden Steinen.*

**4** Übertrage die Multiplikationsmauern und bestimme die fehlenden Potenzen.

**a)**

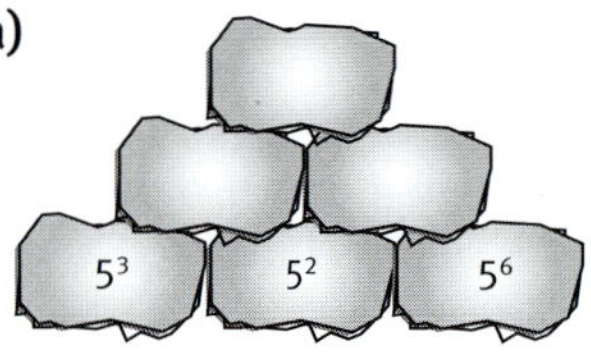


**b)**

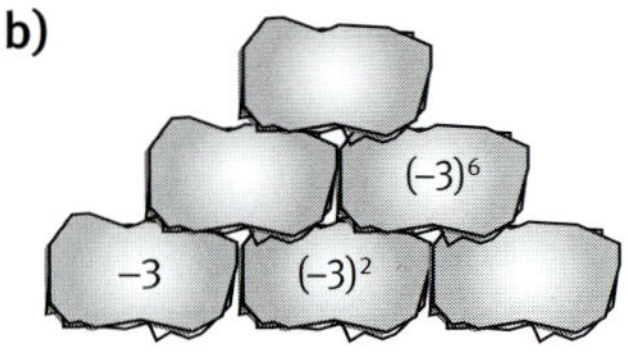


**c)**

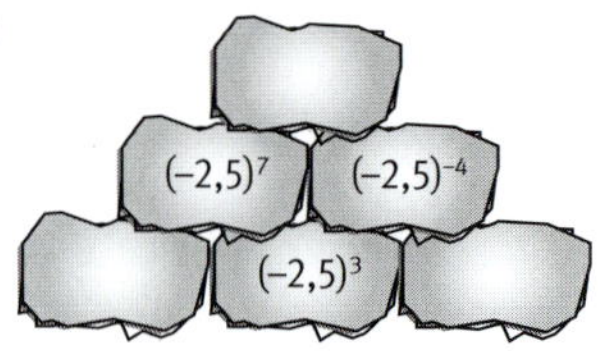


**5** Hier hat sich doch ein Fehler versteckt. Finde ihn und verbessere im Heft.

**a)** $a^3 + a^5 = a^{3+5} = a^8$ **b)** $b^4 \cdot b^2 = b^{4 \cdot 2} = b^8$ **c)** $c^5 : c = c^{5-0} = c^5$

**d)** $2d^2 \cdot 4d^2 = (2 \cdot 4) \cdot d^2 = 8d^2$ **e)** $-5e^4 : 2e^2 = (-5-2)\, e^{4-2} = -7e^2$

*Kannst du die Lücken auch ohne Rechnung füllen?*

**6** Übertrage in dein Heft und setze <, > oder = ein.

**a)** $5^3 + 5^2$ □ $5^3 \cdot 5^2$ **b)** $-6 \cdot (-6)^3$ □ $-6^4$ **c)** $2^3 : 2^2$ □ $2 \cdot 2$

**d)** $(-3{,}2)^6 \cdot (-3{,}2)$ □ $3{,}2^{-7}$ **e)** $1{,}8^6 - 1{,}8^3$ □ $1{,}8^6 : 1{,}8^3$ **f)** $(-2{,}5)^4 : (-2{,}5)^3$ □ $(-2{,}5)^0$

**7** Vereinfache und berechne den Wert des Terms.

**a)** $\frac{5^4 \cdot 5^2}{5^7}$ **b)** $\frac{6^3 \cdot 6^{-2}}{6^4}$ **c)** $\frac{2^{-8} \cdot 2^3}{2^{-3} \cdot 2^{-2}}$ **d)** $\frac{4^{-2} \cdot 5^{-2}}{20^{-3}}$

**8** Bestimme die fehlenden Größen.

| | a) | b) | c) | d) | e) | f) |
|---|---|---|---|---|---|---|
| G | 250 m | 55 min | 0,35 t | □ | □ | 258 cm |
| P | 7,5 m | □ | □ | 748 g | 5462,5 l | 12,9 mm |
| p % | □ | 6 % | 12 % | 88 % | 62,5 % | □ |

**9** Herr Meyer hat eine Rechnung in Höhe von 425,50 € nicht bezahlt und muss 5 % Verzugszinsen für 60 Tage bezahlen. Gib den Rechnungsbetrag an, den Herr Meyer überweisen muss.

**10** In Erfurt lebten 2011 insgesamt 202 270 Einwohner mit der dargestellten Altersstruktur.

a) Der Anteil der Altersgruppe „15–17 Jahre“ wird mit 1,7 % angegeben. Überprüfe.

b) Ermittle die prozentualen Anteile für die Altersgruppen „0–17 Jahre“, „18–59 Jahre“ und „≧ 60 Jahre“ und stelle diese in einem Streifen- und in einem Kreisdiagramm dar.

| Alter | Anzahl |
|---|---|
| ≦ 5 | 10 838 |
| 6–14 | 13 654 |
| 15–17 | |
| 18–24 | 18 553 |
| 25–44 | 55 014 |
| 45–59 | 45 553 |
| 60–64 | 12 458 |
| 65–79 | 32 693 |
| ≧ 80 | 10 054 |

**11** Die Abbildung stellt die jährlichen Durchschnittspreise für Kraftstoffe in Deutschland dar.

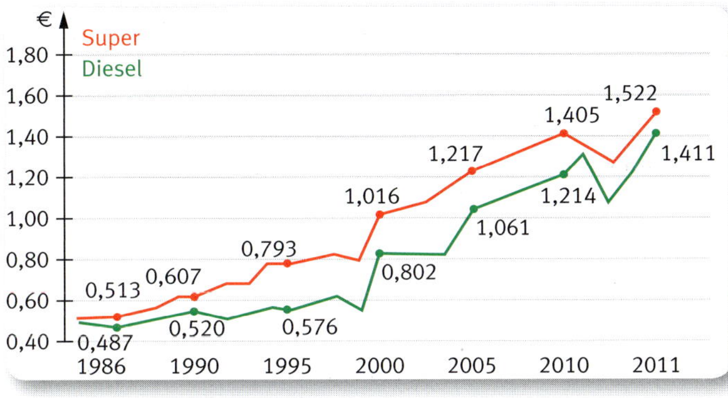


a) Vervollständige die Tabelle im Heft.

b) Stelle die Werte aus der Tabelle in einem Säulendiagramm dar.

c) Maria behauptet: „Der Preis für Super ist im Jahr 2000 im Vergleich zu 1990 prozentual mehr gestiegen als im Jahr 2010 im Vergleich zu 2000.“ Stimmt das? Begründe deine Antwort rechnerisch.

d) Ermittle die prozentuale Steigerung für Super und Diesel im Jahr 2011 im Vergleich zu den Preisen im Jahr 1990.

| Jahr | Preis für Diesel in € |
|---|---|
| 1986 | |
| | 0,520 |
| 2000 | |
| | 1,214 |
| | 1,411 |

**12** Übertrage die Tabelle ins Heft und bestimme die fehlenden Größen.

| | a) | b) | c) | d) | e) | f) |
|---|---|---|---|---|---|---|
| K | 300 € | | 4775 € | 1250 € | 2350 € | |
| p % | 1,9 % | 2,2 % | 3,5 % | 2,5 % | 2,8 % | 1,5 % |
| Zeitraum t | 90 Tage | 3 Monate | 5 Monate | | | 10 Monate |
| Z (t) | | 23,80 € | | 8,68 € | 28,33 € | 94,06 € |

*Gehe bei d) und e) von Tageszinsen bei 360 Zinstagen aus.*

**13** Vergleiche die Angebote für einen Kredit in Höhe von 6000 € und einer Laufzeit von einem Jahr.

Angebot 1 : 6 % Zinsen
50 € Bearbeitungsgebühr

Angebot 2 : 6,5 % Zinsen

**14** Frau Zoller hat mit dem Rauchen aufgehört. Sie steckt jeden Tag den Preis für eine Schachtel Zigaretten (4,80 €) in die Sparbüchse. Nach einem Jahr legt sie das Geld zu einem Zinssatz von 2,2 % auf ein Sparkonto.

a) Ermittle die Höhe des Sparguthabens nach 5 Jahren.

b) Wann hätte sich das Guthaben verdoppelt?

**15** Anton leiht sich bei seiner Schwester 2000 €. Sie vereinbaren einen Zinssatz von 1,5 %. Er zahlt jeweils am Jahresende 400 € zurück. Berechne die Abschlussrate nach 5 Jahren.

*Am besten arbeitest du mithilfe einer Tabelle.*

## Forschung ist der Motor für morgen

Die Firma Jenoptik ist eines der führenden Unternehmen für optische Systeme, Messtechnik und Verkehrssicherheit. Jedes Jahr werden Millionen Euro in die Entwicklung und Erforschung neuer Produkte investiert.
Die Tabelle zeigt die Ausgaben in diesem Bereich in den Jahren 2008 bis 2011.

| Jahr | Ausgaben in Tausend Euro |
|---|---|
| 2008 | 34 137 |
| 2009 | 32 602 |
| 2010 | 30 034 |
| 2011 | 31 982 |

**a)** Stelle die Ausgaben ungekürzt dar.

**b)** Stelle die Ausgaben mithilfe einer Zehnerpotenz in der Form $a \cdot 10^n$ dar, wobei a …

① eine natürliche Zahl ist.

② eine Zahl zwischen 1 und 10 ist. Runde geeignet.

**c)** Berechne den jährlichen Zunahme- bzw. Abnahmefaktor der Ausgaben. Gib die Änderung gegenüber dem Vorjahr auch in Prozent an.

**d)** Stelle die Entwicklung in einem geeigneten Diagramm dar.

## Gutes tun

Der Nobelpreis ist die höchste Auszeichnung, die in der Wissenschaft vergeben wird. Der Preis ist benannt nach ihrem Stifter, dem schwedischen Erfinder und Unternehmer Alfred Nobel (1833–1896). Er legte fest, dass die jährlichen Zinsen, die mit seinem Vermögen erzielt werden, jährlich auf die Preisträger verteilt werden sollen. Bei seinem Tod im Jahre 1896 betrug sein Vermögen 33,2 Millionen SEK (SEK: schwedische Kronen). Die fünf Preisträger erhielten in den letzten Jahren zusammen rund 1 000 000 € an Preisgeldern.

**a)** Informiere dich im Internet über Alfred Nobel: Wer war er? Womit hat er sein Vermögen gemacht? In welchen Wissenschaften werden die Preise vergeben?

**b)** Ermittle das Vermögen der Stiftung nach einem Jahr, wenn der Zinssatz 2,5 % (3,1 %, 3,5 %, 5 %) beträgt.

**c)** Stell dir vor, das Vermögen wäre im Jahr 1897 zu 4 % angelegt und seitdem nicht mehr angerührt worden, sondern die Zinsen würden jedes Jahr mitverzinst. Wie groß wäre das Kapital (in SEK) am Ende dieses Jahres? Schreibe ausführlich und als Zehnerpotenz. Runde geeignet.

Die Nobelpreisträger erhalten eine Münze mit einem Bild des Stifters.

Alfred Nobel

## Rasantes Wachstum

Zur Erforschung von Krankheiten und Medikamenten werden oftmals Bakterien gezüchtet, die in besonderen Nährlösungen besonders gut wachsen. Bei Experimenten mit Bakterien hat Alexander Fleming (1881–1955, Nobelpreis 1945) im Jahre 1928 zufällig einen Stoff entdeckt, mit dem sich das Wachstum von Bakterien bekämpfen lässt. Das von ihm entdeckte Penicillin hat den Weg zur Bekämpfung vieler Krankheiten geebnet.
Bakterien können verschiedene Formen und Größen haben. Die Tabelle gibt einige Beispiele an.

| Form | Name | Länge |
|---|---|---|
|  | Bazillus | 0,8 μm |
|  | Hyphe | 5 μm |
|  | Thiomargarita | 0,75 mm |

**a)** Stelle die Zahlen ungekürzt und mithilfe von Zehnerpotenzen dar.

**b)** Das Bakterium „Thiomargarita“ ist das größte Bakterium, das bisher entdeckt wurde. Schätze ab, wievielmal größer es als ein Bazillus (eine Hyphe) ist.

**c)** Eine Bakterienkolonie von 100 Hyphe-Bakterien wächst sehr schnell und verdoppelt ihre Anzahl alle 12 Stunden. Berechne in 12-Stunden-Intervallen die Anzahl der Bakterien für die ersten 4 Tage mithilfe einer Tabelle.

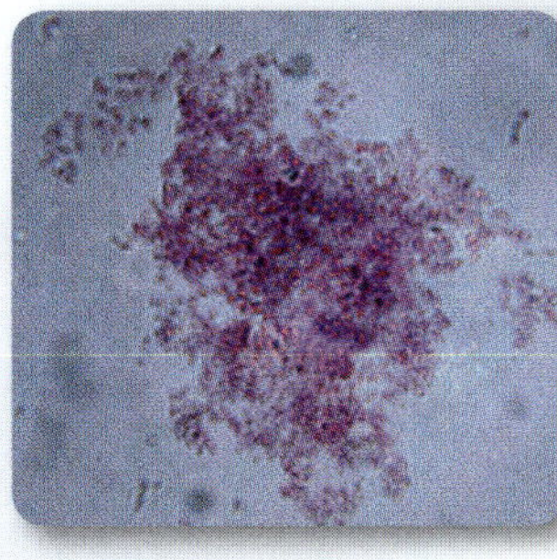

**d)** Stelle das Wachstum grafisch dar.

**e)** Wie lange dauert es, bis in der Bakterienkultur mehr als $1 \cdot 10^6$ Bakterien sind?

## Wir werden immer mehr

Zahlreiche Wissenschaftler untersuchen die Entwicklung der Erdbevölkerung. Durch die ständige Zunahme der Weltbevölkerung sind die Folgen für die künftige Ernährung, den Zugang zu Trinkwasser, die Probleme beim Wohnraum, die Umweltverschmutzung etc. noch nicht absehbar und ein Gegenstand der Forschung.
Die Grafik zeigt die Entwicklung der Weltbevölkerung sowie eine Prognose aus einem Bericht der UNO.

**a)** Berechne den prozentualen Anstieg der Weltbevölkerung zwischen ...

① 1927 und 1987. ② 1987 und 2013.

**b)** Im Jahr 2013 ging man von einem Zuwachs der Weltbevölkerung um ca. 80 Millionen Menschen aus. Ermittle die Anzahl der Weltbevölkerung für das Jahr 2100, wenn man bei diesem prozentualen Zuwachs bleibt.

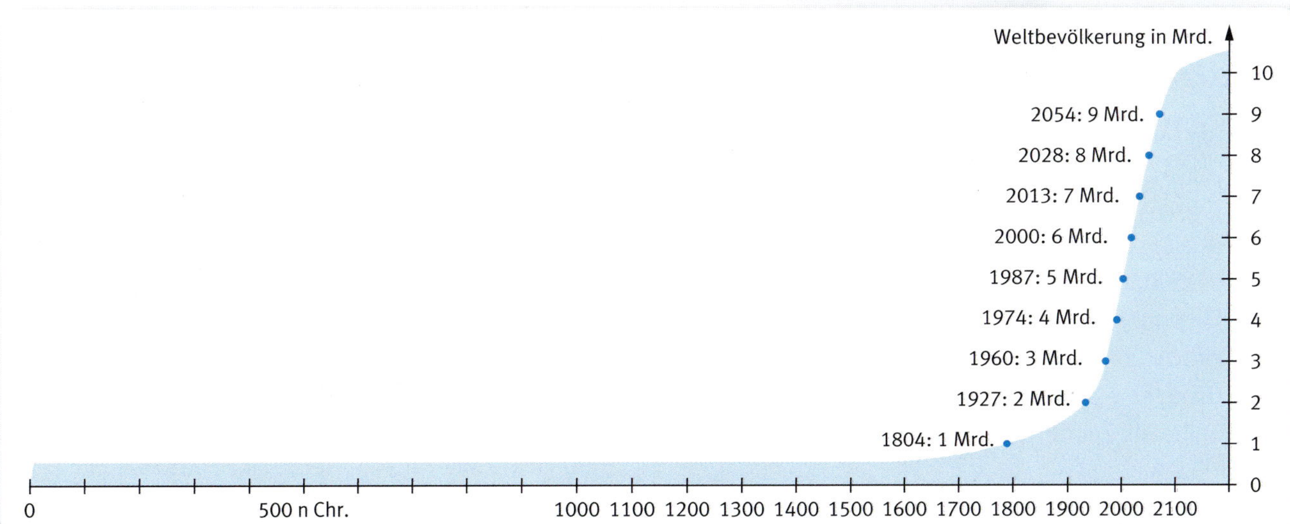

Überprüfe deine Fähigkeiten und Kenntnisse. Bearbeite dazu die folgenden Aufgaben und bewerte anschließend deine Lösungen mit einem Smiley.

| ☺ | 😐 | ☹ |
|---|---|---|
| Das kann ich! | Das kann ich fast! | Das kann ich noch nicht! |

Hinweise zum Nacharbeiten findest du auf der folgenden Seite. Die Lösungen stehen im Anhang.

**Aufgaben zur Einzelarbeit**

**1** Schreibe als Potenz und berechne.

a) $4 \cdot 4 \cdot 4 \cdot 4$ b) $-3 \cdot (-3) \cdot (-3)$
c) $\frac{1}{4} \cdot \frac{1}{4} \cdot \frac{1}{4} \cdot \frac{1}{4} \cdot \frac{1}{4}$ d) $-1{,}2 \cdot (-1{,}2)$

**2** Vergleiche. Setze <, > oder =.

a) $3^4 \square 4^3$ b) $3^4 \square (-3)^4$ c) $-4^3 \square (-4)^3$
d) $-3^4 \square (-3)^4$ e) $-4^3 \square 4^3$ f) $4^4 \square -4^4$

**3** Schreibe als Quotient und berechne.

a) $3^{-2}$; $4^{-1}$; $5^{-3}$; $9^{-1}$ b) $(-3)^{-1}$; $(-2)^{-6}$; $(-5)^{-3}$; $-2^{-5}$
c) $0{,}2^{-2}$; $0{,}5^{-4}$; $0{,}1^{-1}$ d) $\left(\frac{1}{3}\right)^2$; $\left(-\frac{2}{5}\right)^{-1}$; $\left(\frac{3}{4}\right)^{-3}$

**4** Schreibe als Quotient.

a) $a^{-3}$ b) $b^{-5}$ c) $c^{-6}$ d) $3d^{-4}$
e) $(xy)^{-4}$ f) $xy^{-3}$ g) $z^{-a}$ h) $(-x^2)^{-3}$

**5** Vergleiche. Setze <, > oder =.

a) $3^{-2} \square 3^2$ b) $5^4 \square 5^{-4}$ c) $(-4)^{-3} \square (-4)^3$
d) $2^{-2} \square (-2)^{-2}$ e) $-6^{-6} \square 6^{-6}$ f) $5^{-3} \square 5^{-4}$

**6** Schreibe als Zehnerpotenz.

a) 1000; $\frac{1}{1000}$; 10 000 000; $\frac{1}{10\,000\,000}$
b) $\frac{1}{10}$; 100 000; 1; $\frac{1}{10\,000}$; $\frac{1}{1\,000\,000\,000}$

**7**
1 Erdmasse: 5 970 000 000 000 000 000 000 000 kg
2 Durchmesser Wassermolekül: 0,00000000028 m
3 Einwohnerzahl von Berlin: ca. 3 500 000
4 Fläche von Europa: 10 200 000 km²
5 Dicke eines menschlichen Haares: 0,00005 m

Schreibe als Zehnerpotenz in der Form $a \cdot 10^n$, wobei a eine ...

a) möglichst kleine natürliche Zahl ist.
b) Zahl zwischen 1 und 10 ist.

**8** Der Mond braucht für einen Umlauf um die Erde 27,322 Tage. Wie viele Minuten (Sekunden) sind das? Schreibe als Zehnerpotenz. Runde geeignet.

**9** Schreibe als Dezimalzahl.

a) Durchschnittliche Entfernung Erde – Sonne: $1{,}5 \cdot 10^8$ km
b) Sonnenmasse: ca. $2 \cdot 10^{30}$ kg
c) Sonnendurchmesser: $1{,}4 \cdot 10^6$ km
d) Dicke von Blattgold: $5 \cdot 10^{-8}$ m
e) Masse eines Blattgoldstreifens: $2{,}5 \cdot 10^{-2}$ g

**10** Vereinfache den Term und berechne.

a) $3^2 \cdot 3^{-5}$ b) $4^{-3} \cdot 4^6$ c) $5^3 : 5^5$
d) $2^6 : 2^{-3}$ e) $5^2 \cdot 4^2$ f) $\left(\frac{1}{2}\right)^{-3} \cdot (-4)^{-3}$
g) $8^3 : 0{,}2^3$ h) $1{,}25^{-2} : \left(\frac{2}{5}\right)^{-2}$ i) $\left(-\frac{2}{3}\right)^4 : \left(\frac{1}{9}\right)^4$
j) $(4^2)^{-3}$ k) $(0{,}8^{-3})^{-1}$ l) $(-3^5)^0$

**11** Bestimme den Prozentsatz. Runde auf eine Dezimale. Beachte die Einheiten.

| | a) | b) | c) | d) |
|---|---|---|---|---|
| G | 120,50 € | 12,4 l | 13,7 m | 3,95 a |
| P | 37,24 € | 98 l | 71 cm | 42 m² |

**12** Berechne die fehlenden Größen.

| | a) | b) | c) | d) |
|---|---|---|---|---|
| G | 816 l | 1604 t | ☐ | ☐ |
| P | ☐ | ☐ | 180 € | 292,8 m |
| p % | 25 % | 70 % | 12 % | 24 % |

**13** Was ist gegeben, was gesucht? Löse dann.

a) Ein Cabrio, das im Sommer täglich für 160 € vermietet wird, kostet im Winter nur 70 % davon.
b) Nico zahlt für sein Netbook 260 € zuzüglich 19 % Mehrwertsteuer.

**14** Familie Lang hat im Monat 2800 € zur Verfügung. Dieser Betrag teilt sich in vier Bereiche auf.

| Bereich | € | % |
|---|---|---|
| Wohnen | 840 | ▢ |
| Essen & Kleidung | 1120 | ▢ |
| Auto | ▢ | ▢ |
| Sonstiges | ▢ | 25 |

**a)** Berechne die fehlenden Größen.

**b)** Stelle die Bereiche in einem Kreisdiagramm dar (r = 3 cm).

**15** Ein Betrieb konnte seinen Umsatz in diesem Jahr um 5,4 % auf $4{,}4 \cdot 10^6$ € (auf $1{,}3 \cdot 10^7$ €) steigern. Berechne den Umsatz im letzten Jahr.

**16** Verkaufspreise enthalten stets 19 % Mehrwertsteuer bzw. 7 % bei Lebensmitteln. Berechne die Preise ohne Mehrwertsteuer. Runde auf ct-Beträge.

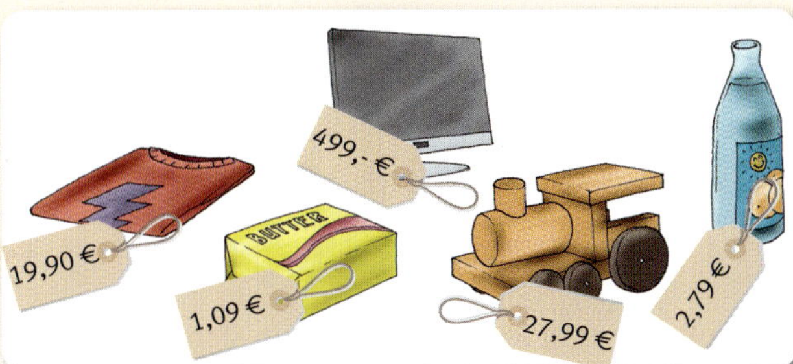


**17** Auf Meereshöhe beträgt der Luftdruck 1,013 bar. Mit zunehmender Höhe sinkt der Luftdruck etwa alle 5 km auf die Hälfte. Bestimme den Luftdruck in 10 km (20 km, 30 km) Höhe.

**18** Berechne die fehlenden Werte. Runde geeignet.

| | a) | b) | c) | d) |
|---|---|---|---|---|
| K | 2500 € | 1700 € | 18 500 € | 240 € |
| p % | 5 % | ▢ | 6 % | 3 % |
| Zeit | 7 Mon. | 4 Mon. | ▢ | 50 d |
| Z | ▢ | 45,33 € | 277,50 € | ▢ |

**19** Herr Herold hat im Lotto 20 000 € gewonnen. Er möchte es zunächst anlegen und erhält zwei Angebote. Welches sollte er nehmen? Begründe.

| Super-Sparen | Dyna-Spar |
|---|---|
| Zinssatz 2,8 %<br>Laufzeit: 5 Jahre | 1. Jahr 2 % 2. Jahr 2,25 %<br>3. Jahr: 2,5 % 4. Jahr: 3 %<br>5. Jahr 3,5 % |

**Aufgaben für Lernpartner**

**Arbeitsschritte**

1 Bearbeite die folgenden Aufgaben alleine.
2 Suche dir einen Partner und erkläre ihm deine Lösungen. Höre aufmerksam und gewissenhaft zu, wenn dein Partner dir seine Lösungen erklärt.
3 Korrigiere gegebenenfalls deine Antworten und benutze dazu eine andere Farbe.

Sind folgende Behauptungen **richtig** oder **falsch**? Begründe schriftlich.

**20** Ein negativer Exponent bewirkt, dass sich das Vorzeichen vor der Potenz umkehrt: $a^{-n} = -a^n$.

**21** Zehnerpotenzen sind Potenzen mit der Basis 10.

**22** Zwei Potenzen mit gleicher Basis werden multipliziert, indem man ihre Exponenten multipliziert und die Basis beibehält.

**23** Wird eine Potenz potenziert, dann werden die Exponenten multipliziert.

**24** $2^4 = 4^2$, also sind Basis und Exponent bei einer Potenz stets vertauschbar.

**25** Eine Zahl wird zunächst um 3 % vermindert und das Ergebnis nochmals um 5 %. Wenn man den Endwert um 8 % erhöht, erhält man wieder die Ausgangszahl.

**26** Aufgaben zur Zinsrechnung lassen sich wie Aufgaben zu proportionalen Zuordnungen lösen.

**27** Werden Zinsen mitverzinst, spricht man vom Zinseszins.

| Aufgabe | Ich kann ... | Hilfe |
|---|---|---|
| 1, 2, 3, 4, 5, 10, 20 | Potenzen auch mit negativen Exponenten umwandeln und berechnen. | S. 138 |
| 6, 7, 8, 9, 21 | Zahlen als Zehnerpotenzen schreiben und lesen. | S. 138 |
| 10, 17, 22, 23, 24 | die Potenzgesetze anwenden. | S. 142 |
| 11, 12, 13, 14, 15, 16, 25 | die Größen in der Prozentrechnung bestimmen. | S. 146 |
| 18 | die Zinsrechnung auch für Teile eines Jahres durchführen. | S. 150 |
| 19, 26, 27 | Aufgaben zum Zinseszins berechnen. | S. 152 |

**S. 138**

$5^{-2} = \frac{1}{5^2} = \frac{1}{25}$

$x^{-3} = \frac{1}{x^3}$ für $x \neq 0$

Ein Produkt aus lauter gleichen Faktoren kann man als **Potenz** schreiben:

$a^n = \underbrace{a \cdot a \cdot \ldots \cdot a}_{\text{n Faktoren}}$ $\quad a^1 = a;\ a^0 = 1\ (a \neq 0)$

Bei Potenzen können die **Exponenten** auch **negativ** sein: $a^{-n} = \frac{1}{a^n}\ (a \neq 0)$

**S. 138**

…
$1 : 100 = \frac{1}{100} = \frac{1}{10^2} = 10^{-2}$
$1 : 10 = \frac{1}{10} = \frac{1}{10^1} = 10^{-1}$
$1 = 10^0$
$10 = 10^1$
$100 = 10^2$
…

Potenzen mit der **Basis 10** werden als **Zehnerpotenzen** bezeichnet.
Der **Exponent einer Zehnerpotenz** gibt an, um wie viele Stellen das **Komma zu verschieben** ist.

**S. 142**

$a^2 \cdot a^3 = a \cdot a \cdot a \cdot a \cdot a = a^{2+3} = a^5$
$a^4 : a^6 = \frac{a \cdot a \cdot a \cdot a}{a \cdot a \cdot a \cdot a \cdot a \cdot a} = a^{4-6} = a^{-2}$
$a^3 \cdot b^3 = a \cdot b \cdot a \cdot b \cdot a \cdot b = (a \cdot b)^3$
$a^4 : b^4 = \frac{a \cdot a \cdot a \cdot a}{b \cdot b \cdot b \cdot b} = \left(\frac{a}{b}\right)^4$
$(a^2)^3 = a^2 \cdot a^2 \cdot a^2 = a \cdot a \cdot a \cdot a \cdot a \cdot a = a^6$

**Potenzgesetze für Potenzen mit …**

| **mit gleichen Basen** | **gleichen Exponenten** |
| --- | --- |
| $a^m \cdot a^n = a^{m+n}$ | $a^n \cdot b^n = (a \cdot b)^n$ |
| $a^m : a^n = a^{m-n}$ | $a^n : b^n = (a : b)^n$ |

**Potenzieren von Potenzen**
$(a^m)^n = a^{m \cdot n}$

**S. 146**

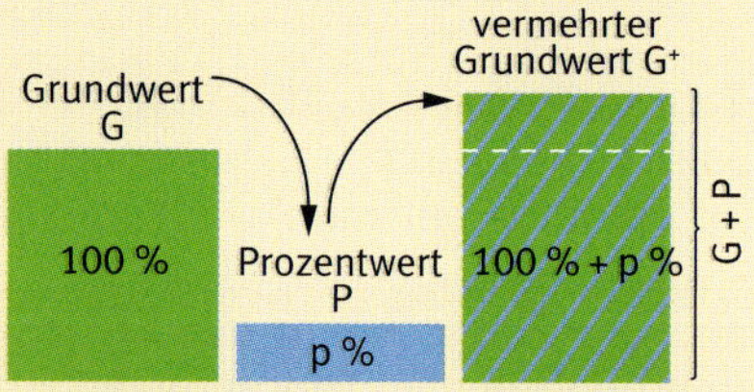


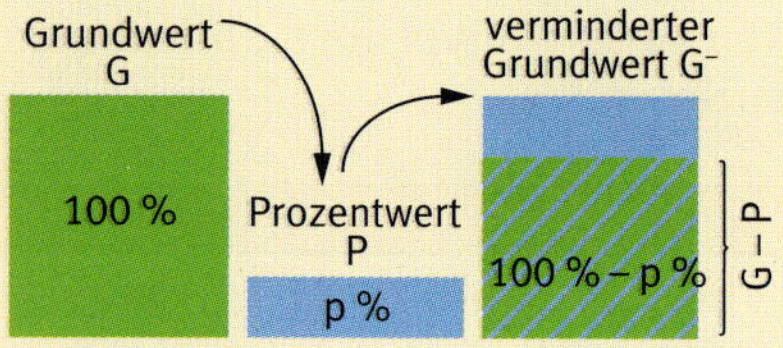


Anteile mit dem Nenner 100 lassen sich als **Prozente** schreiben.
In der **Prozentrechnung** rechnet man mit:
Grundwert $G \mathrel{\hat{=}} 100\,\%$
Prozentwert $P \mathrel{\hat{=}} p\,\%$

**Vermehrter Grundwert**
$G^+$ = Grundwert G + Prozentwert P
$G^+ = G \cdot \left(1 + \frac{p}{100}\right)$

**Verminderter Grundwert**
$G^-$ = Grundwert G – Prozentwert P
$G^- = G \cdot \left(1 - \frac{p}{100}\right)$

**S. 150**

| Zinsrechnung | Prozentrechnung |
| --- | --- |
| K: Kapital | G: Grundwert |
| Z: Zinsen | P: Prozentwert |
| p %: Zinssatz | p %: Prozentsatz |

Die **Zinsrechnung** ist eine Anwendung der Prozentrechnung.
**Zinsformel** (Jahreszinsen): $Z = K \cdot p\,\%$
Monatszinsen (m Monate): $Z = K \cdot p\,\% \cdot \frac{m}{12}$
Tageszinsen (t Tage): $Z = K \cdot p\,\% \cdot \frac{t}{360}$

**S. 152**

Ein Kapital K = 2000 € wird 4 Jahre zu 3 % angelegt. Kapital nach 4 Jahren:
$K(4) = 2000\ € \cdot 1{,}03^4 = 2251{,}02\ €$

Wenn Zinsen wieder mitverzinst werden, gilt die

**Zinseszinsformel:** $K(n) = K \cdot \left(1 + \frac{p}{100}\right)^n$

## Gleichungssysteme zeichnerisch lösen

**1** Löse die folgenden Gleichungssysteme zeichnerisch.

a) I $x + 2 = 3y$
II $x - 6 = -y$

b) I $x + y = 0$
II $4x + 2y = 2$

c) I $x - y = 3$
II $y - x = 2$

d) I $x + y = 2$
II $2x - 4 = -2y$

**2** Gib zu den Graphen ein zugehöriges Gleichungssystem an und bestimme die Lösungsmenge.

a)

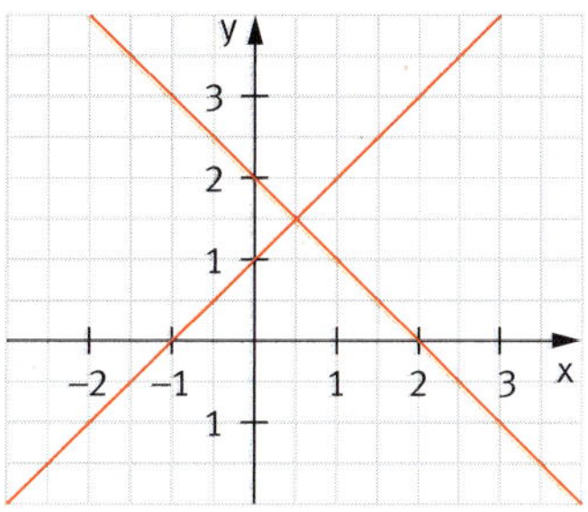


b)

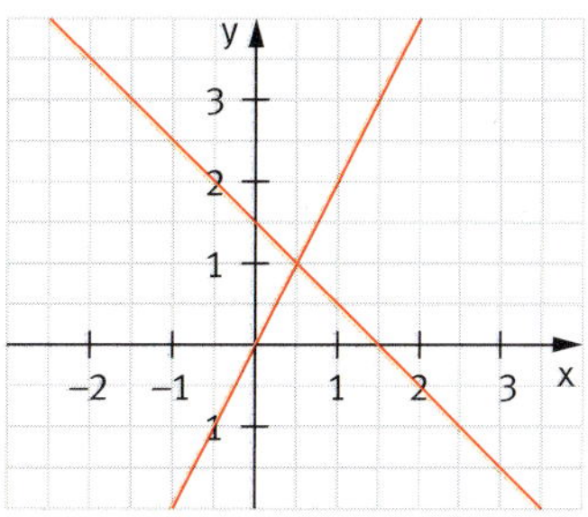


**3** In der Zeichnung sind vier Geraden dargestellt. Bestimme jeweils die beiden Geraden, deren zugehöriges Gleichungssystem die angegebene Lösungsmenge hat.

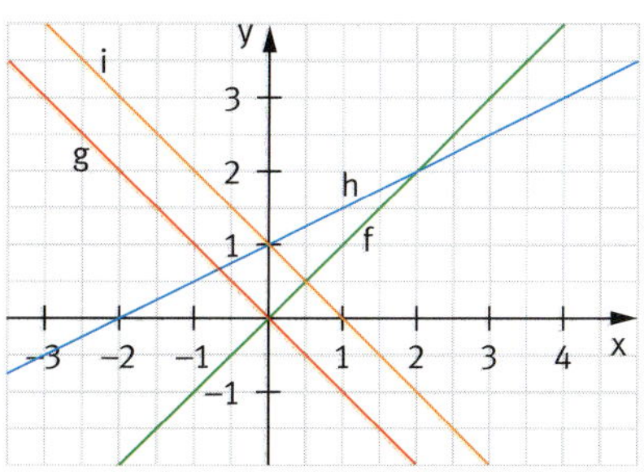


**Beispiel:** $\mathbb{L} = \{(0|1)\}$: Geraden h und i

a) $\mathbb{L} = \{(0|0)\}$

b) $\mathbb{L} = \{(0{,}5|0{,}5)\}$

c) $\mathbb{L} = \{(2|2)\}$

d) $\mathbb{L} = \{\,\}$

## Kennwerte

**4** Bestimme das arithmetische Mittel, den Median und den Modalwert der folgenden Datenreihen:

a) 2; 4; 5; 6; 4; 3; 5; 3; 3; 2; 1

b) 5,00 m; 5,20 m; 5,40 m, 5,20 m; 5,24 m

c) 0,1; 0,4; 0,4; 0,2; 0,22; 0,34; 0,1; 0,3

**5** Christian misst eine Woche lang, wie viele Minuten er am Tag fernsieht:

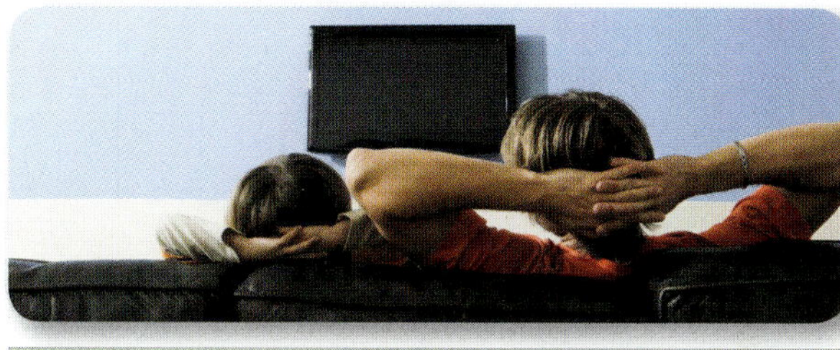

| Mo | Di | Mi | Do | Fr | Sa | So |
|---|---|---|---|---|---|---|
| 20 | 30 | 25 | 35 | 60 | 180 | 35 |

a) Er möchte einen Mittelwert seiner täglichen Fernsehzeit berechnen.

1 Berechne die drei Mittelwerte.

2 Welchen Mittelwert würdest du Christian empfehlen? Begründe.

b) Seit neuestem kommt dienstags eine 30-minütige Serie, die Christian gern zusätzlich sehen möchte. Begründe, welche Mittelwerte sich durch die Serie ändern würden und welche nicht.

c) Christian nimmt sich vor, dass das arithmetische Mittel seiner täglichen Fernsehzeit nur noch 45 Minuten betragen darf. Wie lange dürfte er samstags noch fernsehen, wenn er an den restlichen Tagen genauso lange wie in der Tabelle angegeben schaut?

**6** Gib eine Datenreihe aus fünf Werten an, die folgende Kennwerte hat.

a) arithmetisches Mittel: 5; Minimum: 2

b) Median: 12; Maximum: 20

c) Modalwert: 3; Spannweite: 3

d) Spannweite: 50; arithmetisches Mittel: 15; Median: 30

e) Median: 12; Modalwert: 12; Maximum: 15

## Oberflächen von Pyramide und Kegel

**7** Berechne Oberfläche und Volumen der Körper.

a)

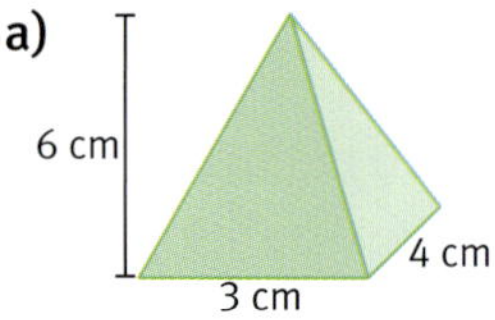


b)

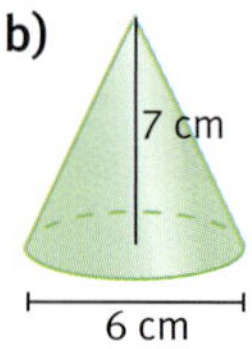


**8** Die (annähernd quadratische) Cheopspyramide in Ägypten ist das einzige noch existierende antike Weltwunder.

a) Wie viele Kubikmeter Stein bräuchte man für die Pyramide, wenn sie massiv gebaut wäre (also ohne Grabkammern, Gänge, ...)?

b) Die Außenfläche der Pyramide war ursprünglich mit einer Kalksteinschicht überzogen. Wie groß war deren Fläche?

**9** Eine Eiswaffel soll innen mit Schokolade überzogen werden. Eine Packung Schokokuvertüre reicht bei dünnem Bestreichen etwa für 2800 $cm^2$.

a) Wie viele Eistüten lassen sich damit überziehen?

b) Wie viel Eiscreme kann man in die Eiswaffel füllen, wenn man sie randvoll macht?

**10** Tanja hat aus einem Stück Knetmasse eine Pyramide gebaut:

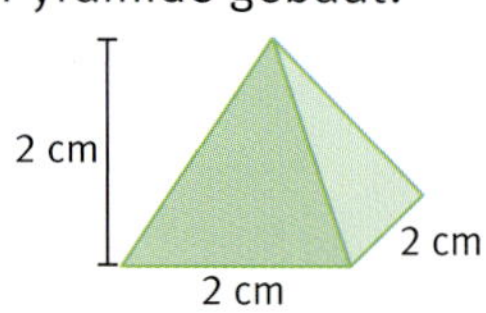


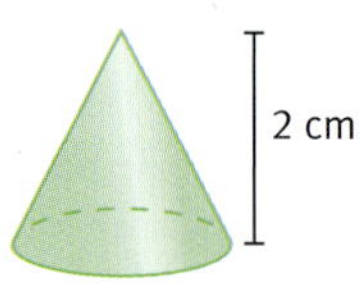


Nun möchte sie daraus einen gleich hohen Kegel bauen. Welchen Durchmesser hat dessen Grundfläche?

## Pythagoras und Körper

**11** Berechne die Höhe einer Seitenfläche sowie die Länge einer Seitenkante der Cheopspyramide aus Aufgabe 8.

**12** Für eine Kunstinstallation sollen quer durch das Klassenzimmer mehrere Stricke gespannt werden.

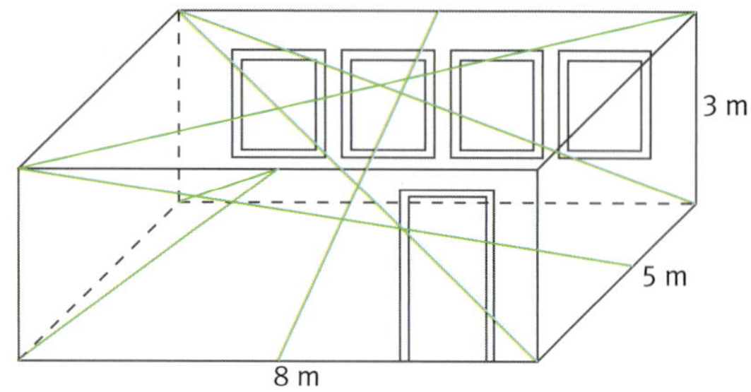


Beschreibe die Lage des längsten Stricks im Raum. Wie lang ist dieser Strick?

**13** Ein Würfel soll eine 5 cm lange Raumdiagonale haben. Bestimme die Kantenlänge des Würfels.

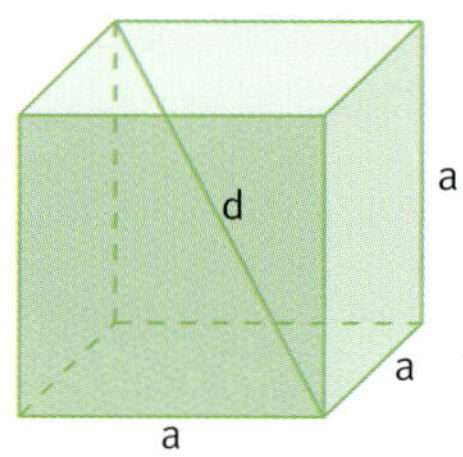


**14** Leonard möchte für sein Bücherregal eine Holzleiter kaufen. Diese soll unten vom Regal einen Abstand von 50 cm haben.
Berechne die Länge der Leiter.

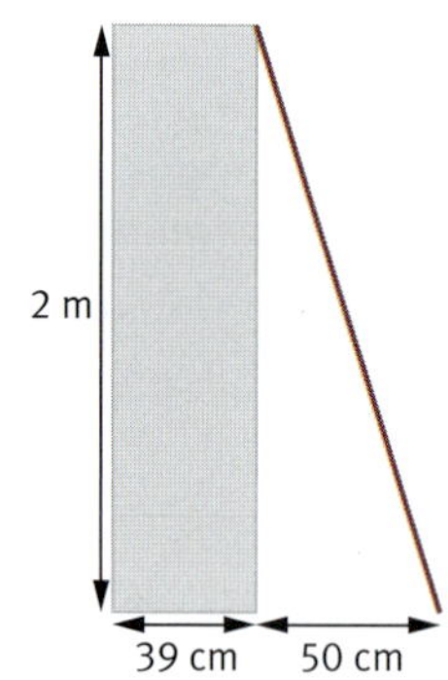


**15** a) Ein Quader hat die Maße a = 2 cm und b = c = 4 cm. Berechne die Länge der Raumdiagonale.

b) Meike meint: „Ein Quader mit quadratischer Grundfläche, dessen Höhe halb so hoch ist wie die Grundkantenlänge, hat eine Raumdiagonale, die dreimal so lang ist wie die Höhe."
Findest du eine Begründung dafür?

# 7 Üben für den „Quali“

Die Aufgaben im Kapitel 7.1 entsprechen dem Umfang sowie den Anforderungen eines Qualifizierenden Hauptschulabschlusses in Mathematik. Die Aufgaben in Kapitel 7.2 bieten zusätzliche Übungen aus dem Bereich Wahlaufgaben.

- Schätze dich vor der Bearbeitung der Aufgaben ein. Vergleiche anschließend deine Einschätzung mit dem Stand des Erreichten.

Die **Pflichtaufgaben** sind **alle** zu lösen.

Von den **Wahlaufgaben** sind **drei** Aufgaben zu lösen. Die zwei verbleibenden Aufgaben können zusätzlich bearbeitet werden.

Arbeitszeit: 120 Minuten

Hilfsmittel:

- Wörterverzeichnis zur deutschen Rechtschreibung
- Formelsammlung
- Zeichengeräte
- nicht programmierbarer und nicht grafikfähiger Schultaschenrechner

*Achte bei der Lösung der Aufgaben auf die gesamte Arbeitszeit. In die Wertung werden die drei Wahlaufgaben mit der höchsten Punktzahl einbezogen.*

**Selbsteinschätzung und Selbstkontrolle zu Kapitel 7.1**

| ☺ Das kann ich! | 😐 Das kann ich fast! | ☹ Das kann ich noch nicht! |
|---|---|---|

| Ich kann ... | ☺ | 😐 | ☹ | Aufgabe |
|---|---|---|---|---|
| mit Prozenten rechnen. | | | | 1 a), 10 a), 11 a), 12 a) |
| prozentuale Verteilungen von Größen darstellen. | | | | 1 b) |
| Gleichungen mit einer Variablen lösen. | | | | 2 |
| den Flächeninhalt von Vierecken berechnen. | | | | 6 |
| das Volumen von Quadern, Zylindern und Pyramiden berechnen. | | | | 3 a), 8 d), 9 c) |
| Schrägbilder von Quadern maßstäblich zeichnen. | | | | 3 b) |
| mit Größen rechnen. | | | | 4, 5 a), 5 b), 8 b), 9 b), 10 b) |
| den Satz des Pythagoras anwenden. | | | | 6, 11 b) |
| Sachaufgaben zu proportionalen Zuordnungen lösen. | | | | 7 |
| Termwerte berechnen. | | | | 8 a), 8 c) |
| Vielfache und Teiler ermitteln. | | | | 9 a) |
| Bruchteile bestimmen. | | | | 9 b) |
| Informationen aus Grafiken und Tabellen entnehmen. | | | | 10 d), 12 b), 12 c) |
| Werte im Koordinatensystem darstellen. | | | | 10 c) |

*In der Randspalte findest du die Punkteverteilung.*

## Pflichtaufgaben

**1** Im Jahr 2011 wurden in Deutschland 3 173 634 Autos neu zugelassen. Gegenüber dem Vorjahr stieg die Zahl der Neuzulassungen um 8,8 %. In der Tabelle sind die meistverkauften Modelle angegeben.

| Modell | Anzahl |
|---|---|
| VW Golf/Jetta | 258 059 |
| VW Passat | 103 507 |
| VW Polo | 90 720 |
| Opel Astra | 86 579 |
| Mercedes C-Klasse | 79 820 |

1 **a)** Berechnen Sie die Anzahl der Neuzulassungen in Deutschland im Jahr 2010.

2 **b)** Stellen Sie den Anteil der meistverkauften Autos der Marke VW im Vergleich zu den gesamten Neuzulassungen 2011 in einem geeigneten Diagramm dar.

1 **2** Lösen Sie folgende Gleichung.
$22 = 4\,(x + 3) - 2x$

**3** Maria findet zwei verschiedene Verpackungen für Kosmetiktücher. Diese sind vollständig mit gleichartigen Tüchern gefüllt.

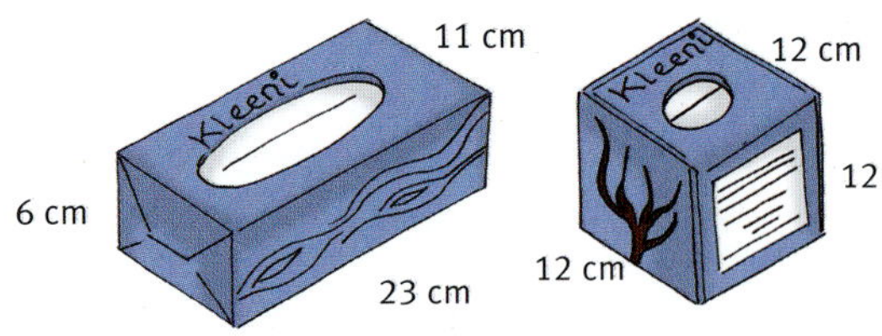


2 **a)** Maria sagt: „In beide Verpackungen passen gleich viele Kosmetiktücher.“ Stimmt das? Begründen Sie Ihre Antwort.

2 **b)** Wählen Sie eine Verpackung aus und zeichnen Sie das zugehörige Schrägbild in einem geeigneten Maßstab. Geben Sie den Maßstab an.

1 **4** Die Auswahl der richtigen Bildschirmgröße von Fernsehern ist abhängig vom Sitzabstand.

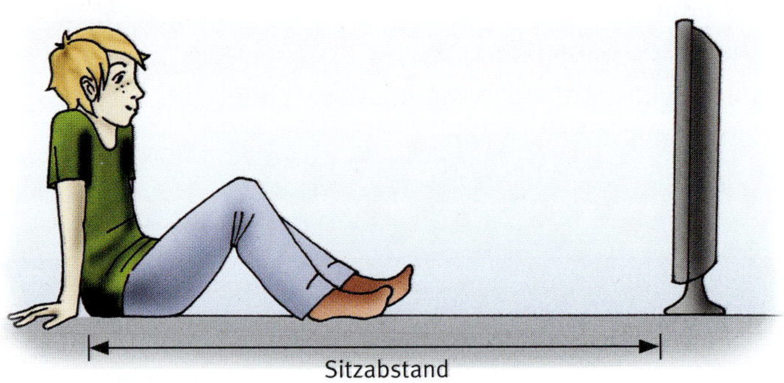


Dabei gilt die Faustformel:
Bildschirmdiagonale mal 2,5 gleich ungefährer Sitzabstand
Ermitteln Sie den optimalen Sitzabstand in Metern für einen Fernseher mit einer Bilddiagonale von 60″ (1 Zoll = 1″ = 2,54 cm).

**5** Familie Meyer plant einen dreiwöchigen Sommerurlaub für zwei Erwachsene und zwei Kinder nach Schweden. Mit dem Auto fahren sie ca. 3000 km. Gemeinsam erstellen sie eine Liste über die auftretenden Kosten für die Fahrt und die Unterkunft.
Bei Buchung des Ferienhauses müssen 15 % der Miete angezahlt werden. Der Rest wird vier Wochen vor Reisebeginn überwiesen.

| Kosten für | Kosten |
|---|---|
| Kraftstoff pro 100 km | 15 € |
| Fähre (Hin- und Rückfahrt) | 124 € |
| Miete für das Ferienhaus pro Woche | 699 € |
| Endreinigung | 65 € |

**a)** Ermitteln Sie die Beträge, die für die Miete des Ferienhauses überwiesen werden müssen. 2

**b)** Familie Meyer spart ein Jahr lang pro Monat jeweils 200 € für den Urlaub. 3
Überprüfen Sie, ob das Ersparte für die geplanten Kosten ausreicht.

**6** Die rechteckige Dachfläche einer Lagerhalle soll neu eingedeckt werden.

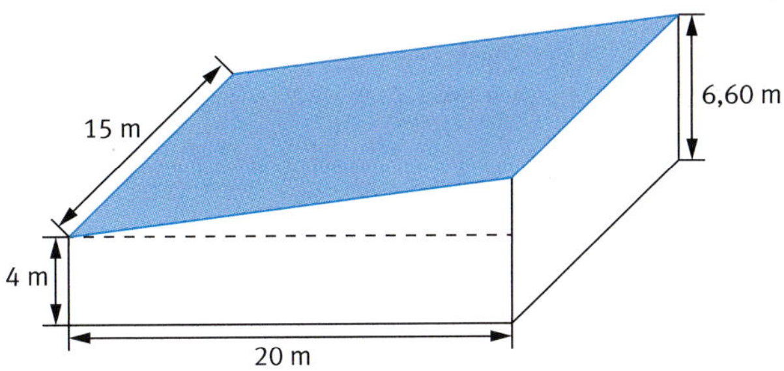


Wie groß ist der Flächeninhalt der Dachfläche? 2

**7** Alex und Berit verkaufen Thüringer Bratwürste. Alex verkauft 35 Bratwürste für 63 €. 1
Wie hoch ist die Einnahme von Berit, wenn sie 20 Bratwürste zum selben Preis verkauft?

**8** **a)** Berechnen Sie den folgenden Term: $\frac{6{,}5 + \sqrt{6{,}25}}{2{,}5 + 8}$. 1
Runden Sie auf eine Dezimale.

**b)** Überprüfen Sie, ob die gesamte Wassermenge in einen 10-l-Eimer passt. 2

4,6 l | 2500 ml | 3,5 dm

**c)** Geben Sie den Wert des Terms für a = −2 und b = 3 an: $-3 \cdot a + 4 \cdot b$ 1

**d)** Ermitteln Sie das Volumen des im Zweitafelbild dargestellten Körpers. 2

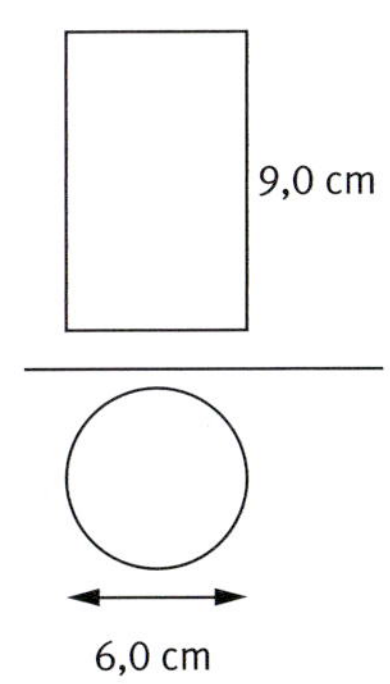

## Wahlaufgaben

**9 Säule in Weimar**

In Weimar befindet sich eine quaderförmige Säule mit quadratischer Grundfläche.
Seitenlänge der Grundfläche: 80 cm
Höhe der Säule: 360 cm
Die Seitenflächen werden mit neuen Fliesen gestaltet.
Es werden nur ganze Fliesen verwendet und Fugen werden nicht berücksichtigt.

2 a) Entscheiden Sie, welche rechteckigen Fliesen geeignet sind.

| | Breite | Höhe |
|---|---|---|
| 1 | 15 cm | 20 cm |
| 2 | 20 cm | 40 cm |
| 3 | 25 cm | 40 cm |

1 b) Gegeben sind zwei Vorschläge zur Gestaltung einer Seitenfläche.
Geben Sie jeweils den grau gefärbten Anteil an.

1
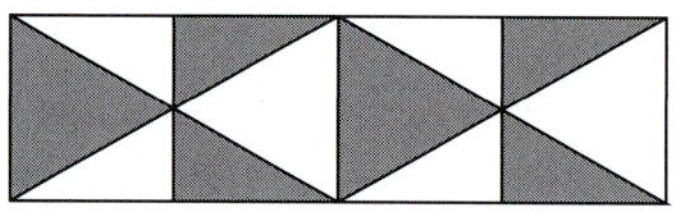
2
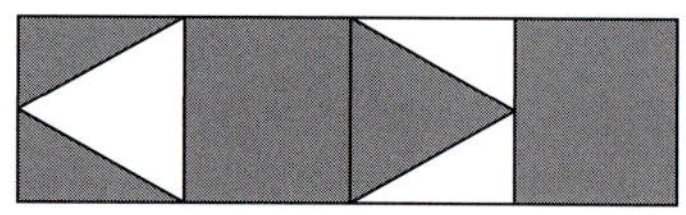

c) Berechnen Sie das Volumen einer Pyramide, deren Grundfläche und Höhe mit der Säule in Weimar übereinstimmt.

**10 Gold als Wertanlage**

Etwa 17 % der weltweiten Goldbestände gehören Zentralbanken und anderen Währungsinstituten, die Tabelle zeigt eine Aufstellung.

| Land | Goldbestände |
|---|---|
| USA | ca. 8134 t |
| Deutschland | ca. 3401 t |
| Internationaler Währungsfond | ca. 2814 t |
| Italien | ca. 2452 t |
| Sonstige | ca. 13 883 t |

2 a) Ermitteln Sie den gesamten Goldbestand der Welt.

1 b) Goldmengen werden in Feinunzen (oz) angegeben. 1 Feinunze entspricht 31,103 g. Der Goldpreis für eine Feinunze betrug im Jahr 2012 ungefähr 1300 €. Geben Sie den Preis für ein Kilogramm Gold an.

2 c) Vervollständigen Sie die Tabelle im Heft. Stellen Sie die Werte in einem Koordinatensystem grafisch dar.

| Goldmenge in oz | 1 | 200 | 500 | 1000 | 1500 |
|---|---|---|---|---|---|
| Goldpreis in € | 1300 | | | | |

2 d) Bestimmen Sie den Wert der Goldbestände von Deutschland.

**11 Holz – universelles Baumaterial**

Die blaue Wand soll mit Holzpaneelen verkleidet werden. Der Treppenaufgang erhält ein Geländer aus Holz.
Eine Packung Holzpaneele reicht für $2{,}5\ m^2$. Bei der Verkleidung mit Holzpaneelen ist mit zusätzlich 12 % Verschnitt zu rechnen.

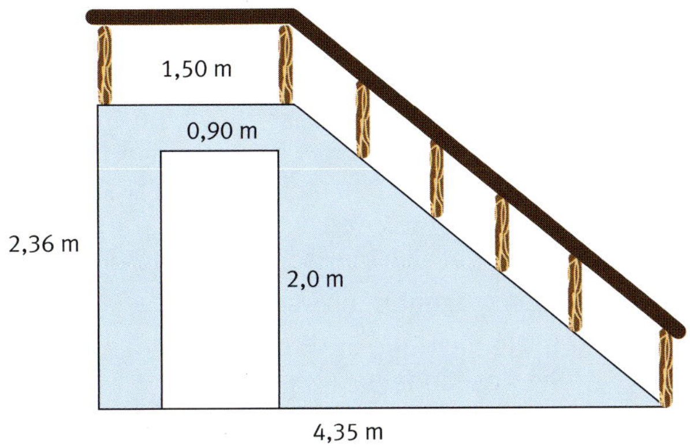


a) Wie viele Packungen Holzpaneele müssen gekauft werden? 3

b) Ermitteln Sie die Gesamtlänge für das Geländer. 2

**12 Krankenkassen in Thüringen**

Im Jahr 2011 waren in Thüringen insgesamt 2 010 640 Versicherte in gesetzlichen Krankenkassen. Die Zahl hat sich im Vergleich zu 2010 um 0,75 % verringert.

a) Um wie viele Versicherte hat sich die Anzahl in gesetzlichen Krankenkassen in Thüringen im Jahr 2011 verringert? 1

b) Geben Sie die Anzahl der Versicherten in der AOK im Jahr 2011 an. 1

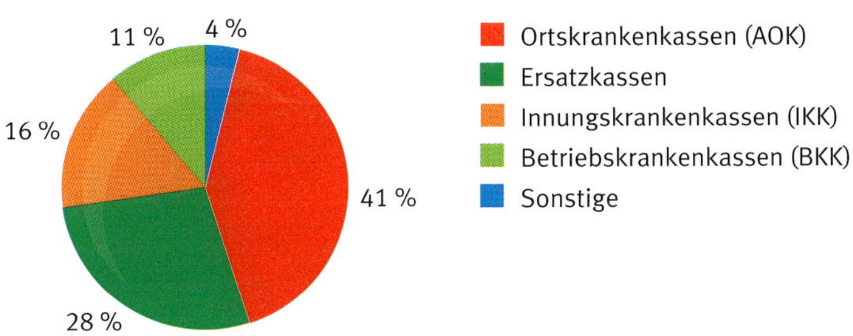


c) Frau Meyer läuft von der Arbeit nach Hause. Die Entfernung beträgt 2,5 km. Unterwegs geht sie zu ihrer Krankenkasse. 1

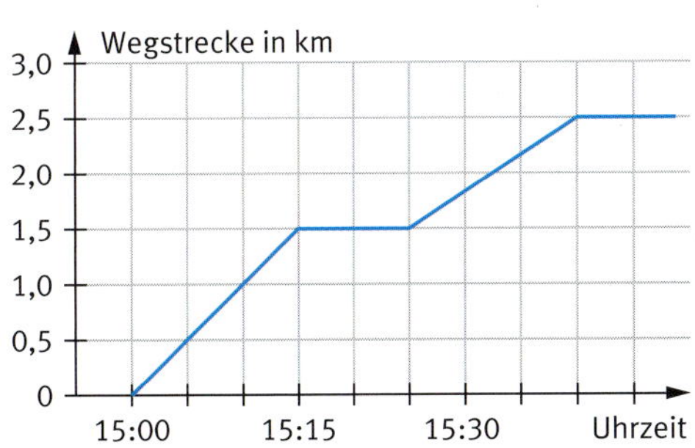


Vervollständigen Sie die Aussagen.

1 Frau Meyer kommt ... zu Hause an.

2 Frau Meyer läuft in der Zeit ... am schnellsten.

3 Frau Meyer bleibt ... Minuten bei ihrer Krankenkasse.

**1 Bockwindmühle in Krippendorf (bei Jena)**
In einer Ausgabe der Ostthüringer Zeitung vom Oktober 2010 steht ein Artikel über die Windmühle von Krippendorf bei Jena (Text leicht gekürzt):
„Nachdem sie am 19. Januar 2007 vom Orkan ‚Kyrill' hinweg gefegt worden war, ist das historische Bauwerk auferstanden. Die jeweils 9,50 m langen Flügel sind in den letzten Tagen installiert worden."
Im Ort befindet sich ein Modell (siehe Bild rechts).

a) Gib den zugehörigen Maßstab an.
b) Ermittle die Höhe der Bockwindmühle. Miss dazu die Höhe des Modells.

**2 Erdaushub**
Für einen Erdaushub werden verschiedene Containergrößen bereitgestellt. Durch die Auflockerung benötigt die Erde ca. 20 % mehr Platz.

| Containergröße in $m^3$ | 1 | 3 | 7 | 10 |
|---|---|---|---|---|
| Kosten in € | 95 | 135 | 220 | 260 |

Eine quaderförmige Baugrube ist 2,40 m breit, 3,40 m lang und 80 cm tief.

a) Skizziere das Schrägbild der Baugrube in einem geeigneten Maßstab.
b) Ermittle die Kosten für die verschiedenen Containergrößen. Welche Zusammenstellung an Containern ist am günstigsten?
c) Gib weitere Formen und Maße für Baugruben an. Skizziere diese im Schräg- oder Zweitafelbild und berechne die zugehörigen Kosten für die Container. Tausche die Aufgaben mit einem Partner aus.

*Kreativität ist gefragt.*

**3 Kaufrausch zu Weihnachten**

| | Kosten pro Haushalt in € für ... | |
|---|---|---|
| Land | Festessen | Geschenke |
| Irland | 259 | 520 |
| Schweiz | 243 | 496 |
| Italien | 139 | 416 |
| Deutschland | 118 | 286 |
| Niederlande | 96 | 134 |

a) Stelle den prozentualen Anteil für die Kosten für Festessen in Deutschland im Vergleich mit den anderen Ländern in einem Kreisdiagramm dar.
b) Stelle die Anteile der Kosten für Geschenke für die angegebenen Länder in einem Streifendiagramm dar.

**4 Schuhgrößen**

Der Stich ist ein Längenmaß, nach dem der Schuhmacher die Länge der Leisten von Schuhen anfertigt (1 Pariser Stich entspricht 0,666 cm).

**a)** Miss deine Fußlänge. Vergleiche mit deiner Schuhgröße.

**b)** Vervollständige die fehlenden Werte. Stelle die Leistenlängen und die zugehörigen EU-Größen in einem Koordinatensystem grafisch dar.

| Fußlänge in cm | 22,8 | 23,5 | 24,1 | 24,8 | 25,5 | 26,1 | 26,8 | 27,5 | 28,1 | 28,8 |
|---|---|---|---|---|---|---|---|---|---|---|
| Länge der Leisten in cm | 24 | 24,7 | 25,3 | 26 | 26,7 | 27,3 |  | 28,7 |  | 30 |
| EU-Größe (Pariser Stich) | 36 | 37 |  | 39 |  | 41 | 42 | 43 | 44 | 45 |

**c)** Bionik-Forscher untersuchten die Kraftverteilung auf den Fuß eines Elefanten. Die Erkenntnisse dieser Untersuchung wurden bei der Entwicklung von Gelsohlen für Turn- und Laufschuhe umgesetzt.
Ermittle die Schuhgröße des Elefanten im Pariser Stich.

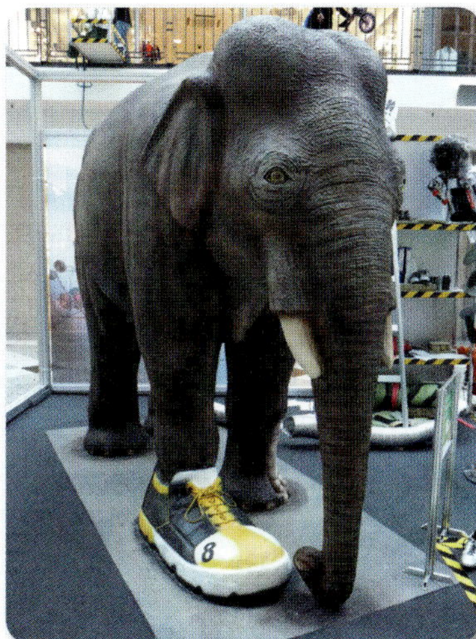

**d)** Peter skizziert den Fußabdruck eines ca. 4 t schweren Elefanten:

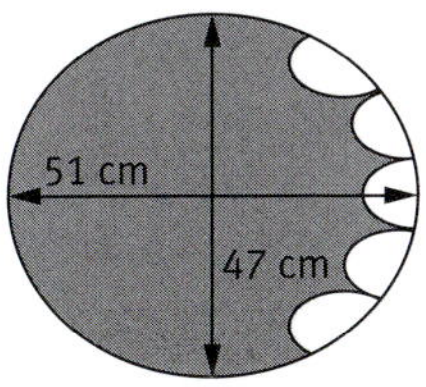


Überprüfe, ob ein Elefant pro Quadratzentimeter weniger Gewicht auf den Boden als der Absatz eines hohen Schuhs bringt. Erläutere dein Vorgehen und präsentiere dein Ergebnis.

**5 Mülleimer**

Der Papierkorb in einem Park ist 75 cm hoch. Der Durchmesser der Grundfläche beträgt 40 cm.
Der Mülleimer auf dem Tennisplatz in Apolda hat die Form eines Tennisballs. Sein Umfang beträgt ca. 1,9 m.
Vergleiche die Fassungsvermögen beider Mülleimer.

**6 Kleine und große Plüschtierigel**

Zum Tag der offenen Tür einer Autowerkstatt bekamen Kinder einen kleinen, 15 cm hohen Igel als Werbegeschenk. Der Bauch des Igels hat einen annähernd kreisförmigen Querschnitt und einen Umfang von 24 cm. An einem maßstäblich vergrößerten Igel (Höhe 165 cm) konnten Erinnerungsfotos gemacht werden.

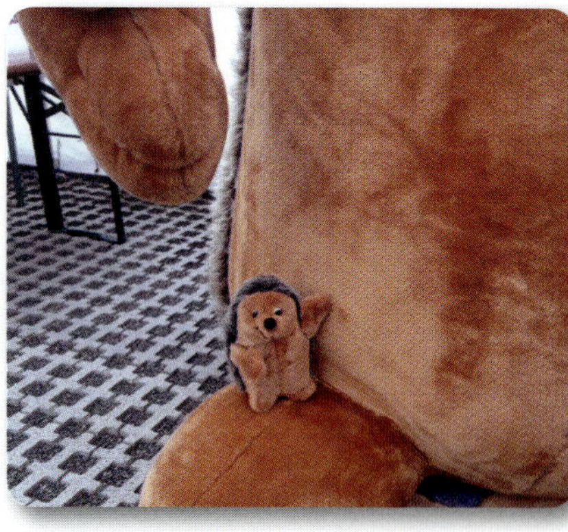

**a)** Vervollständige folgende Tabelle.

| | Höhe | Bauchumfang |
|---|---|---|
| kleiner Igel | | |
| großer Igel | | |

**b)** In welchem Maßstab steht der kleine Igel zum großen Igel?

**c)** Annika behauptet: „Der große Igel hat beim Aufbau nicht problemlos durch die 90 cm breite Tür gepasst.“ Stimmt das? Begründe deine Entscheidung.

**7 Blumentopf**

Eine Blumenampel soll neu mit Erde gefüllt und bepflanzt werden. Im Handel gibt es Blumenerde in verschiedenen Größen (10 l, 20 l, 30 l, 45 l).

**a)** Ermittle die Größe der Blumenerde, die man kaufen müsste. Begründe rechnerisch.

**b)** Gib die Maße für ein würfelförmiges Gefäß mit gleichem Fassungsvermögen an.

**c)** Ermittle die Maße für einen zylinderförmigen Blumentopf mit ungefähr dem gleichen Fassungsvermögen. Stelle diesen im Zweitafelbild in geeignetem Maßstab dar.

**8 Grundflächen vergrößern**

Durch die Bauweise im Mittelalter wurden die Wohnflächen gegenüber der eigentlichen Größe der Bebauungsfläche vergrößert (siehe Bild).
Ausgegangen wird von einer rechteckigen Grundfläche mit einer Länge von 8 m und einer Breite von 7 m. In jeder Etage wird die Länge und die Breite um 10 cm vergrößert.
Ermittle den prozentualen Zuwachs der Wohnfläche in der 1. und in der 2. Etage.

**9 Erdölförderung**

Deutschland deckt einen Teil seines Erdölbedarfs durch eigene Quellen. Die Tabelle stellt die Fördermenge in verschiedenen Gebieten im Jahr 2012 dar.

| Gebiet | Nördl. Elbe | Oder/ Neiße | Elbe-Weser | Weser-Ems | Westl. der Ems | Oberrhein | Alpen |
|---|---|---|---|---|---|---|---|
| Fördermenge in Mio. t | 54,1 | 3,3 | 77,1 | 58,9 | 80,6 | 8,0 | 10,1 |

**a)** Wie viel Prozent der jährlichen Erdölförderung in Deutschland entfallen auf die einzelnen Gebiete?

**b)** Stelle die Verteilung der Erdölförderung in Deutschland im Jahr 2012 in einem geeigneten Diagramm dar.

# 8 Quadratische Funktionen und Gleichungen

## Einstieg

- Beschreibe den Verlauf eines Wasserbogens des abgebildeten Brunnen.
- Skizziere im Koordinatensystem einen Graphen, der die Form eines solchen Wasserbogens hat. Beschreibe einem Mitschüler deine Skizze. Achte bei der Beschreibung besonders auf die Form des Graphen und besondere Punkte.
- Nenne weitere Beispiele aus der Umwelt, die ähnliche Darstellungen ergeben.

## Ausblick

**Am Ende dieses Kapitels hast du gelernt, ...**

- quadratische Funktionen zu erkennen.
- quadratische Funktionen grafisch darzustellen.
- Eigenschaften quadratischer Funktionen anzugeben und zu nutzen.
- quadratische Gleichungen auf verschiedene Arten zu lösen.
- Problemstellungen aus dem Alltag mithilfe quadratischer Funktionen und Gleichungen zu bearbeiten.

- Betrachte die Abbildungen und beschreibe das Aussehen der Bögen.
- Begründe, dass man die Verläufe der Bögen mathematisch nicht durch lineare Funktionen beschreiben kann.
- Gib weitere Beispiele dieser Art aus deiner Umwelt an.

*Den Graphen einer beliebigen quadratischen Funktion nennt man **Parabel**. Nur im einfachsten Fall $y = x^2$ spricht man von der Normalparabel.*

## Merkwissen

Viele Sachverhalte in Natur und Technik können **nicht** durch lineare Funktionen beschrieben werden. Eine Möglichkeit, Vorgänge zu beschreiben, deren Graphen eine gekrümmte, achsensymmetrische Form aufweisen, sind **quadratische Funktionen**.

Die **einfachste quadratische Funktion** hat die Funktionsgleichung $\mathbf{y = x^2}$ bzw. $f(x) = x^2$.
Der **Graph** dieser Funktion heißt **Normalparabel**. Den tiefsten Punkt dieses Graphen bezeichnet man als **Scheitelpunkt S**.

## Beispiele

**I** Erstelle für $y = x^2$ eine Wertetabelle. Zeichne die Normalparabel in ein Koordinatensystem und beschreibe ihren Verlauf.

**Lösung:**

| x | −2 | −1,5 | −1 | −0,5 | 0 | 0,5 | 1 | 1,5 | 2 |
|---|---|---|---|---|---|---|---|---|---|
| y | 4 | 2,25 | 1 | 0,25 | 0 | 0,25 | 1 | 2,25 | 4 |

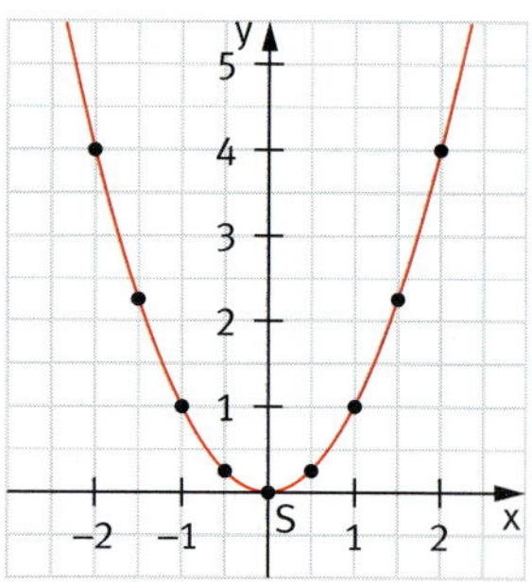


Die Normalparabel ist **symmetrisch** zur y-Achse, da das Quadrat einer Zahl und ihrer Gegenzahl jeweils gleich groß ist.

Der **Scheitelpunkt** der **Normalparabel** ist **S (0|0)**, da die y-Werte niemals negativ werden können.

*Der **Definitionsbereich** $\mathbb{D}$ ist die Menge aller x-Werte, die man einsetzen darf. Der **Wertebereich** $\mathbb{W}$ ist die Menge aller y-Werte, die als Funktionswerte auftreten können.*

**II** Betrachte $y = x^2$.

**a)** Gib den Definitionsbereich $\mathbb{D}$ und den Wertebereich $\mathbb{W}$ an.

**b)** Gib die Nullstellen dieser Funktion an.

**Lösung:**

**a)** Es dürfen alle bekannten Zahlen eingesetzt werden: $\mathbb{D} = \mathbb{R}$, jedoch erhält man durch das Quadrieren keine negativen Zahlen als Funktionswerte: $\mathbb{W} = \mathbb{R}_0^+$.

**b)** Die Funktion hat im Scheitelpunkt die Nullstelle $x = 0$.

## Verständnis

- Erkläre den Unterschied zwischen $y = 2x$ und $y = x^2$.
- Begründe, dass der Scheitelpunkt der Normalparabel auch „Tiefpunkt" genannt wird.
- Lukas behauptet: „Der Scheitelpunkt der Funktion $y = x^2$ ist identisch mit der Nullstelle dieser Funktion." Hat Lukas Recht? Begründe.

## Aufgaben

**1** Sandra möchte mithilfe einer Wertetabelle eine Normalparabel mit $y = x^2$ zeichnen.

| x | 0 | 0,5 | 1 | 1,5 | 2 | 2,5 | 3 |
|---|---|---|---|---|---|---|---|
| y | ▢ | ▢ | ▢ | ▢ | ▢ | ▢ | ▢ |

**a)** Erkläre, dass in der Wertetabelle keine negativen Argumente notwendig sind.

**b)** Zeichne die Normalparabel mindestens im Intervall $-3 \leqq x \leqq 3$.

**c)** Zeige, dass der Graph der Funktion $y = x^2$ achsensymmetrisch ist. Kennzeichne hierfür gleiche Funktionswerte und die Symmetrieachse.

*Die x-Werte nennt man auch* ***Argumente****, die y-Werte* ***Funktionswerte****.*

**2** Die Punkte A bis F liegen auf der Normalparabel.

**a)** Berechne die fehlenden Funktionswerte.
A (–2,8 | ▢) B (–1,4 | ▢) C (–0,3 | ▢) D (0,85 | ▢) E (1,2 | ▢) F (2,3 | ▢)

**b)** Berechne die fehlenden Argumente.
A (▢ | 100) B (▢ | 0,01) C (▢ | 64) D $\left(▢ \mid \frac{4}{9}\right)$ E (▢ | 1,69) F (▢ | 0,25)

**3** Prüfe rechnerisch, ob folgende Punkte auf der Normalparabel liegen.

**a)** A (–12,5 | 156,25) **b)** B (–3,8 | –14,44) **c)** C (–0,2 | 0,4)
**d)** D (0,8 | 0,64) **e)** E (5,1 | 26,01) **f)** F (16,4 | 268,96)

**4** Entscheide, ob die gegebenen Punkte auf, oberhalb oder unterhalb der Normalparabel liegen.

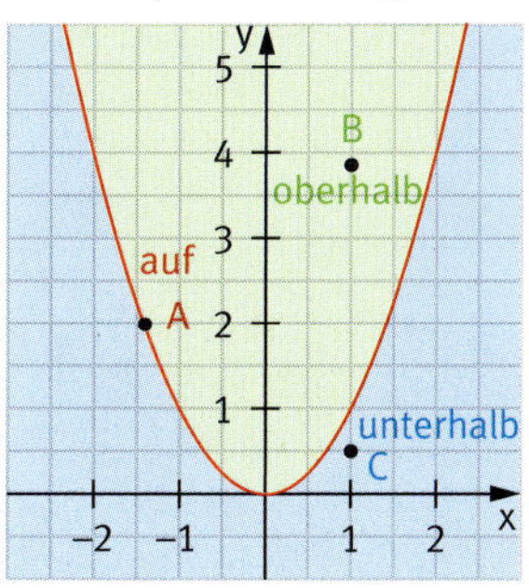


**a)** D (–9,8 | 96) **b)** E (–2,8 | 7,84)
**c)** F (–0,6 | 0,4) **d)** G (0,25 | 0,0625)
**e)** H (4,1 | 8,2) **f)** I (13,4 | 179,65)

**5** Finde anhand einer Zeichnung heraus, für welche Werte von x gilt:

**a)** $x^2 < x$ **b)** $x - 2 \geqq x^2 - 4$ **c)** $2x < x^2 < 4$

Überprüfe die Ergebnisse mit einem geeigneten Computerprogramm.

## Basteln

**Zeichenschablone**

Beim Lösen von Aufgaben rund um die Normalparabel muss immer wieder derselbe Verlauf des Graphen von $y = x^2$ gezeichnet werden. Dazu kann man eine Schablone verwenden, die man kaufen oder sich auch wie folgt leicht selbst herstellen kann.

- Zeichne die Normalparabel auf Millimeterpapier. Berechne dazu im Intervall $-3 \leqq x \leqq 3$ möglichst viele Werte. Klebe deine Zeichnung auf Pappe und schneide die Normalparabel aus.

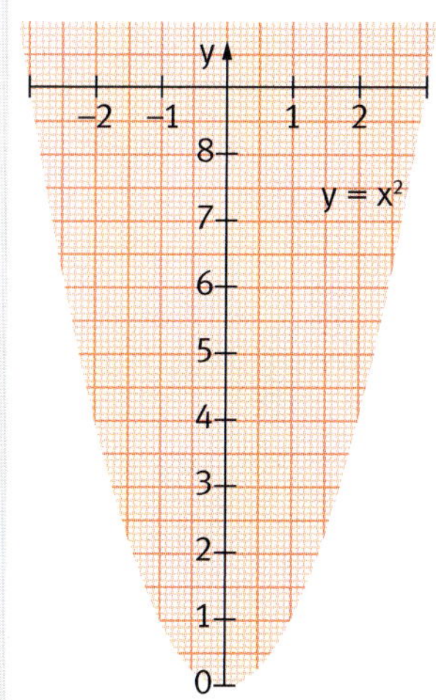

*Golden Gate Bridge*

Die Halteseile einer Hängebrücke haben etwa die Form einer Parabel. Die Fahrbahn der Golden Gate Bridge verläuft 67 m über dem Meer. Diese Brücke hat eine Spannweite von 1280 m und die Haltemaste überragen die Fahrbahn um 122 m.

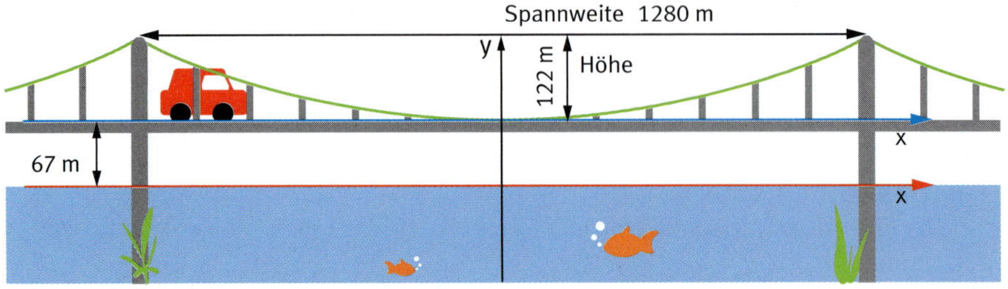


- Betrachte zunächst das Koordinatensystem mit der blauen x-Achse: Zeige, dass der Graph des Hängeseils keine Normalparabel ist. Beschreibe die Unterschiede.
- Betrachte nun das Koordinatensystem mit der roten x-Achse: Beschreibe den Unterschied des Funktionsverlaufs gegenüber der Lage bei der blauen x-Achse. Wie wird der Unterschied in einer Funktionsvorschrift deutlich?

*Für **a < 0** ist der Graph der Funktion $y = ax^2$ eine nach **unten geöffnete** (entsprechend gestreckte oder gestauchte) **Parabel**. In diesem Fall ist der **Scheitelpunkt** der Parabel ein **Hochpunkt**.*

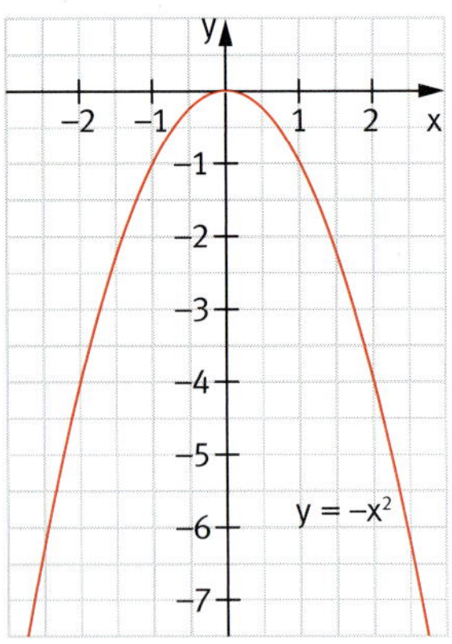


## Merkwissen

Die Normalparabel kann auf verschiedene Arten verändert werden:

1 Der Graph einer quadratischen Funktion der Form $\mathbf{y = ax^2}$ $(a > 0)$ ist eine zur y-Achse symmetrische und nach oben geöffnete Parabel mit dem Scheitelpunkt S (0|0). Es gilt:

| | |
|---|---|
| $a = 1$ | Normalparabel |
| $a > 1$ | gestreckte Parabel (schmale Öffnung) |
| $0 < a < 1$ | gestauchte Parabel (breite Öffnung) |

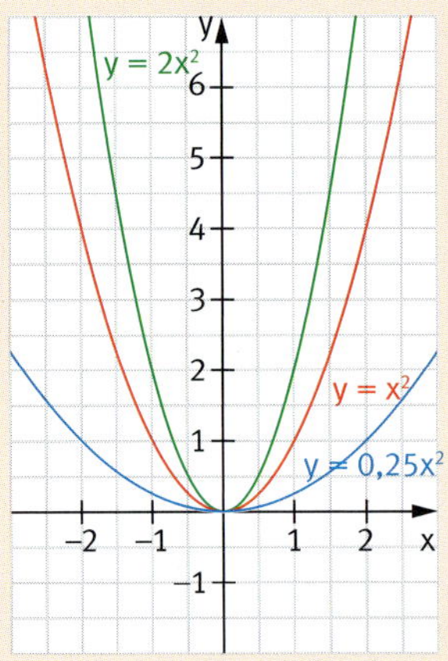


2 Der Graph einer quadratischen Funktion der Form $\mathbf{y = x^2 + c}$ ist eine zur y-Achse symmetrische Parabel mit dem Scheitelpunkt S (0|c). Es gilt:

| | |
|---|---|
| $c = 0$ | Normalparabel |
| $c > 0$ | verschoben um c Einheiten nach oben |
| $c < 0$ | verschoben um c Einheiten nach unten |

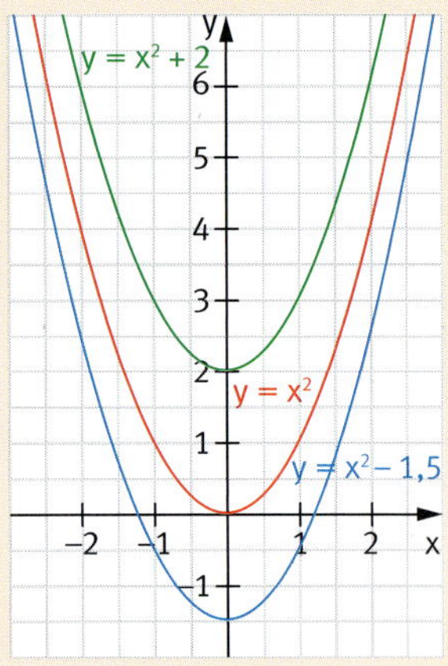

## Beispiele

**I** Gegeben ist der Graph einer quadratischen Funktion. Ermittle die zugehörige Funktionsgleichung.

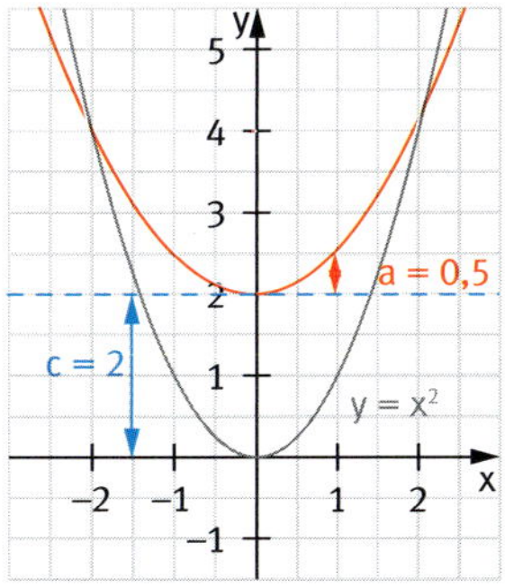


**Lösung:**
Der Graph der Funktion ist symmetrisch zur y-Achse.
Die Parabel ist auf der y-Achse um zwei Einheiten nach oben verschoben:
$c = 2$
Es folgt: $y = ax^2 + 2$

Ein Vergleich mit der Normalparabel ergibt, dass die nach oben geöffnete ($a > 0$) Parabel breiter ist, d. h. sie ist gestaucht.
Für den Faktor a gilt somit: $0 < a < 1$
Mit $a = 0{,}5$ folgt: $y = 0{,}5x^2 + 2$
Die Funktionsgleichung heißt $y = 0{,}5x^2 + 2$.

## Verständnis

- Begründe: Der Scheitelpunkt einer entlang der y-Achse verschobenen Normalparabel hat die Koordinaten S (0 | c).
- Beschreibe das Aussehen einer Parabel mit der Gleichung $y = ax^2$, wenn $a = -1$ ($a < -1$; $-1 < a < 0$) ist.

## Aufgaben

**1** Zeichne mithilfe der Normalparabel die Graphen der Funktionen.
**a)** $y = x^2 + 1$ **b)** $y = x^2 + 2{,}5$ **c)** $y = x^2 + 3$ **d)** $y = x^2 + 5$
**e)** $y = x^2 - 0{,}5$ **f)** $y = x^2 - 1{,}5$ **g)** $y = x^2 - 3$ **h)** $y = x^2 - 4{,}5$

**2** Zeichne die zugehörigen Parabeln. Erstelle falls nötig eine Wertetabelle.
**a)** $y = 2x^2$ **b)** $y = 4x^2$ **c)** $y = 1{,}5x^2$ **d)** $y = 0{,}25x^2$
**e)** $y = 0{,}4x^2$ **f)** $y = -x^2$ **g)** $y = -0{,}2x^2$ **h)** $y = \frac{1}{3}x^2$

*Zeichne eine Normalparabel mit S (0 | 0). Multipliziere dann die Funktionswerte mit dem entsprechenden Faktor.*

**3** Zeichne die Graphen der drei Funktionen jeweils in ein Koordinatensystem. Vergleiche die Parabeln miteinander.
**a)** ① $y = x^2$ ② $y = x^2 + 2{,}5$ ③ $y = x^2 - 2{,}5$
**b)** ① $y = x^2$ ② $y = \frac{1}{3}x^2$ ③ $y = \frac{1}{5}x^2$
**c)** ① $y = x^2$ ② $y = 2x^2$ ③ $y = x^2 + 2$
**d)** ① $y = -x^2$ ② $y = -\frac{1}{2}x^2$ ③ $y = -2x^2$

**4** Untersuche Funktionen der Art $y = ax^2 + c$.
Lege für x = 0; 1; 2; 3; 4; 5 eine Wertetabelle an.
**a)** $y = x^2 + 1{,}5$ **b)** $y = x^2 - 1{,}5$ **c)** $y = 2x^2 + 1{,}5$ **d)** $y = -x^2 - 1{,}5$

**5** Stelle die Funktion in einem geeignetem Intervall dar. Nutze gegebenenfalls eine Wertetabelle.
**a)** $y = -x^2 + 4$ **b)** $y = 2x^2 - 2$ **c)** $y = 0{,}5x^2 + 2$
**d)** $y = -3x^2 + 1$ **e)** $y = 0{,}25x^2 - 2$ **f)** $y = -1{,}5x^2 - 0{,}5$

*Achte auf eine geeignete Einteilung des Koordinatensystems.*

*Beschreibungen:*
- *gestreckt oder gestaucht*
- *nach oben oder nach unten geöffnet*
- *nach oben oder nach unten verschoben*

**6** Vergleiche die Graphen der Funktionen mit der Normalparabel. Verwende dabei die in der Randspalte aufgeführten Begriffe.

**Beispiel:** $y = 3{,}5x^2 - 7$
Die Parabel ist nach oben geöffnet. Sie ist um 7 Einheiten auf der y-Achse nach unten verschoben und gestreckt (schmale Öffnung).

**a)** $y = 0{,}5x^2 + 3$ **b)** $y = \frac{3}{7}x^2 - 9{,}5$ **c)** $y = -7{,}5x^2 + 3$ **d)** $y = x^2 + 0{,}7$
**e)** $y = -3x^2 + 0$ **f)** $y = -\frac{9}{5}x^2$ **g)** $y = 3{,}8x^2 - 0{,}4$ **h)** $y = -0{,}57x^2 - 9$

**7** Ist die Aussage für eine Funktion $y = ax^2 + c$ richtig oder falsch? Begründe.

| | |
|---|---|
| **a)** | Wenn a negativ ist, ergibt sich eine nach unten geöffnete Parabel. |
| **b)** | Für $a > 0$ ist der Scheitelpunkt S der Tiefpunkt der Parabel. |
| **c)** | Der Summand c gibt den Schnittpunkt der Parabel mit der y-Achse an. |
| **d)** | Je größer c ist, desto weiter ist die Parabel nach oben verschoben. |
| **e)** | Ist $a = 0$ und $c = 0$, dann erhält man eine Normalparabel. |
| **f)** | Je kleiner a, desto schmaler die Öffnung der Parabel. |
| **g)** | Wenn a positiv und c negativ ist, dann schneidet die Parabel die x-Achse genau zwei Mal. |
| **h)** | Für $a = 0$ ist der Graph eine Gerade parallel zur x-Achse. |
| **i)** | Der Koeffizient a gibt an, um wie viele Einheiten die Parabel auf der y-Achse verschoben wird. |

**8** Ordne die Funktionsgleichungen den Graphen zu.
① $y = x^2 - 6{,}25$ ② $y = -\frac{1}{2}x^2 + 2$ ③ $y = 4x^2$ ④ $y = -x^2 - 2$

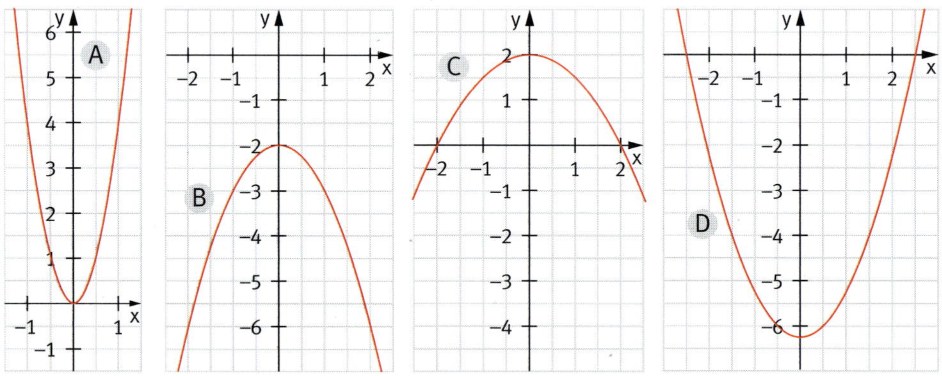


**9** Bestimme für die Parabeln die zugehörigen Funktionsgleichungen.

**a)**
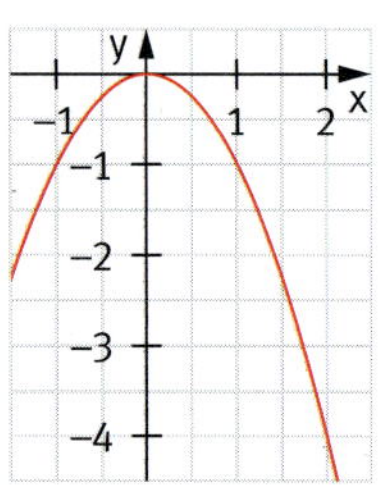

**b)**
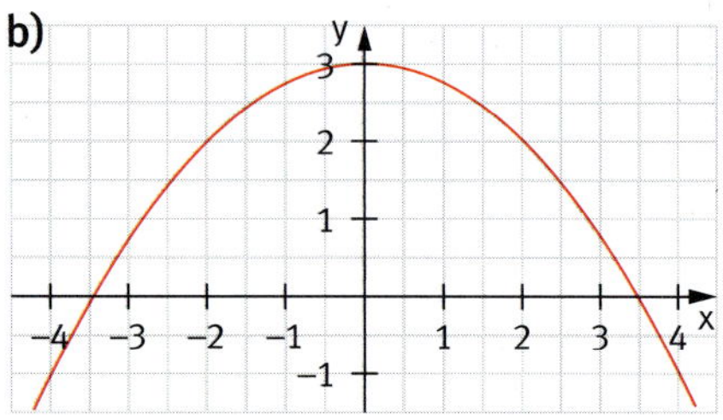

**c)**
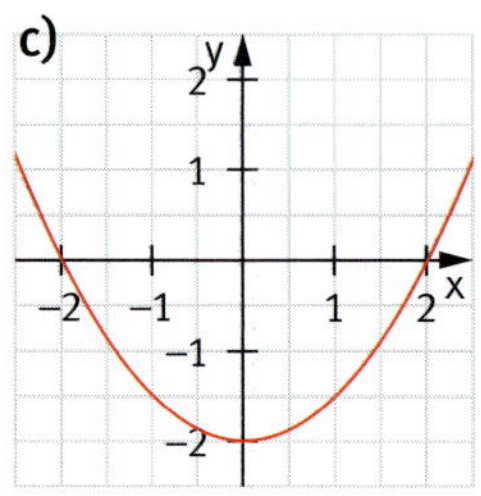

**10** Der Punkt P liegt jeweils auf dem Graphen einer Funktion der Form $y = ax^2$.

1 P (5 | −37,5) 2 P (−2 | 1) 3 P (−3 | −4,5) 4 P (−6 | 90)

5 P (−1,5 | 0,9) 6 P $\left(-\frac{1}{4} \middle| \frac{1}{4}\right)$ 7 P (2,8 | −4,9) 8 P (−0,9 | −8,1)

**a)** Entscheide, ob a positiv oder negativ ist. Begründe.

**b)** Bestimme a, indem du den Graphen mit der Normalparabel vergleichst.

*Lösungen zu 10b:*
*$-10; -1,5; -\frac{1}{2}; -\frac{5}{8}; \frac{1}{4}$;*
*0,4; 2,5; 4*

**11** Gegeben ist der Punkt P auf der Parabel mit der angegebenen Funktionsgleichung.

1 P (−1 | 8); $y = ax^2 + 6$ 2 P (−4 | 0); $y = -\frac{1}{4}x^2 + c$ 3 P (−1 | −2); $y = ax^2 + 2$

**a)** Berechne a bzw. c.

**b)** Gib die Koordinaten des Scheitelpunktes S der Parabel an.

**12** Bei vielen Brücken überspannt ein Parabelbogen ein Tal. Die Fahrbahn wird dabei von Haltepfeilern getragen, die in regelmäßigen Abständen angeordnet sind. Die Grafik stellt eine vereinfachte Vorderansicht des Parabelbogens der Grümpentalbrücke bei Schalkau dar.

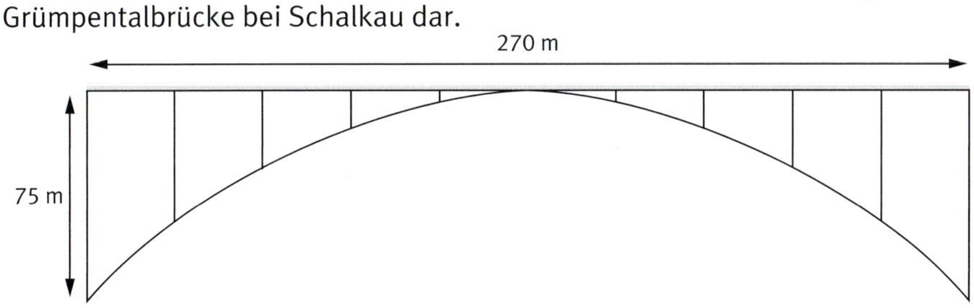

**a)** Skizziere die Brückenansicht in ein Koordinatensystem in dein Heft. Wähle geschickt die Lage des Koordinatenursprungs.

**b)** Ermittle eine Funktionsgleichung für die Parabel. Beschreibe dein Vorgehen.

**c)** Bestimme die Länge aller Pfeiler.

**13** Die Abbildung zeigt eine Skateboardrampe. Die befahrbare Fläche nennt man Skatingboden, sie hat etwa die Form einer Parabel (Maße in cm).

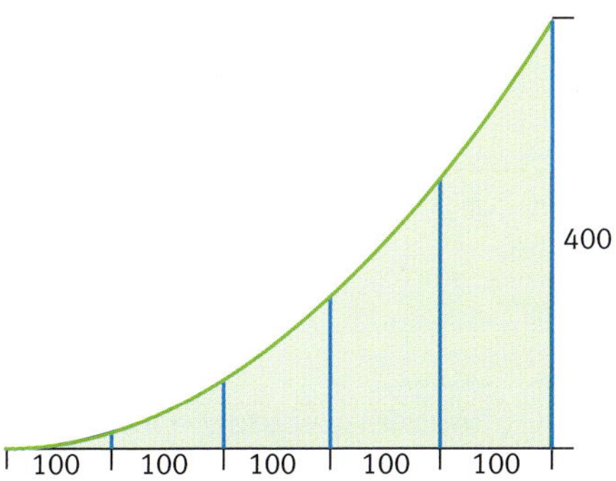


**a)** Gib eine Funktionsgleichung für den Verlauf des Skatingbodens an.

**b)** Berechne die Höhen der Träger.

**Alltag**

**Gänsemännchenbrunnen**

Direkt gegenüber dem ehemaligen Wohnhaus von Friedrich Schiller in Weimar steht der Gänsemännchenbrunnen. Die beiden Gänse dienen als Wasserspeier. Der Verlauf der beiden Wasserstrahlen kann bei geeigneter Wahl des Koordinatensystems als Parabel einer Funktion $y = ax^2$ beschrieben werden.

- Skizziere den Verlauf der Wasserstrahlen in dein Heft. Wähle eine geeignete Lage für das Koordinatensystem.
- Berechne den Faktor a.

1
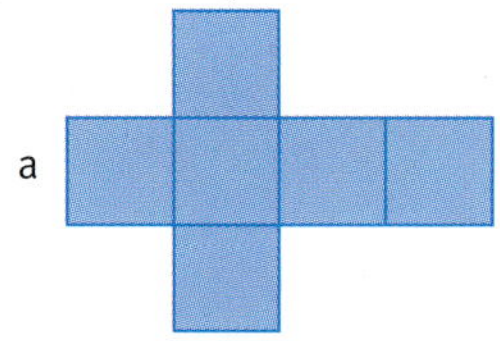

Das Netz eines Würfels hat den Flächeninhalt 486 $cm^2$.

2

Ein Quadrat hat den Flächeninhalt 36 $m^2$.

3

Die kreisförmige Rosette einer Kirche überdeckt eine Fläche von 1018 $dm^2$.

- Stelle jeden Sachverhalt als Gleichung dar.
- Löse die Gleichungen. Achte auf die Anzahl der Lösungen in Zusammenhang mit dem Sachverhalt.

*Wenn nichts anderes vereinbart ist, gilt $\mathbb{D} = \mathbb{R}$.*

## Merkwissen

**Quadratische Gleichungen** der Form $\mathbf{x^2 = c}$ können **rechnerisch** oder **grafisch** gelöst werden. Man unterscheidet folgende Fälle:

| $c > 0$ | $c = 0$ | $c < 0$ |
|---|---|---|
| Beispiel: $x^2 = 4$<br><br>1 rechnerisch:<br>$x_{1/2} = \pm\sqrt{4}$<br>$x_{1/2} = \pm 2$<br>$x_1 = -2;\ x_2 = 2$<br>Der **Radikand** ist **positiv**, die Gleichung hat **zwei Lösungen**.<br><br>$\mathbb{L} = \{-2; 2\}$ | Beispiel: $x^2 = 0$<br><br>1 rechnerisch:<br>$x_{1/2} = \pm\sqrt{0}$<br>$x_{1/2} = \pm 0$<br>$x = 0$<br>Der **Radikand** ist **null**, die Gleichung hat **eine Lösung**.<br><br>$\mathbb{L} = \{0\}$ | Beispiel: $x^2 = -2$<br><br>1 rechnerisch:<br>$x^2 = -2$<br><br>Der **Radikand** ist **negativ**, die Gleichung hat **keine Lösung**.<br><br>$\mathbb{L} = \{\ \}$ |
| 2 grafisch:<br>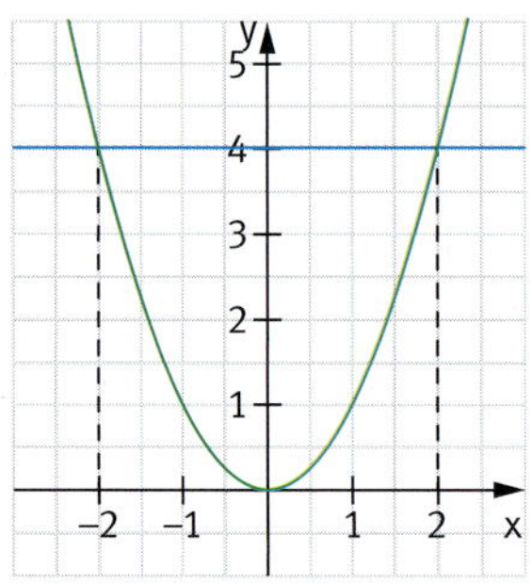<br>Mit der Gerade $y = 4$ hat die Normalparabel $y = x^2$ **zwei Schnittpunkte**:<br><br>$x_1 = -2;\ x_2 = 2$<br>$\mathbb{L} = \{-2; 2\}$ | 2 grafisch:<br>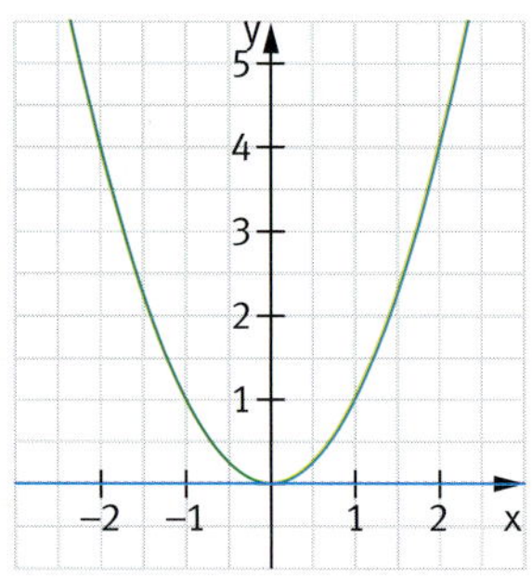<br>Mit der Gerade $y = 0$ (x-Achse) hat die Normalparabel $y = x^2$ **einen Schnittpunkt**:<br>$x = 0$<br>$\mathbb{L} = \{0\}$ | 2 grafisch:<br>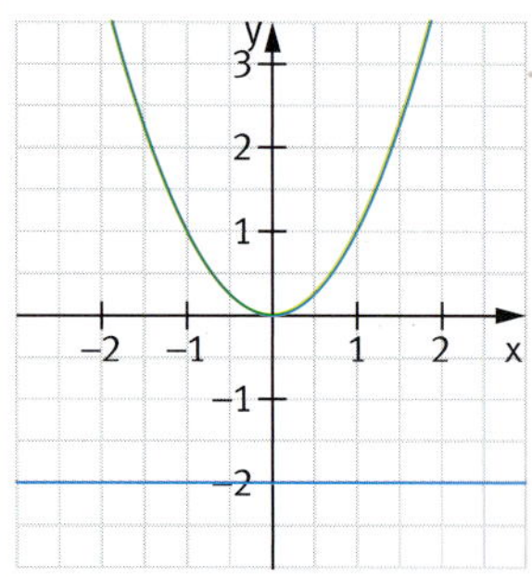<br>Mit der Gerade $y = -2$ hat die Normalparabel $y = x^2$ **keinen Schnittpunkt**.<br><br>$\mathbb{L} = \{\ \}$ |

*Beim grafischen Lösen von quadratischen Gleichungen sind die abgelesenen Werte oft nur Näherungswerte.*

*Zur **Probe** kannst du das jeweils andere Verfahren verwenden.*

Aufgaben

**I** Löse die Gleichung $0{,}5x^2 - 9{,}3 = -6{,}175$ grafisch. Beschreibe dein Vorgehen.

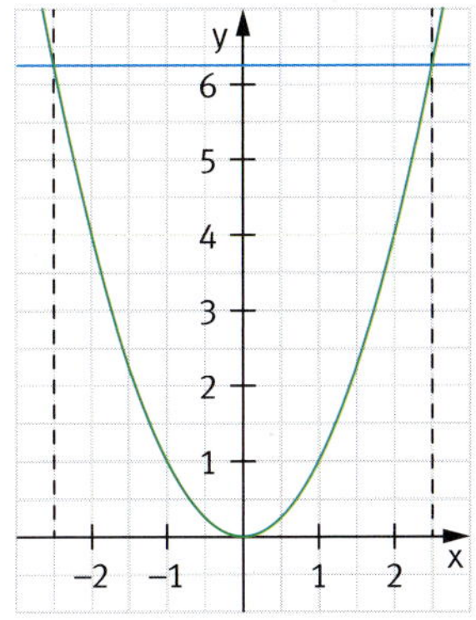


**Lösung:**

1 Bringe die Gleichung auf die Form $x^2 = c$.

$$0{,}5x^2 - 9{,}3 = -6{,}175 \quad | + 9{,}3$$
$$0{,}5x^2 = 3{,}125 \quad | \cdot 2$$
$$x^2 = 6{,}25$$

2 Zeichne die Normalparabel $y = x^2$ und den Graphen der Funktion $y = 6{,}25$ in dasselbe Koordinatensystem. $y = 6{,}25$ ist dabei eine Parallele zur x-Achse.

3 Bestimme die Schnittpunkte der Gerade $y = 6{,}25$ mit der Normalparabel: $x_1 = -2{,}5$ und $x_2 = 2{,}5$

Probe: $0{,}5 \cdot (-2{,}5)^2 - 9{,}3 = 3{,}125 - 9{,}3 = -6{,}175$ wahr
$0{,}5 \cdot 2{,}5^2 - 9{,}3 = 3{,}125 - 9{,}3 = -6{,}175$ wahr

$\mathbb{L} = \{-2{,}5;\ 2{,}5\}$

**II** Bestimme rechnerisch die Lösung der quadratischen Gleichung.

**a)** $6x^2 - 1424 = -1700$ **b)** $3x^2 + 420 = 1095$

**Lösung:**

**a)**
$$6x^2 - 1424 = -1700 \quad | + 1424$$
$$6x^2 = -276 \quad | : 6$$
$$x^2 = -46$$

Der Radikand ist negativ.
Die quadratische Gleichung hat keine Lösung: $\mathbb{L} = \{\ \}$

**b)**
$$3x^2 + 420 = 1095 \quad | - 420$$
$$3x^2 = 675 \quad | : 3$$
$$x^2 = 225$$
$$x_{1/2} = \pm\sqrt{225}$$
$$x_{1/2} = \pm 15$$

Der Radikand ist positiv. Die quadratische Gleichung hat zwei Lösungen:
$\mathbb{L} = \{-15;\ 15\}$

**Verständnis**

- Nenne Vor- und Nachteile der grafischen Lösung von quadratischen Gleichungen.
- Mirko behauptet: „Eine quadratische Gleichung hat immer zwei Lösungen." Stimmt das? Begründe.

Aufgaben

**1** Löse die Gleichungen ohne Taschenrechner.

**a)** $x^2 = 144$ **b)** $x^2 - 49 = 0$ **c)** $x^2 = 0{,}81$
**d)** $x^2 - 625 = 0$ **e)** $x^2 = 0{,}01$ **f)** $x^2 + 7 = 23$
**g)** $x^2 - \frac{4}{9} = 0$ **h)** $x^2 - 2 = 0$ **i)** $0{,}04 - x^2 = 0$

*Lösungen zu 1:*
*$\pm 0{,}1$; $\pm 0{,}2$; $\pm \frac{2}{3}$; $\pm 0{,}9$; $\pm \sqrt{2}$; $\pm 4$; $\pm 7$; $\pm 12$; $\pm 25$*

**2** Überprüfe die folgende rechnerische Lösung der Gleichungen. Berichtige

**a)**
$$\tfrac{1}{4}x^2 = 4 \quad | \cdot 4$$
$$x^2 = 16$$
$$x = 4$$
$$\mathbb{L} = \{4\}$$

**b)**
$$3 - x^2 = 6 \quad | + 3$$
$$x^2 = 9$$
$$x_1 = -3;\ x_2 = 3$$
$$\mathbb{L} = \{-3;\ 3\}$$

**3** Löse die Gleichungen rechnerisch.

a) $4x^2 = 100$ b) $3x^2 - 17 = 91$ c) $5x^2 = 18\,000$

d) $5x^2 - 1{,}25 = 0$ e) $x^2 = \frac{81}{49}$ f) $1{,}6x^2 + 77{,}6 = 487{,}2$

**4** Peter hat die Gleichung $0{,}5x^2 = 4{,}5$ grafisch gelöst.

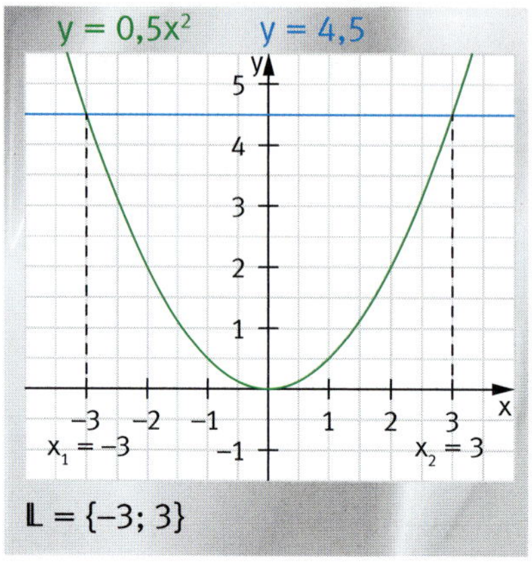


a) Beschreibe sein Vorgehen.

b) Löse ebenso grafisch.

1 $2x^2 = 8$ 2 $\frac{1}{3}x^2 = \frac{3}{4}$

3 $-2x^2 = -4{,}5$ 4 $4x^2 = 1$

5 $x^2 - 3 = 1$ 6 $x^2 + 1{,}5 = 2{,}5$

7 $-x^2 = -2\frac{1}{4}$ 8 $-0{,}5x^2 = -2$

9 $-\frac{1}{3}x^2 = -1\frac{1}{3}$ 10 $\frac{3}{4}x^2 = 6\frac{3}{4}$

**5** Löse die Gleichungen grafisch.

a) $x^2 = 10$ b) $2{,}5x^2 - 6 = 4$ c) $\frac{4}{5}x^2 = 5$

d) $1{,}5x^2 - 3 = 4{,}5$ e) $x^2 - 1{,}5 = -2{,}5$ f) $\frac{1}{4}x^2 - 0{,}5 = 1\frac{1}{4}$

**6** Löse die Gleichungen im Kopf.

a) $x^2 = 4$ b) $\frac{1}{2}x^2 = 5$ c) $-9x^2 = -25$ d) $2x^2 = 4{,}5$

e) $5x^2 = 0$ f) $5x^2 = -1$ g) $\frac{1}{2}x^2 - 1 = 7$ h) $x^2 - 17 = -42$

**7** Finde jeweils eine quadratische Gleichung, deren Lösung mithilfe der grafischen Darstellung ermittelt werden kann. Gib die Lösungsmenge an ($\mathbb{D} = \mathbb{R}$).

a)
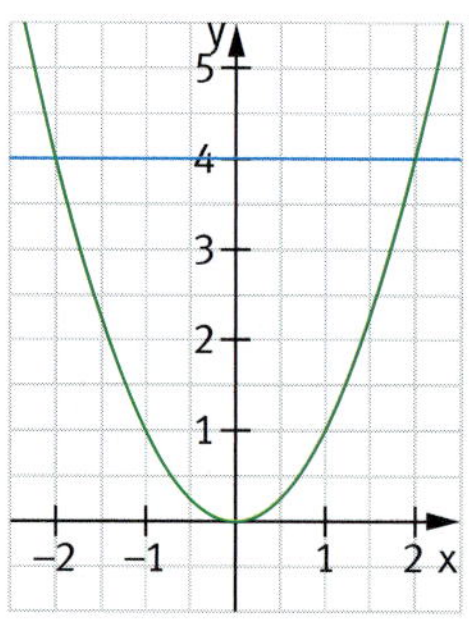

b)
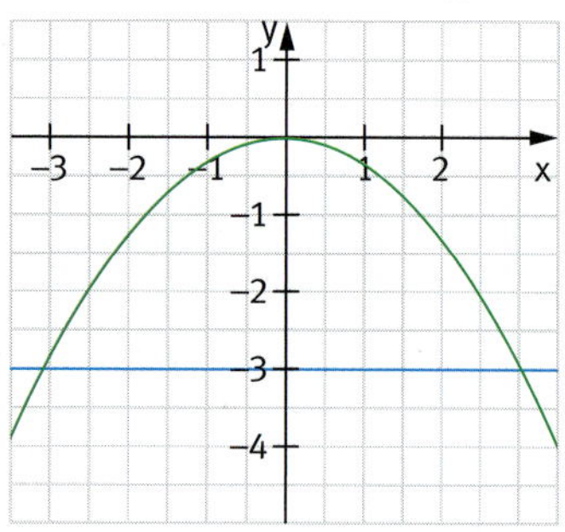

c)
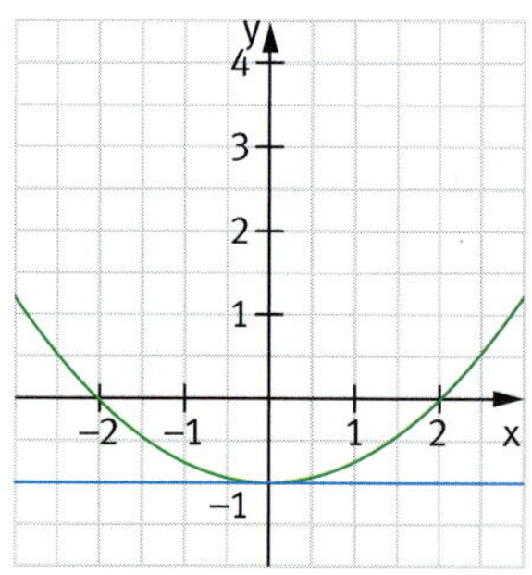

*Beachte:*
*Ein Produkt ist 0, wenn einer der Faktoren 0 ist.*

**8** Begründe, dass die Gleichung …

a) $x^2 + 5 = 4$ keine Lösung hat. b) $25x^2 = 4$ zwei Lösungen hat.

c) $16x^2 = 0$ eine Lösung hat. d) $(x - 2)^2 = 0$ eine Lösung hat.

**9** Überprüfe rechnerisch, ob die Gleichungen zwei, eine oder keine Lösung haben. Kontrolliere deine Lösungen durch eine Skizze.

a) $-5x^2 = 0$ b) $\frac{1}{2}x^2 - 4 = 0$ c) $2x^2 - \frac{1}{2} = 0$

d) $\frac{1}{4}x^2 - 12 = 4$ e) $5x^2 - 9 = -24$ f) $7x^2 - 37 = -8x^2 - 38$

**10** Löse die Gleichungen mit einem Verfahren deiner Wahl. Runde evtl. geeignet.

**a)** $24x^2 + 48 = 78x^2 - 6$ **b)** $3x^2 - 8 = 27 - 12x^2$

**c)** $(2x - 6) \cdot (4x + 2) = 8x - 12$ **d)** $(6x - 2) \cdot (6x + 2) = 1292$

**e)** $2x^2 - 10 = 7x^2 - 5{,}2$ **f)** $(x + \sqrt{2}) \cdot (x - \sqrt{2}) = 0$

*Lösungen zu 10:*
$\mathbb{L} = \{\,\}$; $\mathbb{L} = \{0; 3{,}5\}$;
$\mathbb{L} = \{-1; 1\}$; $\mathbb{L} = \{-\sqrt{2}; \sqrt{2}\}$;
$\mathbb{L} = \left\{-\frac{\sqrt{21}}{3}; \frac{\sqrt{21}}{3}\right\}$;
$\mathbb{L} = \{-6; 6\}$

**11** Gib eine Gleichung an und löse diese. Gib die Definitionsmenge an.

**a)** Addiert man 33 zum Quadrat einer natürlichen Zahl, so erhält man 154.

**b)** Multipliziert man eine ganze Zahl mit sich selbst und subtrahiert 71, so erhält man 696.

**c)** Multipliziert man das Dreifache einer natürlichen Zahl mit dem Fünffachen dieser Zahl, so erhält man 375.

**d)** Das Fünffache einer natürlichen Zahl multipliziert mit ihrer Hälfte ergibt 250.

**12 a)** Die Seite eines Quadrats ist 8,5 cm lang. Ermittle die Länge der Diagonale.

**b)** Die Diagonale eines Quadrats ist 98 cm lang. Berechne seine Seitenlänge.

**13 a)** Ein quadratisches Grundstück hat einen Flächeninhalt von 1,5625 ha. Berechne die Seitenlänge des Grundstücks.

**b)** Ein Fußballfeld ist doppelt so lang wie breit. Der Flächeninhalt des Fußballfeldes ist 6272 m² groß. Berechne die Maße des Fußballfelds.

**14** Auf einer Palette befinden sich 288 quadratische Fliesen. Laut Lieferschein reicht eine Palette für eine Fläche von 25,92 m². Ermittle die Seitenlängen dieser Fliesen. Fugen sollen vernachlässigt werden.

**15** ① $x^2 = a$ ② $\frac{1}{2}x^2 - a = 0$ ③ $2x^2 = -a$

④ $\frac{1}{2}x^2 - 4a = 0$ ⑤ $7x^2 - 7a = 0$ ⑥ $ax^2 - a = 0$

**a)** Gib Zahlen für a so an, dass die Gleichung zwei, eine oder keine Lösung hat ($-5 \leqq a \leqq 5$).

**b)** Begründe deine Lösung rechnerisch oder grafisch.

*Zur Kontrolle kannst du beispielsweise ein Geometrieprogramm mit einem Schieberegler verwenden.*

**GESCHICHTE**

**Quadratische Gleichungen und Leonhard Euler**

**Leonhard Euler** (1703–1783) ist einer der berühmtesten Mathematiker der Welt. In einem von Euler 1748 veröffentlichten Werk spielt zum ersten Mal der Begriff Funktion eine Rolle. Im Jahr 1770 wurde das Buch „Vollständige Anleitung zur Algebra" auf Deutsch veröffentlicht. Man findet in diesem Buch folgende Aufgaben:

1 *Es wird eine Zahl gesucht, deren Hälfte mit ihrem 3. Theil multipliciret 24 gebe.*

2 *Man suche zwei Zahlen, deren Product = 35 und deren Differenz ihrer Quadraten = 24 ist.*

- Löse diese historischen Aufgaben.
- Auf Euler geht auch die Schreibweise zurück, für eine Funktion das Symbol f (x) („sprich: „f von x") statt y zu verwenden. Gib die Bedeutung des Symbols f (x) an.

René hat die Aufgabe, seinen Mitschülern grafische Darstellungen mit seinem bisherigen Wissen zu beschreiben. Kannst du ihm helfen?

- Gib Eigenschaften der Funktionen an, die der grafischen Darstellung entnommen werden können.
- Ermittle die zugehörige Funktionsgleichung beider Funktionsgraphen.
- Beschreibe mindestens zwei Unterschiede (Gemeinsamkeiten) beider Funktionen.

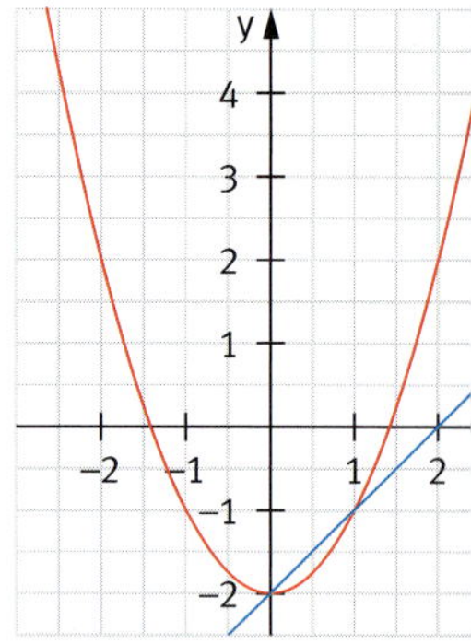


*Weitere Eigenschaften zur Beschreibung quadratischer Funktionen:*

- *Streckung/Stauchung*
- *Spiegelungen*
- *Lagebeziehung gegenüber der Normalparabel*

## Merkwissen

Eine quadratische Funktion kann man anhand folgender Eigenschaften beschreiben:

- Koordinaten des **Scheitelpunkts** S (x | y) der Parabel sowie Art des Scheitelpunkts: **Hochpunkt** oder **Tiefpunkt**
- **Definitionsbereich** $\mathbb{D}$ und **Wertebereich** $\mathbb{W}$: Welche Zahlen dürfen eingesetzt werden und welche können als Funktionswerte vorkommen?
- **Monotonie**: In welchen Bereichen **fällt** bzw. **steigt** der Graph?
- **Nullstellen**: An welchen Stellen schneidet der Graph die x-Achse?
- **Schnittpunkt P** der Parabel mit der y-Achse
- **Symmetrie**: Welche Lage hat die Symmetrieachse?

## Beispiele

*Mathematisch korrekt müsste man sagen:*

- *Verschiebung nach rechts/links: in positive/negative x-Richtung*
- *Verschiebung nach oben/unten: in positive/negative y-Richtung*

**I** Zeichne mit einem Computerprogramm den Graphen der Funktion $y = x^2 - 2x - 3$ und beschreibe ihn anhand der Eigenschaften im Merkwissen.

**Lösung**:

| Eigenschaft | Beschreibung |
|---|---|
| Scheitelpunkt | Tiefpunkt S (1 \| −4) |
| Definitionsbereich | $\mathbb{D} = \mathbb{R}$ bzw. $x \in \mathbb{R}$ |
| Wertebereich | $\mathbb{W} = \mathbb{R}$ mit $y \geqq -4$ bzw. $y \in \mathbb{R}$ mit $y \geqq -4$ |
| Monotonie | fallend für: $x \leqq 1$<br>steigend für: $x \geqq 1$ |
| Nullstellen | $x_1 = -1$; $x_2 = 3$ bzw. als Punkte: $N_1$ (−1 \| 0); $N_2$ (3 \| 0) |
| Schnittpunkt mit der y-Achse | P (0 \| −3) |
| Symmetrie | achsensymmetrisch zu x = 1 |

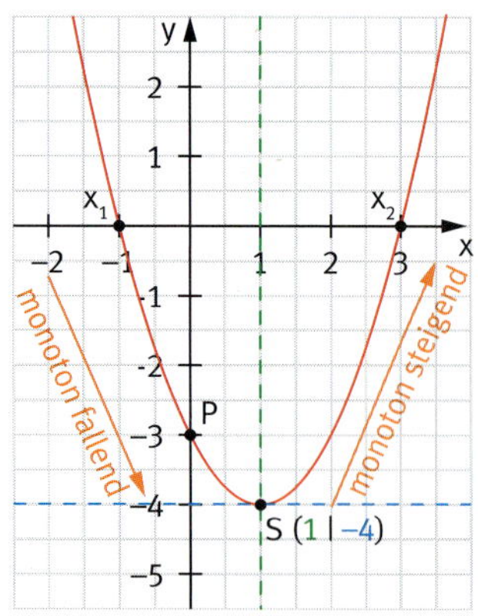


Der Graph dieser Funktion ist eine Normalparabel, die um eine Einheit nach rechts und vier Einheiten nach unten verschoben worden ist.

## Verständnis

- Beschreibe jeweils den Graph einer quadratischen Funktion, die keine (eine, zwei) Nullstelle(n) hat. Unterscheide „nach oben" und „nach unten" geöffnete Parabeln.
- Beschreibe für quadratische Funktionen den Zusammenhang zwischen Scheitelpunkt und Definitionsbereich sowie zwischen Scheitelpunkt und Nullstellen.

## Aufgaben

**1** Beschreibe die Funktionen anhand ihrer Eigenschaften wie in Beispiel I.

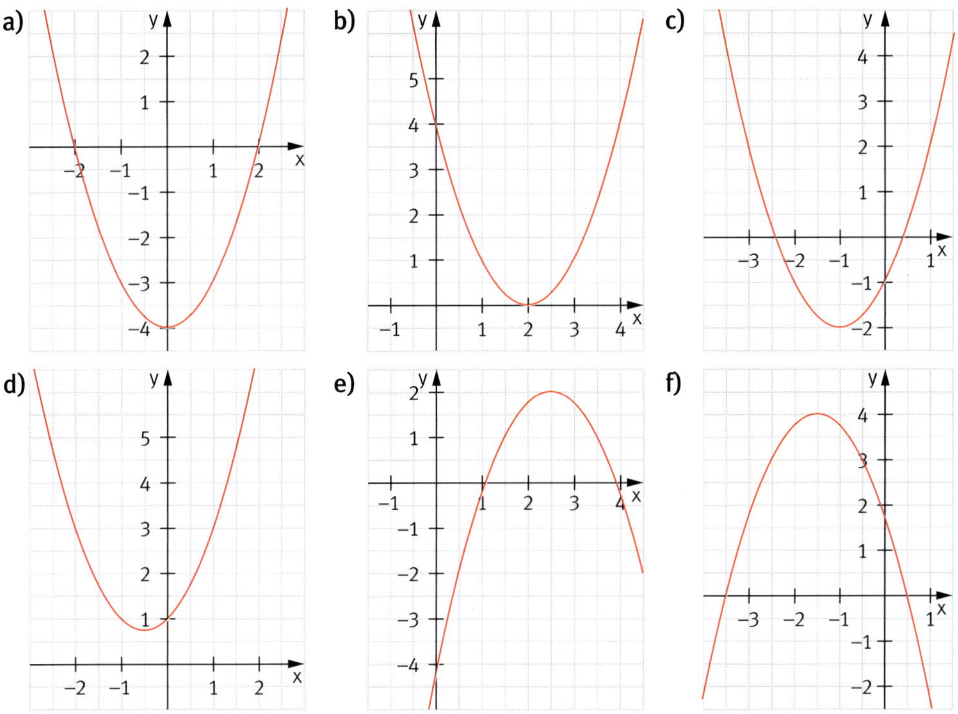


**2**

| x | −3 | −2 | 0 | 1 | 2,5 | 3,5 | 4 |
|---|---|---|---|---|---|---|---|
| 1 $y = -x^2 + 0{,}5$ | | | | | | | |
| 2 $y = x^2 - 2$ | | | | | | | |
| 3 $y = x^2 + 1{,}5$ | | | | | | | |
| 4 $y = x^2 + 0{,}5$ | | | | | | | |

a) Übertrage die Wertetabelle in dein Heft und vervollständige sie.
b) Stelle die quadratischen Funktionen grafisch dar.
c) Gib mindestens zwei Eigenschaften jeder Funktion an. Welche Gemeinsamkeiten findest du?

**3** Sind folgende Aussagen wahr? Begründe.
a) Der Graph einer Funktion ist monoton steigend, wenn mit größer werdenden x-Werten auch die y-Werte steigen.
b) Der Graph einer Funktion ist monoton fallend, wenn mit kleiner werdenden x-Werten auch die y-Werte kleiner werden.
c) Der Graph einer quadratischen Funktion ist symmetrisch.

**4** Gegeben sind die Scheitelpunkte von verschobenen Normalparabeln.

① S (0|3) ② S (0|−1) ③ S (2|0) ④ S (−3|0)
⑤ S (2,5|−4) ⑥ S (−1|−2,25) ⑦ S (3|−1) ⑧ S (−2|−6,25)

**a)** Welche Eigenschaften quadratischer Funktionen kannst du mithilfe des Scheitelpunktes direkt bestimmen?

**b)** Zeichne jeweils den Graphen. Du kannst eine Schablone verwenden.

**c)** Beschreibe jeweils die Funktion anhand der Eigenschaften aus Beispiel I. Welche Angaben gegenüber a) entnimmst du dabei zusätzlich der Zeichnung?

**5** Gegeben sind die Scheitelpunkte verschobener Normalparabeln. Gib Eigenschaften der Parabeln an, ohne sie zu zeichnen.

**a)** S (0|−9) **b)** S (0|6) **c)** S (−16|0) **d)** S (0|0)
**e)** S (15|10) **f)** S (1|−25) **g)** S (2|−4) **h)** S (−6|−36)

*Skizziere zur Überprüfung.*

**6** Die Wertetabelle soll die Eigenschaften verschobener Normalparabeln mit dem gegebenen Scheitelpunkt darstellen ($\mathbb{D} = \mathbb{R}$). Doch hat der Fehlerteufel zugeschlagen. Übertrage die Tabellen in dein Heft und korrigiere fehlerhafte Einträge. Beschreibe jeweils den aufgetretenen Fehler, wenn möglich.

| Scheitelpunkt | W: mit $y \in \mathbb{R}$ | Symmetrieachse | monoton fallend | monoton steigend | Nullstellen |
|---|---|---|---|---|---|
| S (0\|− 9) | $y \geqq 0$ | $x = -9$ | $x \leqq -9$ | $x \geqq 9$ | $x_1 = 4$; $x_2 = 6$ |
| S (5\|− 1) | $y \geqq 5$ | $y = -1$ | $x \leqq 5$ | $x \geqq 5$ | $x_1 = 0$; $x_2 = 3$ |
| S (1\|1) | $x \geqq 1$ | $x = 1$ | $x \leqq 1$ | $x \geqq 1$ | $x_1 = 1$; $x_2 = 1$ |
| S (2\|− 16) | $y \geqq -4$ | $x = 2$ | $x \leqq 0$ | $x \geqq 0$ | keine |
| S (− 4\|− 4) | $y \geqq \sqrt{4}$ | $x = \sqrt{4}$ | $x \leqq 2$ | $x \geqq 2$ | $x_1 = -2$; $x_2 = -6$ |
| S (3\|0) | $y \geqq -16$ | $x = 9$ | $x < -4$ | $x > 5$ | $x = 3$ |
| S (1,5\|−2,25) | $y \geqq 1$ | $x \geqq 0$ | $x < 2$ | $x > -4$ | $x_1 = 3$; $x_2 = -3$ |

*Sind die Nullstellen gegeben, so kannst du auch mithilfe der Schablone Scheitelpunkte bestimmen. Das funktioniert aber nur bei verschobenen Normalparabeln.*

**7**

| | Scheitelpunkt | W: mit $y \in \mathbb{R}$ | Symmetrieachse | monoton fallend | monoton steigend | Nullstellen |
|---|---|---|---|---|---|---|
| 1 | S (0\|−25) | | | | | |
| 2 | | $y \geqq 0$ | | $x \leqq 5$ | | |
| 3 | | | $x = -9$ | | $x \geqq -9$ | |
| 4 | | $y \geqq 7$ | | $x \leqq 18$ | | |
| 5 | | | | $x \leqq 4$ | | $x_1 = 2$; $x_2 = 6$ |
| 6 | | | $x = -1$ | | $x \leqq -1$ | |
| 7 | | | | | $x \leqq -3$ | $x_1 = -10$; $x_2 = 4$ |

**a)** Übertrage die Tabelle in dein Heft und vervollständige sie.

**b)** Kontrolliere die Eigenschaften, indem du die Parabeln zeichnest. Verwende eine Schablone oder ein Computerprogramm.

**8** **a)** Begründe, dass Funktionsgleichungen von quadratischen Funktionen vorliegen.

① $y = (x + 1) \cdot (x - 1)$ ② $y = (x - 3) \cdot (x + 3)$ ③ $y = (x + 2) \cdot (x + 2)$

**b)** Finde Eigenschaften einer Funktion mit $y = (x - a) \cdot (x + a)$.

**9** Die Normalparabel $y = x^2$ wird jeweils nach folgenden Vorschriften verschoben.

1 drei Einheiten nach links und eine Einheit nach unten
2 vier Einheiten nach rechts
3 zwei Einheiten nach rechts und vier Einheiten nach unten
4 zwei Einheiten nach links und zwei Einheiten nach oben
5 fünf Einheiten nach oben
6 eine halbe Einheit nach rechts und eine viertel Einheit nach unten

**a)** Gib den Scheitelpunkt dieser Funktionen an.
**b)** Stelle die Funktionen grafisch dar und gib Eigenschaften der Parabel an.

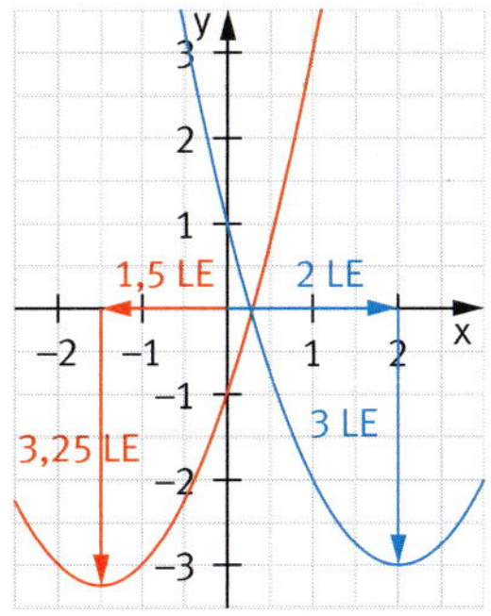


**10** Entscheide, ob Graphen quadratischer Funktionen gegeben sind.

**a)**

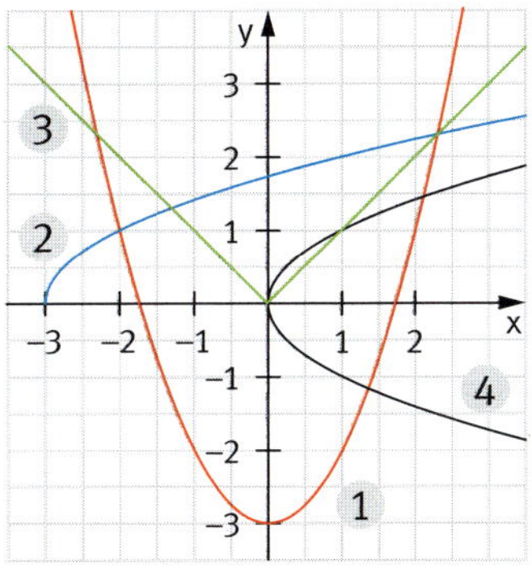


**b)**

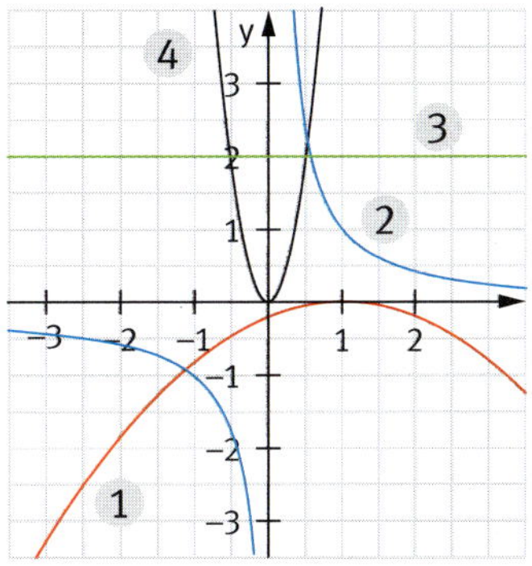


**11** Ordne den Funktionsgleichungen die zugehörigen Eigenschaften und Graphen zu. Es können auch mehrere Eigenschaften zutreffend sein. Die Parabel ...

1 ist gestaucht.
2 schneidet die y-Achse im Punkt P (0|0,5).
3 schneidet die y-Achse in P (0|–1).
4 ist nach oben geöffnet.
5 ist gestreckt.
6 verläuft durch den Punkt P (1|1).
7 hat zwei Nullstellen.

**a)** $y = 2x^2 - 1$
**b)** $y = -2x^2 - 1$
**c)** $y = -0{,}5x^2 + 1$
**d)** $y = -x^2 + 2$
**e)** $y = x^2$
**f)** $y = -2x^2 + \frac{1}{2}$

**Wissen**

**Zeichnen einer Parabel**

Eine Parabel ist die Menge aller Punkte einer Ebene, die von einem Punkt F (Brennpunkt) und einer Gerade l (Leitgerade) den gleichen Abstand besitzen.

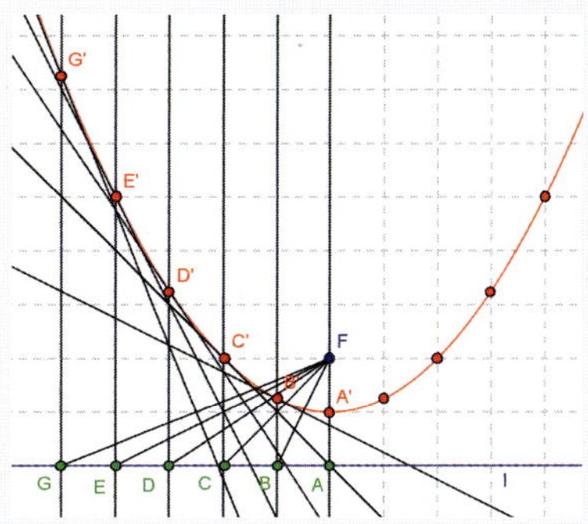


- Zeichne eine Gerade l und einen Punkt F im Abstand von 1 cm.
- Trage ähnlich der Zeichnung Punkte A, B, C, ... auf l ein.
- Die Parabelpunkte entstehen als Schnittpunkte folgender Geraden (am Beispiel der Punkte B bzw. B'):
  1. Senkrechte durch B zu l
  2. Mittelsenkrechte von $\overline{BF}$
  
  Führe die Konstruktion mit den Punkten A, B, C, ... durch.
- Verbinde die Punkte zur Parabel (die restlichen Punkte kannst du an einer Symmetrieachse spiegeln).
- Begründe, dass die Punkte A', B', C', ... die obige Bedingung erfüllen.
- Du kannst die Konstruktion auch mit einem dynamischen Geometrieprogramm durchführen. Beschreibe den Verlauf der Parabel bei Veränderung des Brennpunktes F.
  Übrigens kannst du mit dem Parabelwerkzeug des Geometrieprogramms prüfen, ob deine Konstruktion richtig ist.

Wenn der Scheitelpunkt einer Parabel bekannt ist, kann man den Graphen schnell zeichnen.

- Übertrage die Tabelle und vervollständige sie. Zeichne die Parabeln.

*Du kannst auch ein Computerprogramm zum Zeichnen nutzen.*

| | −4 | −3 | −2 | −1 | 0 | 1 | 2 | 3 | 4 |
|---|---|---|---|---|---|---|---|---|---|
| 1 $y = x^2 + 2x + 1$ | □ | □ | □ | □ | □ | □ | □ | □ | □ |
| 2 $y = x^2 + 2x - 2$ | □ | □ | □ | □ | □ | □ | □ | □ | □ |
| 3 $y = x^2 + 2x + 5$ | □ | □ | □ | □ | □ | □ | □ | □ | □ |
| 4 $y = x^2 - 4x + 4$ | □ | □ | □ | □ | □ | □ | □ | □ | □ |
| 5 $y = x^2 - 4x + 2$ | □ | □ | □ | □ | □ | □ | □ | □ | □ |

- Bestimme die Koordinaten der Scheitelpunkte der Graphen aus der Zeichnung.
- Untersuche und beschreibe folgende Zusammenhänge zwischen der Funktionsgleichung und den Koordinaten des Scheitelpunktes.

x-Koordinate

1 $y = x^2 + 2x + 1$ → ?

2 $y = x^2 + 2x - 2$ → ?

y-Koordinate

1 $y = x^2 + 2x + 1$ → $1 - \left(\frac{2}{2}\right)^2$

2 $y = x^2 + 2x - 2$ → $-2 - \left(\frac{2}{2}\right)^2$

## Merkwissen

*$y = x^2 + px + q$ nennt man auch die **Normalform** einer quadratischen Funktion.*

Jede quadratische Funktion lässt sich in die Form $\mathbf{y = x^2 + px + q}$ umformen.
Der **Scheitelpunkt S** der Parabel hat dabei die Koordinaten $\mathbf{S\left(-\frac{p}{2} \,\middle|\, q - \frac{p^2}{4}\right)}$.

## Beispiele

**I** Bestimme die Koordinaten des Scheitelpunktes von $y = x^2 + 6x - 4$.

*Beachte: Du musst die Rechenzeichen vor p und q als Vorzeichen mitnehmen.*

**Lösung:**

$y = x^2 + px + q$ Vergleiche und man erhält: $p = 6$; $q = -4$

$y = x^2 + 6x - 4$ Einsetzen liefert: $x_s = -\frac{p}{2} = -\frac{6}{2} = -3$

$y_s = q - \frac{p^2}{4} = -4 - \frac{6^2}{4} = -4 - \frac{36}{4} = -13$

Der Scheitelpunkt hat die Koordinaten S (−3 | −13).

**II** Eine verschobene Normalparabel hat den Scheitelpunkt S (4 | −9). Gib die Funktionsgleichung an.

**Lösung:**

$x_s = -\frac{p}{2} = 4 \Longrightarrow p = -8$

$y_s = q - \frac{p^2}{4} = -9$ Einsetzen von $p = -8$ ergibt: $q - \frac{(-8)^2}{4} = -9 \Longrightarrow q - 16 = -9 \Longrightarrow q = 7$

Die quadratische Funktion lautet: $y = x^2 - 8x + 7$.

*Alternative:*
*Berechne q mithilfe der Funktionsgleichung:*
*S (4 | −9) und q = −8 in $y = x^2 + px + q$ einsetzen:*
$-9 = 4^2 - 8 \cdot 4 + q$
$\Longrightarrow -9 = -16 + q$
$\Longrightarrow 7 = q$

## Verständnis

- Dustin behauptet, dass die x-Koordinate des Scheitelpunktes immer negativ ist. Widerlege seine Aussage.
- Bestimme p und q bei $y = x^2 + 4$ und $y = x^2 + 2x$.

## Aufgaben

**1** ① $y = x^2 - 4x$ ② $y = x^2 + 2x + 1$ ③ $y = x^2 - 6x + 7$
④ $y = x^2 + 3x - 0{,}75$ ⑤ $y = x^2 - x - 1$ ⑥ $y = x^2 - 5x + 4{,}75$

**a)** Zeichne die Funktionsgraphen mithilfe einer Wertetabelle für $-5 \leqq x \leqq 5$. Lies die Koordinaten des Scheitelpunktes ab.

**b)** Überprüfe rechnerisch die Koordinaten aus a).

*Lösungen zu 1: S (–1,5 | –3); S (2 | –4); S (0,5 | –1,25); S (–1 | 0); S (2,5 | –1,5); S (3 | –2)*

**2** Ordne die Scheitelpunkte den entsprechenden Funktionsgleichungen zu.

① S (1 | 1) ② S (3 | 0) ③ S (–3 | 5) ④ S (0,25 | 2)
⑤ S (–2,5 | 7) ⑥ S (1 | –1) ⑦ S (–1,5 | 5) ⑧ S (0,75 | 0)

A $y = x^2 - 2x$ B $y = x^2 + 3x + 7{,}25$ C $y = x^2 - 2x + 2$
D $y = x^2 - 6x + 9$ E $y = x^2 + 5x + 13{,}25$ F $y = x^2 - 0{,}5x + 2{,}0625$
G $y = x^2 + 6x + 14$ H $y = x^2 - 1{,}5x + 0{,}5625$

**3** Welcher Graph gehört zu welcher Funktionsgleichung? Ordne zu.

**a)** $y = x^2 - x - 0{,}25$ **b)** $y = x^2 - 2x + 2$ **c)** $y = x^2 + 3x - 1{,}75$

①
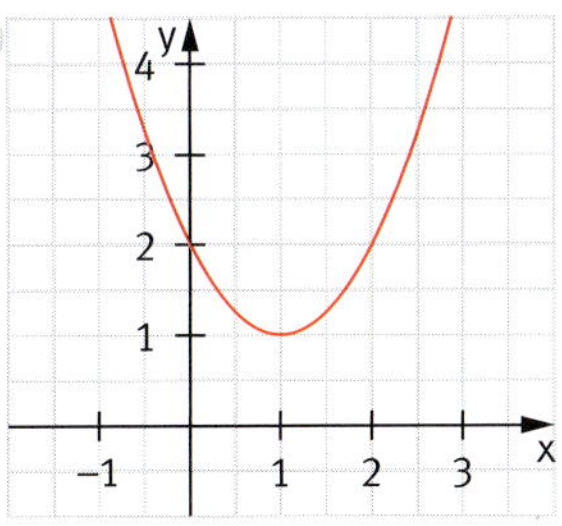


②
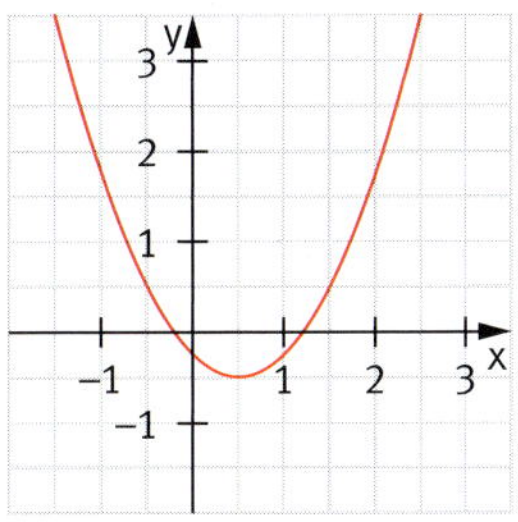


③
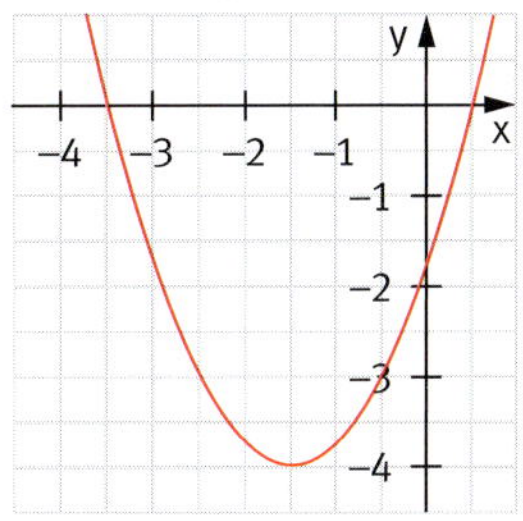


**4** Bestimme rechnerisch die Koordinaten des Scheitelpunktes der Parabel.

**a)** $y = x^2 + 3x + 5$ **b)** $y = x^2 - 6x + 8$ **c)** $y = x^2 - 2{,}5x - 9$
**d)** $y = x^2 + \frac{1}{8}x - 3$ **e)** $y = x^2 - \frac{4}{5}x - \frac{3}{10}$ **f)** $y = x^2 + 7{,}5x - 6{,}9$

**5** Gegeben ist der Scheitelpunkt einer verschobenen Normalparabel. Bestimme die zugehörige Funktionsgleichung.

**a)** S (2 | 3) **b)** S (–2 | 4) **c)** S (–3 | –6) **d)** S (–1,5 | 4)

*Verwende das Verfahren aus Beispiel II oder aus dem folgenden Kasten.*

## Wissen

**Scheitelpunktform $y = (x + d)^2 + c$**

Du weißt bereits, dass der Graph einer quadratischen Funktion der Form $y = x^2 + c$ um c Einheiten in y-Richtung verschoben ist.

- Untersuche eine quadratische Funktion der Form $y = (x + d)^2$. Welcher Zusammenhang besteht zwischen dem Koeffizienten d und der x-Koordinate des Scheitelpunktes? Du kannst ein Computerprogramm nutzen.
  **a)** $y = (x - 2)^2$ **b)** $y = (x + 2)^2$ **c)** $y = (x - 3)^2$ **d)** $y = (x + 3)^2$ **e)** $y = (x + 1{,}5)^2$
- Überprüfe zeichnerisch, dass der Graph einer quadratischen Funktion der Form $y = (x + d)^2 + c$ den Scheitelpunkt S (–d | c) besitzt. Vereinfache die Terme zu $y = x^2 + px + q$ und berechne die Scheitelpunkte hierfür. Vergleiche.
  **a)** $y = (x - 1)^2 + 2$ **b)** $y = (x + 1)^2 - 3$ **c)** $y = (x - 2{,}5)^2 - 1$ **d)** $y = (x - 2{,}5)^2 + 0{,}5$

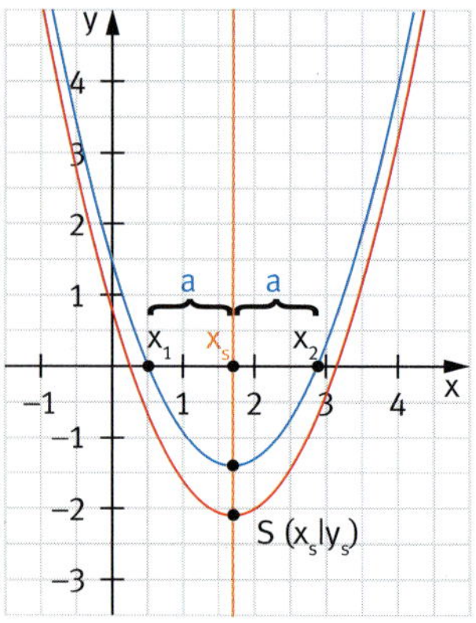

$x_1 < x_2$

Parabeln sind achsensymmetrisch. Die Abbildung zeigt, dass die Nullstellen der Funktion von den Koordinaten des Scheitelpunktes $x_s$ und $y_s$ abhängen.

- Beschreibe diese Abhängigkeit mit eigenen Worten.
- Begründe, dass die Nullstellen der quadratischen Funktion die Werte $x_{1/2} = x_s \pm a$ besitzen.

Die Nullstellen lassen sich berechnen, wenn man a kennt.

- Übertrage die Tabelle in dein Heft und vervollständige die fehlenden Einträge.

| | Koordinaten von S | | „größere" Nullstelle | Abstand a | „kleinere" Nullstelle |
|---|---|---|---|---|---|
| | $x_s$ | $y_s$ | $x_2$ | $a = x_2 - x_s$ | $x_1$ |
| $y = x^2 - 2x - 3$ | ▢ | ▢ | 3 | ▢ | ▢ |
| $y = x^2 - 2x$ | ▢ | ▢ | 2 | ▢ | ▢ |
| $y = x^2 - 2x - 8$ | ▢ | ▢ | 4 | ▢ | ▢ |

- Überprüfe mithilfe der Tabelle, dass für a gilt: $a = \sqrt{-y_s}$.

## Merkwissen

Die **Nullstellen einer quadratischen Funktion** der Form $\mathbf{y = x^2 + px + q}$ lassen sich mithilfe der Koordinaten des Scheitelpunktes berechnen:

$$x_{1/2} = \underbrace{-\frac{p}{2}}_{x_s} \pm \sqrt{\underbrace{\frac{p^2}{4} - q}_{-y_s}}$$

Den **Radikand** $\frac{p^2}{4} - q$ bezeichnet man als **Diskriminante D**.
Man unterscheidet drei Fälle:

| | | |
|---|---|---|
| 1 $D = \frac{p^2}{4} - q > 0$<br>Der Graph besitzt **zwei Nullstellen.** | 2 $D = \frac{p^2}{4} - q = 0$<br>Der Graph besitzt **eine Nullstelle.** | 3 $D = \frac{p^2}{4} - q < 0$<br>Der Graph besitzt **keine Nullstelle.** |

## Beispiele

**I** Berechne die Nullstellen der quadratischen Funktion $y = x^2 - 2{,}4x - 3{,}4$.

**Lösung:**

$y = x^2 + px + q$

Somit $p = -2{,}4$ und $q = -3{,}4$

$y = x^2 - 2{,}4x - 3{,}4$

Nullstellen: $x_{1/2} = -\frac{p}{2} \pm \sqrt{\frac{p^2}{4} - q}$

Einsetzen: $x_{1/2} = -\frac{-2{,}4}{2} \pm \sqrt{\frac{(-2{,}4)^2}{4} - (-3{,}4)}$

$= 1{,}2 \pm \sqrt{1{,}44 + 3{,}4}$

$= 1{,}2 \pm \sqrt{4{,}84}$

$= 1{,}2 \pm 2{,}2$

$x_1 = 1{,}2 - 2{,}2 = -1$; $x_2 = 1{,}2 + 2{,}2 = 3{,}4$

Somit sind $x_1 = -1$ und $x_2 = 3{,}4$ die Nullstellen der Funktion.

**II** Ermittle die Anzahl der Nullstellen der quadratischen Funktion. Bestimme anschließend die Nullstellen.

a) $y = x^2 - 6x - 7$ b) $y = x^2 - 8x + 25$ c) $y = x^2 + 2x + 1$

**Lösung:**

Anzahl der Nullstellen mit der Diskriminante $D = \frac{p^2}{4} - q$ bestimmen:

a) $p = -6$; $q = -7$

$D = \frac{(-6)^2}{4} - (-7)$

$D = 16$

**D > 0:**
Der Graph besitzt **zwei Nullstellen.**

$x_{1/2} = -\frac{-6}{2} \pm \sqrt{16}$

$x_1 = -1$; $x_2 = 7$

b) $p = -8$; $q = 25$

$D = \frac{(-8)^2}{4} - 25$

$D = -9$

**D < 0:**
Der Graph besitzt **keine Nullstelle.**

c) $p = 2$; $q = 1$

$D = \frac{2^2}{4} - 1$

$D = 0$

**D = 0:**
Der Graph besitzt **eine Nullstelle.**

$x_{1/2} = -\frac{2}{2} \pm \sqrt{0}$

$x_1 = -1$

*$x_{1/2} = -\frac{p}{2} \pm \sqrt{D}$*

**Verständnis**

- Begründe, dass es geschickt ist, zuerst die Diskriminante zu bestimmen und erst dann mögliche Nullstellen zu berechnen.
- Sophia behauptet: „Um die Anzahl der Nullstellen zu ermitteln, muss ich nicht rechnen, wenn ich den Scheitelpunkt einer quadratischen Funktion kenne." Erkläre diese Behauptung.

**Aufgaben**

**1** Ermittle die Koeffizienten p und q. Bestimme die Anzahl der Nullstellen.

a) $y = x^2 + 18x - 24$ b) $y = x^2 - \frac{1}{8}x + 2\frac{1}{5}$ c) $y = x^2 - 17x + 13$

d) $y = x^2 + x - 3{,}5$ e) $y = x^2 - 2{,}9x + 8{,}5$ f) $y = x^2 + \frac{1}{5}x - \frac{17}{24}$

**2** Berechne die Nullstellen der Funktion.

a) $y = x^2 + 4x + 3$ b) $y = x^2 - 16x - 17$ c) $y = x^2 - 20x + 36$

d) $y = x^2 + 5x - 2{,}75$ e) $y = x^2 - 3x - 1{,}75$ f) $y = x^2 + x - \frac{3}{4}$

*Lösungen zu 2:*
*0,5; 18; −1; −3; −0,5; −1; 2; −5,5; $-\frac{3}{2}$; 3,5; $\frac{1}{2}$; 17*

**3** Berechne die Nullstellen. Runde sinnvoll.

a) $y = x^2 + 7x - 2{,}5$ b) $y = x^2 - \frac{4}{5}x - 3\frac{3}{4}$ c) $y = x^2 + 17x + 13$

d) $y = x^2 + 2{,}5x - 12{,}75$ e) $y = x^2 - 5{,}8x - 4{,}7$ f) $y = x^2 + \frac{5}{7}x - \frac{13}{14}$

**4** Zeichne den Graph der Funktion und lies die Nullstellen so genau wie möglich ab. Nutze den Scheitelpunkt und die Schablone der Normalparabel.

a) $y = x^2 - 4x + 3$ b) $y = x^2 - 5x + 2{,}25$ c) $y = x^2 - 8x + 7$

d) $y = x^2 + 10x + 25$ e) $y = x^2 - 3x + 1{,}25$ f) $y = x^2 + \frac{3}{2}x + \frac{9}{16}$

g) $y = x^2 - \frac{1}{2}x - 2{,}5$ h) $y = x^2 - 4x - 1{,}5$ i) $y = x^2 - \frac{4}{3}x - 2$

*Lösungen zu 4:*
*−5; −1,35; −0,9; −0,75; −0,35; 0,5; 0,5; 1; 1; 1,85; 2,23; 2,5; 3; 4,35; 4,5; 7*

**5** Bestimme die Anzahl der Nullstellen mithilfe der Diskriminante D.

a) $y = x^2 + 8x + 16$ b) $y = x^2 - 2x + 2$ c) $y = x^2 + 17x + 13$

d) $y = x^2 + 4x + 10$ e) $y = x^2 - 6x + 9{,}5$ f) $y = x^2 - 9x$

g) $y = x^2 - 2x - 5$ h) $y = x^2 + \frac{1}{2}x - \frac{3}{4}$ i) $y = x^2 - 4{,}5x + 7{,}5$

*Gehe vor wie in Beispiel II.*

**6** Ermittle die Anzahl der Nullstellen mithilfe der Diskriminante. Bestimme anschließend die Nullstellen.

**a)** $y = x^2 + 6x + 9$ **b)** $y = x^2 - \frac{2}{3}x - \frac{1}{3}$ **c)** $y = x^2 - 4x - 5$

**d)** $y = x^2 - \frac{4}{7}x - \frac{3}{7}$ **e)** $y = x^2 - 2{,}5x + 2{,}5$ **f)** $y = x^2 - 20x + 36$

**g)** $y = x^2 + \frac{5}{8}x + \frac{4}{16}$ **h)** $y = x^2 - 9{,}4x$ **i)** $y = x^2 + 4{,}8x - 3{,}6$

*Die Eigenschaften quadratischer Funktionen findest du in Kapitel 8.4.*

**7** Ermittle mindestens drei Eigenschaften der Funktionen, ohne die Graphen zu zeichnen.

**a)** $y = x^2 + 12x - 13$ **b)** $y = x^2 - \frac{1}{5}x + \frac{1}{100}$ **c)** $y = x^2 - 1{,}3x - 0{,}4$

**d)** $y = x^2 - \frac{11}{2}x + \frac{5}{2}$ **e)** $y = x^2 - 5x + 3{,}36$ **f)** $y = x^2 - 6{,}4x + 10{,}24$

**g)** $y = x^2 + 2x + 2$ **h)** $y = x^2 + \frac{1}{2}x + \frac{1}{2}$ **i)** $y = x^2 - 8x$

**8** (1) $y = x^2 + 8x + q$ (2) $y = x^2 - 10x + q$ (3) $y = x^2 + x + q$

(4) $y = x^2 - 6x - q$ (5) $y = x^2 - 4x - q$ (6) $y = x^2 - \frac{1}{2}x + q$

**a)** Bestimme q so, dass die quadratische Funktion eine (keine, zwei) Nullstelle(n) besitzt.

**b)** Stelle für jeden Fall aus a) ein Beispiel der Funktion grafisch dar.

*Du kannst auch ein Computerprogramm verwenden.*

**9** Bestimme p so, dass die Funktion eine (keine, zwei) Nullstelle besitzt.

**a)** $y = x^2 - px + 4$ **b)** $y = x^2 + px + 1$ **c)** $y = x^2 + px + 16$

**10** (1)

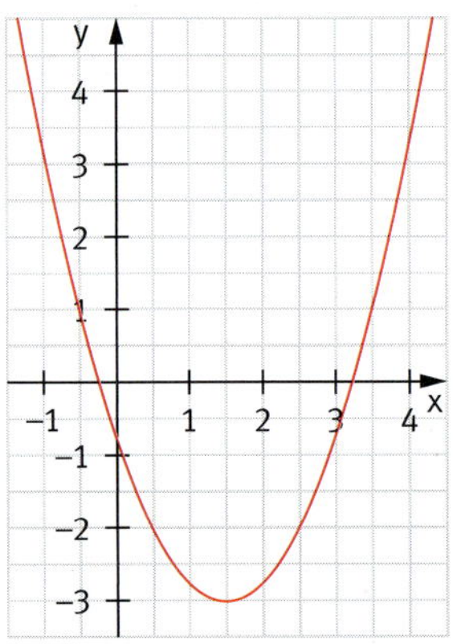


(2)

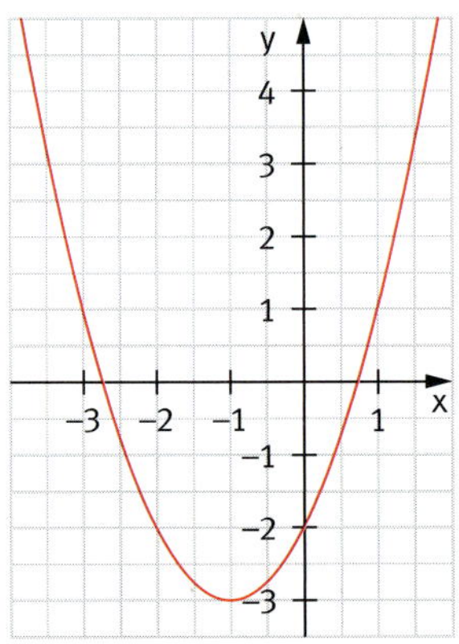


(3)

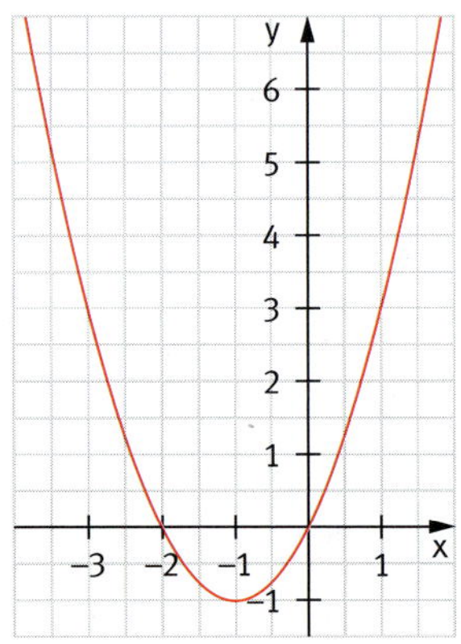


Gegeben sind verschobene Normalparabeln.

**a)** Gib den Scheitelpunkt der Parabeln an.

**b)** Bestimme mithilfe des Scheitelpunkts die zugehörige Funktionsgleichung.

**c)** Berechne die Nullstellen der Funktion.

**11** Entscheide, ob folgende Aussagen zur Formel $x_{1/2} = -\frac{p}{2} \pm \sqrt{\frac{p^2}{4} - q}$ richtig sind. Begründe deine Antwort.

**a)** Der Wert für $-q$ ist immer negativ.

**b)** Wenn $-q$ negativ ist, dann lässt sich keine Lösung mit der Formel bestimmen.

**c)** Das Vorzeichen von p spielt für den Wert von $\frac{p^2}{4}$ keine Rolle.

**d)** Mithilfe der Formel können Nullstellen der zugehörigen Parabel einer quadratischen Funktion genau bestimmt werden.

**12** Mithilfe der binomischen Formeln kann man quadratische Terme umformen:

| 1. binomische Formel: | 2. binomische Formel: | 3. binomische Formel: |
|---|---|---|
| $(a+b)^2 = a^2 + 2ab + b^2$ | $(a-b)^2 = a^2 - 2ab + b^2$ | $(a+b)\cdot(a-b) = a^2 - b^2$ |

**a)** Berechne. Wende die binomischen Formeln an.

1 $(x+y)^2$ 2 $(v-w)^2$ 3 $(3+z)^2$ 4 $(7-m)^2$
5 $(2u+v)^2$ 6 $(a-5b)^2$ 7 $(4x-5y)^2$ 8 $(p-3)^2$
9 $(x+y)\cdot(x-y)$ 10 $(x+3)\cdot(x-3)$ 11 $(y-2)\cdot(y+2)$ 12 $(0{,}5x-y)\cdot(y+0{,}5x)$

**b)** Schreibe mithilfe binomischer Formeln als Produkt.

1 $x^2 + 22x + 121$ 2 $a^2 - 26a + 169$ 3 $25 - y^2$
4 $1 + 2x + x^2$ 5 $\frac{1}{4}t^2 - st + s^2$ 6 $4a^2 - 36a + 81$

**c)** Bestimme die Nullstellen und den Scheitelpunkt der Funktion auf verschiedene Arten.

1 $y = (x-3)^2$ 2 $y = (x-2)\cdot(x+2)$
3 $y = (x+2{,}5)^2$ 4 $y = \left(x+\frac{3}{4}\right)\cdot\left(x-\frac{3}{4}\right)$

GESCHICHTE

**Francois Viète**

Francois Viète (1540–1603) war ein begeisterter französischer Hobbymathematiker, der bis heute weltberühmt ist.
Unter anderem entdeckte er den Zusammenhang zwischen den Nullstellen einer quadratischen Funktion und der Normalform der zugehörigen Funktionsgleichung. Dieser Zusammenhang steckt im „Satz von Vieta“, der lateinischen Form seines Nachnamens.

- Recherchiere über das Leben von Francois Viète.
- Nenne weitere bedeutende Erkenntnisse des Mathematikers Francois Viète.

**Satz von Vieta**

Besitzt die quadratische Funktion $y = x^2 + px + q$ die Nullstellen $x_1$ und $x_2$,
so gilt: $x_1 + x_2 = -p$ und $x_1 \cdot x_2 = q$

Weiterhin gilt: $x^2 + px + q = (x - x_1)\cdot(x - x_2)$

Mithilfe dieses Satzes kannst du Nullstellen kontrollieren oder auch Nullstellen geschickt erraten.

**Beispiel:**

Funktionsgleichung: $y = x^2 - x - 72$

Für $p = -1$ und $q = -72$ lassen sich mit der Lösungsformel die Nullstellen $x_1 = -8$ und $x_2 = 9$ bestimmen.

Probe mit dem Satz von Vieta:

$x_1 + x_2 = -p$ $-8 + 9 = 1$ $\Rightarrow p = -1$
$x_1 \cdot x_2 = q$ $(-8)\cdot 9 = -72$ $\Rightarrow q = -72$

- Berechne die Nullstellen der Funktionen und kontrolliere die Lösung mithilfe des Satzes von Vieta.

  1 $y = x^2 - 7x + 10$ 2 $y = x^2 - 3x - 18$ 3 $y = x^2 - 6x - 27$ 4 $y = x^2 + 7x - 120$
  5 $y = x^2 - 12x - 45$ 6 $y = x^2 + 4x - 45$ 7 $y = x^2 - 2x - 35$ 8 $y = x^2 + 8x + 7$

- Gegeben sind die Nullstellen einer verschobenen Normalparabel. Bestimme mithilfe des Satzes von Vieta die Funktionsvorschrift.

  1 $x_1 = -2;\ x_2 = 5$ 2 $x_1 = 6;\ x_2 = 18$ 3 $x_1 = -7;\ x_2 = 4$
  4 $x_1 = 3{,}5;\ x_2 = -2{,}5$ 5 $x_1 = -1{,}2;\ x_2 = -3{,}6$ 6 $x_1 = 8;\ x_2 = 0$

**1** In der Eifel gibt es in den Kratern erloschener Vulkane annähernd kreisförmige Seen, die man Maare nennt.

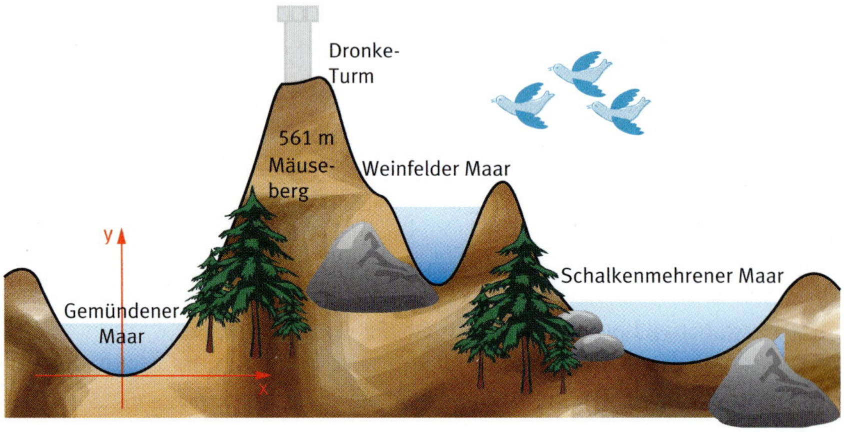


**a)** Die Querschnitte der Maare können mit Funktionsgleichungen der Form $y = ax^2$ beschrieben werden. Für welches Maar ist der Faktor a am kleinsten? Entscheiden Sie anhand der Skizze.

**b)** Der Querschnitt des Gemündener Maars wird annähernd durch die Funktionsgleichung $y = 0{,}0016x^2$ beschrieben. Die maximale Tiefe dieses Sees beträgt 38 m. Ermitteln Sie den Durchmesser der Wasserfläche.

**c)** Berechnen Sie die Wasserfläche des annähernd kreisförmigen Sees in Hektar.

*Unabhängig von der Form und Bewegung des Körpers betrachtet man bei Flugbahnen nur den Schwerpunkt des Körpers (hier z. B. die Badehose).*

**2** Die Klippenspringer von Acapulco sind weltberühmt. Sie springen von einem 35 m hohen Felsen in den Pazifik. Durch Überdecken mit einem Koordinatensystem kann die Flugbahn dieser Springer als Parabel modelliert werden.

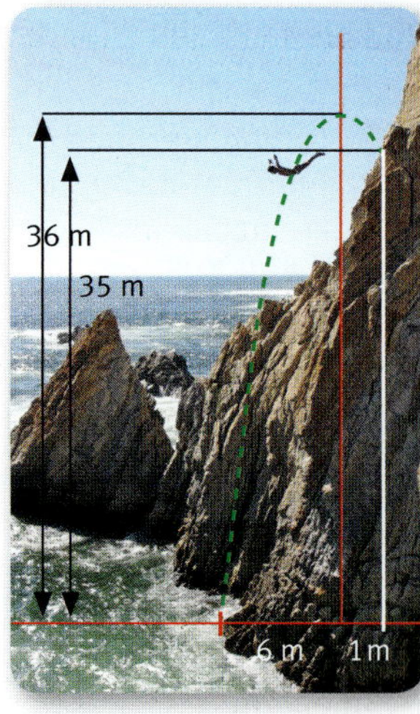


**a)** Der Funktionswert des Scheitelpunkts entspricht der maximalen Höhe von 36 m, obwohl der Fels nur 35 m hoch ist. Begründe.

**b)** Ermittle die Funktionsgleichung dieser Flugparabel.

**c)** Ein anderer Springer springt von einem 3 m hohen Sprungbrett (10 m hohen Sprungturm). Gehe von einer identischen Flugkurve aus und bestimme so erneut die Funktionsgleichung der Flugparabel. In welcher horizontalen Entfernung vom Absprungpunkt tauchen die Springer ins Wasser ein?

*Lege das Koordinatensystem geschickt fest.*

**3** Bei der Tischtennis-Weltmeisterschaft 2012 in Dortmund verteidigte der Chinese Ma Long mit einer sogenannten „Ballonabwehr“. Der Tischtennisball wird dabei in einem 3,8 m hohen Bogen 10,6 m weit zurück auf die Platte gespielt. Wie lautet eine Funktionsgleichung dieser Flugparabel?

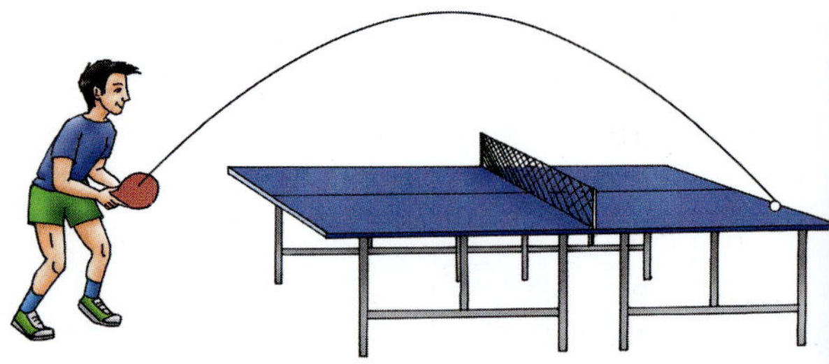

**4** In jedem Freizeitpark ist die Fütterung der Delphine eine Attraktion. Die Delphine schwimmen in Richtung Pfleger, springen dann 3 m hoch und 8 m weit aus dem Wasser heraus und schnappen sich den Fisch.

a) Skizziere diese Parabel (1 cm entspricht 1 m).

b) Bestimme eine Funktionsgleichung der parabelförmigen Flugbahn.

**5** Das Logo einer bekannten Fastfoodkette ist ein gelber Buchstabe M auf rotem Grund. Die Abbildung zeigt das Logo, das mit einem Koordinatensystem hinterlegt wurde. Näherungsweise kann man die Ränder des Buchstabens mit vier Parabeln beschreiben (Scheitelpunkte $S_1$ bis $S_4$).

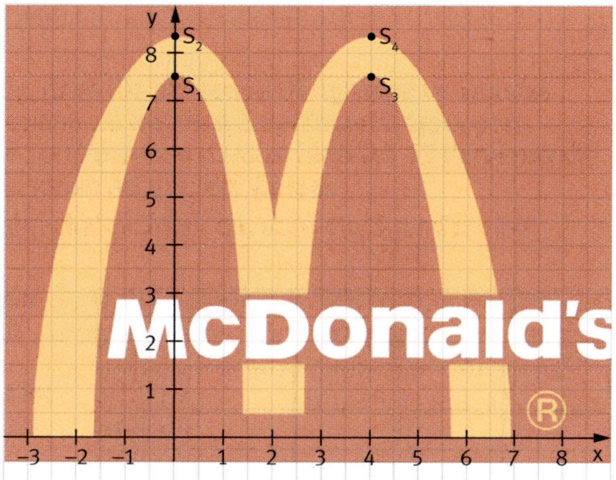


a) Gib die Koordinaten der Scheitelpunkte $S_1$ bis $S_4$ und die Nullstellen der Funktionen möglichst genau an.

b) Ermittle die Funktionsgleichungen der Parabeln mit den Scheiteln $S_1$ und $S_2$.

c) Zeichne alle Parabeln in dein Heft. Nutze Symmetrien und färbe das Logo. Beschreibe die Unterschiede zwischen deiner Kopie und dem Original.

**6** In der nebenstehenden Abbildung siehst du eine „Traube“ aus insgesamt 20 verschobenen Normalparabeln. Die Parabeln sind durch Buchstaben gekennzeichnet.

a) Bestimme für alle Parabelbögen k bis t die Scheitelpunkte und Funktionsgleichungen der Form $y = x^2 + px + q$.

b) Worin unterscheiden sich z. B. die Parabeln a und t, b und r, ... usw.?

c) Ermittle die Funktionsgleichungen für die Parabelbögen a bis j.

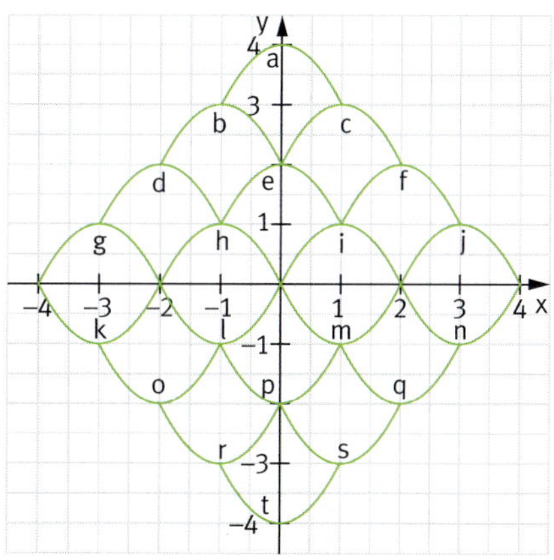


*Die Buchstaben a bis j stehen unter, die Buchstaben k bis t über dem entsprechenden Bogen.*

**7** In einem Dachstudio soll an der 12 m breiten Giebelwand ein bodentiefes, rechteckiges Kunstwerk so installiert werden, dass zwei Ecken mit der Bodenkante zusammenfallen und die beiden anderen Ecken mit den Dachschrägen.
Um möglichst große Gestaltungsfreiheit zu haben, möchte der Künstler für sein Kunstwerk den größtmöglichen Flächeninhalt haben.

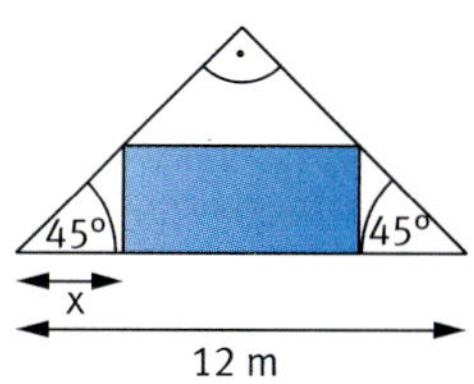


a) Bestimme den Flächeninhalt des Kunstwerks in Abhängigkeit von x.

b) Begründe, dass für $x = 0$ und $x = 6$ der Termwert für den Flächeninhalt null ist.

c) Berechne x für den größten Flächeninhalt und gib diesen an.

d) Finde mit einer Wertetabelle den x-Wert, für den das Kunstwerk quadratisch ist.

e) Berechne, um wie viel Prozent die quadratische Fläche kleiner ist als die größte rechteckige Fläche.

**Kontaktanzeige**
Sind Sie eine humorvolle Zahl mit folgender Eigenschaft:

*„Die Summe aus Ihrem Quadrat und Ihrem Dreifachen beträgt 10."*

Dann schreiben Sie doch bitte an ...

Die Zahl Null ist eine besondere Zahl, weil sie bei vielen Rechengesetzen und Rechenregeln eine Ausnahme darstellt. Sie fühlt sich manchmal wegen ihrer „Eigenheiten" von den anderen Zahlen ausgegrenzt und somit sehr einsam. Deshalb gibt sie eine Kontaktanzeige auf.

- Gib besondere Eigenschaften der Zahl Null an.
- Recherchiere über die Geschichte der Zahl Null.
- Welche Zahlen könnten die Zahl Null kontaktieren?

## Merkwissen

Die Eigenschaften quadratischer Funktionen können helfen, **quadratische Gleichungen** zu lösen. Eine Auswahl an Möglichkeiten:

### 1 Systematisches Probieren

*Der Satz von Vieta (siehe S. 191) kann beim systematischen Probieren helfen.*

Durch **Einsetzen von sinnvollen Zahlen der Reihe nach** versucht man, die Lösung(en) der quadratischen Gleichung zu finden. Achte darauf, dass du auch alle Lösungen findest.

### 2 Lösen mit der Lösungsformel

*Vergiss die Probe mit der Lösung nicht.*

| | |
|---|---|
| Bringe mithilfe von **Äquivalenzumformungen** die quadratische Gleichung in die **Normalform:** $\mathbf{x^2 + px + q = 0}$<br><br>Löse die Gleichung dann mit der **Lösungsformel**:<br>$x_{1/2} = -\frac{p}{2} \pm \sqrt{\frac{p^2}{4} - q}$ | Beispiel: $2x^2 + x = 10$ $\mathbb{D} = \mathbb{R}$<br>$2x^2 + x = 10 \quad \vert -10$<br>$2x^2 + x - 10 = 0 \quad \vert :2$<br>$x^2 + \frac{1}{2}x - 5 = 0$<br>Lösungsformel mit $p = \frac{1}{2}$ und $q = -5$:<br>$x_{1/2} = -\frac{1}{4} \pm \sqrt{\frac{\left(\frac{1}{2}\right)^2}{4} + 5} = -\frac{1}{4} \pm \frac{9}{4}$<br>$x_1 = -\frac{10}{4} = -2{,}5$; $x_2 = \frac{8}{4} = 2$<br>Probe: $2 \cdot (-2{,}5)^2 + (-2{,}5) = 10$ wahr<br>$2 \cdot 2^2 + 2 = 10$ wahr<br>$\mathbb{L} = \{-2{,}5; 2\}$ |

### 3 Grafisches Lösen

*Grafische Lösungen sind oft Näherungswerte, du solltest sie rechnerisch überprüfen.*

| | |
|---|---|
| Wie bei den einfachen quadratischen Gleichungen (Kap. 8.3) lässt sich eine quadratische Gleichung in zwei Terme zerlegen:<br><br>Bringe die quadratische Gleichung in die **Form**:<br>$x^2 = -px - q$<br><br>Zeichne die Normalparabel $y = x^2$ und die Gerade $y = -px - q$.<br>Die **x-Werte** der **Schnittpunkte sind Lösung der Gleichung**. | Beispiel: $x^2 + \frac{1}{2}x = 5$<br>$x^2 = -\frac{1}{2}x + 5$<br><br>1 $y = x^2$ 2 $y = -\frac{1}{2}x + 5$<br>Eine Zeichnung liefert:<br><br>$x_1 = -2{,}5$; $x_2 = 2$<br>Probe:<br>$(-2{,}5)^2 = -\frac{1}{2} \cdot (-2{,}5) + 5 = 6{,}25$ wahr<br>$2^2 = -\frac{1}{2} \cdot 2 + 5 = 4$ wahr<br>$\mathbb{L} = \{-2{,}5; 2\}$ |

**Beispiele**

**I** Löse die quadratische Gleichung $\frac{1}{2}x^2 + \frac{1}{2}x - 1 = 0$ grafisch ($\mathbb{D} = \mathbb{R}$).

**Lösung:**

$\frac{1}{2}x^2 + \frac{1}{2}x - 1 = 0 \quad | \cdot 2$

$x^2 + x - 2 = 0 \quad | -x + 2$

$x^2 = -x + 2$

$x_1 = -2;\ x_2 = 1$

Probe:

$\frac{1}{2} \cdot (-2)^2 + \frac{1}{2} \cdot (-2) - 1 = 0$ wahr

$\frac{1}{2} \cdot 1^2 + \frac{1}{2} \cdot 1 - 1 = 0$ wahr

$\mathbb{L} = \{-2; 1\}$

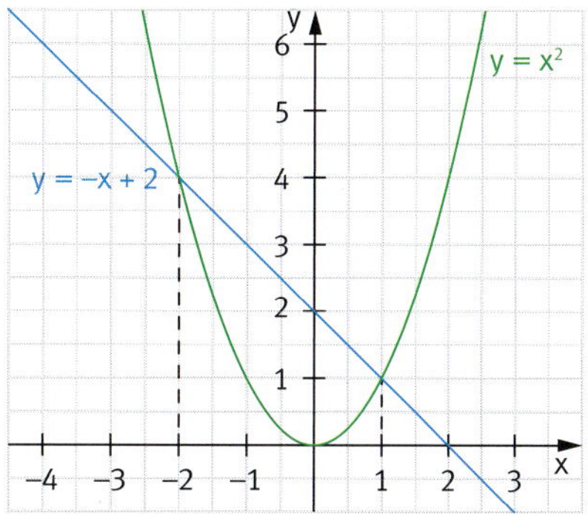


*Beide Seiten der Gleichung werden jeweils als eine Funktion betrachtet.*

**Verständnis**

- Marie behauptet, dass zum grafischen Lösen immer eine Normalparabel benötigt wird. Was meinst du dazu? Begründe.
- Sophie behauptet, dass man die Lösung der quadratischen Gleichung $(x - 3)^2 = 0$ direkt bestimmen kann. Erkläre das Vorgehen von Sophie.

**Aufgaben**

**1** Löse die quadratischen Gleichungen grafisch wie in Beispiel I ($\mathbb{D} = \mathbb{R}$).

**a)** $x^2 = 2x + 3$ **b)** $x^2 - 6x + 5 = 0$ **c)** $4x^2 + 36x + 77 = 0$
**d)** $x^2 - x = 0{,}75$ **e)** $x \cdot (x - 1) = -2$ **f)** $x^2 + 2x = 0$

*Vergiss die Probe nicht.*

**2** Gib die Anzahl der Lösungen der Gleichungen an. Löse anschließend die Gleichung ($\mathbb{D} = \mathbb{R}$).

**a)** $x^2 - 1 = 1{,}5x$ **b)** $3 - x^2 = 2x$ **c)** $8 \cdot (x + 1) \cdot (x - 1) - 36 \cdot (2x - 5) = 18$
**d)** $x \cdot (2x - 1{,}5) = -1{,}5$ **e)** $3 \cdot (3 - x) \cdot (3 + x) = 0$ **f)** $4x \cdot (x + 8) = 4x - 49$

**3** Löse mithilfe der Lösungsformel ($\mathbb{D} = \mathbb{R}$).

**a)** $x^2 + 14x + 48 = 0$ **b)** $x^2 - 16x + 15 = 0$ **c)** $x^2 + 3x - 88 = 0$
**d)** $x^2 + 5x + 6 = 0$ **e)** $x^2 - 7{,}5x - 8{,}5 = 0$ **f)** $x^2 - \frac{2}{3}x + \frac{1}{12} = 0$

*Lösungen zu 3: $-11; -8; -6; -3; -2; -1; \frac{1}{6}; \frac{1}{2}; 1; 8; 8{,}5; 15$*

**4** Bringe die Gleichungen zuerst auf die Normalform. Löse dann mithilfe der Lösungsformel.

**a)** $3x^2 + 12x - 15 = 0$ **b)** $0{,}4x^2 - 4x - 4{,}4 = 0$ **c)** $0{,}5x^2 - 0{,}5x - 0{,}375 = 0$
**d)** $-6x^2 + 6x + 36 = 0$ **e)** $\frac{1}{2}x^2 - \frac{1}{4}x + \frac{1}{32} = 0$ **f)** $\frac{4}{9}x^2 + \frac{5}{2} = 0$

**5** Opossum „Heidi“ aus dem Leipziger Zoo konnte die Lösungen „sehen“. Du auch? Überprüfe deine Lösung durch Rechnung.

**a)** $(x + 3) \cdot (x - 5) = 0$ **b)** $\left(x + \frac{1}{2}\right) \cdot (x + 0{,}2) = 0$
**c)** $x \cdot (x - 4) = 0$ **d)** $(x + 0{,}5) \cdot (x - 0{,}5) = 0$
**e)** $x^2 - 12x = 0$ **f)** $\frac{x}{2} \cdot \left(x - \frac{1}{2}\right) = 0$

*Quadratische Gleichungen der Form $ax^2 = bx$ kannst du nicht dadurch lösen, dass du beide Seiten durch „x“ dividierst. Auf diese Weise geht nämlich die Lösung $x = 0$ verloren.*

*Lsöungen zu 6:*
*−23; −14,5; −13; −4; −4; −3; 0; 1; 1,5; 3; 3,5; 7; 9; 11; 14; 16*

**6** Bestimme die Lösungsmenge der Gleichung mit einer Methode deiner Wahl ($\mathbb{D} = \mathbb{R}$).

**a)** $x^2 - 14x + 33 = 0$ **b)** $x^2 + 14x = 207$ **c)** $x^2 - 12x = 64$
**d)** $x^2 - 10x = 56$ **e)** $x^2 + 11x = 50{,}75$ **f)** $-x^2 - 13x = 0$
**g)** $7x^2 + 14x = 21$ **h)** $2x^2 + 98 = 28x$ **i)** $4x^2 + 9 = 12x$

**7** Entscheide, ob die Gleichung zwei, eine oder keine Lösung(en) hat. Begründe.

**a)** $\frac{1}{2}x^2 - \frac{7}{10}x + \frac{1}{4} = 0$ **b)** $\frac{1}{2}x^2 - \frac{1}{3}x + \frac{1}{6} = 0$
**c)** $\frac{1}{24}x^2 + \frac{1}{12}x + 1{,}5 = 0$ **d)** $x^2 - \frac{x}{2} + \frac{17}{18} = 0$
**e)** $x^2 + \frac{26}{5}x + 1 = 0$ **f)** $x(x + 4) + 5 = -1 - (2x + 3)$

**8** Vereinfache die Gleichungen. Löse dann mit einer Methode deiner Wahl ($\mathbb{D} = \mathbb{R}$).

**a)** $6x^2 + 14x + 23 = 7x^2 + 23x - 29$ **b)** $\frac{1}{2}x^2 - \frac{1}{2}x - 16 = x + 19$
**c)** $9x^2 + 13x - 3 = 7x^2 + 14x + 7$ **d)** $8x - 3x^2 - 12 = 9 - 2x - 2x^2$

**Wissen**

**Lösen quadratischer Gleichungen mit binomischen Formeln**

Quadratische Terme kann man so **quadratisch ergänzen**, dass man sie mithilfe der **binomischen Formeln** vereinfachen kann.

| 1 Terme der Form $x^2 + bx$ | |
|---|---|
| $x^2 + 6x$ | Vergleich mit der 1. binomischen Formel: $(a + b)^2 = a^2 + 2ab + b^2$ Somit ist $6 = 2b$, also $\frac{6}{2} = 3 = b$ |
| $= \underbrace{x^2 + 6x + 9} - 9$ | Ergänzung von $b^2$ |
| $= (x + 3)^2 - 9$ | Vereinfachen mit der binomischen Formel |

| 2 Terme der Form $x^2 + bx + c$ | |
|---|---|
| $x^2 - 8x + 6$<br>$= \underbrace{x^2 - 8x + 16} \underbrace{- 16 + 6}$ | Der Term $x^2 - 8x$ wird wie unter 1 ergänzt. Der konstante Teil $+ 6 = c$ wird angehängt. |
| $= (x - 4)^2 - 10$ | Vereinfachen mit der binomischen Formel |

- Ergänze die Lücke so, dass eine binomische Formel entsteht.

  **a)** $a^2 + 12a + \square$ **b)** $b^2 - 8b + \square$ **c)** $c^2 + 4c + \square$
  **d)** $d^2 - \square d + 49$ **e)** $e^2 + \square e + 25$ **f)** $f^2 - \square f + 2{,}25$

- Führe eine quadratische Ergänzung für die gegebenen Terme durch.

  **a)** $x^2 + 12x$ **b)** $x^2 - 8x$ **c)** $x^2 + 26x$ **d)** $x^2 - 0{,}2x$
  **e)** $x^2 + 8x + 6$ **f)** $x^2 - 6x - 4$ **g)** $x^2 - 5x + 9$ **h)** $x^2 + 2x - 8$

- Beschreibe das Vorgehen im Beispiel mit eigenen Worten. Löse dann die Gleichung ebenso.

**Beispiel:** $x^2 + \frac{1}{2}x = 5$

$$x^2 + \frac{1}{2}x + \left(\frac{1}{4}\right)^2 - \left(\frac{1}{4}\right)^2 = 5$$

$$\left(x + \frac{1}{4}\right)^2 - \frac{1}{16} = 5 \quad \left| + \frac{1}{16}\right.$$

$$\left(x + \frac{1}{4}\right)^2 = \frac{81}{16}$$

$$x_1 + \frac{1}{4} = -\frac{9}{4} \qquad x_2 + \frac{1}{4} = \frac{9}{4}$$

$$x_1 = -2{,}5 \qquad x_2 = 2$$

**a)** $x^2 + 4x = -4$ **b)** $x^2 + x = 2$
**c)** $x^2 - 2x = 3$ **d)** $x^2 + 2x - 1 = 4$
**e)** $x^2 - 8x + 3 = -9$ **f)** $x^2 + 8x + 7 = 0$
**g)** $x^2 + 3x = 10$ **h)** $x^2 - 5x + 2 = 8$

**9** Die Gleichung $x^2 + c = 0$ hat keine Lösung, weil man aus $-c$ keine Wurzel ziehen kann. Stimmt diese Aussage? Begründe.

**10** Die Gleichung $x^2 + 8x = a$ wünscht sich …

**a)** zwei Lösungen.
**b)** $-2$ und eine weitere Zahl als Lösung.
**c)** zwei positive Lösungen.
**d)** zwei negative Lösungen.
**e)** nur eine Lösung.
**f)** eine positive und eine negative Lösung.

Finde für jeden Wunsch einen passenden Wert für a.

**11**

| | 1 | 2 | 3 | 4 |
|---|---|---|---|---|
| $y_1$ | $x^2$ | $x^2$ | $x^2$ | $x^2 + 8x + 4$ |
| $y_2$ | $2x + 3$ | $2x - 1$ | $2x - 2$ | $x^2 + 5x + 7$ |

| | 5 | 6 | 7 | 8 |
|---|---|---|---|---|
| $y_1$ | $x^2 - 3x + 2$ | $5x^2 - 3x - 8$ | $-2x^2 + 9x - 30$ | $7x^2 + 3x + 15$ |
| $y_2$ | $x^2 - 3x + 4$ | $2x^2 + 6x + 4$ | $3x^2 - 11x - 5$ | $4x^2 - 9x + 3$ |

**a)** Zeichne die Graphen der Funktionen $y_1$ und $y_2$ in ein Koordinatensystem und bestimme die Koordinaten der Schnittpunkte, falls vorhanden.
**b)** Überprüfe die Schnittpunktkoordinaten aus a) rechnerisch.

**12** Es ist $-5 \leqq x \leqq 10$. Entscheide jeweils, ob die Aussage wahr oder falsch ist. Begründe deine Entscheidung.

**a)** $(x - 5)^2 \leqq 100$
**b)** $0 \leqq (x + 1)^2 \leqq 121$
**c)** $0 < (x - 3)^2 < 50$

**13** Löse die Gleichungen ($\mathbb{D} = \mathbb{R}$).

**a)** $x \cdot (x + 11) = 6 \cdot (x + 4)$
**b)** $x^2 - 10 \cdot (x - 4) = 2x$
**c)** $(x + 2)^2 = 2 \cdot (x - 3)^2 + 1$
**d)** $6x - (x - 4)^2 = 104 - 3x^2$

**14** Gegeben sind quadratische Funktionen, bei denen die Vor- bzw. Rechenzeichen fehlen. Die Nullstellen sind allerdings vorhanden. Setze + oder – anstelle der Platzhalter.

**a)** $y = \square x^2 \square 6x \square 7 \quad x_1 = -1;\ x_2 = 7$
**b)** $y = \square x^2 \square 6x \square 7 \quad x_1 = 1;\ x_2 = -7$
**c)** $y = \square x^2 \square 8x \square 7 \quad x_1 = 1;\ x_2 = 7$
**d)** $y = \square x^2 \square 8x \square 7 \quad x_1 = -1;\ x_2 = -7$

**15** Hier haben sich drei quadratische Funktionen, deren Graphen verschobene Normalparabeln sind, versteckt. Kannst du sie finden?

1 Der Graph von $y_1$ besitzt die beiden Nullstellen $x_1 = -1$ und $x_2 = 2$.

2 Der Graph von $y_2$ schneidet die y-Achse im Punkt P $(0|-4)$ und hat an der Stelle $x_2 = 2$ einen gemeinsamen Punkt mit dem Graphen der linearen Funktion $y = 0{,}5x - 1$.

3 Der Scheitelpunkt von $y_3$ liegt im Schnittpunkt der beiden Funktionen $y_I = 2 + 2x$ und $y_{II} = 4x - 1$.

**a)** Zeichne die Graphen von $y_1$, $y_2$ und $y_3$ in ein Koordinatensystem.
**b)** Ermittle die Funktionsgleichungen dieser drei Funktionen.

**1** ① $y = x^2 - 1$ ② $y = x^2 - 0{,}25$ ③ $y = x^2 + 5$ ④ $y = x^2 + 1{,}5$

**a)** Zeichne den Graphen der Funktion mithilfe einer Wertetabelle ($-3 \leqq x \leqq 3$).

**b)** Gib die Koordinaten des Scheitelpunktes S an und bestimme die Nullstellen der Parabel, falls vorhanden.

**2** Finde heraus, ob der Punkt A auf der Parabel der Funktion liegt.

**a)** $y = x^2$; A (1,9 | 3,9) **b)** $y = x^2 - 3{,}25$; A (1,5 | −1)

**b)** $y = x^2 - 12$; A (3 | 3) **d)** $y = x^2 + 20$; A ($-\sqrt{5}$ | 25)

**3** In einem Experiment fährt ein Wagen eine 3,8 m lange Rampe herunter und hinterlässt dabei eine Tropfenspur. Die Tropfen entstehen dadurch, dass aus einem Flüssigkeitsbehälter regelmäßig nach einer Viertelsekunde ein Tropfen fällt.

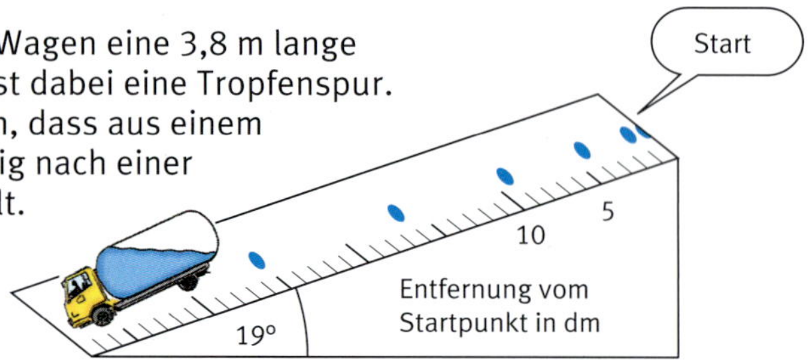


*Kannst du die Beobachtung erklären?*

**a)** Beschreibe die Tropfenspur. Was fällt dir auf?

**b)** Übertrage die Tabelle in dein Heft und ergänze sie.

| Fahrzeit t (in Viertelsekunden) | 0 | 1 | 2 | 3 | 4 | 5 |
|---|---|---|---|---|---|---|
| Entfernung s des Tropfens vom Startpunkt (in dm) | 0 | ▢ | ▢ | ▢ | ▢ | ▢ |

*Für das Koordinatensystem: 1 Viertelsekunde sind 2 cm; 10 dm entsprechen 0,5 cm.*

**c)** Stelle die Wertepaare in einem Koordinatensystem dar.

**d)** Finde einen Term, der die Fahrstrecke in Abhängigkeit von der Fahrzeit beschreibt.

*Forme gegebenenfalls zunächst zur Funktionsvorschrift um.*

**4** Beschreibe bei jeder Funktion, ob die zugehörige Parabel ...

① nach oben oder unten geöffnet ist. ② gestreckt oder gestaucht ist.

**a)** $y = 1{,}5x^2$ **b)** $y = -0{,}9x^2$ **c)** $y = \frac{5}{4}x^2$ **d)** $y = -3{,}2x^2$

**e)** $2y = x^2$ **f)** $5x^2 + y = 0$ **g)** $2x^2 + 3y = 0$ **h)** $y + 4x^2 = 0$

**5** Bestimme die Eigenschaften der jeweiligen Funktion und zeichne die zugehörige Parabel.

**a)** $y = -x^2$ **b)** $y = x^2 + 4$ **c)** $y = -\frac{1}{2}x^2 + 4$ **d)** $y = (x - 1)^2$

**e)** $y = x^2 + 4x + 1$ **f)** $y = x^2 - x + 1$ **g)** $y = -x^2 + 1{,}5$ **h)** $y = 2x^2 - 8$

*Überlege zunächst, welches rechnerische Vorgehen am geschicktesten ist.*

**6** Bestimme rechnerisch die Lösung der quadratischen Gleichung.

**a)** $x^2 - 16 = 0$ **b)** $x^2 + 16x = 0$ **c)** $x^2 + 16 = 0$

**d)** $x^2 - 2 = 0$ **e)** $x^2 + 2x = 0$ **f)** $x^2 - 8 = 0$

**g)** $x^2 - 14x + 33 = 0$ **h)** $x^2 - 12x - 64 = 0$ **i)** $x^2 - 10x - 56 = 0$

**j)** $x^2 - 11x = 50{,}75$ **k)** $x^2 + 3x - 22{,}75$ **l)** $x^2 - 17 = -16$

**7** Bestimme zunächst die Anzahl der Lösungen der quadratischen Gleichung mithilfe der Diskriminate D. Ermittle anschließend die Lösungsmenge.

**a)** $x^2 + x + 1 = 0$ **b)** $x^2 - 4x + 8 = 0$ **c)** $x^2 - \frac{1}{4}x - \frac{1}{4} = 0$

**d)** $2x^2 + x + 1 = 0$ **e)** $-\frac{1}{2}x^2 + \frac{1}{3}x - 1 = 0$ **f)** $2x^2 - 28x + 98 = 0$

**8** Sandra findet beim Stöbern in einem Mathematikbuch eine 900 Jahre alte Aufgabe.

*Der achte Teil einer Herde Affen ins Quadrat erhoben hüpft in einem Hain umher und erfreute sich am Spiele. Die anderen 12 sah man auf einem Hügel miteinander schwatzen. Wie groß war die Herde?*

Beschreibe die Lösung von Sandra. Ordne dabei die angegebenen Schritte der Lösung zu.

1 Anzahl Affen: $x$

2 Quadrat 8. Teil: $\left(\frac{x}{8}\right)^2$ Rest der Affen: 12

3 $\left(\frac{x}{8}\right)^2 + 12 = x$

4 $\left(\frac{x}{8}\right)^2 + 12 = x \quad | -x$

$\frac{x^2}{64} - x + 12 = 0 \quad | \cdot 64$

$x^2 - 64x + 768 = 0 \quad |$ Lösungsformel

$x_{1/2} = 32 \pm \sqrt{(32)^2 - 768}$

$x_{1/2} = 32 \pm 16$

$x_1 = 16 \qquad x_2 = 48$

5 $\left(\frac{16}{8}\right)^2 + 12 = 16$ wahr $\qquad \left(\frac{48}{8}\right)^2 + 12 = 48$ wahr

6 Beide Lösungen sind möglich. Es sind entweder 16 oder sogar 48 Affen in dieser Herde.

Terme bilden — Gleichung lösen — Variablen festlegen, evtl. Skizze machen — Probe — Gleichung aufstellen — Antwort formulieren

*Die Schritte ergeben ein sinnvolles Vorgehen beim Lösen von Textaufgaben.*

**9** Löse die Zahlenrätsel. Beachte die Definitionsmenge.

**a)** Die Summe einer natürlichen Zahl und ihrer Quadratzahl ergibt 132.

**b)** Das Produkt zweier aufeinander folgender natürlicher Zahlen beträgt 812.

**c)** Zwei Zahlen unterscheiden sich um 7. Das Produkt beider Zahlen ist 450.

**d)** Die Summe der Quadrate von vier aufeinander folgenden geraden natürlichen Zahlen beträgt 1176.

**e)** Von zwei Zahlen ist eine um 12 größer als die andere. Das Produkt der beiden Zahlen beträgt 864.

**f)** Die Summe der Quadrate des dritten und vierten Teils einer Zahl ergibt 12,25.

**10** Die Hypotenuse eines rechtwinkligen Dreiecks ist 13 cm lang. Die beiden Katheten unterscheiden sich um 7 cm.

**a)** Berechne die Länge der Dreiecksseiten.

**b)** Ermittle Umfang und Flächeninhalt des Dreiecks.

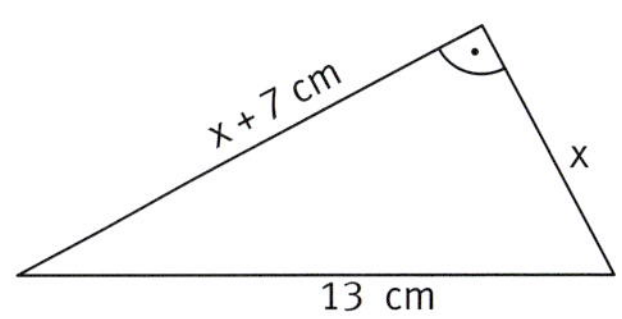


*Für geometrische Aufgaben sind Skizzen unentbehrlich.*

**11** Die Höhe eines Dreiecks ist um 4 cm kleiner als die Grundseite. Der Flächeninhalt dieses Dreiecks beträgt 160 cm². Berechne die Länge der beiden Strecken.

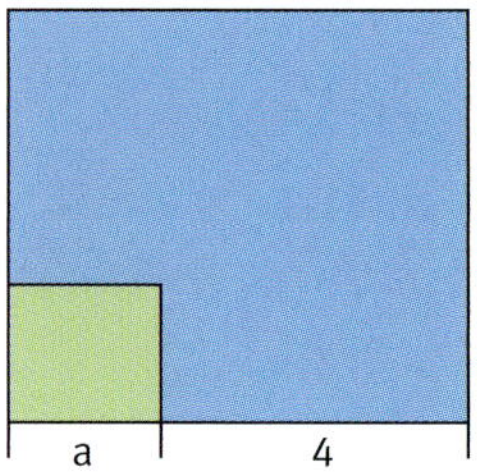


**12** In einem Rechteck unterscheiden sich die beiden Seiten um 3 cm. Die Diagonale ist 15 cm lang. Berechne die Länge der Seiten.

**13** Verlängert man die Seitenlängen eines Quadrats um 4 cm, vergrößert sich die Fläche auf das Neunfache. Gib die Seitenlänge des ursprünglichen Quadrats an.

**14** Ein rechteckiges Spielgelände ist 80 m lang und 60 m breit. Ein 3500 $m^2$ großer Bolzplatz soll so abgesteckt werden, dass ringsum ein gleich breiter Rand für Zuschauer bleibt. Berechne die Breite des Randes.

**15** Die Maßzahlen der Kantenlängen eines Quaders sind drei aufeinanderfolgende natürliche Zahlen (in cm gemessen). Der Oberflächeninhalt beträgt 214 $cm^2$.

**a)** Berechne die Kantenlängen.

**b)** Bestimme den Oberflächeninhalt, wenn man mit den Bedingungen aus a) die kleinste Kantenlänge schrittweise um 1 cm vergrößert. Nutze ein Tabellenkalkulationsprogramm.

**16** Das Volumen eines Zylinders wird vervierfacht, indem bei gleicher Höhe der Radius um 5 cm vergrößert wird. Ermittle die Radien beider Zylinder.

**17** Eine Getränkefirma verpackt 288 Flaschen einer Lieferung in Kartons gleicher Größe. Um die Kartons kleiner und somit auch leichter zu machen, werden zwei Flaschen weniger gepackt. Dafür werden es 12 Kartons mehr als vorher.

**a)** Berechne die beiden Flaschenzahlen pro Karton.

**b)** Berechne die Anzahl der jeweils benötigten Kartons.

**18** Wolfgang tankt immer für 50,00 €. Nach einer Benzinpreiserhöhung um fünf Cent erhält er etwa 1 Liter weniger Benzin.
Wie teuer war ein Liter Benzin vor der Preiserhöhung? Runde geeignet.

*Falls die Variable x im Nenner steht, multipliziere beide Seiten der Gleichung mit x ($x \neq 0$).*

**19** Die Schüler der 9. Klassen fahren mit dem Bus ins Skilager. Für den Bus werden 1568 € berechnet. Die 8 freien Plätze werden durch Schüler aus anderen Klassenstufen belegt. Der Fahrpreis verringert sich somit um 3,50 € pro Person.
Berechne die Anzahl der Mitfahrer und den Preis pro Mitfahrer.

**20** Bernhardt spielt gern Golf. Die Flugbahn des Golfballs kann annähernd durch eine Parabel beschrieben werden. Überprüfe, ob es ihm mit diesem Schlag gelingt, den 15 m hohen Baum zu überspielen.

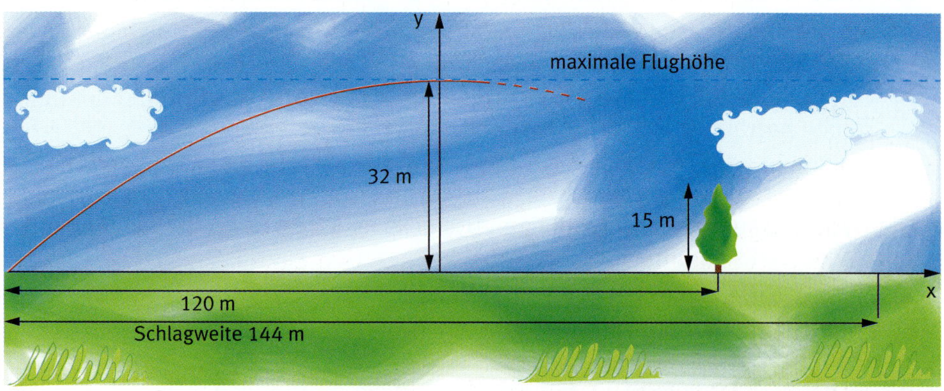

**21** Ein ICE benötigt für die 260 km lange Strecke von Erfurt nach Frankfurt etwa zwei Stunden weniger als Regionalzüge. Die Regionalzüge sind im Durchschnitt 46 $\frac{km}{h}$ langsamer als der ICE.

**a)** Mit welcher Durchschnittsgeschwindigkeit fahren die Regionalzüge näherungsweise?

**b)** Peter ist Fan von Rot-Weiß Erfurt. Ein Freundschaftsspiel gegen den ASV Frankfurt beginnt um 13.00 Uhr. Peter möchte um 12.00 Uhr in Frankfurt sein. Entscheide, ob Peter mit dem ICE um 8.30 Uhr, 9.30 Uhr oder 10.30 Uhr fahren sollte.

**22** Der pfiffige Sportreporter verrät den ungeduldigen Zuschauern das Endergebnis eines Eishockeyspiels bereits vor der Sendung verschlüsselt:
„Die Eisbären haben eine gerade Anzahl an Toren geschossen. Der Sieger hat mit drei Toren Differenz gewonnen. Die Summe der Quadrate der Torausbeute beträgt 89.“ Ermittle das Endergebnis.

**23** Wird ein Körper mit einer Anfangsgeschwindigkeit $v_0$ senkrecht nach unten geworfen, so gilt die Formel $s(t) = \frac{1}{2} \cdot g \cdot t^2 + v_0 \cdot t$.

*Die Fallbeschleunigung g ist ortsabhängig, in Deutschland beträgt sie etwa $9{,}81 \frac{m}{s^2}$. Üblicherweise werden Rechnungen genau genug, wenn man für $g = 10 \frac{m}{s^2}$ nimmt.*

**a)** Erkläre die physikalische Bedeutung der Größen s, t, $v_0$ und g.

**b)** Ein Stein wird mit einer Anfangsgeschwindigkeit $v_0 = 12 \frac{m}{s}$ von einer 80 m hohen Felsklippe senkrecht nach unten ins Meer geworfen.

1. Berechne die Zeit, bis der Stein ins Wasser fällt.
2. Wie viele Meter über dem Wasser befindet sich der Stein 2 s nach seinem Abwurf?
3. Stelle den zurückgelegten Weg in Abhängigkeit von der Zeit in einem Koordinatensystem grafisch dar.

**24** Für 7999 € wird ein ganz besonderes Erlebnis angeboten: Während eines sogenannten Parabelflugs ist man für etwa 25 s völlig schwerelos. Piloten beschreiben den Ablauf eines solchen Fluges folgendermaßen:

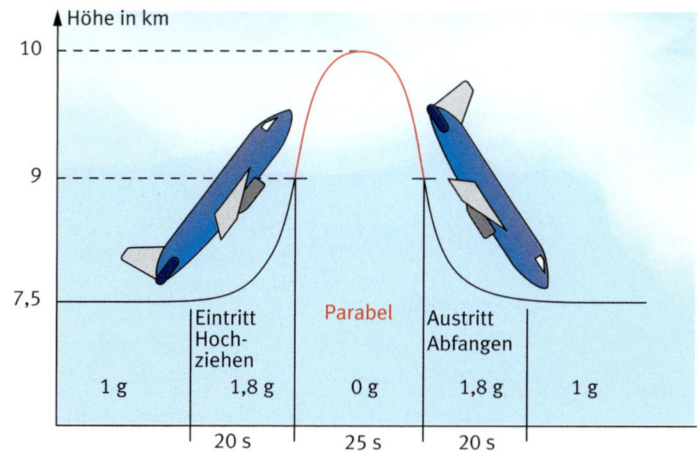

*Die Zeichnung ist nicht maßstabsgetreu.*

„In etwa 7500 m Höhe ziehe ich das Flugzeug steil nach oben. In 9000 m Höhe nehme ich den Schub raus und es beginnt der Flug entlang einer Parabelbahn. Ab diesem Moment ist im Flugzeug alles schwerelos. Die maximale Höhe unseres Fluges beträgt gut 10 000 m. Bei konstanter Geschwindigkeit haben wir dann nach 5000 m (gemessen in horizontaler Richtung) wieder unsere Ausgangshöhe von 9000 m erreicht. Dann fange ich das Flugzeug ab und die Schwerkraft macht sich im Flugzeug wieder bemerkbar.“

**a)** Gib die Funktionsgleichung für die Parabel an.

**b)** Skizziere diese Parabel in einem geeigneten Maßstab.

**Überbrücken**
Die Spannbögen vieler Brücken können näherungsweise durch Parabeln beschrieben werden. Wenn man den Scheitelpunkt der Parabel in den Koordinatenursprung legt, kann man die zugehörige Funktion in der Form $y = ax^2$ angeben.

**Beispiel:**
Die Talbrücke „Wilde Gera" der A71 ist eine der größten Stahlbetonbogenbrücken Deutschlands. Der Bogen lässt sich im abgebildeten Koordinatensystem annähernd durch $y = -0{,}005x^2$ beschreiben (alle Angaben in Metern).
Bestimme die Spannweite des Bogens, wenn die Brücke am Fuß des Bogens 80 m hoch ist

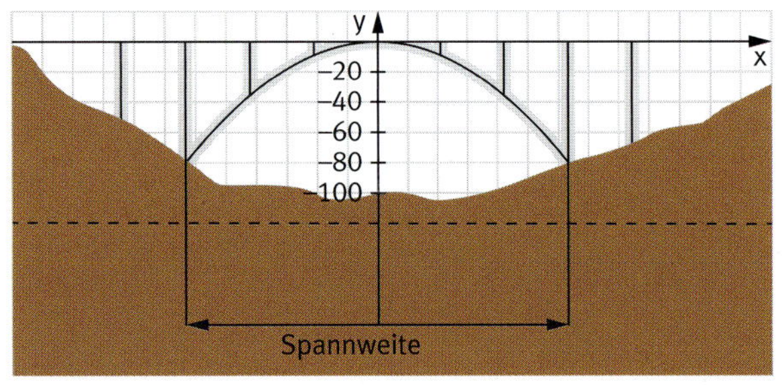


**Lösung:**

$y = -0{,}005x^2$

$-80 = -0{,}005x^2 \quad | : (-0{,}005)$

$16\,000 = x^2$

$x_1 \approx -126{,}5 \quad x_2 \approx 126{,}5$

Die Spannweite ist der Abstand zwischen den beiden Lösungen. Der Bogen hat eine Spannweite von etwa
$2 \cdot 126{,}5$ m $= 253$ m.

a) Beschreibe das Vorgehen.

b) Von den folgenden Brücken ist jeweils die Funktion des tragenden Bogens gegeben. Zeichne in ein Koordinatensystem und bestimme grafisch und rechnerisch die jeweils fehlende Größe.

| | Funktionsvorschrift | Höhe | Spannweite |
|---|---|---|---|
| Fehmarnsundbrücke | $y = -0{,}003x^2$ | 45 m | ■ |
| Brooklyn Bridge | $y = 0{,}0015x^2$ | ■ | 486 m |
| Akashi-Kaikyō-Bridge | $y = 0{,}0002x^2$ | 208 m | ■ |
| Hoover Dam Bypass Bridge | $y = -0{,}00052x^2$ | ■ | 332 m |

**Brücken bauen**

a) Ermittle eine Funktionsgleichung der Form $y = ax^2$ mit $a < 0$ für die Brücken.

Bogenbrücke im Kromlauer Park
Höhe: 6,5 m Spannweite: 15,6 m

Müngstener Brücke
Höhe: 69 m Spannweite: 79 m

b) Recherchiere weitere parabelförmige Bauwerke, wie z. B. die Parabelrutsche in der TU München, das „Atomei" von Garching, die „Lanxess-Arena" in Köln, den „Delicate Arch", den „Gateway Arch", usw. Informiere dich über die Maße der Bauwerke und formuliere geeignete Aufgaben. Stelle diese deinen Mitschülern vor.

**Brückenträger**
Viele Brückenbögen werden zusätzlich durch Träger verstärkt.

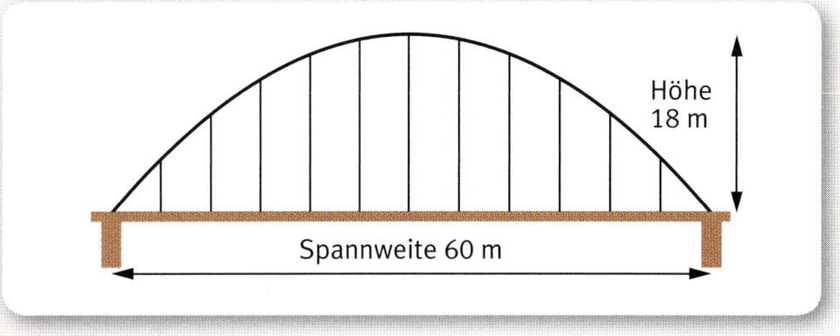


**a)** Bestimme die Funktionsgleichung der parabelförmigen Brücke.

**b)** Der Abstand zwischen den einzelnen Trägern ist gleich. Berechne die Länge der einzelnen Träger.

**Hausbögen**
Im Hamburger Stadtteil Hammerbrook steht der „Berliner Bogen", ein Gebäude, dessen gläsernes Dach einen parabelförmigen Querschnitt hat. Das Dach des Gebäudes ist 36 m hoch und 70 m breit. Die Länge (Tiefe) des Baus beträgt 140 m.

**a)** Bestimme die Funktionsgleichung für die parabelförmige Randlinie des Daches.

**b)** In der 6. Etage in 19 m Höhe sollen Büroflächen vermietet werden. Schätze die Gesamtfläche ab, die vermietet werden kann. Gehe dabei zunächst von der maximalen Grundfläche des Gebäudes aus.

**Kellerbögen**
Oftmals werden Kellertüren durch Bögen abgestützt, um die Lasten des darüber liegenden Mauerwerks gut zu verteilen. Das Weingut „Riesling" plant für den Weinkeller den Bau eines neuen parabelförmigen Eingangs. Um mit einem Gabelstapler in den Weinkeller fahren zu können, muss der Eingang folgende Bedingungen erfüllen:

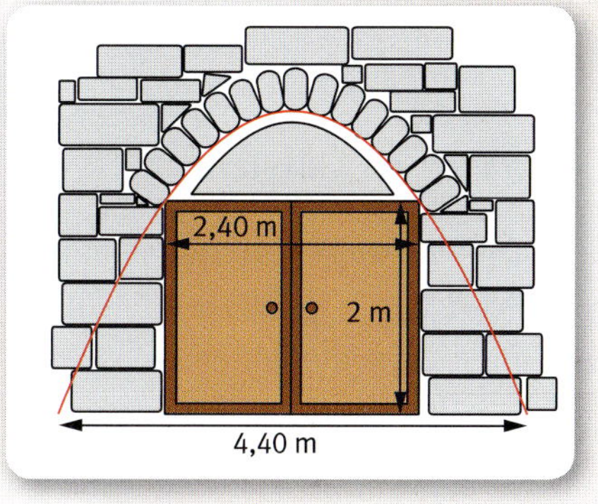


**a)** Bestimme eine Funktionsgleichung dieses parabelförmigen Eingangs.

**b)** Wie hoch muss der Keller mindestens sein, damit man den Eingang in dieser Form mauern kann?

**Durchhänger**

Die Carrick-a-Rede ist eine Insel in Nordirland. Fußgänger gelangen auf die Insel über eine schmale Hängebrücke. Sie überspannt eine Meerenge von 20 m, der tiefste Punkt der Brücke liegt 30 m über der Wasseroberfläche. Ermittle eine Funktionsgleichung für die parabelförmige Hängebrücke, wenn die Brücke 0,4 m durchhängt.

Überprüfe deine Fähigkeiten und Kenntnisse. Bearbeite dazu die folgenden Aufgaben und bewerte anschließend deine Lösungen mit einem Smiley.

| ☺ | 😐 | ☹ |
|---|---|---|
| Das kann ich! | Das kann ich fast! | Das kann ich noch nicht! |

Hinweise zum Nacharbeiten findest du auf der folgenden Seite. Die Lösungen stehen im Anhang.

**Aufgaben zur Einzelarbeit**

**1** Die Punkte A bis D liegen auf einer Normalparabel.
A (–1,2 | ☐); B (3,1 | ☐); C (☐ | 3,24); D (☐ | 5,76)
Bestimme die fehlenden Werte.

**2** Gegeben sind die Funktionsgleichungen:
① $y = x^2 + 5$ ② $y = x^2 - 2$
③ $y = \frac{1}{3}x^2$ ④ $y = -2x^2$
**a)** Zeichne die Graphen dieser Funktionen.
**b)** Worin unterscheiden sich die Graphen dieser Funktionen von dem der Funktion $y = x^2$?

**3** Zeichne eine Normalparabel mit Scheitel S (0 | 0). Zeichne in das gleiche Koordinatensystem die Graphen quadratischer Funktionen ebenfalls mit Scheitel S (0 | 0) und folgenden Eigenschaften. Gib jeweils die Funktionsgleichung an.
**a)** gestauchte Parabel **b)** gestreckte Parabel
**c)** gespiegelte Parabel

**4** Eine Normalparabel wird um eine Einheit nach unten verschoben. Entscheide, ob die Punkte $P_1$ bis $P_4$ auf der Parabel liegen.
$P_1\,(1 | 0)$; $P_2\,(3 | -2)$; $P_3\,(-2 | 3)$; $P_4\left(\frac{1}{2} \middle| -\frac{1}{4}\right)$

**5** Auf welche Eigenschaften können Funktionen bzw. Graphen von Funktionen untersucht werden?

**6** Welche Eigenschaften quadratischer Funktionen sind …
**a)** vom x-Wert des Scheitelpunktes abhängig?
**b)** vom y-Wert des Scheitelpunktes abhängig?

**7** Bestimme den Scheitelpunkt und die Nullstellen der Funktion.
**a)** $y = x^2 - 2x - 3$ **b)** $y = x^2 + 4x + 3$
**c)** $y = x^2 - 4x$ **d)** $y = x^2 + 6x + 6{,}75$

**8** Gib die Scheitelpunkte der Parabeln an. Bestimme die Eigenschaften der Funktionen.

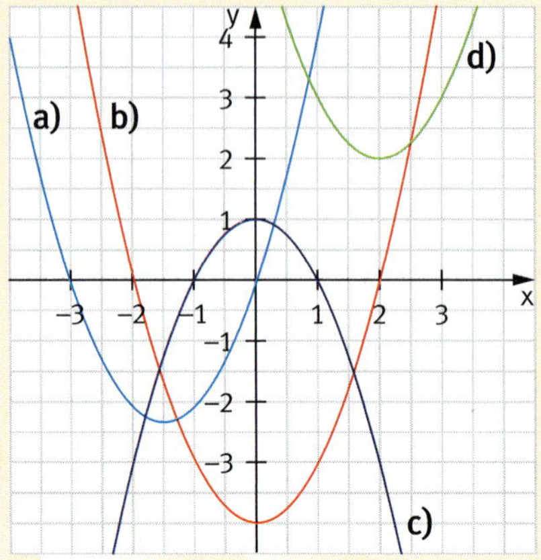


**9** ① $y = x^2 - 8x + 9$ ② $y = 0{,}5x^2 + 5x + 28{,}5$
Überprüfe für beide Funktionsgleichungen:
**a)** Liegt die Symmetrieachse der Parabel rechts oder links von der y-Achse?
**b)** Welcher Punkt P auf der Parabel hat die Koordinaten (2 | y)?
**c)** Welche Punkte Q auf der Parabel haben die Koordinaten (x | 18)?

**10** Bestimme jeweils die Funktionsgleichung der verschobenen bzw. gespiegelten Normalparabel.

**a)** Die nach oben geöffnete Parabel von $y_1$ hat den Scheitelpunkt P (–1,2 | –1,5).
**b)** Der Graph von $y_2$ entstand durch Verschiebung des Graphen von $y_1$ um 3,4 Einheiten nach rechts und 3 Einheiten nach unten.
**c)** $y_3$ hat die Nullstellen bei $x_1 = -3$ und $x_2 = 5$.
**d)** Der Graph von $y_4$ entstand durch Spiegelung des Graphen von $y_1$ an der y-Achse.
**e)** Der Graph von $y_5$ entstand durch Spiegelung des Graphen von $y_1$ an der x-Achse.
**f)** Der größte Funktionswert von $y_6$ liegt bei –3 und ist –1,5.
**g)** Der Graph von $y_7$ ist nach unten geöffnet und hat den Scheitelpunkt im Koordinatenursprung.

**11** Gib eine Gleichung an, die hier grafisch gelöst wurde. Löse sie rechnerisch und überprüfe.

a) 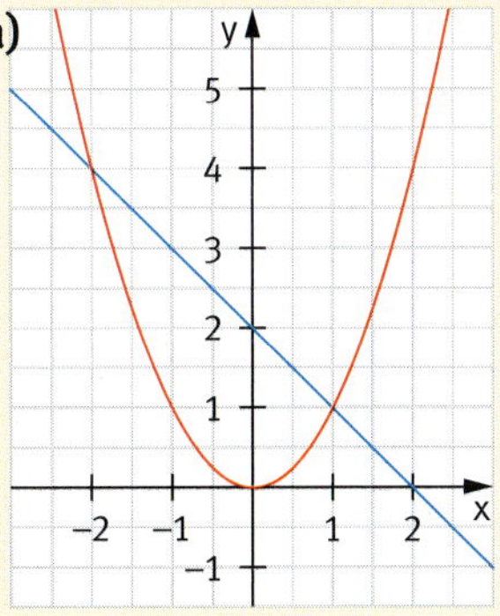

b) 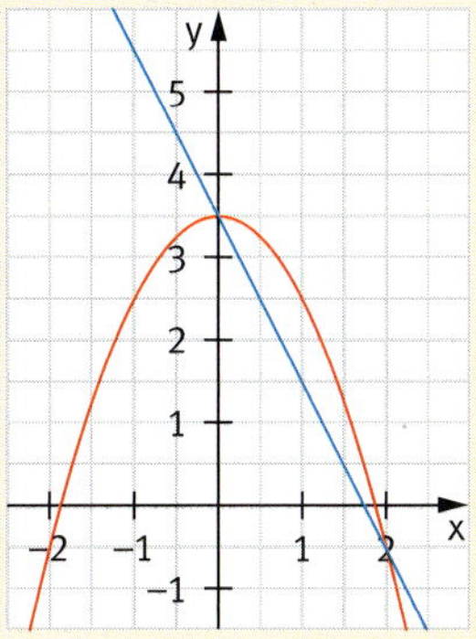

**12** Löse die Gleichungen zeichnerisch.

a) $x^2 = 3x - 2$
b) $x^2 - 5x = -4$
c) $2x^2 + x = 3$
d) $x^2 + 2x - 3 = 0$

**13** Löse die quadratischen Gleichungen rechnerisch.

a) $x^2 - 121 = 0$
b) $(x + 12)(x - 23) = 0$
c) $7x^2 - 63 = 0$
d) $2x^2 - 8x = 330$
e) $(5x + 2)(8 - 3x) = 4x(11 - 4x)$
f) $\frac{1}{2}x^2 - \frac{3}{10}x = \frac{9}{25}$

**14** Sympathische und humorvolle, natürliche Zahl gesucht!

a) Multipliziere dich mit dir selbst und vermehre dich um dein Doppeltes, dann erhältst du 323.
b) Die Summe aus deiner Hälfte und deinem Quadrat ergibt 742,5.
c) Die Summe aus deinem Quadrat und dem zehnten Teil von dir ergibt 101.
d) Die Differenz aus deinem Quadrat und dir ergibt dich.

**15** Von einer quadratischen Metallplatte werden an allen vier Ecken kongruente gleichschenklige Dreiecke abgeschnitten. Berechne die Länge x, wenn sich der Flächeninhalt der Platte um 12,5 % verringern soll.

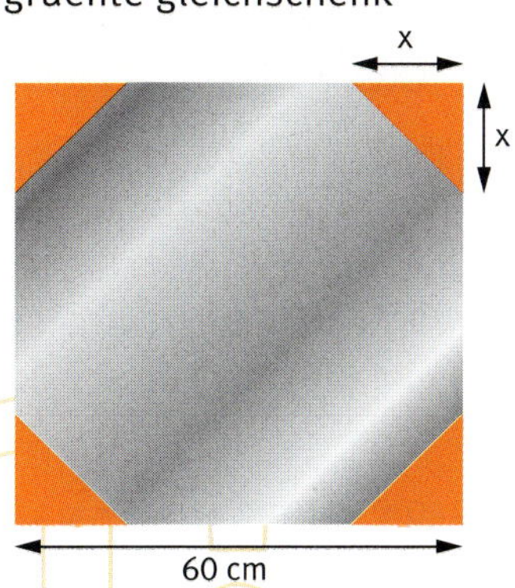


**Aufgaben für Lernpartner**

**Arbeitsschritte**

1 Bearbeite die folgenden Aufgaben alleine.
2 Suche dir einen Partner und erkläre ihm deine Lösungen. Höre aufmerksam und gewissenhaft zu, wenn dein Partner dir seine Lösungen erklärt.
3 Korrigiere gegebenenfalls deine Antworten und benutze dazu eine andere Farbe.

Sind folgende Behauptungen **richtig** oder **falsch**? Begründe schriftlich.

**16** Eine um 3 LE nach rechts und 1 LE nach oben verschobene Normalparabel hat den Scheitelpunkt S (−3 | 1).

**17** Die Funktionsgleichung der an der x-Achse gespiegelten Normalparabel heißt $y = -x^2$.

**18** Jede Gerade mit der Gleichung $y = mx + n$ schneidet die Normalparabel $y = x^2$ in zwei Punkten.

**19** Wenn in der Gleichung $y = ax^2 + c$ der Faktor $a = 5$ ist, ist der Graph eine gestreckte Parabel.

**20** Wenn in der Gleichung $y = ax^2 + c$ der Summand $c = -5$ ist, schneidet die Parabel der Funktion die y-Achse im Punkt P (0 | −5).

**21** $y = 2x + 2$ beschreibt eine quadratische Funktion.

| Aufgabe | Ich kann ... | Hilfe |
|---|---|---|
| 1 | überprüfen, ob gegebene Punkte auf der Normalparabel liegen. | S. 172 |
| 2, 3, 4, 16, 19 | quadratische Funktionen durch Verschiebung und Stauchung / Streckung der Normalparabel beschreiben. | S. 174 |
| 5, 6, 8, 9 | Eigenschaften quadratischer Funktionen bestimmen. | S. 182 |
| 7 | Scheitelpunkte und Nullstellen quadratischer Funktionen bestimmen. | S. 186, 188 |
| 10, 11, 17, 21 | Funktionsgleichungen quadratischer Funktionen bestimmen. | S. 186 |
| 12, 14, 15, 18, 20 | quadratische Gleichungen zeichnerisch lösen. | S. 178, 194 |
| 13, 14, 15 | quadratische Gleichungen rechnerisch lösen. | S. 178, 194 |

S. 172
S. 174

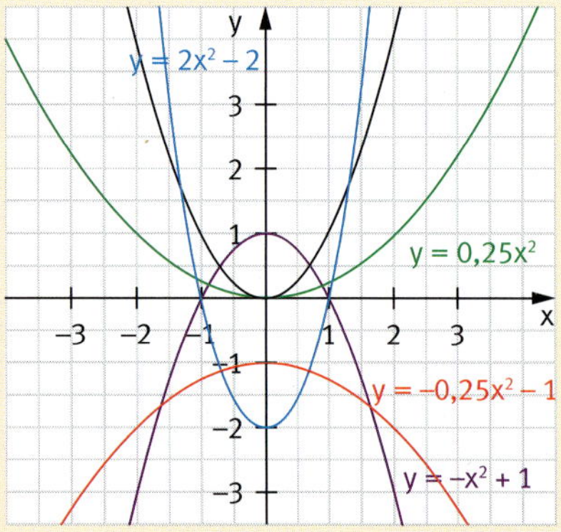


Die **einfachste quadratische Funktion** hat die Funktionsgleichung $\mathbf{y = x^2}$. Der **Graph** heißt **Normalparabel**.

Der Graph einer quadratischen Funktion $\mathbf{y = ax^2 + c}$ ist eine zur y-Achse symmetrische Parabel mit dem Scheitelpunkt **S (0 | c)**.

Der Faktor a gibt an, ob der Graph der Funktion **gestreckt** ($|a| > 1$), **gestaucht** ($0 < |a| < 1$) oder an der x-Achse **gespiegelt** ($a < 0$) ist.

S. 182
S. 186
S. 188

$y = x^2 - 4x + 3$
$p = -4;\ q = 3$

$-\frac{p}{2} = -\frac{(-4)}{2} = 2$

$y_s = -\left(\frac{p^2}{4} - q\right)$
$= -\left(\frac{(-4)^2 - 3}{4}\right) = -1$

S (2 | − 1)

Nullstellen:

$D = \frac{p^2}{4} - q = \frac{(-4)^2}{4} - 3 = 1 > 0$

Die Funktion hat zwei Nullstellen.

$x_{1/2} = -\frac{(-4)}{2} \pm \sqrt{D}$

$x_1 = 2 - 1 = 1$
$x_2 = 2 + 1 = 3$

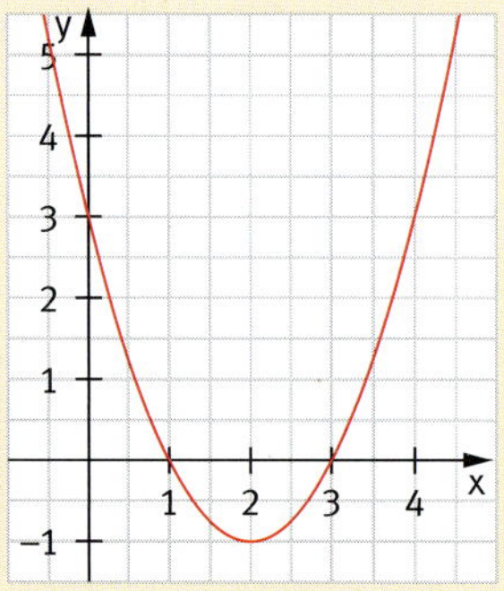


Eine **quadratische Funktion** mit der Funktionsgleichung $\mathbf{y = x^2 + px + q}$ liegt in **Normalform** vor.

Quadratische Funktionen lassen sich anhand des **Scheitelpunkts S**, der **Monotonie**, der **Nullstellen**, des **Schnittpunkts** der Parabel mit der y-Achse sowie der Lage der **Symmetrieachse** beschreiben.

Der **Scheitelpunkt** der Parabel hat die Koordinaten

$S\left(-\frac{p}{2} \mid q - \frac{p^2}{4}\right)$.

Die **Nullstellen** lassen sich mit $x_{1/2} = -\frac{p}{2} \pm \sqrt{\frac{p^2}{4} - q}$ berechnen. Den **Radikand** $\frac{p^2}{4} - q$ bezeichnet man als **Diskriminante D**.

Die Parabel hat für …

| $D > 0$ | $D = 0$ | $D < 0$ |
|---|---|---|
| zwei Nullstellen. | eine Nullstelle. | keine Nullstelle. |

S. 178
S. 194

$4x^2 - 4x = 8 \quad | + 4x$
$4x^2 = 4x + 8 \quad | : 4$
$x^2 = x + 2$

Schnittpunkte ergeben:
$x_1 = -1 \quad x_2 = 2$

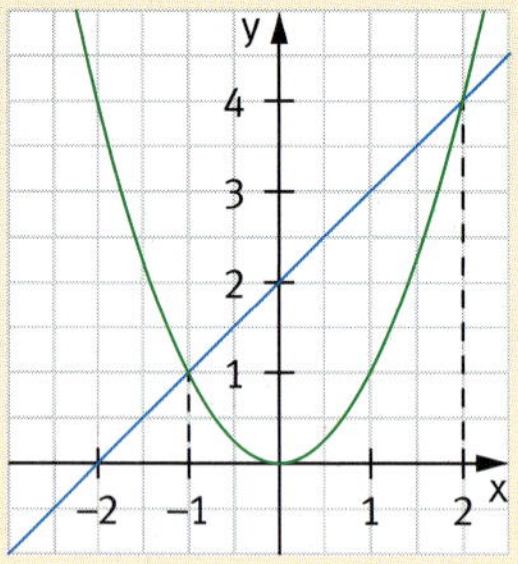


Quadratische Gleichungen $\mathbf{x^2 + px + q = 0}$ werden grafisch gelöst, indem man …

- die Gleichung z. B. in die Form $\mathbf{x^2 = -px - q}$ umformt.
- die Graphen von $y = x^2$ und $y = -px - q$ zeichnet.
- die **x-Werte** der **Schnittpunkte als Lösung der Gleichung** betrachtet.

Eine Probe ist stets notwendig.

S. 194

$3x^2 + 18x - 21 = 0 \quad | : 3$
$x^2 + 6x - 7 = 0$
$p = 6;\ q = -7$

$x_{1/2} = -\frac{6}{2} \pm \sqrt{\frac{6^2}{4} - (-7)} = -3 \pm 4$

$x_1 = -7 \quad x_2 = 1$

Quadratische Gleichungen werden **rechnerisch gelöst**, indem man …

- die Gleichung in die **Normalform** $\mathbf{x^2 + px + q = 0}$ bringt.
- die Formel $x_{1/2} = -\frac{p}{2} \pm \sqrt{\frac{p^2}{4} - q}$ anwendet.

## Strahlensätze

**1** Bestimme die Länge der rot markierten Strecken ($g \parallel h$).

a)

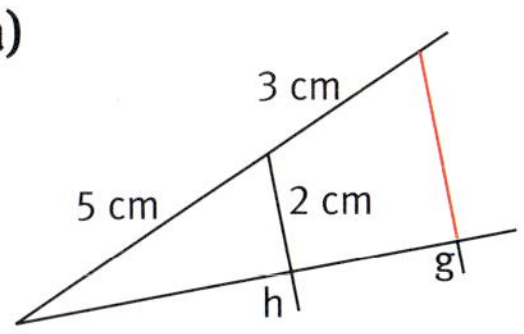


b)

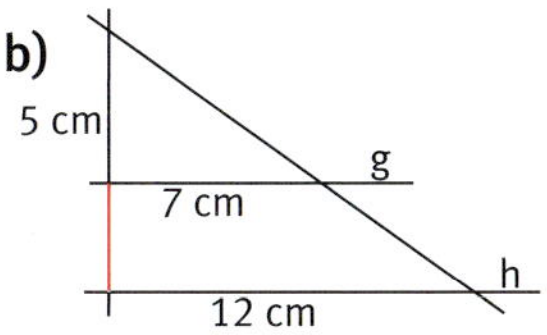


c)

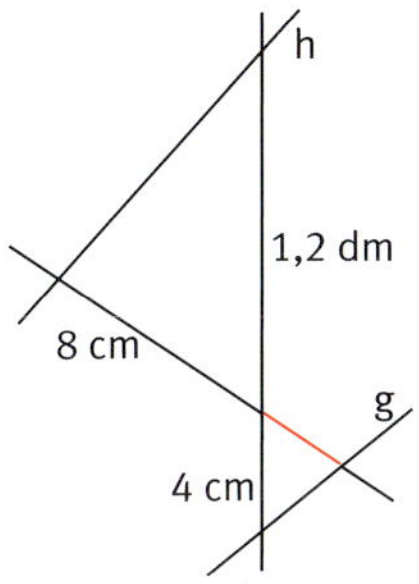


d)

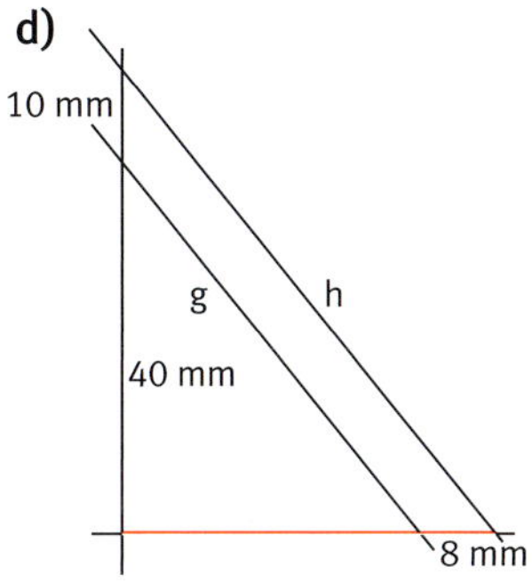


**2** Ergänze im Heft die Verhältnisgleichungen ($g \parallel h$).

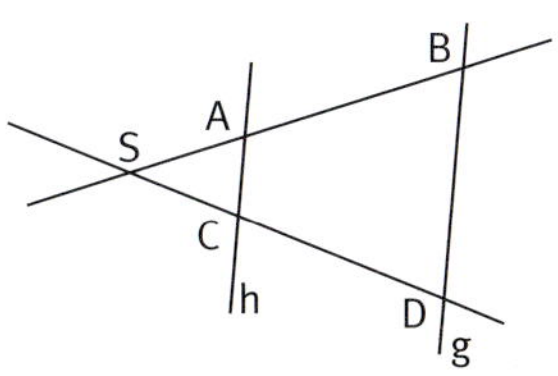


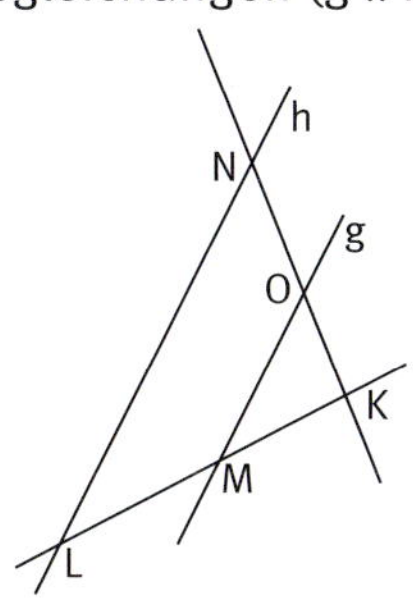


a) $\frac{\overline{SC}}{\overline{SD}} = \frac{\overline{SA}}{\square}$ b) $\frac{\overline{SA}}{\overline{SB}} = \frac{\square}{\overline{BD}}$ c) $\frac{\overline{AC}}{\overline{SA}} = \frac{\overline{BD}}{\square}$

d) $\frac{\overline{LN}}{\overline{NK}} = \frac{\square}{\overline{OK}}$ e) $\frac{\overline{LK}}{\overline{NK}} = \frac{\overline{KM}}{\square}$ f) $\frac{\overline{OK}}{\square} = \frac{\square}{\overline{NL}}$

**3** Du möchtest die Breite eines Flusses messen und steckst dazu einige Strecken ab:

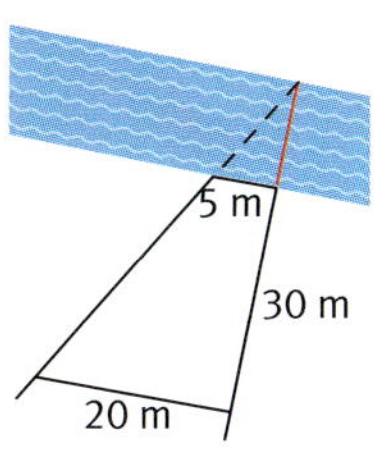


a) Worauf musst du achten, wenn du die Strecken absteckst? Begründe.

b) Berechne unter der Annahme von a) die Flussbreite mit den angegebenen Maßen.

## Gleichungssysteme lösen

**4** Löse die Gleichungssysteme rechnerisch. Begründe die Wahl des von dir gewählten Verfahrens.

a) I $x + y = 2$
II $x - y = 0$

b) I $x + 2y = 3$
II $x = 7 - 4y$

c) I $x = 3y + 5$
II $x = 12 - 4y$

d) I $x - 2y = 2$
II $2x + y = 29$

**5** Gib ein Gleichungssystem an, das folgende Lösungsmenge hat. Lass deinen Nachbarn dein Gleichungssystem lösen.

a) $\mathbb{L} = \{(1 | 2)\}$ b) $\mathbb{L} = \{(2 | -3)\}$

c) $\mathbb{L} = \{(11 | 0)\}$ d) $\mathbb{L} = \{ \}$

**6** Nimm Stellung zu folgender Aussage:

„Das Gleichungssystem
I $x + y = -3$
II $-2x - 2y = 6$
hat die Lösungsmenge $\mathbb{L} = \{(2 | -5)\}$, denn wenn man für $x = 2$ und $y = -5$ einsetzt, ergeben beide Gleichungen wahre Aussagen."

**7** Tanja kann sich zwischen diesen beiden Handytarifen entscheiden:

Grundgebühr: 10 €
Verbrauchskosten: 3 ct/min

Grundgebühr: 8 €
Verbrauchskosten: 9 ct/min

Gib ihr eine Entscheidungshilfe, bei welchem Telefonierverhalten sie sich für welchen Tarif entscheiden soll.

**8** Von einem linearen Gleichungssystem ist aufgrund eines Druckfehlers nur noch die erste Gleichung sichtbar:
I $3x + 2y = 8$
II sdfghjkl
Die zweite Gleichung war ebenfalls in der Form $ax + by = c$ gegeben und die Lösungsmenge des Gleichungssystems war leer. Gib eine mögliche zweite Gleichung an. Findest du mehrere Möglichkeiten?

**9** In einem gleichschenkligen Dreieck ist die Basis 2 cm kürzer als einer der Schenkel. Die Summe der Länge der Schenkel ist 7 cm länger als die Basis. Bestimme Längen von Basis und Schenkel.

## Lineare Funktionen

**10** Lies jeweils die Gleichung der zugehörigen linearen Funktionen aus den Graphen ab.

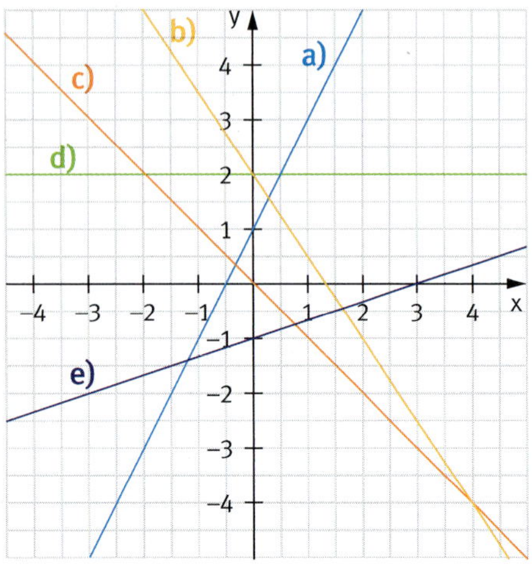


**11** Begründe, ob die Aussage wahr oder falsch ist.

**a)** Der Punkt A (3 | 4) liegt auf dem Graph von $y = \frac{3}{4}x$.

**b)** Die Funktionsgraphen der Funktionen mit den Gleichungen $y = 4x + 2$ und $y = 3x + 2$ verlaufen parallel zueinander.

**c)** Die Nullstelle der Funktion $y = -x + 8$ ist N (8 | 0).

**12** Zeichne den Graphen der Funktion $y = -2x - 3$. Beschreibe dein Vorgehen, wenn du keine Wertetabelle erstellen möchtest.

**13** Betrachte die Gleichung der linearen Funktion $y = 0{,}02x + 112$.

**a)** Gib den Funktionswert zum x-Wert 50 an.

**b)** Gib den x-Wert zum Funktionswert 116 an.

**c)** Bestimme die Schnittpunkte mit den Koordinatenachsen.

**14** Der Graph einer linearen Funktion verläuft durch die Punkte P (3 | 0) und Q (−3 | −2).

**a)** Zeichne den Graphen der Funktion.

**b)** Gib die Monotonie und die Nullstelle der Funktion an.

**c)** Bestimme die Funktionsgleichung.

## Potenzen

**15** Berechne.

**a)** $2^3$ **b)** $3^2$ **c)** $2^3 \cdot 2^4$

**d)** $\frac{7^3}{7^2}$ **e)** $\frac{25^3}{5^3}$ **f)** $0{,}5^7 \cdot 2^7$

**16** Welches Ergebnis ist jeweils richtig? Begründe.

**a)** $x^5 \cdot x^2 = \square$ ① $x^7$ ② $x^{10}$ ③ $2x^7$

**b)** $(a^4)^2 = \square$ ① $a^2$ ② $a^6$ ③ $a^8$

**c)** $\frac{b^{-4}}{b^2} = \square$ ① $\frac{1^6}{b}$ ② $b^{-6}$ ③ $b^{-2}$

**17** Vereinfache mithilfe der Potenzgesetze.

**a)** $2^7 \cdot 2^5 \cdot 2^{-6} \cdot 20$ **b)** $\frac{5^3 \cdot 5^{0,25} \cdot 5^{\frac{3}{4}}}{5^2}$

**c)** $\left(\left(3^{\frac{2}{3}}\right)^{\frac{9}{2}}\right)^{\frac{1}{2}}$ **d)** $\frac{7^{\frac{1}{2}} \cdot 7^{3,2} \cdot 7^{\frac{3}{10}}}{(7^{1,5})^2}$

**18** Bestimme x.

**a)** $7^2 \cdot 7^x \cdot 7^5 = 710$ **b)** $x^5 = -32$

**c)** $\sqrt[5]{8^x} = 8$ **d)** $\sqrt[5]{x^{10}} = 25$

**19** An einer Schule wird ein Gerücht verbreitet. Am ersten Tag kennen drei Schüler das Gerücht. Jeder, der das Gerücht kennt, sagt es am nächsten Tag an eine nichtwissende Person weiter, sodass sich die Anzahl der eingeweihten Personen jeden Tag verdoppelt.
Wie lange dauert es, bis alle etwa 650 Schüler der Schule eingeweiht sind?

**20**

**a)** Falte selbst ein Blatt Papier so oft es geht. Wie viele Schichten hat es und wie dick ist es dann?

**b)** Berechne aus a) die Dicke eines Blattes Papier.

**c)** Beurteile mithilfe deiner Ergebnisse die Aussage von Tom. Führe entsprechende Berechnungen durch.

| | |
|---|---|
| $\frac{1}{12} + \frac{4}{9} = \frac{3}{36} + \frac{16}{36} = \frac{3 + 16}{36} = \frac{19}{36}$<br><br>Hauptnenner: 36, denn<br>$V_{12} = \{12; 24; 36; 48; ...\}$<br>$V_9 = \{9; 18; 27; 36; 45; ...\}$ | Ungleichnamige **Brüche** werden vor dem **Addieren** (**Subtrahieren**) erst auf denselben (**Haupt-**)**Nenner** erweitert bzw. gekürzt.<br>Anschließend wird der Zähler addiert (subtrahiert), der gemeinsame Nenner bleibt erhalten.<br>Unter dem Hauptnenner versteht man das kleinste gemeinsame Vielfache der Nenner. |
| $\frac{4}{7} \cdot \frac{2}{9} = \frac{4 \cdot 2}{7 \cdot 9} = \frac{8}{63}$ | Zwei **Brüche** werden **multipliziert**, indem man **Zähler mit Zähler** und **Nenner mit Nenner** multipliziert. |
| Multiplikation<br>$\frac{3}{4} : \frac{2}{3} = \frac{3}{4} \cdot \frac{3}{2} = \frac{3 \cdot 3}{4 \cdot 2} = \frac{9}{8}$<br>Kehrbruch | Man **dividiert** eine Zahl durch einen **Bruch**, indem man mit seinem **Kehrbruch multipliziert**.<br><br>Beim Kehrbruch werden **Zähler und Nenner** des Bruchs **vertauscht**. |
| *Anzahl Personen → Eintrittspreis in €*<br>Mögliche Sprechweisen:<br>• Der Anzahl von Personen wird ein Eintrittspreis zugeordnet.<br>• Der Eintrittspreis hängt von der Anzahl der Personen ab. | Bei einer **Zuordnung** werden Größen oder Zahlen zueinander in Beziehung gesetzt. Jede **Ausgangsgröße** wird dabei mit einer **zugeordneten Größe** verbunden.<br>Zuordnungen können in **Tabellen**, **Diagrammen** oder durch **Terme** dargestellt werden. |
| Menge der natürlichen Zahlen: $\mathbb{N} = \{0; 1; 2; 3; 4; ...\}$<br>Menge der ganzen Zahlen: $\mathbb{Z} = \{...; -2; -1; 0; 1; 2; ...\}$<br>Menge der rationalen Zahlen: $\mathbb{Q}$<br><br>Möglichkeiten für die Lösungsmenge:<br>• Es gibt keine Lösung in $\mathbb{D}$: $\mathbb{L} = \{\ \}$.<br>• Es gibt Lösungen in $\mathbb{D}$, z. B.: $\mathbb{L} = \{-3; 2\}$.<br>• Alle Zahlen aus $\mathbb{D}$ sind Lösung: $\mathbb{L} = \mathbb{D}$. | Beim Lösen von Gleichungen ist es möglich, dass nur bestimmte Zahlen zulässig sind. Als **Definitionsmenge** $\mathbb{D}$ fasst man diejenigen Zahlen zusammen, aus der alle **Ergebnisse** einer Gleichung **stammen dürfen**.<br><br>Alle **Zahlen aus der Definitionsmenge**, die eine Gleichung lösen, bezeichnet man als **Lösungsmenge** $\mathbb{L}$. Man zählt alle Lösungen in der Lösungsmenge auf. |
| Zusammenfassung gleichartiger Summanden:<br>$2x - 3y - 6x + 3y = (2 - 6)\,x + (-3 + 3)\,y = -4x$ | Mathematische Zusammenhänge lassen sich mithilfe von **Termen** und Variablen beschreiben.<br>Terme lassen sich anhand der bekannten Rechenregeln **vereinfachen**. Dadurch entstehen zueinander **äquivalente** Terme. |
| $(3x + 7) \cdot (4x - 5)$<br>$= 12x^2 + \underbrace{28x - 15x} - 35$<br>$= 12x^2 \quad + 13x \quad - 35$ | **Umformen von Termen**<br>• **Ausmultiplizieren** mit einem Faktor: Jeder Summand wird mit dem Faktor multipliziert.<br>• **Ausmultiplizieren** zweier Summen: Jeder Summand der ersten Summe wird mit jedem Summand der zweiten Summe multipliziert.<br>• **Ausklammern**: Ein gemeinsamer Faktor in jedem Summand wird ausgeklammert. |

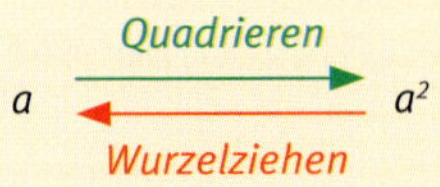


$\sqrt{0} = 0 \qquad \sqrt[3]{0} = 0$

Die **Umkehrung des Potenzierens** bezeichnet man als **Wurzelziehen** (**Radizieren**).

$$\sqrt{16} \cdot \sqrt{9} = \sqrt{16 \cdot 9}$$
$$4 \cdot 3 = \sqrt{144}$$
$$12 = 12$$
$$\frac{\sqrt{9}}{\sqrt{16}} = \sqrt{\frac{9}{16}}$$
$$\frac{3}{4} = \frac{3}{4}$$

**Multiplikation von Quadratwurzeln**

$\sqrt{a} \cdot \sqrt{b} = \sqrt{a \cdot b}$ für a, b > 0

**Division von Quadratwurzeln**

$\frac{\sqrt{a}}{\sqrt{b}} = \sqrt{\frac{a}{b}}$ für a, b > 0

$\sqrt{9} + \sqrt{16} = 3 + 4 = 7$

$\sqrt{9 + 16} = \sqrt{25} = 5$

Bei der **Addition** und **Subtraktion** lassen sich zwei Quadratwurzeln **nicht** zu einer Quadratwurzel **zusammenfassen**.

$\sqrt{2} = 1{,}414213562$

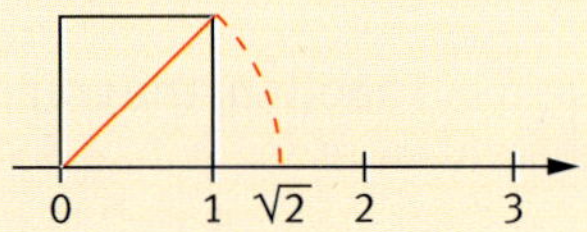


Eine Zahl nennt man **irrational**, wenn man sie **nicht als Bruch** zweier ganzer Zahlen darstellen kann. Die zugehörige Dezimalzahl hat unendlich viele Dezimalen, die jedoch nicht systematisch angeordnet sind.

**Ausmultiplizieren mit binomischen Formeln**

$(3 + a)^2 = 9 + 6a + a^2$

$(5x - 2)\,(5x + 2) = 25x^2 - 4$

**Zusammenfassen mit binomischen Formeln**

$y^2 - 4y + 4 = (y - 2)^2$

**Binomische Formeln**

1. $(a + b)^2 = a^2 + 2ab + b^2$
2. $(a - b)^2 = a^2 - 2ab + b^2$
3. $(a + b) \cdot (a - b) = a^2 - b^2$

$63 - 50b + 12 = -5b;\ \mathbb{D} = \mathbb{Q}$ | (1) vereinfachen

$75 - 50b = -5b$ | (2) + 50b

$75 = 45b$ | (3) : 45

$b = \frac{75}{45} = \frac{5}{3} = 1\frac{2}{3}$

(4) $1\frac{2}{3} \in \mathbb{Q};\ \mathbb{L} = \{1\frac{2}{3}\}$

Probe:

l. S.: $63 - 50 \cdot 1\frac{2}{3} + 12 = -8\frac{1}{3}$

r. S.: $-5 \cdot 1\frac{2}{3} = -8\frac{1}{3}$

Gleichungen lassen sich durch **Äquivalenzumformungen** lösen. Dabei ändert sich die **Lösungsmenge** nicht.

(1) Terme auf jeder Seite vereinfachen.

(2) Durch Addition und Subtraktion alle Terme mit Variablen auf eine Seite der Gleichung bringen, alle Zahlen ohne Variable auf die andere. Beide Seiten vereinfachen.

(3) Durch Multiplikation und Division den Faktor vor der Variablen zur 1 machen und die Lösung bestimmen.

(4) Die Lösungsmenge angeben und zur Probe die Lösung in die Ausgangsgleichung einsetzen.

$$\frac{3}{(x-2)} = \frac{2}{(x+4)}; \qquad \mathbb{D} = \mathbb{Q} \setminus \{-4; 2\}$$

$$\frac{3}{(x-2)} = \frac{2}{(x+4)} \qquad | \cdot (x-2)(x+4)$$

$$3 \cdot (x+4) = 2 \cdot (x-2)$$

...

In Termen und Gleichungen können **Variablen** auch im **Nenner eines Bruches** stehen. Dabei dürfen keine Zahlen in den Term eingesetzt werden, bei denen der **Nenner null** wird. Diese Zahlen werden aus der **Definitionsmenge ausgeschlossen.**
Zur Lösung multipliziert man die **Gleichung mit einem gemeinsamen Nenner aller vorkommenden Brüche,** sodass ohne Brüche weitergerechnet werden kann.

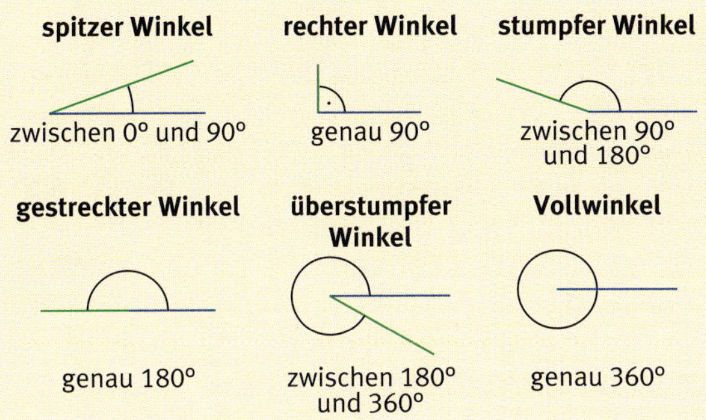


Um die **Größe von Winkeln** anzugeben, wird der Vollwinkel (eine Umdrehung) in 360 gleich große Teile geteilt.
Die so entstandene Einheit heißt **1 Grad (1°).**

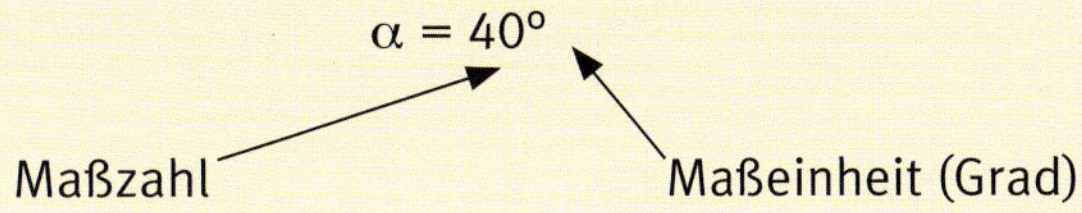


Winkel werden ihrer Größe nach unterschieden.

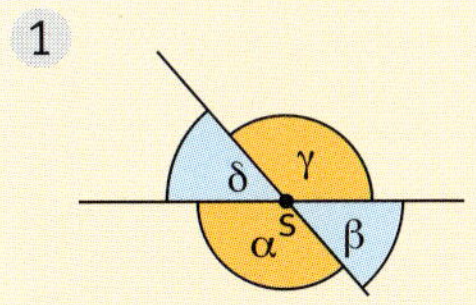


$\alpha = \gamma \qquad \beta = \delta$
$\alpha + \beta = \ldots = 180°$

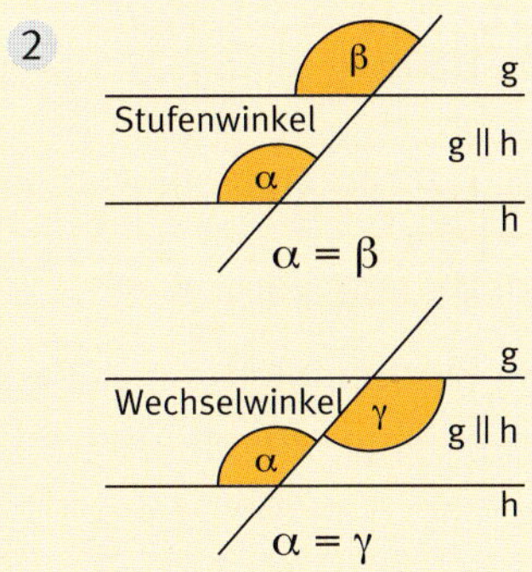


1 Schneiden sich zwei Geraden, so heißen gegenüberliegende Winkel **Scheitelwinkel,** die jeweils gleich groß sind. Nebeneinanderliegende Winkel heißen **Nebenwinkel** und ergeben zusammen immer 180°.

2 Schneidet eine Gerade zwei Parallelen, erhält man **Stufenwinkel** jeweils auf der gleichen Seite von Schnittgerade und Parallelen sowie **Wechselwinkel** auf den entgegengesetzten Seiten. Stufen- und Wechselwinkel sind **gleich groß**.

$\alpha + \beta + \gamma = 180°$

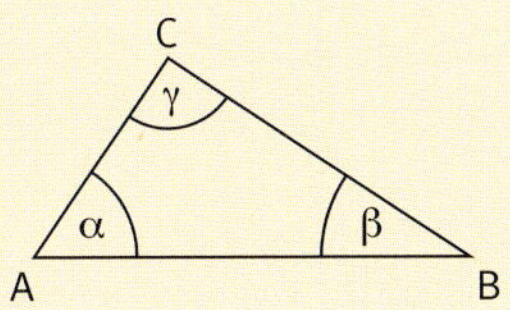


Die Summe aller Innenwinkel im Dreieck beträgt 180°.

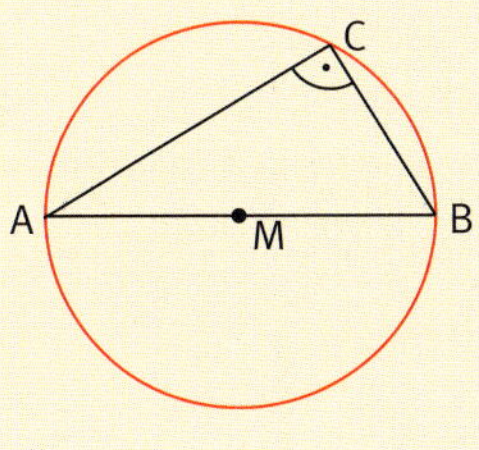


**Satz des Thales**
Ein **Dreieck**, von dem zwei Eckpunkte den Durchmesser eines Kreises („**Thaleskreis**") begrenzen und dessen dritter Punkt auf der Kreislinie liegt, ist stets **rechtwinklig**.
Der rechte Winkel liegt am „dritten" Punkt auf der Kreislinie an.

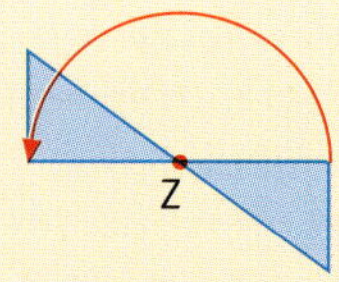

Punktspiegelung oder Drehung um 180°

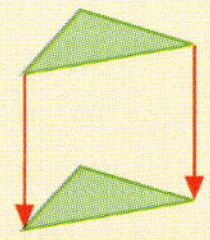
Verschiebung

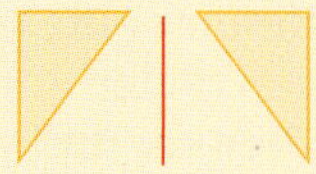
Achsenspiegelung

Figuren sind zueinander **kongruent**, wenn sie in Form und Größe übereinstimmen. Achsenspiegelung, Punktspiegelung, Drehung und Verschiebung sind Kongruenzabbildungen, d. h. Original- und Bildfigur sind zueinander kongruent (**deckungsgleich**).

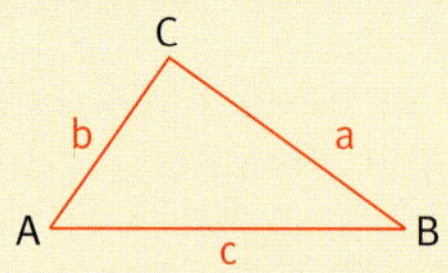

SSS

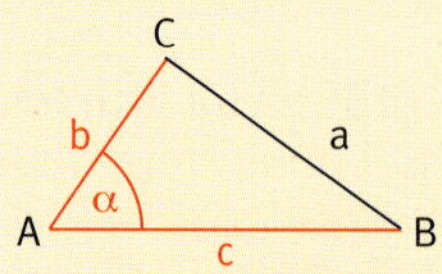

SWS

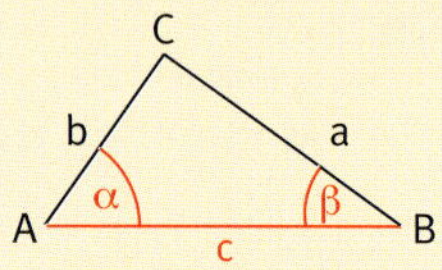

WSW

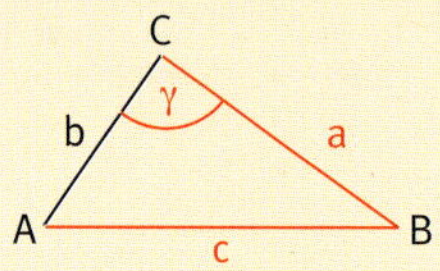

SsW

**Kongruenzsätze für Dreiecke**

Dreiecke sind genau dann kongruent zueinander, wenn sie ...

- in der Länge ihrer drei Seiten übereinstimmen (**SSS**).
- in der Länge zweier Seiten und der Größe des eingeschlossenen Winkels übereinstimmen (**SWS**).
- in der Länge einer Seite und der Größe beider anliegenden Winkel übereinstimmen (**WSW**).
- in der Länge zweier Seiten übereinstimmen sowie der Größe des Winkels, der der längeren Seite gegenüberliegt (**SsW**).

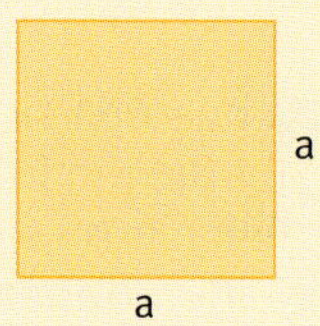


Für den **Flächeninhalt** eines **Rechtecks** gilt:
$A = a \cdot b$
Für den **Umfang** gilt $u = 2 \cdot (a + b)$.

Für den Flächeninhalt eines **Quadrats** gilt:
$A = a \cdot a = a^2$
Für den **Umfang** gilt $u = 4 \cdot a$.

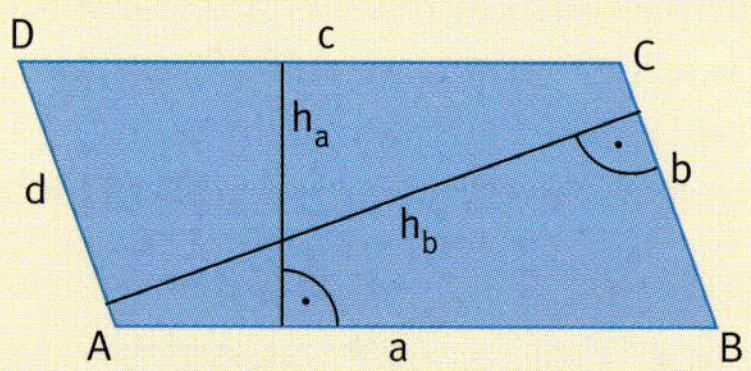


Für den **Flächeninhalt** eines **Parallelogramms** gilt:

A = Grundseite · zugehörige Höhe

$A = g \cdot h$ oder

$A = a \cdot h_a$ oder $A = b \cdot h_b$

Der **Umfang** beträgt $u = 2 \cdot (a + b)$.

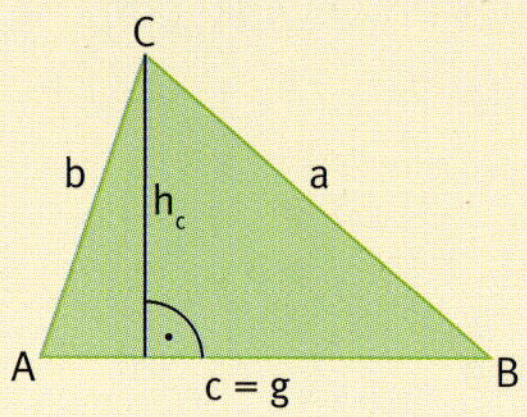


Für den **Flächeninhalt eines Dreiecks** mit der Grundseite g und der dazugehörigen Höhe h gilt:

$A = \frac{1}{2} \cdot g \cdot h$

Ist c die Grundseite, dann gilt: $A = \frac{1}{2}c \cdot h_c$.
Für den **Umfang** gilt $u = a + b + c$.

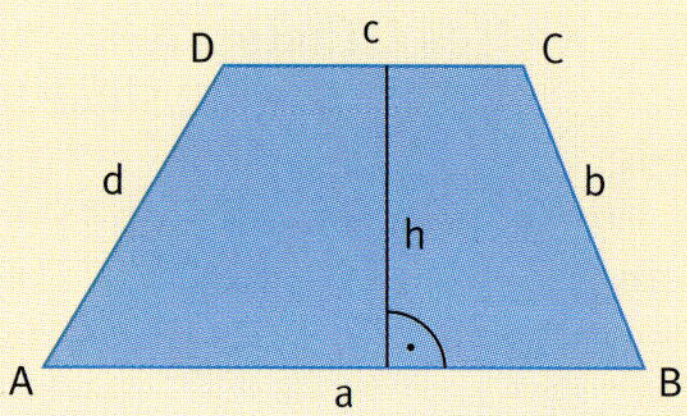


Der **Flächeninhalt eines Trapezes** lässt sich mit folgender Formel berechnen:

$A = \frac{a + c}{2} \cdot h = \frac{1}{2} \cdot (a + c) \cdot h$

Für den **Umfang** gilt $u = a + b + c + d$.

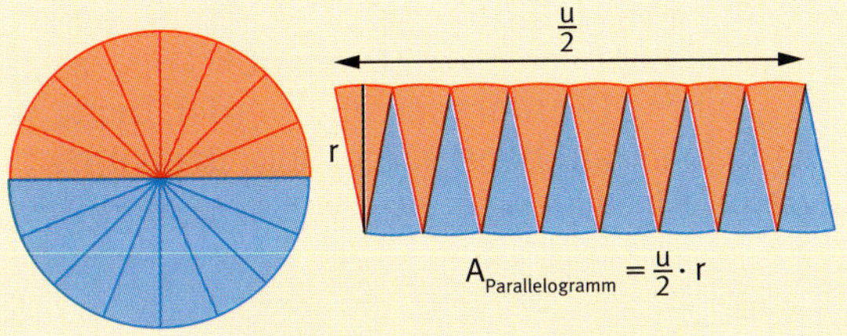


Bei jedem Kreis ist der **Umfang u proportional** zu seinem **Durchmesser d**. Der Proportionalitätsfaktor ist die **Kreiszahl** $\pi$ (sprich: Pi). Es gilt:

$\mathbf{u = \pi \cdot d = 2 \cdot \pi \cdot r}$ mit $\pi \approx 3{,}14$

Für den **Flächeninhalt A** eines **Kreises** gilt:

$\mathbf{A = \pi \cdot r^2 = \frac{\pi}{4} \cdot d^2}$

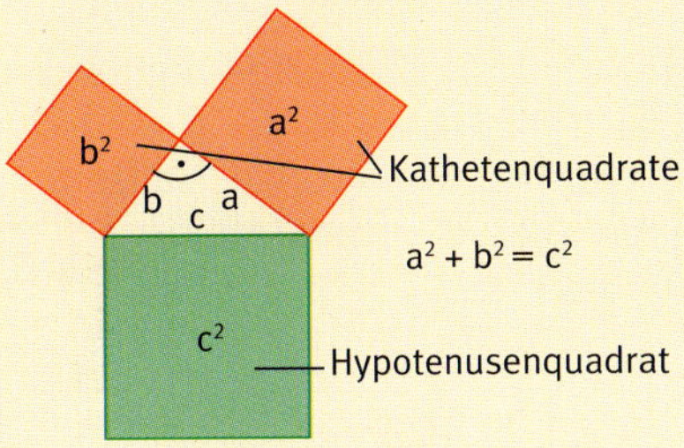


**Satz des Pythagoras**

In einem rechtwinkligen Dreieck hat das **Quadrat über der Hypotenuse** den gleichen Flächeninhalt wie die **Quadrate über den Katheten** zusammen.

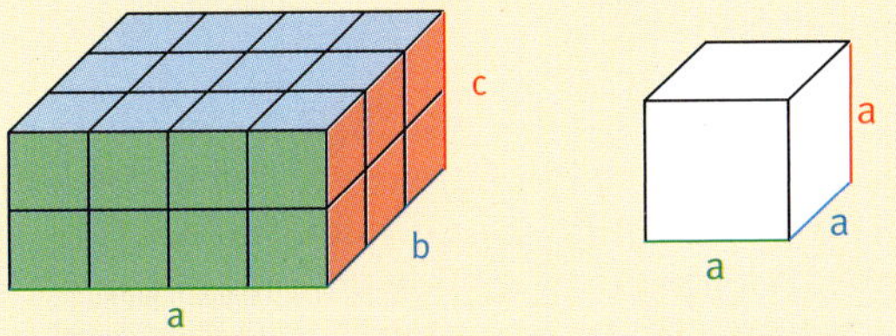


**Quader:**

V = Länge · Breite · Höhe

$V = a \cdot b \cdot c$

**Würfel:**

$V = a \cdot a \cdot a = a^3$

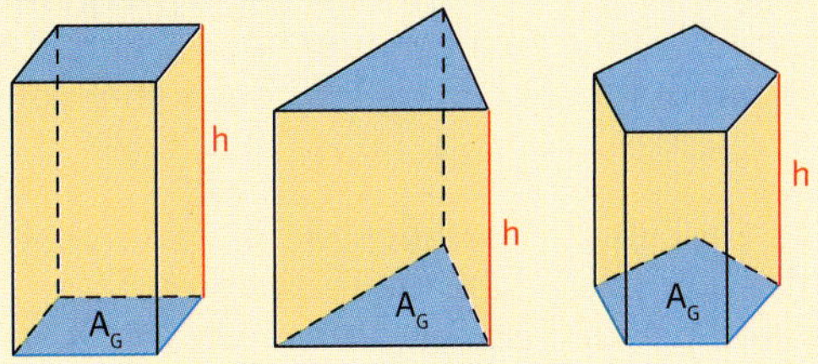


Für das **Volumen V** eines **Prismas** oder **Zylinders** gilt:

$\mathbf{V = A_G \cdot h}$

Für die **Oberfläche** $A_O$ eines **Prismas** oder **Zylinders** mit der Grundfläche $A_G$ und der Mantelfläche $A_M$ gilt:

$\mathbf{A_O = 2 \cdot A_G + A_M}$

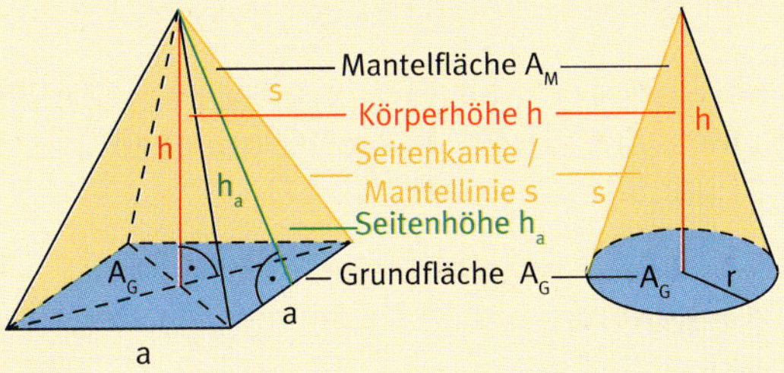


Für das **Volumen V** einer **Pyramide** oder eines **Kreiskegels** gilt:

$\mathbf{V = \frac{1}{3} \cdot A_G \cdot h}$

$V_{Pyramide} = \frac{1}{3} \cdot A_{Vieleck} \cdot h$ $V_{Kegel} = \frac{1}{3} \cdot \pi \cdot r^2 \cdot h$

Für die **Oberfläche** $A_O$ einer **Pyramide** und eines **Kreiskegels** gilt:

$\mathbf{A_O = A_G + A_M}$

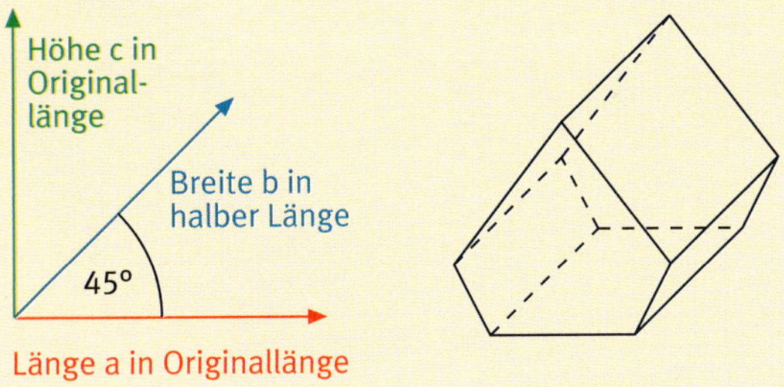


Als **Schrägbild** bezeichnet man **eine schräge Projektion eines Körpers** auf eine Zeichenebene. Streckenlänge und Winkelmaße an Flächen, die parallel zur Zeichenebene liegen, bleiben unverändert. Nach hinten verlaufende Kanten werden in der Länge halbiert und unter einem Winkel von 45° dargestellt. Verdeckte Kanten werden gestrichelt gezeichnet.

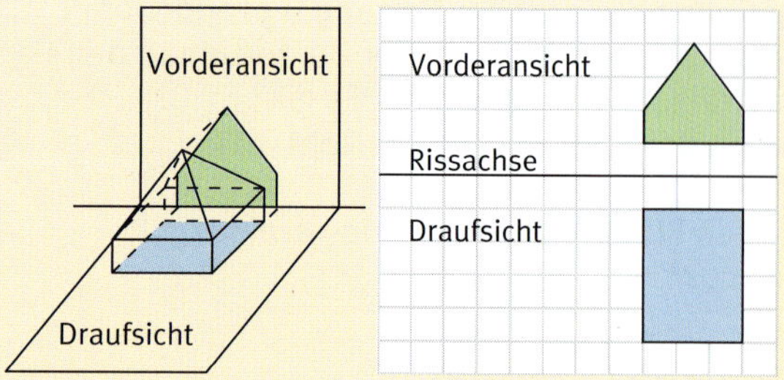


Bei einem **Zweitafelbild** betrachtet man den Körper einmal senkrecht von oben (**Draufsicht**) und waagrecht von vorne (**Vorderansicht**). Werden beide Ansichten in einer Ebene dargestellt, dann erhält man ein **Zweitafelbild**.

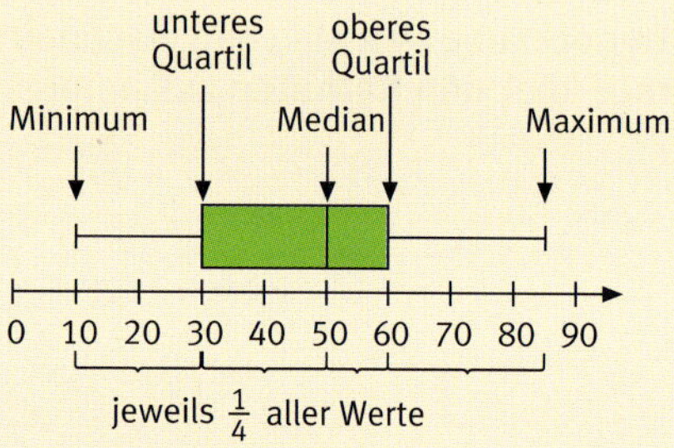


Ein **Boxplot** veranschaulicht die Verteilung der Werte einer Datenreihe.
Der Median unterteilt die Daten in zwei Hälften.
**unteres Quartil**: Median der unteren Hälfte
**oberes Quartil**: Median der oberen Hälfte
Die **Box** umfasst die mittlere Hälfte aller Werte.

Mögliche Ergebnisse beim Würfeln:
1, 2, 3, 4, 5, 6

- Ereignis „Augenzahl gerade“: mögliches Ereignis
- Ereignis „Augenzahl > 6“: unmögliches Ereignis
- Ereignis „Augenzahl mindestens 1“: sicheres Ereignis

Ein Versuch heißt **Zufallsversuch**, wenn gilt:

1. Die Durchführung erfolgt nach genau festgelegten Regeln und ist beliebig oft wiederholbar.
2. Mindestens zwei Ergebnisse sind möglich.
3. Das Ergebnis ist nicht vorhersagbar.

Als **Ereignis** wird der **Teil aller möglichen Ergebnisse** genannt, für die man sich genauer interessiert. Ein Ereignis kann unmöglich, möglich oder sicher sein.

Eine 1-€-Münze wird mehrmals geworfen.

| Anzahl Würfe | H (W) | H (Z) | h (W) | h (Z) |
|---|---|---|---|---|
| 10 | 7 | 3 | 70 % | 30 % |
| 100 | 42 | 58 | 42 % | 58 % |
| 1000 | 514 | 486 | 51 % | 49 % |
| 10 000 | 4955 | 5045 | 50 % | 50 % |

Führt man ein Zufallsexperiment sehr oft durch, dann beobachtet man, dass sich die **relativen Häufigkeiten** bei wachsender Versuchszahl **stabilisieren**. Diese Tatsache wird auch als das **Gesetz der großen Zahlen** bezeichnet.

Die stabilisierten relativen Häufigkeiten sind ein guter **Schätzwert für die Wahrscheinlichkeit**, mit der man die Ergebnisse erwartet.

Würfeln mit einem Spielwürfel
Ereignis A: „Augenzahl ist gerade.“
Gegenereignis $\overline{A}$: „Augenzahl ist ungerade.“ oder:
$\overline{A}$: „Augenzahl ist nicht gerade.“

Alle Ergebnisse, die **nicht** zu einem **bestimmten Ereignis A gehören**, bilden zusammen das **Gegenereignis** $\overline{A}$.
$P(\overline{A}) = 1 - P(A) = 100\,\% - P(A)$

## Lösungen zu „1.7 Das kann ich!“ – Seite 28

**1** 14 cm : 7 = 2 cm. Die Teilstrecken sind 6 cm und 8 cm lang.

**2** $\overline{AB} : \overline{CD} = 4 : 5$

**3** 3 Teile

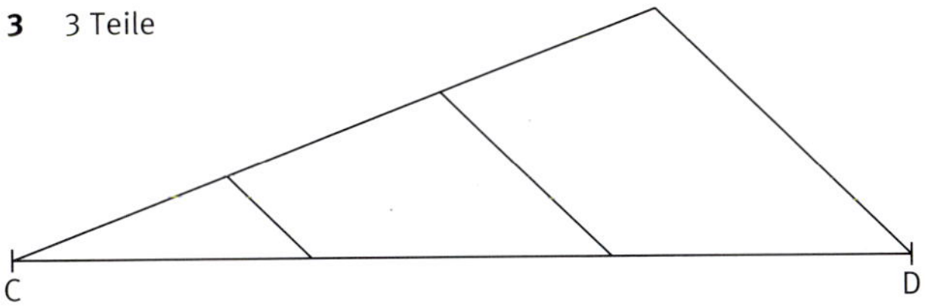


4 Teile

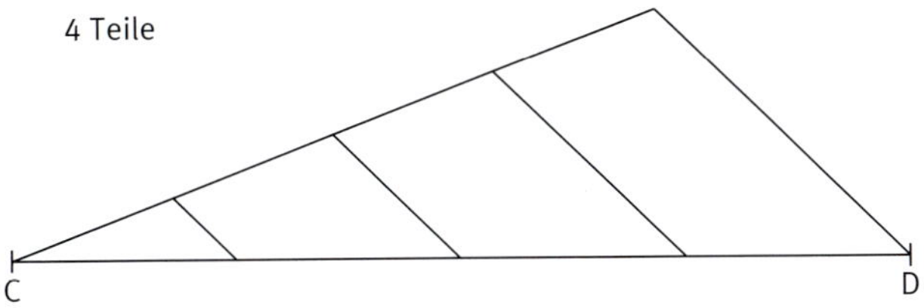


5 Teile

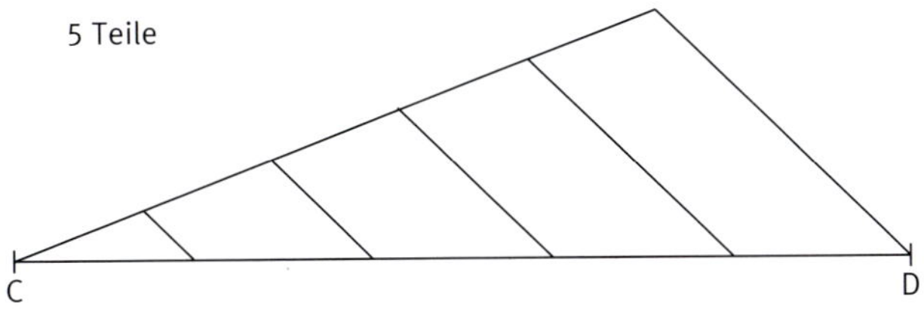


**4** **a)**

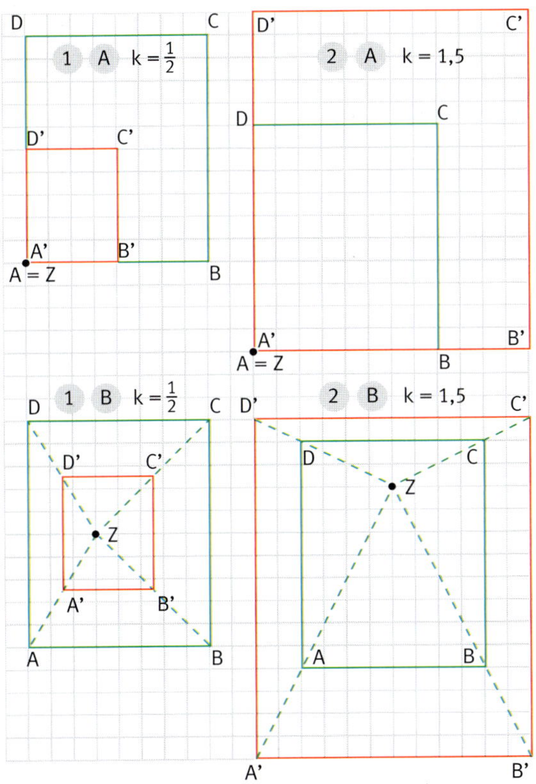


**b)** Bei $k = \frac{1}{2}$ ist der Flächeninhalt der Bildfigur jeweils $\frac{1}{4}$ des Flächeninhalts der Originalfigur.
Bei $k = 1{,}5 = \frac{3}{2}$ ist der Flächeninhalt der Bildfigur jeweils $2\frac{1}{4} = \frac{9}{4}$-mal so groß wie der Flächeninhalt der Originalfigur.
Es gilt: $A_{Bildfigur} = k^2 \cdot A_{Originalfigur}$

**5** **a)**

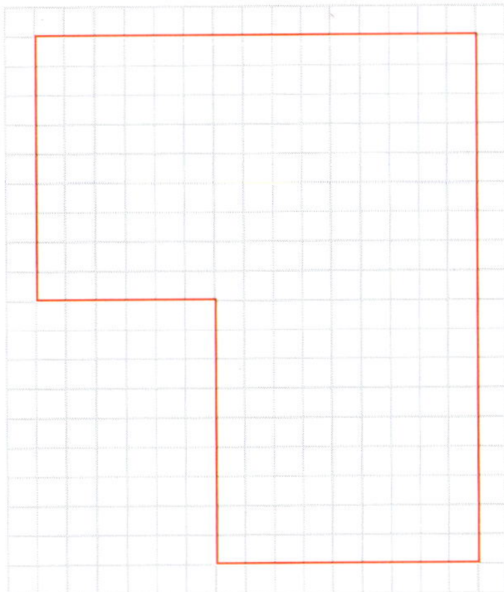

**b)**

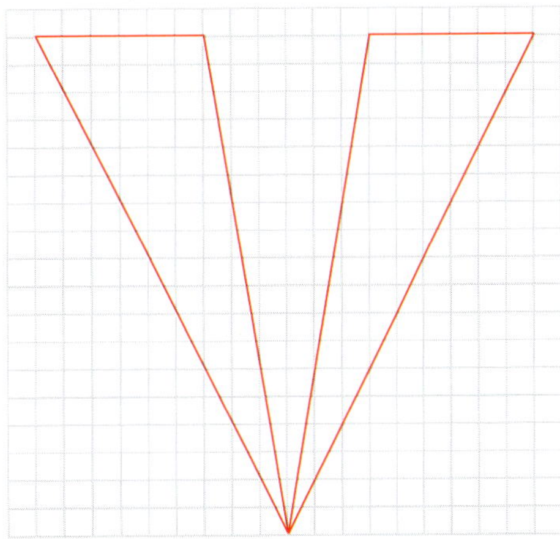

**6** **a)** $u_{Originalfigur} = 130\ m = 13\,000\ cm$
Maßstab 52 : 13 000 = 1 : 250

**b)** $A_{Originalfigur} = 360\,000\ m^2 = 3\,600\,000\,000\ cm^2$
$A_{Bildfigur} = k^2 \cdot A_{Originalfigur}$, d. h. 3 cm ≙ 60 000 cm
Maßstab 3 : 60 000 = 1 : 20 000

**7** In Klammern steht jeweils die Verkleinerung.

**a)** $k = 3$ $\quad (k = \frac{1}{3})$

**b)** $k = 2{,}5 = \frac{5}{2}$ $\quad (k = 0{,}4 = \frac{2}{5})$

**8** Die Dreiecke A, C und E sind ähnlich zueinander.
Die Dreiecke B und F sind ähnlich zueinander.
Die Dreiecke D, G und H sind ähnlich zueinander.

**9** a) Die Dreiecke sind nicht ähnlich zueinander, weil beispielsweise $\frac{c}{a} = \frac{7}{8}$ und $\frac{c'}{a'} = \frac{3}{4}$ nicht dieselben Verhältnisse bilden.

b) Die Dreiecke sind ähnlich zueinander, weil sie in der Größe entsprechender Winkel übereinstimmen.

c) Die Dreiecke sind ähnlich zueinander, weil sie im Verhältnis der entsprechenden Seiten übereinstimmen $\frac{b}{c} = \frac{b'}{c'} = \frac{17}{37}$ sowie der Größe des eingeschlossenen Winkels.

d) Die Dreiecke sind nicht ähnlich zueinander, weil beim Dreieck ABC der Winkel $\gamma$ nicht der längeren Seite gegenüber liegt.

e) Es handelt sich um gleichseitige Dreiecke. Gleichseitige Dreiecke sind stets ähnlich zueinander, weil sie in der Größe aller Innenwinkel (jeweils 60°) übereinstimmen.

f) Die Dreiecke sind zueinander ähnlich, denn beide sind rechtwinklige Dreiecke mit Hypotenuse c und Seitenverhältnissen a : b : c = 3 : 4 : 5. Die Rechtwinkligkeit des zweiten Dreiecks erkennt man mithilfe der Umkehrung des Satzes von Pythagoras.

## Seite 29

**10** Lösungsmöglichkeiten:

$\frac{m}{n} = \frac{s}{t}$ $\qquad \frac{m+n}{n} = \frac{s+t}{t}$ $\qquad \frac{m+n}{m} = \frac{s+t}{s}$

$\frac{x}{y} = \frac{m}{m+n}$ $\qquad \frac{x}{y} = \frac{s}{s+t}$

**11** $\frac{x}{6{,}4} = \frac{3{,}0}{4{,}0} \Longrightarrow x = 4{,}8$ cm

$\frac{y}{3{,}6} = \frac{4{,}0}{3{,}0} \Longrightarrow y = 4{,}8$ cm

**12** $\frac{6{,}5}{4{,}9} = \frac{65}{49} \approx 1{,}33$ $\qquad \frac{7{,}8}{5{,}9} = \frac{78}{59} \approx 1{,}32$

Es handelt sich nicht um eine Strahlensatzfigur, weil die Verhältnisse entsprechender Abschnitte auf den beiden Geraden ungleich sind. Das bedeutet, dass die Geraden a und b, die die beiden Strahlen schneiden, nicht parallel sind.

**13** $\frac{h}{1{,}5} = \frac{20{,}4 + 1{,}8}{1{,}8}$ $\qquad h = 18{,}5$

Der Turm ist 18,5 m hoch.

**14** Die Aussage ist falsch. Die Streckenlängen werden zwar verdoppelt, nicht jedoch die Winkelgrößen. Diese bleiben gleich.

**15** Die Aussage ist richtig.

**16** Die Aussage ist richtig.

**17** Die Aussage ist richtig. Die Dreiecke sind sogar kongruent, also sind sie auch ähnlich zueinander.

**18** Die Aussage ist falsch. Zwei Dreiecke sind ähnlich, wenn sie in der Größe zweier Winkel (und damit der Größe aller Innenwinkel) übereinstimmen. Wäre die Aussage richtig, dann wären ja beispielsweise alle rechtwinkligen Dreiecke ähnlich zueinander, was offensichtlich nicht der Fall ist.

**19** Die Aussage ist falsch. Die beiden weiteren Geraden müssen parallel zueinander liegen, damit die Strahlensätze angewendet werden können.

**20** Die Aussage ist richtig. Die Strahlensätze kann man (unter den entsprechenden Voraussetzungen) hierfür oft anwenden.

## Lösungen zu „2.7 Das kann ich!“ – Seite 54

**1**

| Körper | Schrägbild/Bild | Beispiel |
|---|---|---|
| Würfel | 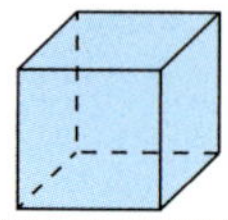 | Sitzwürfel |
| Quader | 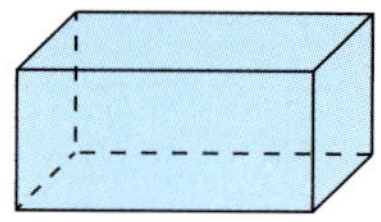 | Bauklötze, Schuhkarton |
| Pyramide | 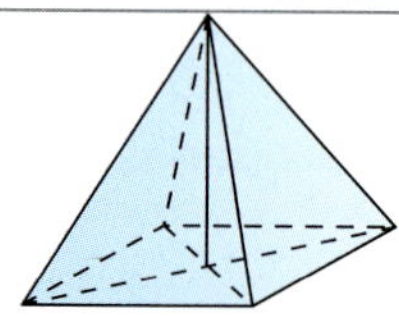 | Cheopspyramide, Schokoladenpyramide |
| Zylinder | 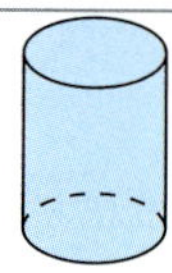 | Becher, Stab, Münze |
| Kegel | 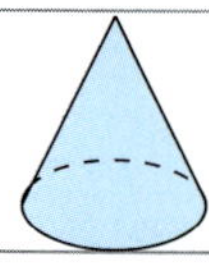 | Eistüte |
| Kugel | 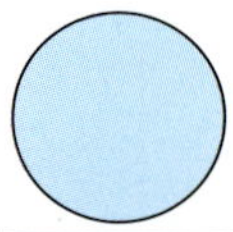 | Ball, Eiskugel |
| Halbkugel |  | Kugeldach, Reichstagskuppel |
| Hohlzylinder („Ring“) | 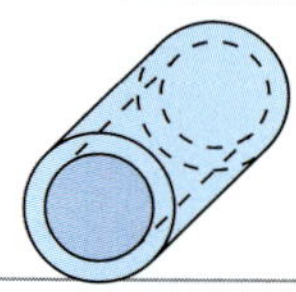 | Toilettenpapierrolle, Unterlegscheibe |
| Doppelpyramide | 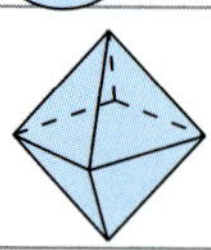 | Spielgerät, Schmuckstein |
| Kugel in Kegel bzw. Halbkugel auf Kegel |  | Eis in Waffel |

**2** a) 3 kann eine quadratische Pyramide sein.

b) 1 Quader
2 rechteckige Pyramide
4 dreiseitiges Prisma

**3** a)

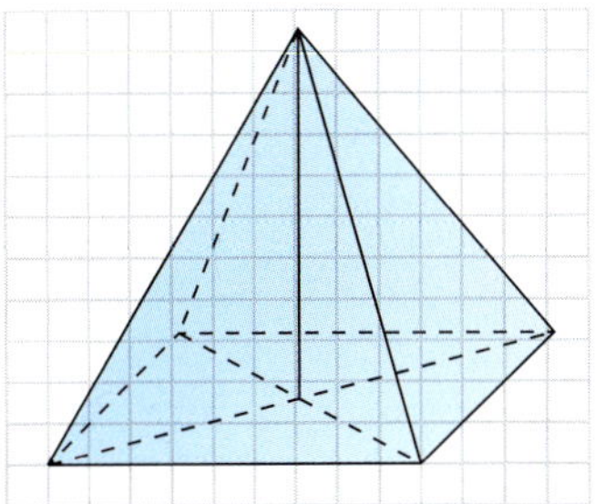

b)

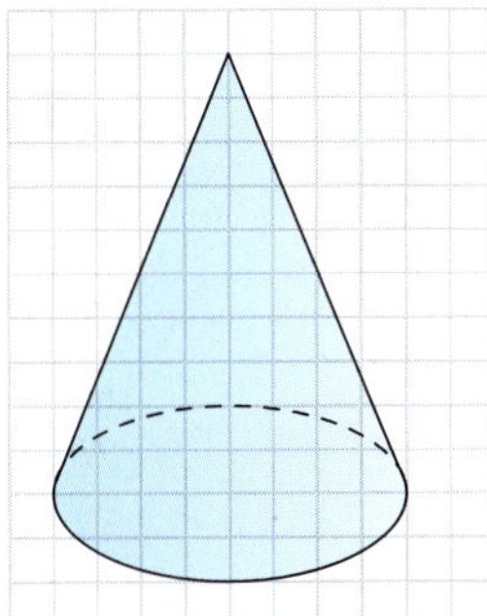

c)

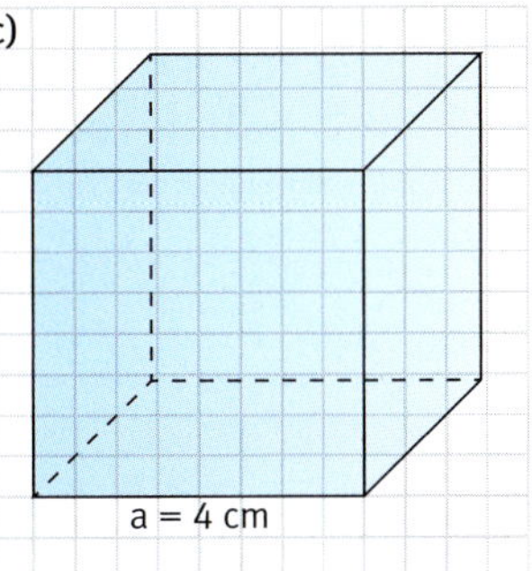


**4** a) Als Kavalierperspektive bezeichnet man eine Schrägbilddarstellung, bei der nach hinten laufende Kanten um die Hälfte gekürzt und unter einem Winkel von 45° gegenüber Längen in der Zeichenebene dargestellt werden.

b)

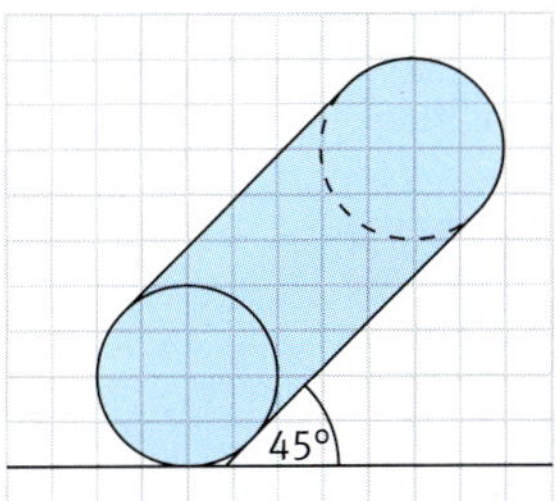


**5** a)

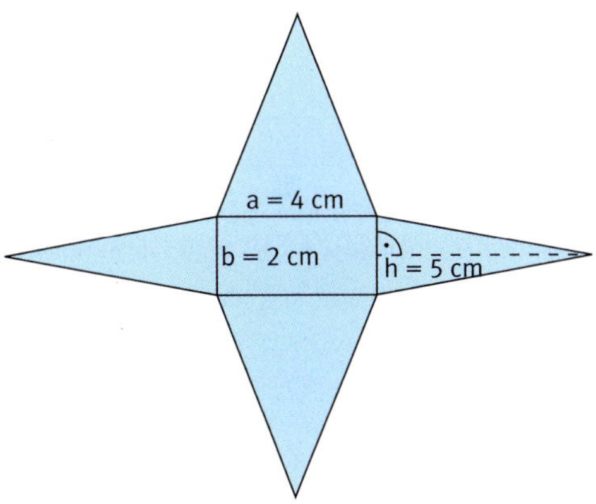


b) $s^2 = r^2 + h^2$
$s = \sqrt{3{,}5^2 + 6^2}$
$s \approx 6{,}9$ cm

$\varphi = 360° \cdot \frac{r}{s}$
$\varphi = 360° \cdot \frac{3{,}5}{6{,}9}$
$\varphi \approx 183°$

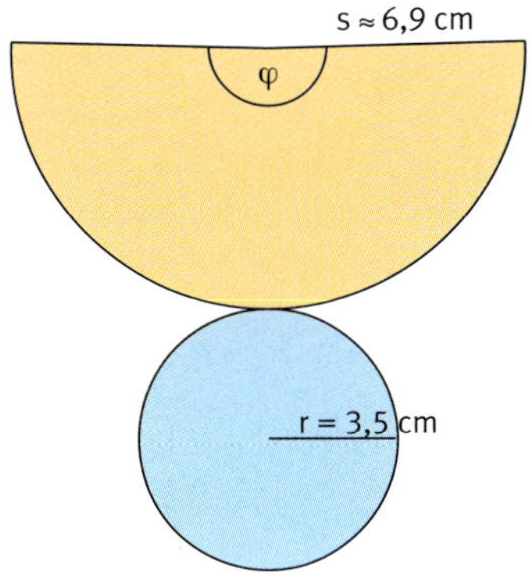


c)

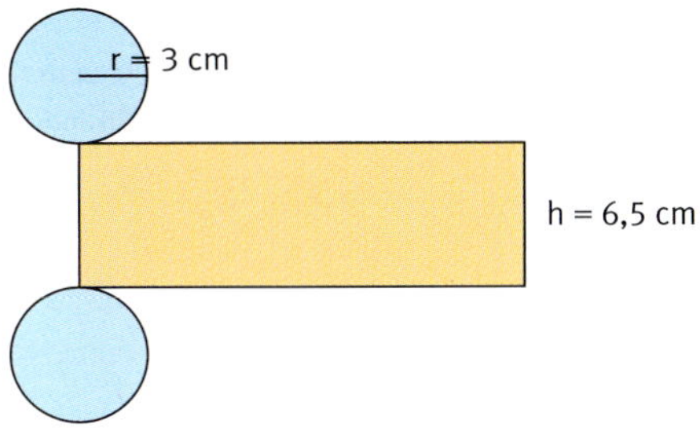


**6** a) Netz 2

b) Netz 1 gehört zu einem dreiseitigen Prisma; Netz 3 zu einer gleichseitigen, dreiseitigen Pyramide (Tetraeder).

**7** a)

b) $h = \sqrt{5^2 - \left(\frac{5}{2}\right)^2}$
$h \approx 4{,}3$ cm

c) $A_O = 4 \cdot \frac{1}{2} \cdot 5 \cdot 4{,}3$
$A_O = 43\ cm^2$

**8** a)

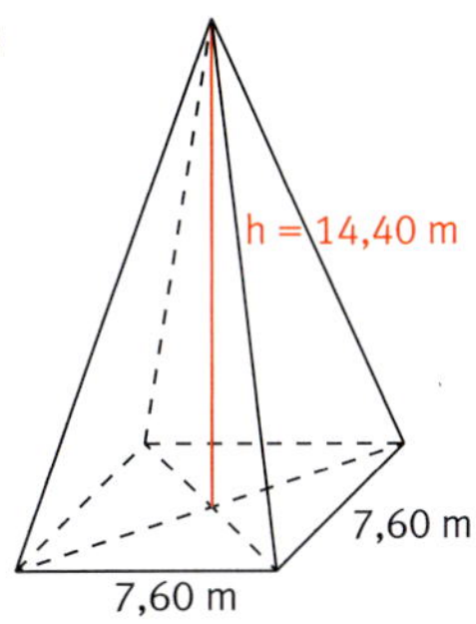


b) $A_{Dach} = 4 \cdot \frac{1}{2} \cdot 7{,}6 \cdot h_a$
$h_a = \sqrt{14{,}4^2 + \left(\frac{7{,}6}{2}\right)^2}$
$h_a \approx 14{,}9$ m
$A_{Dach} = 4 \cdot \frac{1}{2} \cdot 7{,}6 \cdot 14{,}9$
$A_{Dach} \approx 226{,}5\ m^2$

**9** a) 1 $M \approx 131{,}9\ cm^2$ 2 $M \approx 75{,}4\ cm^2$
Etikett 1 hat fast die doppelte Größe wie Etikett 2.

b) 1 $A_O \approx 188{,}4\ cm^2$ 2 $A_O \approx 175{,}9\ cm^2$
Dose 1 benötigt etwas mehr Material als Dose 2.

## Seite 55

**10** $V = \pi \cdot r^2 \cdot h$

$r = 2\ dm$ $h = 5\ dm$

$V = \pi \cdot 5 \approx 62{,}8$

Der Abfallbehälter fast knapp 63 l.

**11** **a)** $A_O = 2 \cdot \pi \cdot r^2 + 2 \cdot \pi \cdot r \cdot h$

$A_O = 2 \cdot \pi \cdot 5{,}1^2 + 2 \cdot \pi \cdot 5{,}1 \cdot 16$

$A_O \approx 676\ cm^2$

**b)** $V = r^2 \cdot \pi \cdot h$

$V = 5{,}1^2 \cdot \pi \cdot 16$

$V \approx 1307{,}4\ cm^3$

$m = 1307{,}4\ cm^3 \cdot 0{,}36\ \frac{g}{cm^3}$

Somit passen maximal 470,7 g Cappuccino in die Dose. Die Dose reicht somit für 450 g Cappuccino aus.

**12** **a)** $V = 2{,}5 \cdot 4 \cdot 1{,}5$

$V = 15\ m^3$

Das Schwimmbecken fasst maximal $15\ m^3 = 15\,000\ l$ Wasser.

**b)** $15\,000\ l : (25\ \frac{l}{min}) = 600\ min = 10\ h$

Das Füllen des Pools dauert 10 h.

**c)** $A_O = 2 \cdot (2{,}5 + 4) \cdot 1{,}5 + 2{,}5 \cdot 4$

$A_O = 29{,}5\ m^2$

Für die Innenfläche müssen mindestens $29{,}5\ m^2$ Farbe bereit stehen.

**13** **a)** $A_{Dach} = 2 \cdot 15 \cdot 8{,}6$

$A_{Dach} = 258\ m^2$

$V = 15 \cdot 11{,}2 \cdot h$

$h = \sqrt{8{,}6^2 - 5{,}6^2}$

$h \approx 6{,}5$

$V = 15 \cdot 11{,}2 \cdot 6{,}5$

$V = 1092\ m^3$

**b)** $A_{Dach} = 4 \cdot \frac{1}{2} \cdot 8 \cdot h_a$

$h_a = \sqrt{12^2 - 4^2}$

$h_a \approx 11{,}3$

$A_{Dach} = 4 \cdot \frac{1}{2} \cdot 8 \cdot 11{,}3$

$A_{Dach} = 4 \cdot \frac{1}{2} \cdot 8 \cdot 11{,}3$

$A_{Dach} = 180{,}8\ m^2$

$V = \frac{1}{3} \cdot 8^2 \cdot h$

$h = \sqrt{11{,}3^2 - 4^2}$

$h \approx 10{,}6$

$V = \frac{1}{3} \cdot 8^2 \cdot 10{,}6$

$V \approx 226{,}1\ m^3$

**c)** $A_{Dach} = \pi \cdot 20 \cdot 33$

$A_{Dach} \approx 2073\ m^2$

$V = \frac{1}{3} \cdot \pi \cdot 20^2 \cdot h$

$h = \sqrt{33^2 - 20^2}$

$h \approx 26{,}2$

$V = \frac{1}{3} \cdot \pi \cdot 20^2 \cdot 26{,}2$

$V \approx 10\,974\ m^3$

**d)** $A_{Dach} = \frac{1}{2} \cdot 4 \cdot \pi \cdot 6^2$

$A_{Dach} \approx 226{,}2\ m^2$

$V = \frac{1}{2} \cdot \frac{4}{3} \cdot \pi \cdot 6^3$

$V \approx 452{,}4\ m^3$

**14** **a)** $A_O = A_{M\ Kegel\ 1} + A_{M\ Kegel\ 2}$

$A_O = \pi \cdot 4 \cdot s_1 + \pi \cdot 4 \cdot s_2$

$s_1 = \sqrt{5^2 + 4^2}$

$s_1 \approx 6{,}4\ cm$

$s_2 = \sqrt{2^2 + 4^2}$

$s_2 \approx 4{,}5\ cm$

$A_O = \pi \cdot 4 \cdot 6{,}4 + \pi \cdot 4 \cdot 4{,}5$

$A_O = \pi \cdot 4 \cdot (6{,}4 + 4{,}5)$

$A_O \approx 137{,}0\ cm^2$

$V = \frac{1}{3} \cdot \pi \cdot 4^2 \cdot 5 + \frac{1}{3} \cdot \pi \cdot 4^2 \cdot 2$

$V = \frac{1}{3} \cdot \pi \cdot 4^2 \cdot (5 + 2)$

$V \approx 117{,}3\ cm^3$

**b)** $A_O = A_{O\ großer\ Quader} + A_{M\ kleiner\ Quader} - 2 \cdot A_{Rechteck}$

$A_O = 2 \cdot (40 \cdot 30 + 40 \cdot 30 + 30 \cdot 30) + 2 \cdot (25 + 20) \cdot 30 - 2 \cdot 25 \cdot 20$

$A_O = 2 \cdot 3300 + 2700 - 1000$

$A_O = 8300\ cm^2$

$V = V_{großer\ Quader} - V_{kleiner\ Quader}$

$V = 40 \cdot 30 \cdot 30 - 25 \cdot 20 \cdot 30$

$V = 21\,000\ cm^3 = 21\ l$

**15** Die Aussage ist richtig.

**16** Die Aussage ist falsch. Im Allgemeinen ist ein Körper erst mit einem Dreitafelbild eindeutig dargestellt. Beispielsweise können ein Quader und ein Zylinder bei entsprechender Lage dieselben Zweitafelbilder haben:

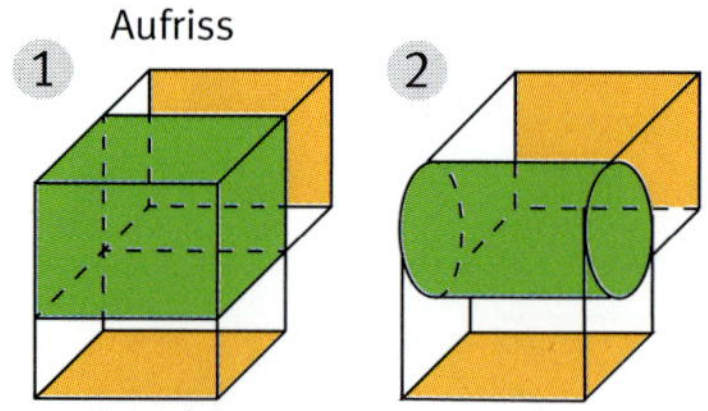


**17** Die Aussage ist richtig.

**18** Die Aussage ist richtig.

**19** Die Aussage ist falsch. Ein Würfel mit einem Volumen von $49\ cm^3$ hat die Kantenlänge $a = \sqrt[3]{49}\ cm \approx 3{,}7\ cm$.

**20** Die Aussage ist richtig.

**21** Die Aussage ist falsch. Das Kegelvolumen beträgt in diesem Fall $\frac{1}{3}$ des Volumens des Zylinders.

## Lösungen zu „3.9 Das kann ich!" – Seite 84

**1** **a)** eindeutig **b)** eindeutig **c)** nicht eindeutig
**d)** eindeutig **e)** nicht eindeutig

**2** linear: a), c) und f)

**3** **a)** Es liegt eine Funktion vor, da jedem x-Wert nur genau ein y-Wert zugeordnet ist.
**b)** Es liegt keine Funktion vor, da es beispielsweise zum x-Wert 0 sechs verschiedene y-Werte gibt.

**4** **a)** $y = 2x$ **b)** $y = -1{,}5x$ **c)** $y = \frac{2}{3}x$

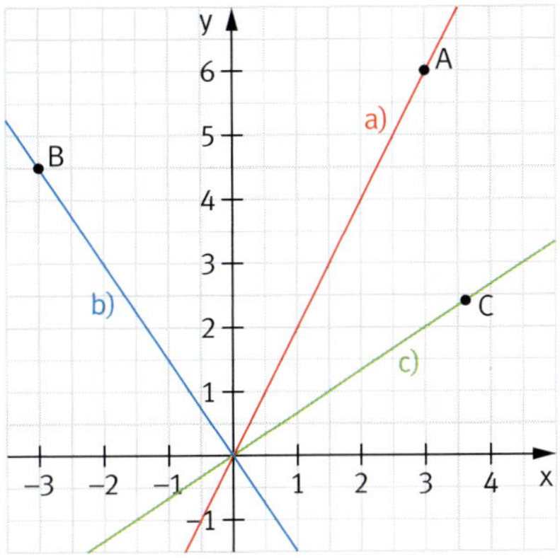


**5** **a)** Man zeichnet ein sogenanntes Steigungsdreieck ein, also ein rechtwinkliges Dreieck, dessen Katheten parallel zu den Koordinatenachsen verlaufen. Die Hypotenuse des Dreiecks liegt dabei auf dem Graphen der Funktion. Die Steigung ist dann der Quotient aus den Kathetenlängen, wobei im Nenner die „waagrechte" Kathetenlänge steht. Zum Vorzeichen:
fallender Graph: negatives Vorzeichen
steigender Graph: positives Vorzeichen
$m = \frac{1}{3} = \frac{1 \text{ „nach oben"}}{3 \text{ „nach rechts"}}$ (Steigungsdreieck)
**b)** $h: m = \frac{1}{5}$ $k: m = \frac{1}{1} = 1$ $l: m = \frac{0{,}5}{4} = \frac{1}{8}$

**6** **a)** $y = \frac{1}{2}x - 1$ **b)** $y = -\frac{3}{2}x + 2$
**c)** $y = -2x + 20$ **d)** $y = -\frac{1}{2}x - 2$

**7**

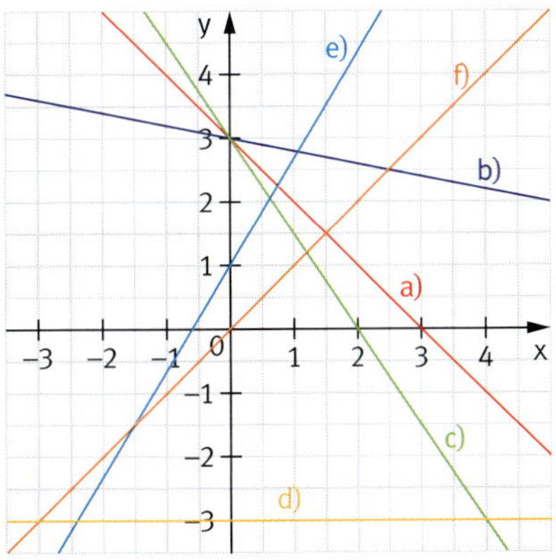


**8** A – 2 B – 6 C – 5
D – 4 E – 1 F – 3

**9** A (−3|−11) B (3|−1) C $\left(\frac{3}{5}\middle|-5\right)$ D $\left(\frac{18}{5}\middle|0\right)$

## Seite 85

**10** **a)** $x_0 = 2$ **b)** $x_0 = -1{,}5$ **c)** $x_0 = 2$ **d)** $x_0 = -0{,}5$

**11** **a)** $y = -5x - 6$ **b)** $y = -\frac{3}{4}x - 3$
**c)** $y = -0{,}5x + 2$ **d)** $y = x - 2$

**12** **a)** kein gemeinsamer Punkt: Die Steigungen sind jeweils gleich und die Geraden somit parallel.
**b)** zwei gemeinsame Punkte: Der Graph von $y_1$ schneidet die zueinander parallelen Graphen von $y_2$ und $y_3$ je ein Mal.
**c)** ein gemeinsamer Punkt: Alle drei Funktionsgraphen verlaufen durch den Punkt P (0|2), haben aber jeweils unterschiedliche Steigungen.
**d)** drei gemeinsame Punkte: Die Anstiege sind verschieden, der Graph von $y_3$ verläuft nicht durch den Schnittpunkt der Graphen von $y_1$ und $y_2$: Die Geraden bilden also ein Dreieck.

**13** **a)**

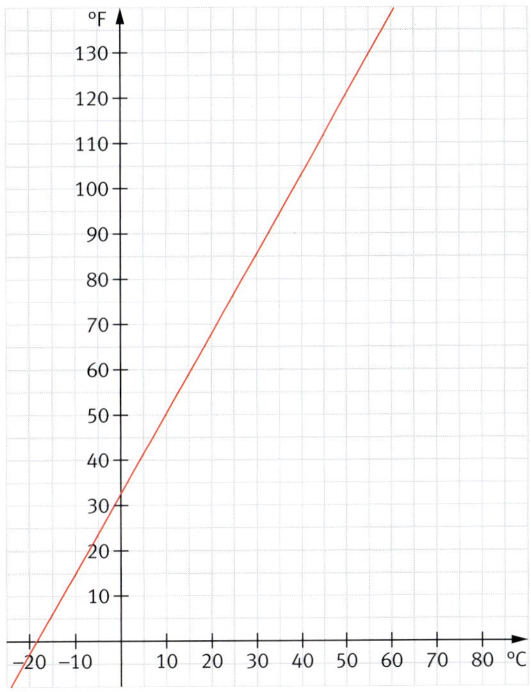


**b)**

| Temperatur in °C | −20 | −10 | 10 | −17,8 | 15,6 |
|---|---|---|---|---|---|
| Temperatur in °F | −4 | 14 | 50 | 0 | 60 |

**c)** x: Temperatur in °C
y: Temperatur in °F
$y = \frac{36}{20}x + 32 = 1{,}8x + 32$
$x = \frac{y - 32}{1{,}8}$

**14** Das ist richtig.

**15** Das ist falsch, denn Zuordnungen können durchaus mehrdeutig sein, damit sind sie aber keine Funktion mehr.

**16** Das ist falsch, denn nicht jede lineare Funktion hat einen Graphen, der durch den Koordinatenursprung verläuft. Die Umkehrung der Aussage ist richtig: Jede proportionale Funktion ist auch linear.

**17** Das ist falsch, denn es gibt auch nichtlineare Funktionen.

**18** Das ist falsch, denn der y-Achsenabschnitt ist in diesem Falle bei $y = 4$.

**19** Das ist richtig, die „übliche“ Darstellung ist in diesem Falle $y = -x + 3$.

**20** Das ist richtig.

**21** Das ist richtig: Konstante Funktionen (z. B. $y = 3$) besitzen keine Nullstellen (Ausnahme: $y = 0$, unendlich viele Nullstellen).

**22** Das ist richtig, weil für größere x-Werte auch die y-Werte größer werden.

**23** Das ist richtig, weil $f(0) = n$.

**24** Das ist richtig, die Grundgebühr entspricht dem y-Achsenabschnitt.

**25** Das ist richtig, denn die beiden Steigungen sind gleich ($m = 2$).

**26** Das ist falsch: Für $m = 0$ erhält man beispielsweise die Funktionsgleichung $y = -2$, deren Graph (da konstant und $\neq 0$) die y-Achse nicht schneidet. In der Aussage wurden wohl y-Achsenabschnitt und Nullstelle verwechselt.

## Lösungen zu „4.9 Das kann ich!“ – Seite 114

**1** a) $\mathbb{L} = \left\{-1\frac{1}{12}\right\}$  b) $\mathbb{L} = \left\{\frac{9}{2}\right\}$

**2** a) $-5x + 8 = 11 - 4x$
b) $-5x + 8 = 6 - 4x$
c) $-5x + 8 = 7\frac{1}{3} - 4x$

**3** Die gesuchte Zahl heißt −2.

**4** a) $y = 5 - \frac{1}{2}x$
b)

| x | −3 | −2 | −1 | 0 | 1 | 2 | 3 |
|---|---|---|---|---|---|---|---|
| y | 6,5 | 6 | 5,5 | 5 | 4,5 | 4 | 3,5 |

c)

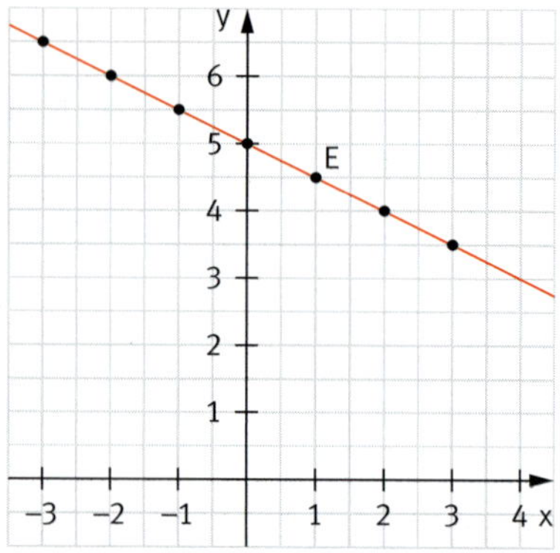


**5** a) (1 | 0,5)  b) (10 | −13)
c) (5 | −5,5)  d) (−3 | 6,5)

**6** a) (−8 | 2)  b) (−2,5 | 3)

**7** I $y = -1{,}5x + 2$
II $y = -2x + 3$
Probe durch Einsetzen ergibt: Das Zahlenpaar (2 | −1) löst beide Gleichungen.

**8** a) (7 | 6,5)

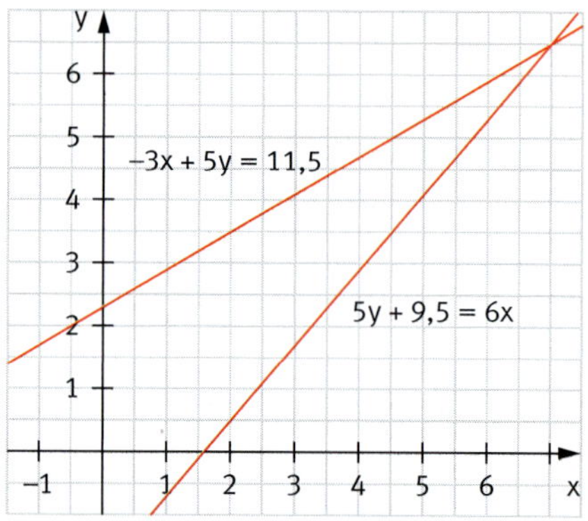


b) (1 | −0,5)

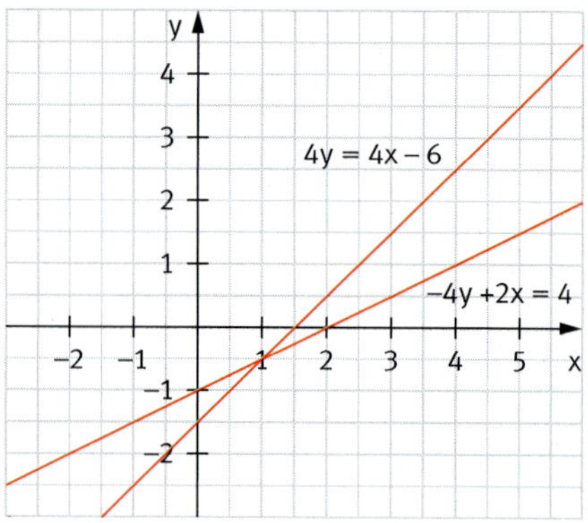


**9** a) keine Lösung
b) genau eine Lösung: (0 | 1,4)

**10** **a)** I $15 = x + 2y + 1$
II $2y = x + 10$

**b)** Die Waagen werden so verändert, dass auf den inneren Waagschalen jeweils gleich viel liegt: $x + 2y$. Man kann anschließend die beiden äußeren Waagschalen gleichsetzen und erhält eine Gleichung, die nur eine Variable (x) enthält.

(1) I $15 = x + 2y + 1$ II $2y = x + 10$
(2) I $14 = x + 2y$ II $x + 2y = 2x + 10$
(3) $14 = 2x + 10$
(4) $4 = 2x$
(5) $2 = x$

Durch Einsetzen erhält man: $y = 6$, also $\mathbb{L} = \{(2|6)\}$.

## Seite 115

**11** **a)** $\mathbb{L} = \{(9|1)\}$ **b)** $\mathbb{L} = \{(-4|-1)\}$

**12** **a)** $(-20|-11{,}5)$ **b)** $(-12{,}5|-2)$

**13** **a)** $(18|-3)$ **b)** $(3{,}5|16)$

**14** **a)** $(18{,}5|-1)$ **b)** $(12|15)$
**c)** $\left(-2\frac{5}{11}|2\frac{4}{11}\right)$ **d)** $(12|-17)$

**15** **a)** $(15{,}5|-18)$ **b)** $(19|14)$

**16** a: Alter von Ali in Jahren
o: Alter der Oma in Jahren
I $a + o = 110$
II $(a - 5) \cdot 3 = o - 5$
$a = 30$ $o = 80$
Ali ist jetzt 30, seine Oma 80 Jahre alt.

**17** e: Kreditbetrag des ersten Kredits
z: Kreditbetrag des zweiten Kredits
I $e + z = 125\,000$
II $e \cdot 7{,}5\,\% + z \cdot 8\,\% = 9640$
$e = 108\,000$ $z = 17\,000$
Der eine Kredit beträgt 108 000 €, der andere 17 000 €.

**18** n: Preis einer normalen Laugenstange in €
k: Preis einer Käselaugenstange in €
I $15 \cdot (n + k) = 27$
II $12n + 18k = 27{,}90$
$n = 0{,}75$ $k = 1{,}05$
Eine Käselaugenstange kostet 1,05 €, eine normale Laugenstange 75 ct.

**19** e: Einerziffer der Zahl
z: Zehnerziffer der Zahl
I $e + z = 10$
II $10e + z = 3 \cdot (10z + e) - 2$
$e = 8$ $z = 2$
Die erste Zahl heißt 28.

**20** Sei $\gamma = 90°$ und $\alpha$ der kleinere der beiden spitzen Winkel.
I $\alpha + \beta + 90° = 180°$
II $5\alpha + \beta = 90°$
$\alpha = 15°$ $\beta = 75°$
Die Winkelgrößen betragen 15°, 75° und 90°.

**21** Das ist richtig. Die Division durch x (Multiplikation mit x) ist nur dann eine Äquivalenzumformung, wenn man 0 von der Definitionsmenge ausschließt. Bei Multiplikation mit 0 würde das gesamte Produkt 0 und die Division durch 0 ist nicht zulässig.

**22** Das ist falsch. Zur x-Achse gehört die Funktionsgleichung $y = 0$. Die y-Achse kann durch $x = 0$ beschrieben werden, was aber nicht die Gleichung einer Funktion ist.

**23** Das ist richtig.

**24** Das ist richtig. Beide Gleichungen beschreiben dieselbe Gerade und sind somit identisch.

**25** Das ist richtig. Beim Gleichsetzungsverfahren kann man aber auch beide Gleichungen nach einem Term auflösen und dann gleichsetzen.

**26** Das ist falsch, denn es entsteht „ausführlich" das folgende Gleichungssystem:
I $x + 0y = 3$
II $0x + y = 4$
Die Lösung ist aber direkt ablesbar: $(3|4)$.
$x = 3$ beschreibt eine zur y-Achse parallele Gerade, $y = 4$ eine Parallele zur x-Achse. Beide Geraden schneiden sich im Punkt $P(3|4)$.

## Lösungen zu „5.5 Das kann ich!" – Seite 132

**1** **a)** (1) 23 (2) 18,2872 m (3) 56 min 15 s
**b)** (1) 19 (2) 0,12 m (3) 57 min 30 s

**2** **a)** $\overline{A}$: „Beim Mensch-ärgere-dich-nicht-Spiel nimmt Max nicht gelb."
$\overline{A}$ ist wahrscheinlicher als A, weil es (in der Regel) vier Farben zur Auswahl gibt. Dann ist die Wahrscheinlichkeit, dass Max gelb nimmt, $\frac{1}{4} = 25\,\%$.

**b)** $\overline{B}$: „Mehr als 23 % aller Jungen hatten früher ein BobbyCar."
$\overline{B}$ ist schätzungsweise wahrscheinlicher als B, weil erfahrungsgemäß sehr viele Kinder ein BobbyCar haben.

**c)** $\overline{C}$: „Nächstes Schuljahr haben wir einen Mathematiklehrer."
Die Wahrscheinlichkeit von $\overline{C}$ ist von der Verteilung der Geschlechter unter den Mathematiklehrkräften abhängig.

**d)** $\overline{D}$: „Kilian wirft Wappen."
Ereignis D und Gegenereignis $\overline{D}$ sind – beim Werfen einer Laplace-Münze – gleich wahrscheinlich.

**3** a)

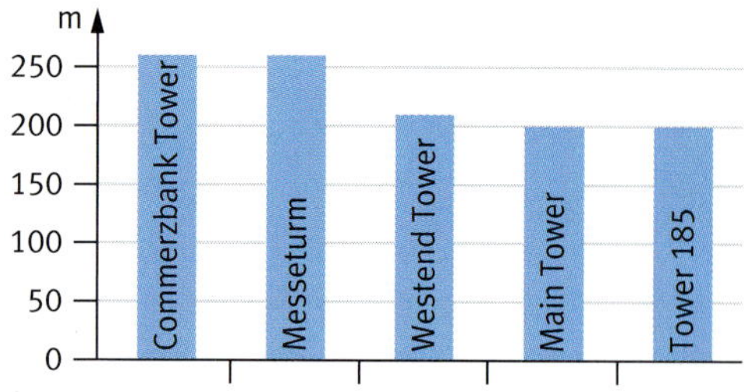


b) arithmetisches Mittel: 224,8 m
Modalwert: 200 m
Median: 208 m
Bedeutung: Die durchschnittliche Höhe der fünf höchsten Gebäude in Deutschland beträgt 224,8 m. Die Hälfte dieser Gebäude ist mindestens 208 m hoch, die andere Hälfte höchstens so hoch. Die häufigste Höhe ist 200 m.

c) Maximum: 259 m
Minimum: 200 m
Spannweite: 59 m

**4** a) P („violett“) = P („gelb“) = P („grün“) = $\frac{7}{25}$ = 28 %
P („schwarz“) = $\frac{4}{25}$ = 16 %
Es liegt kein Laplace-Experiment vor.

b) P (1) = P (9) = P (16) = P (25)= P (36) = $\frac{1}{36}$
P (2) = P (3) = P (5) = P (8) = P (10) = P (15) = P (18) = P (20) = P (24) = P (30) = $\frac{2}{36} = \frac{1}{18}$
P (4) = $\frac{3}{36} = \frac{1}{12}$
P (6) = P (12) = $\frac{4}{36} = \frac{1}{9}$
Es liegt kein Laplace-Experiment vor.

c) Ergebnisse: 11; 12; 13; 14; 15; 16; 21; 22; 23; 24; 25; 26; 31; 32; 33; 34; 35; 36; 41; 42; 43; 44; 45; 46; 51; 52; 53; 54; 55; 56; 61; 62; 63; 64; 65; 66

Alle Ergebnisse sind gleich wahrscheinlich: P = $\frac{1}{36}$
Es liegt ein Laplace-Experiment vor.

**5** Lösungsmöglichkeit: Wenn man ein Zufallsexperiment sehr häufig durchführt, kann man mithilfe der relativen Häufigkeit eines Ergebnisses dessen Wahrscheinlichkeit abschätzen.

**6** a) 26 % von 1205 Jugendlichen: $\frac{26}{100} \cdot 1205 = 325$

b) 1 % ≙ 3,6° 26 % ≙ 93,6° 19 % ≙ 68,4°
21 % ≙ 75,6° 10 % ≙ 36° 5 % ≙ 18°

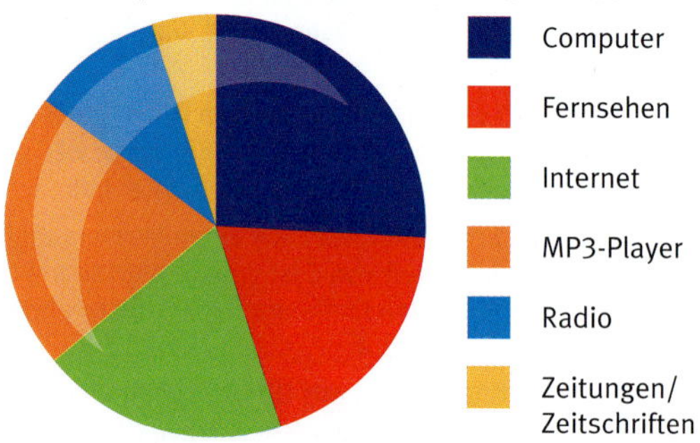


**7** 8 Personen (3 noch lebende Großeltern) ≙ 120°
1 Person ≙ 120°: 8 = 15°
360° : 15° = 24
In die Klasse gehen 24 Kinder.

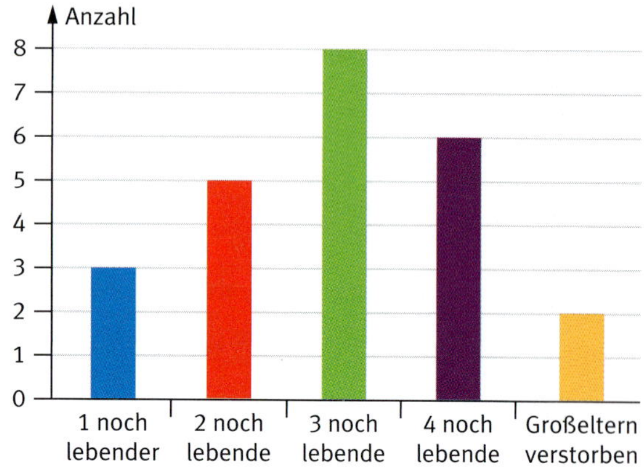


## Seite 133

**8** Ein Balkendiagramm ist ungeeignet, weil manche Befragten in mehrere Kategorien fallen können. So ist es beispielsweise möglich, dass ein Mädchen eine Brille hat.
Günstig wäre zum Beispiel ein Streifendiagramm, bei dem jeder Streifen aus zwei Teilen besteht, die zusammen die Gesamtzahl aller Befragten ergeben:

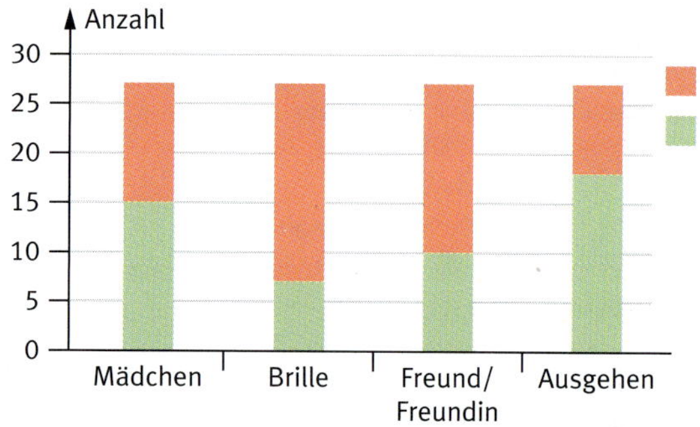


Die Höhe eines Balkens kann man in dieser Darstellung natürlich auch mit 100 % gleichsetzen. Statt vier Streifendiagrammen könnte man auch vier Kreisdiagramme verwenden.

**9** Beide Tipps sind gleich wahrscheinlich, da jede mögliche Zahlenkombination mit derselben Wahrscheinlichkeit gezogen wird, weil alle 49 Lottozahlen genau einmal in der Lottotrommel vorkommen. Es spielt dabei keine Rolle, welche Zahlen zuvor gezogen wurden: Weder die Lottozahlen noch der Ziehungsautomat haben ein „Gedächtnis“.

**10** Das ist falsch: Das Gegenteil von „nie“ ist „nicht nie“, also „manchmal“.

**11** „Mindestens fünf“ heißt „fünf oder mehr“.
Das Gegenteil ist also „weniger als fünf“.
Die Aussage ist richtig, falls es um ganze Zahlen geht. Sie ist falsch, falls Dezimalzahlen erlaubt sind, denn beispielsweise auch 4,8 ist weniger als fünf.

**12** Das ist falsch: Das Gegenteil von „Maren ist in Timo verliebt." ist „Maren ist nicht in Timo verliebt." Maren kann also entweder gar nicht verliebt sein oder in irgendjemand anderen als Timo.

**13** Wenn man einen Laplace-Würfel verwendet, ist die Aussage falsch: Jede Zahl wird im Mittel gleich oft gewürfelt. Verwendet man keinen Laplace-Würfel, so kann die Aussage – je nach Würfel – durchaus zutreffen.

**14** Die Aussage ist richtig, umgekehrt ist sie jedoch falsch (siehe Nr. 15), weil beim Säulendiagramm Mehrfachnennungen auftreten können, sodass in der Summe mehr als 100 % dargestellt werden, was im Kreisdiagramm nicht möglich ist.

**15** Die Aussage ist falsch, Näheres siehe unter Nr. 14.

**16** Das ist falsch, wie man leicht an einem Gegenbeispiel sieht: Das arithmetische Mittel von 1, 5 und 6 ist 4.

**17** Das ist richtig: Der Median ist diejenige Zahl, die in der Mitte einer geordneten Datenreihe liegt.

**18** Das ist richtig: Die Wahrscheinlichkeit, „Zahl" zu werfen ist bei einer Laplace-Münze 0,5. Das Gesetz der großen Zahlen besagt, dass bei sehr vielen Würfen (und 10 Millionen ist sehr viel) in etwa der Hälfte aller Würfe, also in etwa 5 Millionen Würfen, „Zahl" erscheint.

**19** Das ist falsch: Praktikumsstellen werden nicht verlost, sondern nach der Qualität der Bewerber vergeben. Also haben nicht alle Bewerber die gleichen Chancen, den Platz zu bekommen. Damit handelt es sich nicht um ein Laplace-Experiment.

**20** Das ist falsch, wie man leicht an einem Gegenbeispiel sieht:
1; 3; 3; 5 arithmetisches Mittel: 3
Die Summe der beiden restlichen Zahl muss das Doppelte des arithmetischen Mittels ergeben (hier: $1 + 5 = 6 = 2 \cdot 3$).

**21** Das ist falsch, wie man leicht an einem Gegenbeispiel sieht:
2; 2; 2; 2; 2; 2; 2; 2; –25
arithmetisches Mittel: $\frac{8 \cdot 2 - 25}{9} = \frac{-9}{9} = -1$

**22** Das ist falsch: Falls alle Daten des Datensatzes denselben Wert haben, sind auch Maximum und Minimum gleich. Das Maximum ist allerdings nie kleiner als das Minimum.

**23** Das ist richtig: 60 % + 40 % = 100 %
Dann wären 60 % blaue und 40 % weiße Kugeln in der Urne. Das sind zusammen 100 %. Das bedeutet, dass alle Kugeln entweder blau oder weiß wären, sodass aber keine rote Kugel in der Urne sein könnte.

**24** Das ist falsch: Wenn eine Datenreihe aus lauter gleichen Werten besteht, sind Maximum und Minimum identisch und die Spannweite somit 0.

## Lösungen zu „6.7 Das kann ich!" – Seite 158

**1** a) $4^4 = 256$ b) $(-3)^3 = -27$
c) $\left(\frac{1}{4}\right)^5 = \frac{1}{1024}$ d) $(-1{,}2)^2 = 1{,}44$

**2** a) $3^4 > 4^3$ b) $3^4 = (-3)^4$ c) $-4^3 = (-4)^3$
d) $-3^4 < (-3)^4$ e) $-4^3 < 4^3$ f) $4^4 > -4^4$

**3** a) $\frac{1}{3^2} = \frac{1}{9}$; $\frac{1}{4^1} = \frac{1}{4}$; $\frac{1}{5^3} = \frac{1}{125}$; $\frac{1}{9^1} = \frac{1}{9}$
b) $\frac{1}{-3^1} = -\frac{1}{3}$; $\frac{1}{(-2)^6} = \frac{1}{64}$; $\frac{1}{(-5)^3} = -\frac{1}{125}$; $-\frac{1}{2^5} = -\frac{1}{32}$
c) $\frac{1}{0{,}2^2} = 25$; $\frac{1}{0{,}5^4} = 16$; $\frac{1}{0{,}1} = 10$
d) $\frac{1}{3^2} = \frac{1}{9}$; $-\frac{5}{2} = -2{,}5$; $\frac{1}{\left(\frac{3}{4}\right)^3} = \frac{64}{27}$

**4** a) $\frac{1}{a^3}$ b) $\frac{1}{b^5}$ c) $\frac{1}{c^6}$
d) $\frac{3}{d^4}$ e) $\frac{1}{(xy)^4}$ f) $\frac{x}{y^3}$
g) $\frac{1}{z^a}$ h) $\frac{1}{(-x^2)^3} = -\frac{1}{x^6}$

**5** a) $3^{-2} < 3^2$ b) $5^4 > 5^{-4}$ c) $(-4)^{-3} > (-4)^3$
d) $2^{-2} = (-2)^{-2}$ e) $-6^{-6} < 6^{-6}$ f) $5^{-3} > 5^{-4}$

**6** a) $10^3$; $10^{-3}$; $10^7$; $10^{-7}$
b) $10^{-1}$; $10^5$; $10^0$; $10^{-4}$; $10^{-9}$

**7** a) (1) $597 \cdot 10^{22}$ kg (2) $28 \cdot 10^{-11}$ m (3) $35 \cdot 10^5$ (4) $102 \cdot 10^5$ km² (5) $5 \cdot 10^{-5}$ m
b) (1) $5{,}97 \cdot 10^{24}$ kg (2) $2{,}8 \cdot 10^{-10}$ m (3) $3{,}5 \cdot 10^6$ (4) $1{,}02 \cdot 10^7$ km² (5) $5 \cdot 10^{-5}$ m

**8** 39 343,68 min $\approx 39{,}3 \cdot 10^3$ min
2 360 620,8 s $\approx 23{,}6 \cdot 10^5$ s

**9** a) 150 000 000 km
b) 2 000 000 000 000 000 000 000 000 000 000 kg
c) 1 400 000 km
d) 0,00000005 m
e) 0,025 g

**10** a) $\frac{1}{3^3} = \frac{1}{27}$ b) $4^3 = 64$ c) $\frac{1}{5^2} = \frac{1}{25}$
d) $2^9 = 512$ e) $20^2 = 400$ f) $(-2)^{-3} = -\frac{1}{8}$
g) $40^3 = 64\,000$ h) $\left(\frac{25}{8}\right)^{-2} = \frac{64}{625}$ i) $(-6)^4 = 1296$
j) $4^{-6} = \frac{1}{4096}$ k) $0{,}8^3 = 0{,}512$ l) 1

**11** a) 30,9 % b) 790,3 % c) 5,2 % d) 10,6 %

**12**

| | a) | b) | c) | d) |
|---|---|---|---|---|
| G | 816 l | 1604 t | 1500 € | 1220 m |
| P | 204 l | 1122,8 t | 180 € | 292,8 m |
| p % | 25 % | 70 % | 12 % | 24 % |

**13** a) geg.: G = 160 €; p % = 70 % ges.: P
P = 112 €

b) geg.: G = 260 €; p % = 119 % ges.: P
P = 309,40 €

## Seite 159

**14** a)

| Bereich | € | % |
|---|---|---|
| Wohnen | 840 | 30 |
| Essen & Kleidung | 1120 | 40 |
| Auto | 140 | 5 |
| Sonstiges | 700 | 25 |

b)

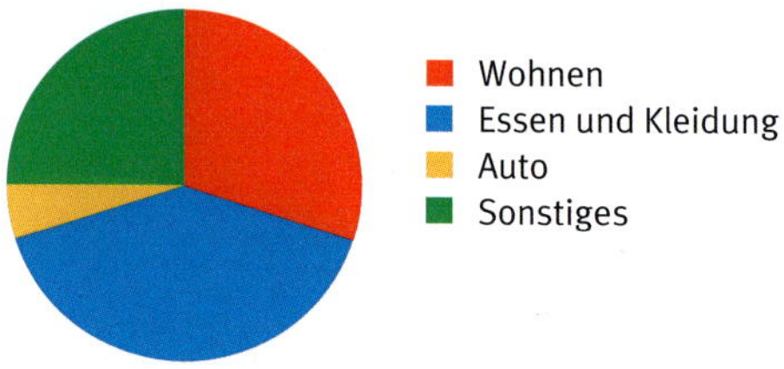


**15** 4 174 573,055 € ≈ $4{,}17 \cdot 10^6$ €
(12 333 965,84 € ≈ $1{,}23 \cdot 10^7$ €)

**16** Shirt (ohne MwSt.): 16,72 €
Butter (ohne MwSt.): 1,02 €;
Fernseher (ohne MwSt.): 419,33 €
Lok (ohne MwSt.): 23,52 €
Getränk (ohne MwSt.): 2,61 €

**17**

| h (über Meereshöhe) in km | 0 | 10 | 20 | 30 |
|---|---|---|---|---|
| Luftdruck in bar | 1,013 | 0,253 | 0,0633 | 0,0158 |

**18**

| | a) | b) | c) | d) |
|---|---|---|---|---|
| K | 2500 € | 1700 € | 18 500 € | 240 € |
| p % | 5 % | 8 % | 6 % | 3 % |
| Zeit | 7 Mon. | 4 Mon. | 3 Mon. | 50 d |
| Z | 72,92 € | 45,33 € | 277,50 € | 1 € |

**19** Das bessere Angebot ist Super-Sparen:
Super-Sparen: K = 20 000 € · $1{,}028^5$ ≈ 22 961,25 €
Dyna-Spar:

| 1. Jahr | 2. Jahr | 3. Jahr | 4. Jahr | 5. Jahr |
|---|---|---|---|---|
| 20 400 € | 20 859 € | 21 380,48 € | 22 021,89 € | 22 792,66 € |

**20** Das ist falsch, richtig ist hier: $a^{-n} = \frac{1}{a^n}$.

**21** Das ist richtig.

**22** Das ist falsch, die Exponenten werden addiert und die Basis behält man bei.

**23** Das ist richtig.

**24** Das ist falsch, wie man sich an einem einfachen Gegenbeispiel klarmachen kann:
$1^3 = 1$ und $3^1 = 3$

**25** Das ist falsch. Am einfachsten ist es, wenn man ein Zahlenbeispiel wählt, z. B. 100 €:
100 € vermindert um 3 % ergibt 97 €.
97 € vermindert um 5 % ergibt 92,15 €.
92,15 € vermehrt um 8 % ergibt aber nur 99,52 €.

**26** Das ist richtig, die Zinsrechnung ist eine Anwendung der Prozentrechnung.

**27** Das ist richtig.

## Lösungen zu „8.11 Das kann ich!“ – Seite 204

**1** A (−1,2 | 1,44) B (3,1 | 9,61) C (±1,8 | 3,24) D (±2,4 | 5,76)

**2** a)

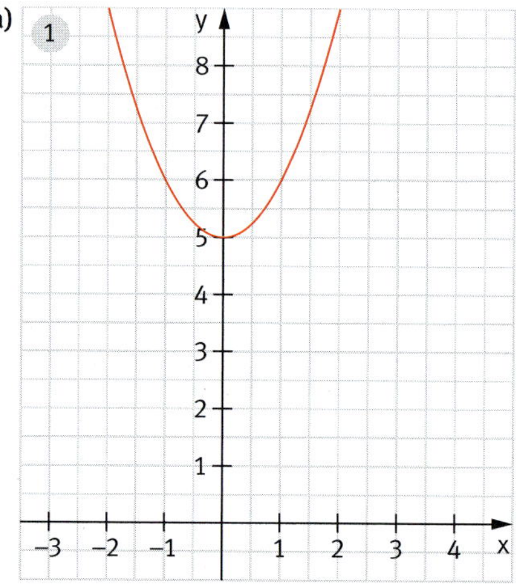


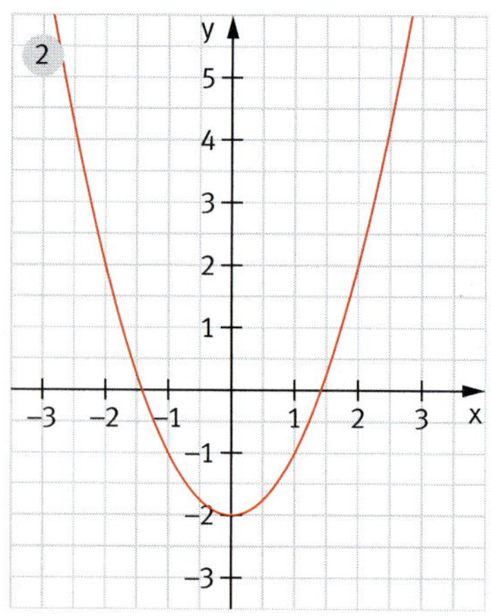

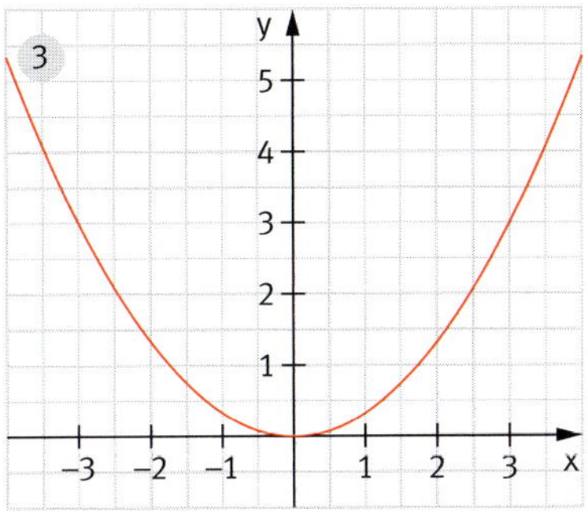


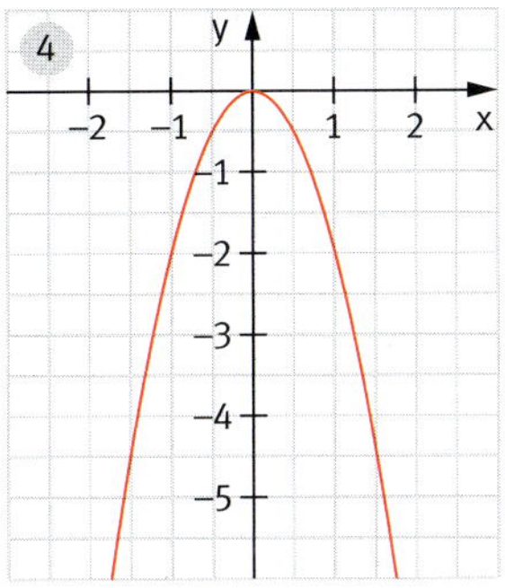


**b)** Die Normalparabel ist …

1 um 5 Einheiten nach oben verschoben.

2 um 2 Einheiten nach unten verschoben.

3 gestaucht.

4 gestreckt und an der x-Achse gespiegelt.

**3** Lösungsmöglichkeit:

**a)** $y = x^2$; $y = \frac{1}{3}x^2$

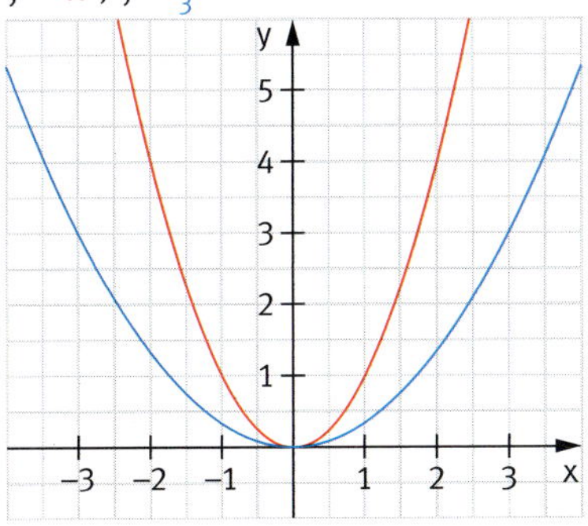


**b)** $y = x^2$; $y = 2x^2$

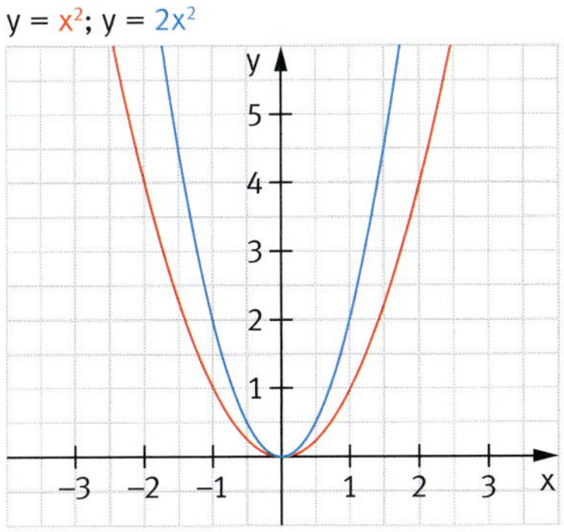


**c)** $y = x^2$; $y = -x^2$

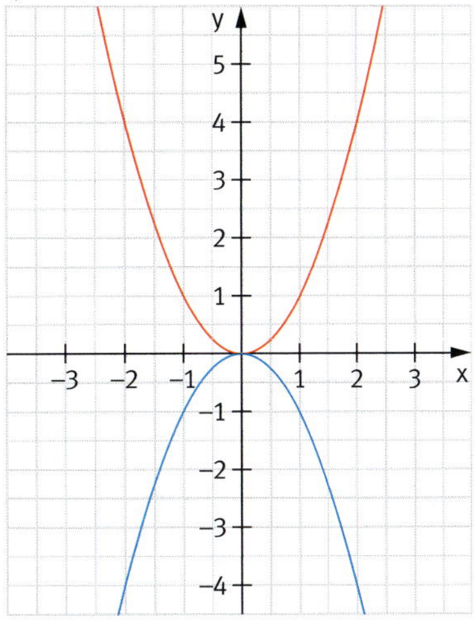


**4** $y = x^2 - 1$

| | | |
|---|---|---|
| $P_1\,(1\,|\,0)$ | $0 = 1^2 - 1 = 0$ | wahr |
| Der Punkt liegt auf der Parabel. | | |
| $P_2\,(3\,|\,-2)$ | $-2 = 3^2 - 1 = 8$ | falsch |
| Der Punkt liegt nicht auf der Parabel. | | |
| $P_3\,(-2\,|\,3)$ | $3 = (-2)^2 - 1 = 3$ | wahr |
| Der Punkt liegt auf der Parabel. | | |
| $P_4\left(\frac{1}{2}\,\middle|\,-\frac{1}{4}\right)$ | $-\frac{1}{4} = \left(\frac{1}{2}\right)^2 - 1 = -\frac{3}{4}$ | falsch |
| Der Punkt liegt nicht auf der Parabel. | | |

**5** Die Graphen von Funktionen können auf Symmetrie, Verschiebungen gegenüber dem Graphen einer Ausgangsfunktion (z. B. Normalparabel), Scheitelpunkte, Spiegelungen an Koordinatenachsen oder Winkelhalbierenden, Steigungen, Streckungen und Stauchungen, Nullstellen, Schnittpunkte mit der y-Achse sowie Monotonie untersucht werden.

**6** **a)** Vom x-Wert des Scheitelpunkts ist die Symmetrieachse abhängig, die Monotonie ändert sich am x-Wert des Scheitelpunktes sowie Verschiebungen entlang der x-Achse.

**b)** Vom y-Wert des Scheitelpunkts ist die Verschiebung entlang der y-Achse abhängig und der Wertebereich der Funktion.

**7** **a)** Scheitelpunkt: S $(1\,|\,-4)$ Nullstellen: $x_1 = -1$; $x_2 = 3$

**b)** Scheitelpunkt S: $(-2\,|\,-1)$ Nullstellen: $x_1 = -3$; $x_2 = -1$

**c)** Scheitelpunkt: S $(2\,|\,-4)$ Nullstellen: $x_1 = 0$; $x_2 = 4$

**d)** Scheitelpunkt: S $(-3\,|\,-2{,}25)$
Nullstellen: $x_1 = -4{,}5$; $x_2 = -1{,}5$

**8**

| | a) | b) |
|---|---|---|
| Scheitelpunkt | S (–1,5 \| –2,25) | S (0 \| –4) |
| Symmetrieachse | x = –1,5 | x = 0 |
| Monotonie | fallend für x ≦ –1,5<br>steigend für x ≧ –1,5 | fallend für x ≦ 0<br>steigend für x ≧ 0 |
| Nullstellen | $x_1 = -3$; $x_2 = 0$ | $x_1 = -2$; $x_2 = 2$ |
| Schnittpunkt mit der y-Achse | P (0 \| 0) | P (0 \| –4) |
| $\mathbb{D}$ | $\mathbb{Q}$ | $\mathbb{Q}$ |
| $\mathbb{W}$ | $\mathbb{Q}$ mit y ≧ –2,25 | $\mathbb{Q}$ mit y ≧ –4 |

| | c) | d) |
|---|---|---|
| Scheitelpunkt | S (0 \| 1) | S (2 \| 2) |
| Symmetrieachse | x = 0 | x = 2 |
| Monotonie | steigend für x ≦ 0<br>fallend für x ≧ 0 | fallend für x ≦ 2<br>steigend für x ≧ 2 |
| Nullstellen | $x_1 = -1$; $x_2 = 1$ | keine Nullstellen |
| Schnittpunkt mit der y-Achse | P (0 \| 1) | P (0 \| 6) |
| $\mathbb{D}$ | $\mathbb{Q}$ | $\mathbb{Q}$ |
| $\mathbb{W}$ | $\mathbb{Q}$ mit y ≦ 1 | $\mathbb{Q}$ mit y ≧ 2 |

**9** **a)** Die Symmetrieachse der Parabel liegt …
1 rechts der y-Achse. 2 links der y-Achse.

**b)** 1 P (2 | –3) 2 P (2 | 40,5)

**c)** 1 $Q_1$ (–1 | 18) und $Q_2$ (9 | 18) 2 $Q_1$ (–7 | 18) und $Q_2$ (–3 | 18)

**10** **a)** $y_1 = (x + 1{,}2)^2 - 1{,}5$ oder $y_1 = x^2 + 2{,}4x - 0{,}06$

**b)** $y_2 = (x - 2{,}2)^2 - 4{,}5$ oder $y_2 = x^2 - 4{,}4x + 0{,}34$

**c)** $y_3 = (x + 3) \cdot (x - 5) = x^2 - 2x - 15$ oder
$y_3 = -(x + 3) \cdot (x - 5) = -x^2 + 2x + 15$

**d)** $y_4 = (x - 1{,}2)^2 - 1{,}5$ oder $y_4 = x^2 - 2{,}4x - 0{,}06$

**e)** $y_5 = -(x + 1{,}2)^2 + 1{,}5$ oder $y_5 = -x^2 - 2{,}4x + 0{,}06$

**f)** $y_6 = -(x + 3)^2 - 1{,}5$ oder $y_6 = -x^2 - 6x - 10{,}5$

**g)** $y_7 = -x^2$

## Seite 205

**11** **a)** $x^2 = -x + 2$
$\mathbb{L} = \{-2; 1\}$

**b)** $-x^2 + 3{,}5 = -2x + 3{,}5$
$\mathbb{L} = \{0; 2\}$

**12** **a)** $x^2 = 3x - 2$

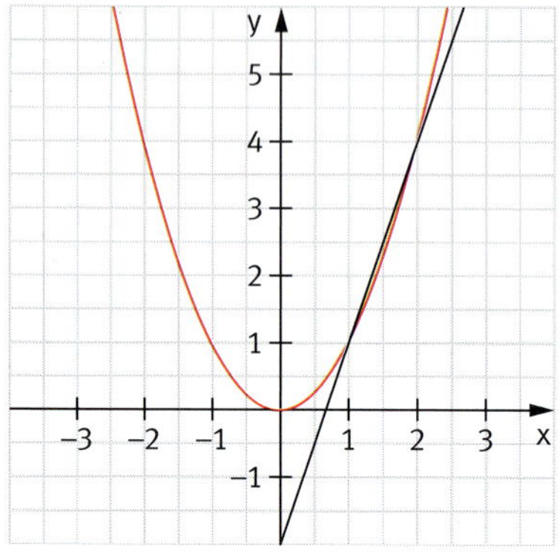


$\mathbb{L} = \{1; 2\}$

**b)** Umformung zu: $x^2 = 5x - 4$

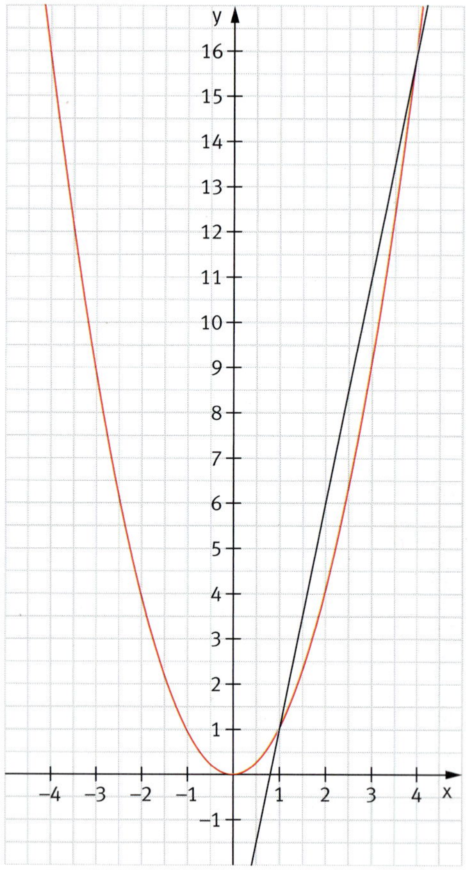


$\mathbb{L} = \{1; 4\}$

c) Umformung zu: $x^2 = -0{,}5x + 1{,}5$

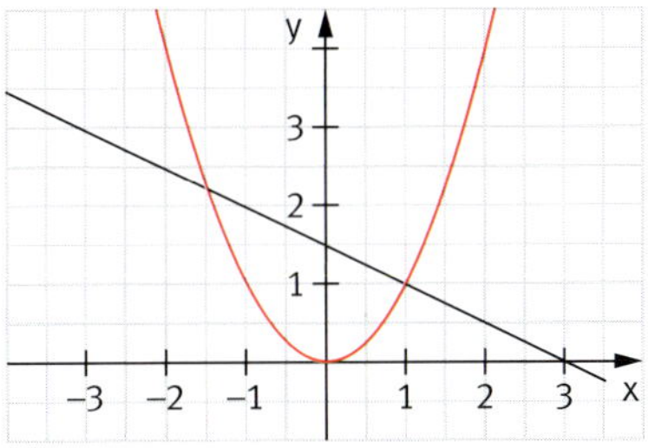


$\mathbb{L} = \{-1{,}5;\ 1\}$

d) Umformung zu: $x^2 = -2x + 3$

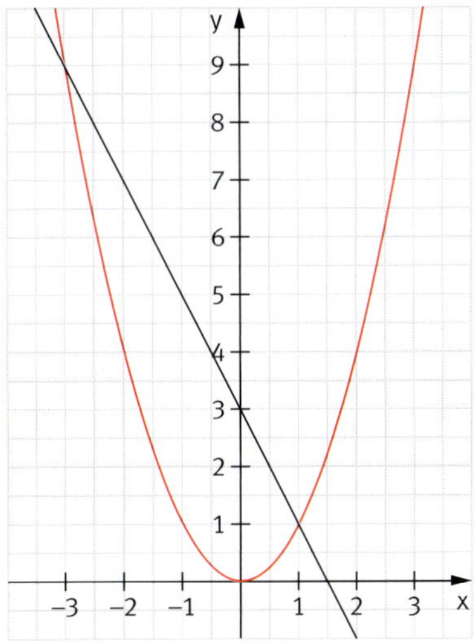


$\mathbb{L} = \{-3;\ 1\}$

**13** a) $\mathbb{L} = \{-11;\ 11\}$ b) $\mathbb{L} = \{-12;\ 23\}$
c) $\mathbb{L} = \{-3;\ 3\}$ d) $\mathbb{L} = \{-11;\ 15\}$
e) $\mathbb{L} = \{2;\ 8\}$ f) $\mathbb{L} = \{-0{,}6;\ 1{,}2\}$

**14** $\mathbb{D} = \mathbb{N}$

a) $x^2 + 2x = 323$
$x_1 = -19;\ x_2 = 17$ $-19 \notin \mathbb{D}$
Die gesuchte natürliche Zahl ist 17.

b) $x^2 + \frac{1}{2}x = 742{,}5$
$x_1 = -27{,}5;\ x_2 = 27$ $-27{,}5 \notin \mathbb{D}$
Die gesuchte natürliche Zahl ist 27.

c) $x^2 + \frac{1}{10}x = 101$
$x_1 = -10{,}1;\ x_2 = 10$ $-10{,}1 \notin \mathbb{D}$
Die gesuchte natürliche Zahl ist 10.

d) $x^2 - x = x$
$x_1 = 0;\ x_2 = 2$ $0;\ 2 \in \mathbb{D}$
Die gesuchten natürlichen Zahlen können 0 oder 2 sein.

**15** Lösungsmöglichkeit:
alle Angaben in cm bzw. $cm^2$; $\mathbb{D} = \mathbb{Q}$ mit $x > 0$
Flächeninhalt der Platte: $A = a^2$
$A = 60^2 = 3600$
Verschnitt: $0{,}125 \cdot 3600 = 450$
Die Flächen sind $4 \cdot \frac{1}{2}x^2 = 2x^2$
Bestimmung von x: $2x^2 = 450$
$x^2 = 225$
$x_1 = -15;\ x_2 = 15$ $-15 \notin \mathbb{D}$
Es müssen gleichschenklig-rechtwinklige Dreiecke mit der Schenkellänge 15 cm abgeschnitten werden.

**16** Das ist falsch. Eine solche Parabel hat den Scheitelpunkt S (3 | 1).

**17** Das ist richtig.

**18** Das ist im Allgemeinen falsch. Eine Gerade kann die Normalparabel auch ohne Schnittpunkt passieren oder nur einen gemeinsamen Punkt mit ihr haben.
Beispiel: Der Graph zu $y = \frac{1}{2}x - 5$ schneidet die Normalparabel nicht.

**19** Das ist richtig.

**20** Das ist richtig.

**21** Das ist falsch. Die Funktionsgleichung beschreibt eine lineare Funktion.

Ingolf Enghardt, Stadtilm – S. 3, 59, 70 (2), 76; Fotoagentur CARO / Rupert Oberhäuser, Berlin – Einband, 35; Fotocommunity.de / U.Heeren – S. 35; Fotolia / alko007 – S. 17; Fotolia / Tom Bayer – S. 43; Fotolia / Didier Brandelet – S. 162; Fotolia / cpauschert – S. 43; Fotolia / Henner Damke – S. 78; Fotolia / dieter76 – S. 202; Fotolia / kilala – S. 156; Fotolia / Leroy131 – S. 4, 137; Fotolia / maho – S. 46; Fotolia / photoGraphittie – S. 25; Fotolia / pico – S. 17, 32; Fotolia / M. Schukart – S. 32; Fotolia / Widmann – S. 44; Fotolia / wion – S. 202; Fotolia / David Woods – S. 158; Thomas Härtrich, Leipzig – S. 177; Toralf Hieb, Kirschkau – S. 23, 182; Michaela Silvia Hoffmann, Bamberg – S. 172; http://www.ablestock.com – S. 107; http://www.geogebra.org / Created with GeoGebra – S. 13 (3), 82 (2), 185; http://www.nasa.org – S. 87; http://www.static.wix.com – S. 203; http://www.wikimedia.org – S. 156, 177, 191, 201, 202; Jenoptik AG, Jena – S. 156; Jupiterimages.de – S. 4, 89, 111; Matthias Ludwig, Würzburg – S. 15; Museum Burg Posterstein – S. 35; Birgit Skoretz, Domburg-Camburg – S. 166, 168 (2), 169 (3), 170 (3); Thinkstock / Digital Vision – S. 113; Thinkstock / GettyImages – S. 99; Thinkstock / Goodshoot – S. 113; Thinkstock / Hemera – S. 39, 42, 68, 104, 107, 168; Thinkstock / Ingram Publishing – S. 107, 148; Thinkstock / iStockphoto – S. 5, 8, 9, 15, 24, 32, 43, 46, 47 (3), 49, 51 (2), 72, 77, 87, 93, 99, 106, 108 (2), 109, 120 (3), 121, 122 (4), 124, 125, 128, 129, 131 (2), 148, 151, 153, 158, 162, 165, 166, 171, 172 (2), 174, 178, 192, 193, 201, 203; Thinkstock / Photodisc – S. 126, 141; Thinkstock / Photos.com – S. 94, 181; Thinkstock / PolkaDot – S. 161; Thinkstock / Stockbyte – S. 157; Andreas Wetzel, Erfurt, – S. 123.